中国科协学科发展研究系列报告

中国科学技术协会 / 主编

动力机械工程学科发展报告

—— REPORT ON ADVANCES IN ——
POWER MACHINERY ENGINEERING

中国动力工程学会 / 编著

中国科学技术出版社

·北 京·

图书在版编目（CIP）数据

2018—2019 动力机械工程学科发展报告 / 中国科学
技术协会主编；中国动力工程学会编著 . —北京：中
国科学技术出版社，2020.9
（中国科协学科发展研究系列报告）
ISBN 978-7-5046-8541-4

I. ① 2… II. ①中… ②中… III. ①动力机械—学科
进展—研究报告—中国—2018—2019 IV. ① TK05-12

中国版本图书馆 CIP 数据核字（2020）第 037014 号

策划编辑	秦德继　许　慧	
责任编辑	何红哲	
装帧设计	中文天地	
责任校对	张晓莉	
责任印制	李晓霖	

出　　版	中国科学技术出版社
发　　行	中国科学技术出版社有限公司发行部
地　　址	北京市海淀区中关村南大街16号
邮　　编	100081
发行电话	010-62173865
传　　真	010-62179148
网　　址	http://www.cspbooks.com.cn

开　　本	787mm×1092mm　1/16
字　　数	525千字
印　　张	23
版　　次	2020年9月第1版
印　　次	2020年9月第1次印刷
印　　刷	河北鑫兆源印刷有限公司
书　　号	ISBN 978-7-5046-8541-4 / TK・23
定　　价	128.00元

2018—2019

动力机械工程
学科发展报告

首席科学家　何雅玲

专家组组长　丰镇平　严俊杰

综合报告

组　　　长	丰镇平			
成　　　员	严俊杰	刘泰生	周一工	高　翔	赵钦新
	李　军	顾春伟	魏显著	王建录	徐进良

锅炉专题

组　　　长	张彦军	赵钦新		
成　　　员	夏良伟	魏国华	易广宙	张建文	吕俊复
	向　军	高　翔	杨　冬	高建民	赵剑云
	周怀春	刘武成	吴乃新	吴迎春	王云刚
	梁志远	翁卫国	邵怀爽	黄　莺	宋宝军
	周　勇	诸育枫	邓仲勇	赵义军	徐志文
	李光英				

序
FOREWORD

当今世界正经历百年未有之大变局。受新冠肺炎疫情严重影响，世界经济明显衰退，经济全球化遭遇逆流，地缘政治风险上升，国际环境日益复杂。全球科技创新正以前所未有的力量驱动经济社会的发展，促进产业的变革与新生。

2020年5月，习近平总书记在给科技工作者代表的回信中指出，"创新是引领发展的第一动力，科技是战胜困难的有力武器，希望全国科技工作者弘扬优良传统，坚定创新自信，着力攻克关键核心技术，促进产学研深度融合，勇于攀登科技高峰，为把我国建设成为世界科技强国作出新的更大的贡献"。习近平总书记的指示寄托了对科技工作者的厚望，指明了科技创新的前进方向。

中国科协作为科学共同体的主要力量，密切联系广大科技工作者，以推动科技创新为己任，瞄准世界科技前沿和共同关切，着力打造重大科学问题难题研判、科学技术服务可持续发展研判和学科发展研判三大品牌，形成高质量建议与可持续有效机制，全面提升学术引领能力。2006年，中国科协以推进学术建设和科技创新为目的，创立了学科发展研究项目，组织所属全国学会发挥各自优势，聚集全国高质量学术资源，凝聚专家学者的智慧，依托科研教学单位支持，持续开展学科发展研究，形成了具有重要学术价值和影响力的学科发展研究系列成果，不仅受到国内外科技界的广泛关注，而且得到国家有关决策部门的高度重视，为国家制定科技发展规划、谋划科技创新战略布局、制定学科发展路线图、设置科研机构、培养科技人才等提供了重要参考。

2018年，中国科协组织中国力学学会、中国化学会、中国心理学会、中国指挥与控制学会、中国农学会等31个全国学会，分别就力学、化学、心理学、指挥与控制、农学等31个学科或领域的学科态势、基础理论探索、重要技术创新成果、学术影响、国际合作、人才队伍建设等进行了深入研究分析，参与项目研究和报告编写的专家学者不辞辛劳，深入调研，潜心研究，广集资料，提炼精华，编写了31卷学科发展报告以及1卷综合报告。综观这些学科发展报告，既有关于学科发展前沿与趋势的概观介绍，也有关于学科近期热点的分析论述，兼顾了科研工作者和决策制定者的需要；细观这些学科发展报告，从中可以窥见：基础理论研究得到空前重视，科技热点研究成果中更多地显示了中国力量，诸多科研课题密切结合国家经济发展需求和民生需求，创新技术应用领域日渐丰富，以青年科技骨干领衔的研究团队成果更为凸显，旧的科研体制机制的藩篱开始打破，科学道德建设受到普遍重视，研究机构布局趋于平衡合理，学科建设与科研人员队伍建设同步发展等。

在《中国科协学科发展研究系列报告（2018—2019）》付梓之际，衷心地感谢参与本期研究项目的中国科协所属全国学会以及有关科研、教学单位，感谢所有参与项目研究与编写出版的同志们。同时，也真诚地希望有更多的科技工作者关注学科发展研究，为本项目持续开展、不断提升质量和充分利用成果建言献策。

中国科学技术协会
2020 年 7 月于北京

　　动力机械工程学科是研究能量和物质（如燃料的化学能、流体的动能等）在转换成动力过程及其应用中的基本规律、技术理论和动力设备的工程技术学科。动力机械主要承担着将自然界的一次能源（化石能源和各种新能源）转换成电力这样的二次能源或者直接驱动工作机械的功能，因此动力机械工程是从上游能源工业到下游电力／动力工业产业链中的重要环节，也是开启人类工业革命和创造社会现代文明的不朽基石。本报告主要涉及动力机械工程学科中的蒸汽动力（锅炉、蒸汽轮机）、燃气轮机、水力机械和风力机械四个分支学科和五个分支工程领域。这四个分支学科是我国发电设备制造业的主流学科，其火力发电、水力发电和风力发电设备的装机容量占我国发电总装机容量的90%以上，不仅是发展我国国民经济、提升人民生活水平、体现国家综合实力的主要领域，还是面向未来、积极应对能源资源短缺和生态环境恶化双重挑战的重要领域。本学会曾编写了《2010—2011动力机械工程学科发展报告》，本次学科发展报告是在上次学科发展报告的基础上，回顾总结近年来的动力机械工程学科的发展成果，研究学科发展规律，预测学科发展趋势，以期促进学科发展。

　　动力机械工程学科以动力机械及其热力系统为对象，研究如何将燃料的化学能和流体的动能转换成动力，涉及能源和动力转换的基本装置及设备。动力机械工程学科的发展与我国电力工业的发展密切相关，电力工业的发展历程直接反映了动力机械工程学科的发展状况。进入21世纪以来，中国电力工业实现了跨越式发展，发电装机容量和发电量双双位居世界前列。近十年来，全国发电装机容量从2009年的8.74亿千瓦增长到2018年的19亿千瓦，人均发电装机容量从2009年的0.656kW增长到2018年的1.361kW，全国年发电量从2009年的3.60万亿千瓦时增长到2018年的6.99万亿千瓦时，取得了增长近似翻番的显著成绩。2011—2018年，中国发电装机容量连续 8 年保持世界第一。2018 年，我国全社会用电量达到 6.9 万亿千瓦时，人均用电量达4945kW·h，大大超过了世界平均水平。

在此背景下，本学会组织了来自动力机械工程学科相关重点高校、研究所和企业的近百位专家学者，形成了老中青结合、经验丰富和充满活力的编写队伍，成立了专家组和秘书组，共同完成了本次学科发展报告的编撰工作。2018 年 8 月，中国动力工程学会正式启动了本次学科发展报告的编写工作。本报告编写组在对各专题进行充分调研和认真分析的基础上，经过 4 次学术交流和专业研讨，于 2019 年 10 月完成报告初稿，期间邀请了领域专家对报告初稿进行了评审。在此基础上，编写组进行了修改、补充和完善，最终形成了动力机械工程学科有关锅炉、蒸汽轮机、燃气轮机、水轮机和风电等领域的专题研究报告和综合报告，其中也包括核电、太阳能热发电、超临界二氧化碳发电系统、储能等重要领域及方向的研究进展。

本学科发展报告由两大部分组成，第一部分为综合报告，对近年来我国动力机械工程学科发展状况进行了回顾和总结，在此基础上对本学科国内外研究进展进行了比较，并对我国动力机械工程学科的发展趋势进行了展望。第二部分为专题报告，立足动力机械工程的学科基础，分别阐述了包括锅炉、蒸汽轮机、燃气轮机、水轮机和风电五个专题领域的基本内涵和发展现状，并进行了国内外发展比较，指出了发展趋势和近期发展重点。

本学科发展报告对动力机械工程学科领域未来一段时间的发展目标、前景展望及其研究方向进行了分析阐述，提出了一些不成熟的看法，仅供从事动力机械工程学科相关领域研究与工程应用的科技工作者参考和借鉴，由于时间有限，报告中有不当之处，谨请批评指正。

参加本报告编写和咨询的专家学者众多，这里仅列出了主要贡献者的名单，还有很多学者在本报告编写过程中提供了资料、参与了讨论和修改，在此一并表示衷心感谢。

中国动力工程学会

2020 年 1 月

综合报告

专题报告

ABSTRACTS

Comprehensive Report

Reports on Special Topics

综合报告

动力机械工程学科发展研究

一、引言

动力机械工程学科是研究能量和物质（如燃料的化学能、流体的动能等）在转换成动力过程及其应用中的基本规律、技术理论和动力设备的工程技术学科。

动力机械主要承担着将自然界的一次能源（化石能源、新能源与可再生能源）转换成电力的二次能源或直接驱动工作机械（如压缩机、鼓风机、泵等）的功能，因此动力机械是从其上游能源工业到自身动力机械装备制造工业、再到下游电力/动力工业产业链中的核心环节，也是开启人类工业革命和创造社会现代文明的不朽基石。

人类很早就开始利用大自然中的风能和水能，但直到18世纪70年代才发明了利用热能的蒸汽机。作为人类发展历史长河中第一次将蒸汽动力用于动力机械取代人力，蒸汽机开启了第一次工业革命，人类社会由此进入了"蒸汽时代"或"机械化"时代。其后，经历了第二次工业革命的"电气化"时代和第三次工业革命的"自动化"时代，动力机械从蒸汽机、蒸汽机车发展到19世纪80年代的内燃机和蒸汽轮机，再发展到20世纪40年代的燃气轮机、航空发动机及火箭发动机等一系列动力机械。随着多种新型动力循环及新能源动力装置的出现，相应的动力机械工程学科概念也在不断创新发展，并经历了一个不断趋于成熟的过程。20世纪后期第四次工业革命即"智能化"时代的兴起，促使动力机械工程学科以前所未有的态势快速蓬勃发展，引领了以发展新能源、煤炭清洁利用、能源互联网、储能技术等核心技术为主的学科发展方向以及由此引起的能源转型与结构改变。

众所周知，学科是指科学知识创造过程中某个专门的研究领域，代表了知识的门类，既是科学研究和工程技术发展成熟的产物，也是高等教育教学的源头，并以高层次人才培养的方式进行科学知识的传承和发展[1]。

我国的动力机械工程学科，按照《中华人民共和国学科分类与代码国家标准》（GB/T

13745-2009），隶属于"动力与电气工程"一级学科（470），是一个行业背景明确、体系相对完整的二级技术学科（47030），包括蒸汽工程、流体机械及流体动力工程、喷气推进机与涡轮机械、微动力工程、水力机械、太阳能机械、地下热能机械、风力机械等（三级）分支学科。

此外，动力机械工程学科作为一个工程技术学科，就人才培养和科学研究而言，还与国务院学位委员会、教育部2018年4月更新的用于我国高层次人才培养的《学位授予和人才培养学科目录》中的"动力工程及工程热物理"一级学科（0807）及《专业学位授予和人才培养目录》中的"能源动力"学科（0858），以及国家自然科学基金委员会用于基础及应用基础科学研究分类的"工程热物理与能源利用"学科（E06）的相关分支学科或方向相对应，三者密切相关，但范畴界面清晰。而且，随着科学技术水平的不断提高和创新人才培养的迫切需求，特别是伴随着应对能源和环境的全球性挑战和满足国民经济发展的国家重大需求对源头创新的迫切需求，在当今新一轮科技革命和产业变革与加快转变经济发展方式形成历史性交汇的主要时刻，同一定义框架下的学科及不同定义框架下的学科之间的交叉融合和外延拓展正在深层次、全方位、变革性的产生，科学研究、技术研发、产品研制以及人才培养和知识传承与创新，共同推动着动力机械工程学科的内涵发展和新学科分支的形成。

作为连接能源工业和发电工业产业链的重要纽带，动力机械工程学科所对应的发电设备制造业以及高校与科研院所相关学科及方向，是动力机械工程学科发展和研究的主要领域。考虑到中国动力工程学会是以发电动力机械设备的研究、设计、制造为中心的多专业综合性学会及下属锅炉、透平、水轮机、核电、热力、工业煤气、自控、材料、环保技术与装备、新能源设备、工业气体11个专业委员会的学术与业务范围，本报告主要涉及动力机械工程学科中的蒸汽动力（锅炉、蒸汽轮机）、燃气动力（燃气轮机）、水动力（水轮机）和风动力（风力机）四大分支学科和五个工业分支领域。这四大分支学科对应于我国发电设备制造业的主流产品研发与科学技术进步，其火力发电、水力发电和风力发电设备的装机容量占我国发电总装机容量的90%以上，不仅是发展我国国民经济、提升人民生活水平、体现国家综合实力的重要标志，还是我国面向未来、积极应对能源资源和生态环境双重挑战的技术主战场，更是我国推进能源生产和消费革命，构建清洁低碳、安全高效的能源体系中不可或缺的组成部分[2]。

动力机械工程学科的任务是以动力机械包括锅炉（蒸汽发生器）、蒸汽轮机、燃气轮机、水轮机、风力机以及正在发展中的其他新型动力机械及其热力系统为研究对象，在自然科学和动力工程及工程热物理学科基本规律的基础上，综合相关基础学科（包括数学、物理、化学、力学、生物、信息、经济、管理等社会科学）和技术学科（机械工程、材料科学与工程、环境科学与工程、化学工程与技术、计算机科学与技术、核科学与技术、航空宇航科学与技术等工程科学）的新理论、新方法和新技术，探索动力机械中能量高效、低碳、安全转换与利用的科学途径和技术方案，为各类动力机械的创新发展与工程应用提供理论依据、设计方法和技术手段。

因此，动力机械工程学科研究对象与能源和动力转换的基本装置及设备密切相关。能源是人类赖以生存的物质基础，动力机械是维系现代工业和人民生活的可靠保障，而动力机械中能源的清洁低碳、安全高效转换利用是社会可持续发展的基本需求，动力机械工程学科及以其为主体的发电设备制造业是关系国家繁荣发展、人民生活改善、社会长治久安的国际前沿科技领域和国民经济支柱产业。

进入 21 世纪以来，我国基本国情和可持续发展要求继续推进社会和经济的全面进步，而能源是我国国民经济健康发展最重要的战略保障之一。在我国经济快速稳定发展的同时，能源消费总量也在大幅度增长，新的社会问题和技术挑战要求动力机械工程学科以及与此相关的发电设备制造业及其上下游的能源工业和电力工业的发展，能够满足社会经济持续发展的迫切需求，为我国能源清洁低碳、安全高效的开发利用提供新理论、新方法、新技术和新设备。

2011 年，中国动力工程学会编写了《2010—2011 动力机械工程学科发展报告》，时隔 8 年，我国动力机械工程学科得到了极大的发展，取得了具有里程碑意义的重大科研成果，在若干重要领域引领了世界的技术进步，特别是在火电、水电、风电、核电等领域的技术攻关和发电设备研发上达到世界先进水平甚至领先水平，迈入了发电设备制造强国的行列。为此，中国动力工程学会在中国科学技术协会的支持下，决定编写《2018—2019 动力机械工程学科发展报告》。本报告作为《2018—2019 动力机械工程学科发展报告》的综合报告，将总结近年来我国动力机械工程学科的最新进展，包括锅炉、蒸汽轮机、燃气轮机、水轮机和风力机及其涉及的发电领域，以及涉及三代与四代核能、光热、超临界二氧化碳（以下简称 S-CO$_2$）煤电、储能技术等先进能源动力技术领域的研究成果，同时预测本学科未来的发展趋势，以期促进本学科的更好发展。

二、本学科近年最新研究进展

（一）动力机械工程学科发展背景

进入 21 世纪以来，人类对能源的需求日益增强，全球能源消费总量从 1965 年的 54 亿吨标煤增长到 2015 年的 188 亿吨标煤，50 年增长了约 2.5 倍。根据 BP 预测，2035 年世界能源消费将比现在再增加 30% 以上。而大量消费化石能源，带来严重的生态环境问题，即全球气候变暖和环境污染，其中化石能源消费产生的二氧化碳排放占全球温室气体排放的 78%。因此，世界面临着能源转型的迫切需求和重大任务，这对动力机械工程学科的发展提出了严峻的挑战。

能源转型是指能源生产和消费结构发生根本性变化，并对社会生产生活方式、全球经济格局和地缘政治格局产生深刻影响。世界范围内的能源转型概括起来有五大特征[3]：

第一，清洁、低碳是能源转型的主要趋势。2018年，全球可再生能源累计装机容量首次达到发电装机总容量的1/3，新增发电量的近2/3来自可再生能源；2018年全球天然气消费创历史新高，增速高达5.3%，新增消费占全球能源消费增量的45%。

第二，天然气和非化石能源有望成为未来的主体能源。世界各国普遍把开发利用天然气和非化石能源作为主攻方向，预计2035年世界能源将呈现两个"三分天下"：一是在化石能源中，石油、煤炭和天然气各占1/3；二是在全球新增能源中，石油煤炭、天然气和非化石能源将各占1/3。

第三，科技创新将从根本上决定能源转型的速度和进程。科技决定能源未来，科技创造未来能源。世界范围内新一轮科技产业革命蓄势待发，能源技术创新已成为第四次工业革命的引擎。美国页岩油气革命就是典型案例：水平钻井分段压裂等关键技术的突破，改变了美国能源结构，实现了美国能源独立，由此也给世界能源供给格局和地缘政治格局带来深刻影响。

第四，世界各国普遍加强对能源转型的战略引领。全球已有173个国家制定了可再生能源发展目标，146个国家出台了支持政策[4]，如欧盟的《2050能源技术路线图》、俄罗斯的《2035能源战略草案》、日本的《能源基本计划》、美国的《全面能源战略》以及中国的《能源战略行动计划（2014—2020年）》《能源技术革命创新行动计划（2016—2030年）》《中国制造2025—能源装备实施方案》和《能源发展"十三五"规划》等。

第五，地缘政治博弈与能源转型的互动影响日益加深。一是全球能源生产多中心化发展，供给侧重心西移；二是全球能源需求低速化增长，需求侧重心东移；三是美国能源政策影响世界能源格局；四是全球能源治理纵深化推进，大国竞争与合作同步发展，由于美国退出巴黎气候变化协定，未来或将关系到能源秩序主导权，并成为美欧发达国家与新兴大国较量的重要领域。

我国是世界上最大的能源生产国和消费国，经过改革开放40年来的努力，能源发展取得了很大进步，实现了历史性跨越：一是形成全面发展的多元化供给体系，二是包括动力机械在内的技术装备水平明显提高，三是生产生活用能条件显著改善，四是国际能源合作全面拓展。但与此同时我国仍面临以下严峻的挑战：能源需求压力巨大；能源供给制约较多；能源生产消费对生态环境损害严重；能源科技装备水平，如燃气轮机技术，有待进一步提升；地缘政治变化将影响中国能源安全。

习近平总书记关于能源"四个革命、一个合作"的发展战略思想，深刻揭示了世界能源转型与发展的大趋势、大逻辑，科学回答了如何化解能源资源和环境约束的世界性难题，是指导中国能源发展的理论基础和基本遵循[5]，为中国推进能源转型指明了发展方向、主要目标和基本路径。

加快中国能源转型必须要按照清洁低碳、安全高效的发展战略，推进煤炭清洁高效利用，推动天然气和非化石能源向未来主体能源发展，谋划新时代能源高质量发展的路径和措施，才能从根本上化解中国能源资源和环境约束，实现能源、经济、生态的协调发展。我国能源转型发展大趋势可概括为：能源消费结构低碳化、能源生产消费智能化、能源供应逐步多元化、多种能源互补一体化等。

2016 年 4 月，国家发展和改革委员会印发的《能源技术革命创新行动计划（2016—2030 年）》明确提出：以建设清洁低碳、安全高效现代能源体系的需求为导向，以提升能源自主创新能力为核心，以突破能源重大关键技术为重点，以能源新技术、新装备、新产业、新业态示范工程和试验项目为依托，实施制造强国战略，推动能源技术革命，实现我国从能源生产消费大国向能源技术强国战略转变[6]。

近年来我国动力机械工程学科的发展，坚持将能源技术革命摆在全局的核心位置，以绿色低碳为方向，重点开展煤炭清洁高效利用技术、先进水电技术、高效太阳能利用技术、大型风电技术、高效燃气轮机技术、先进储能技术、节能与能效提升技术等的创新研究，取得了一系列的研究进展，为推进我国能源转型、结构优化、节能减排提供了有力的科技支撑和工程示范，成为培育战略性新兴产业、带动我国产业优化升级的新增长点。其中，新一代高参数大容量二次再热发电技术研发成功，是我国在煤炭清洁高效利用技术上取得创新突破的典型实例。二次再热发电技术对进一步提升燃煤发电效率、减少煤炭消耗、降低污染物和 CO_2 排放具有重要意义，我国有关研制单位立足自主创新，历经十余年持续攻关，攻克了高参数大容量二次再热复杂热力系统构建、两级再热汽温精准调节、汽缸高温蠕变限控与持久密封、蒸汽轮机长轴系稳定、大规模复杂系统控制、污染物处理及机组安全可靠运行等难题，取得一系列原创性成果，首次将两级再热蒸汽参数提升至 623℃、容量提升至 1000MW 级，形成新一代高参数大容量二次再热发电成套技术体系，建成了世界领先水平的 660MW 和 1000MW 等级超超临界二次再热机组，实现了系列化推广应用，如图 1 和图 2 所示。机组效率较常规超超临界机组相对提高约 6.7%，煤耗降低约

图 1　华能莱芜电厂 1000MW 超超临界二次再热机组

图 2　国电泰州电厂 1000MW 超超临界二次再热机组

20g/（kW·h），节能减排优势显著，奠定了我国在火力发电领域的国际领先地位。

在国家一系列能源转型政策的引导下，在相关领域政产学研用的共同努力下，我国能源结构以及动力机械在不同一次能源转化成电力二次能源的比例也发生了深刻的调整和可喜的变化。以下给出一组宏观数据[7]来展示近年来我国在这方面取得的进展（表1~ 表5及图3~ 图11，数据均来自BP世界能源统计年鉴2011—2019）。

（1）一次能源消费量

表1、图3和图4给出了中国能源结构变化及其与世界占比与增速的情况。总体上看，一次能源消费增长得到合理控制，可再生能源利用快速增长。2018年数据表明，中国仍然是世界上最大的能源消费国，占全球能源消费的23.6%，以及全球能源消费增长的34%。

尽管经济增速放缓，中国的一次能源消费量由2017年的3.02%增加到2018年的4.3%，是2012年以来的最高增速，而过去十年增速平均为3.9%。中国的消费增长主要由天然气（17.7%）和石油（5%）引领。中国的能源结构持续改进，尽管煤炭仍是能源消费主要燃料，但2018年其占比为58%，创历史新低。煤炭的供给量继续上升（+4.7%），为2016年供给侧改革以来连续第二年增长。

表1 中国与世界一次能源消费量

		2011 年	2012 年	2013 年	2014 年	2015 年	2016 年	2017 年	2018 年
煤炭	中国消费量	1903.9	1927.8	1969.1	1954.5	1914.0	1889.1	1890.4	1906.7
	世界消费量	3782.5	3797.2	3867.0	3864.2	3769.0	3710.0	3718.4	3772.1
	占比	0.5033	0.5077	0.5092	0.5058	0.5078	0.5092	0.5084	0.5055
	相对去年增速	0.0886	0.0126	0.0214	−0.0074	−0.0207	−0.0130	0.0007	0.0086
石油	中国消费量	472.4	495.3	517.3	539.3	573.3	587.0	610.7	641.2
	世界消费量	4245.7	4297.8	4350.3	4385.3	4465.8	4548.3	4607.0	4662.1
	占比	0.1113	0.1152	0.1189	0.1230	0.1284	0.1291	0.1326	0.1375
	相对去年增速	0.0372	0.0483	0.0444	0.0425	0.0631	0.0240	0.0403	0.0500
天然气	中国消费量	116.2	129.7	147.8	162.0	167.4	180.1	206.7	243.3
	世界消费量	2780.1	2852.6	2897.5	2917.1	2980.6	3052.6	3141.9	3309.4
	占比	0.0418	0.0455	0.0510	0.0555	0.0562	0.0590	0.0658	0.0735
	相对去年增速	−0.0330	0.1163	0.1392	0.0959	0.0336	0.0758	0.1480	0.1770
水电	中国消费量	155.7	195.2	205.8	237.8	252.2	261.0	263.6	272.1
	世界消费量	791.8	829.7	858.3	878.7	878.9	909.1	919.9	948.8
	占比	0.1966	0.2353	0.2398	0.2707	0.2869	0.2870	0.2866	0.2868
	相对去年增速	0.2417	0.2540	0.0543	0.1556	0.0603	0.0348	0.0102	0.0321

续表

		2011 年	2012 年	2013 年	2014 年	2015 年	2016 年	2017 年	2018 年
可再生能源	中国消费量	22.8	29.4	42.3	51.1	64.1	81.7	111.4	143.5
	世界消费量	203.6	238.8	282.5	319.5	368.5	416.8	490.2	561.3
	占比	0.1119	0.1232	0.1497	0.1601	0.1740	0.1959	0.2273	0.2557
	相对去年增速	0.4323	0.2922	0.4367	0.2095	0.2539	0.2735	0.3644	0.2880
核能	中国消费量	19.5	22.0	25.3	30.0	38.6	48.3	56.1	66.6
	世界消费量	600.0	559.5	563.8	574.9	582.8	591.8	597.1	611.3
	占比	0.0326	0.0394	0.0448	0.0522	0.0663	0.0816	0.0940	0.1090
	相对去年增速	0.1700	0.1279	0.1460	0.1875	0.2886	0.2488	0.1632	0.1865
总计	中国消费量	2690.5	2799.5	2907.5	2974.7	3009.6	3047.1	3139.0	3273.5
	世界消费量	12403.7	12575.5	12819.4	12939.8	13045.6	13228.6	13474.6	13864.9
	占比	0.2169	0.2226	0.2268	0.2299	0.2307	0.2303	0.2330	0.2361
	相对去年增速	0.0798	0.0405	0.0386	0.0231	0.0117	0.0125	0.0302	0.0428

注：表中消费量单位为百万吨油当量，占比和增速均为%。

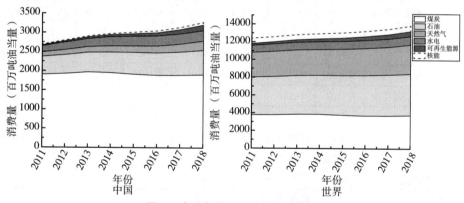

图 3　中国与世界一次能源消费量

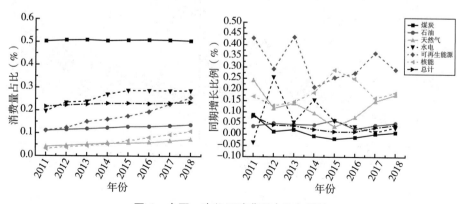

图 4　中国一次能源消费量占比与增速

（2）新能源与可再生能源

新能源与可再生能源包括风能、水能、核能、地热能、生物质能和其他。根据 BP 年鉴报告，2018 年中国继续领跑新能源与可再生能源增长（不包括水能这一常规可再生能源），占全球新能源与可再生能源增长的 45%，超过经合组织所有成员的总和。核能增速尽管受到一些影响而有起伏，但仍为增速最快的新能源。表 2、图 5 和图 6 所示为中国与世界的新能源与可再生能源生产量及其占比与增速。

表 2　中国与世界新能源与可再生能源生产量

		2011 年	2012 年	2013 年	2014 年	2015 年	2016 年	2017 年	2018 年
风能	中国	70.3	96.0	141.2	156.1	185.8	237.1	295.0	366.0
	世界	436.8	523.8	645.3	712.0	831.4	956.9	1128.0	1270.0
	占比	0.1610	0.1832	0.2188	0.2192	0.2234	0.2478	0.2615	0.2882
	相对去年增速	0.5769	0.1379	0.1942	0.0018	0.0193	0.1088	0.0556	0.1020
核能	中国	2.6	3.6	8.4	23.5	43.6	61.7	117.8	177.5
	世界	65.0	100.8	139.1	197.9	260.7	328.4	453.5	584.6
	占比	0.0401	0.0357	0.0602	0.1188	0.1671	0.1879	0.2597	0.3036
	相对去年增速	2.7286	−0.1111	0.6881	0.9729	0.4062	0.1244	0.3827	0.1689
地热能、生物质能和其他	中国	27.7	30.5	37.3	46.4	54.1	62.1	79.6	90.7
	世界	397.9	430.8	464.1	502.2	536.5	556.6	585.0	625.8
	占比	0.0696	0.0708	0.0803	0.0924	0.1008	0.1116	0.1361	0.1450
	相对去年增速	0.1127	0.0161	0.1356	0.1505	0.0903	0.1075	0.2190	0.0654
总计	中国	100.6	130.1	186.9	226.0	283.4	360.9	492.4	634.2
	世界	899.7	1055.4	1248.4	1412.1	1628.6	1841.9	2166.5	2480.4
	占比	0.1118	0.1233	0.1497	0.1600	0.1740	0.1959	0.2273	0.2557
	相对去年增速	0.4330	0.1025	0.2145	0.0690	0.0873	0.1260	0.1600	0.1250

注：表中数据单位为太瓦时，占比和增速均为 %。

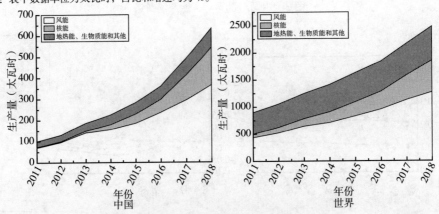

图 5　中国与世界新能源与可再生能源生产量

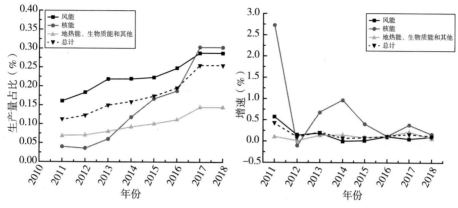

图 6 中国新能源与可再生能源生产量占比与增速

（3）发电量

表3、图7和图8给出了中国与世界的不同能源的发电量及其占比与增速情况。可见，中国太阳能发电增长最快（+51%），其次是风能（+24%）和生物质能及地热能（+14%）。水电增长3.2%，约为近十年平均水平（9.2%）的1/3。中国核能发电量增长19%，超过近十年平均增速（+15%），特别是全球核能发电增量的74%来自中国。

表 3　中国与世界不同能源的发电量

		2011 年	2012 年	2013 年	2014 年	2015 年	2016 年	2017 年	2018 年
煤炭	中国	3695.4	3755.8	4074.2	4070.9	4042.5	4163.6	4445.5	4732.4
	世界	9100.4	9141.6	9597.1	9628.8	9412.0	9507.4	9806.2	10100.5
	占比	0.4061	0.4109	0.4245	0.4228	0.4295	0.4379	0.4533	0.4685
	相对去年增速	0.1408	0.0164	0.0848	−0.0008	−0.0070	0.0300	0.0677	0.0645
石油	中国	14.9	12.1	10.9	10.0	9.5	9.7	10.4	10.7
	世界	1051.4	1134.7	1080.0	1033.1	1031.8	948.0	870.0	802.8
	占比	0.0115	0.0096	0.0093	0.0092	0.0094	0.0109	0.0124	0.0134
	相对去年增速	−0.1859	−0.0984	−0.0845	−0.0495	0.0170	0.0699	0.0376	0.0000
天然气	中国	108.8	110.3	116.4	133.3	166.9	188.3	202.8	223.6
	世界	4907.6	5186.7	5088.2	5255.7	5597.3	5847.1	5952.8	6182.8
	占比	0.0222	0.0213	0.0229	0.0254	0.0298	0.0322	0.0341	0.0362
	相对去年增速	0.3998	0.0137	0.0557	0.1452	0.2523	0.1281	0.0771	0.1026

续表

		2011 年	2012 年	2013 年	2014 年	2015 年	2016 年	2017 年	2018 年
水电	中国	688.0	862.8	909.6	1051.1	1114.5	1153.3	1165.1	1202.4
	世界	3499.2	3666.8	3793.2	3883.1	3884.4	4017.7	4065.4	4193.1
	占比	0.1966	0.2353	0.2398	0.2707	0.2869	0.2870	0.2866	0.2868
	相对去年增速	−0.0328	0.2540	0.0543	0.1556	0.0603	0.0348	0.0102	0.0321
可再生能源	中国	100.6	130.1	186.9	226.0	283.4	360.9	492.4	634.2
	世界	899.7	1055.4	1248.4	1412.1	1628.6	1841.9	2166.5	2480.4
	占比	0.1119	0.1232	0.1497	0.1601	0.1740	0.1959	0.2273	0.2557
	相对去年增速	0.4337	0.2922	0.4367	0.2095	0.2539	0.2735	0.3644	0.2880
核能	中国	86.4	97.4	111.6	132.5	170.8	213.3	248.1	294.4
	世界	2651.8	2472.4	2491.7	2540.8	2575.6	2615.2	2639.0	2701.4
	占比	0.0326	0.0394	0.0448	0.0522	0.0663	0.0816	0.0940	0.1090
	相对去年增速	0.1685	0.1279	0.1460	0.1875	0.2886	0.2488	0.1632	0.1865
其他	中国	21.7	20.3	23.0	26.1	26.8	43.5	39.8	14.0
	世界	148.5	150.1	151.2	161.0	157.3	179.6	176.7	153.8
	占比	0.1459	0.1351	0.1520	0.1624	0.1703	0.2420	0.2255	0.0908
	相对去年增速	0.0889	−0.0641	0.1333	0.1377	0.0243	0.6228	−0.0833	−0.6495
总计	中国	4713.0	4987.6	5431.6	5649.6	5814.6	6133.2	6604.5	7111.8
	世界	22258.7	22807.8	23449.8	23914.6	24286.9	24956.9	25676.6	26614.8
	占比	0.2117	0.2187	0.2316	0.2362	0.2394	0.2458	0.2572	0.2672
	相对去年增速	0.1202	0.0583	0.0890	0.0401	0.0292	0.0548	0.0768	0.0768

注：表中数据单位为太瓦时，占比和增速均为%。

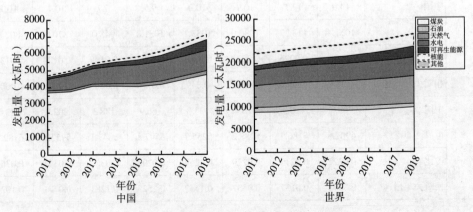

图 7 中国与世界不同能源的发电量

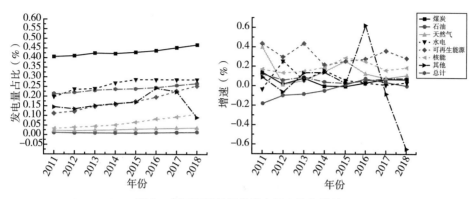

图 8　中国不同能源的发电量占比与增速

（4）二氧化碳排放

表 4、图 9 和图 10 给出了中国与世界的二氧化碳排放量及其占比与增速情况。2018 年中国因能源使用导致的二氧化碳排放增加 2.15%，相较于五年平均增速（0.5%）呈现显著反弹，但整体增速不大，平均每年排放量占世界的 27.86%。

表 4　二氧化碳排放

年份	2011 年	2012 年	2013 年	2014 年	2015 年	2016 年	2017 年	2018 年
中国	8805.8	8991.5	9237.7	9223.7	9174.6	9119	9229.8	9428.7
世界	31978.3	32316.7	32799.9	32844.8	32804.4	32913.5	33242.5	33890.8
占比	0.2754	0.2782	0.2816	0.2808	0.2797	0.2771	0.2777	0.2782
相对去年增速	0.0824	0.0211	0.0274	−0.0015	−0.0053	−0.0061	0.0122	0.0215

注：表中数据单位为百万吨，占比和增速均为 %。

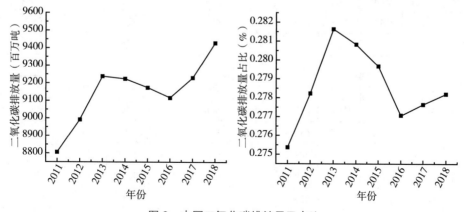

图 9　中国二氧化碳排放量及占比

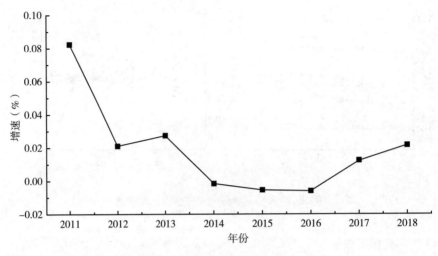

图 10 中国二氧化碳排放量增速

（5）发电装机容量及比重

在能源利用结构发生深刻调整的同时，发电装机容量及比重也发生变化，表 5 和图 11 以不同形式给出了进入 21 世纪以来我国历年发电装机容量和比重的统计情况。

表 5　2000 年以来中国发电装机容量及比重

单位：万千瓦

年份	总计	水电		火电		核电 *		风电		太阳能发电	
		容量	比重	容量	比重	容量	比重	容量	比重	容量	比重
2000 年	31932	7935	24.8	23754	74.4	210	0.7	34	0.1	0	0
2001 年	33849	8301	24.5	25314	74.8	210	0.6	38	0.1	0	0
2002 年	35657	8607	24.1	26555	74.5	447	1.3	47	0.1	0	0
2003 年	39141	9490	24.2	28977	74.0	619	1.6	55	0.1	0	0
2004 年	44239	10524	23.8	32948	74.5	696	1.6	82	0.2	0	0
2005 年	51718	11739	22.7	39138	75.7	696	1.3	106	0.2	0	0
2006 年	62370	13029	20.9	48382	77.6	696	1.1	207	0.3	0	0
2007 年	71822	14823	20.6	55607	77.4	908	1.3	420	0.6	0	0
2008 年	79273	17260	21.8	60286	76.1	908	1.1	839	1.1	0	0
2009 年	87410	19629	22.5	65108	74.5	908	1.0	1760	2.0	3	0
2010 年	96641	21605	22.4	70967	73.4	1082	1.1	2958	3.1	26	0
2011 年	106253	23298	21.9	76834	72.3	1257	1.2	4623	4.4	212	0.2
2012 年	114676	24947	21.8	81968	71.5	1257	1.1	6142	5.4	341	0.3
2013 年	125768	28044	22.3	87009	69.2	1466	1.2	7652	6.1	1589	1.3

续表

年份	总计	水电		火电		核电*		风电		太阳能发电	
		容量	比重	容量	比重	容量	比重	容量	比重	容量	比重
2014年	137887	30486	22.1	93232	67.6	2008	1.5	9657	7.0	2486	1.8
2015年	152121	31953	21.0	100050	65.8	2717	1.8	13130	8.6	4263	2.8
2016年	164575	33211	20.2	105388	64.0	3364	2.0	14864	9.0	7742	4.7
2017年	177703	34119	19.2	110604	62.2	3582	2.0	16367	9.2	13025	7.3
2018年	189967	35226	18.5	114367	60.2	4466	2.4	18426	9.6	17463	9.1
2019年	201066	35640	17.7	119055	59.2	4874	2.4	21005	10.4	20468	10.2

注：*2007年（含2007年）以前中国核电装机容量的数据来源为联合国数据库（http://data.un.org/）。

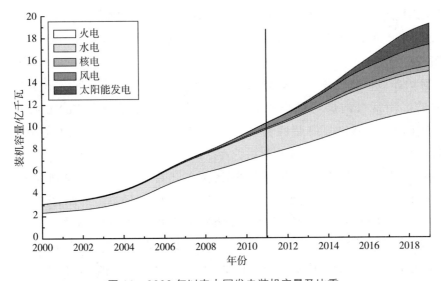

图11　2000年以来中国发电装机容量及比重

可见，2000年以来中国发电装机容量快速持续增长，至2019年增长了约5.3倍。在2000年前，中国发电装机容量组成几乎全部为火电和水电；2008年后，风电、核电和太阳能发电装机开始规模化应用。2011年之后，风电和太阳能发电装机容量迅速增加，至2019年年底，装机容量分别占10.4%和10.2%。核电装机保持平稳有序发展，至2019年年底，装机容量占2.4%。受风电和太阳能发电装机容量迅速增加影响，水电和火电装机容量虽有平稳增加，但占比均逐渐减小，至2019年年底，分别降低至17.7%和59.2%。综合来看，目前发电装机中，火电仍占主要部分，水电其次，但风电和太阳能发电装机增长迅速，发电装机容量的结构优化和能源结构调整正在加速进行。

（二）动力机械工程学科发展目标及创新发展趋势

随着社会对能源动力的需求日益增加以及世界面临能源资源和生态环境的双重压力，我国近年来持续推进经济供给侧的结构性改革，并不断优化我国能源结构，这也使得动力机械工程学科的发展目标越趋明确，即：研发高效、清洁低碳和安全可靠的动力机械设备或装置，从而决定了现代先进动力机械设备或装置需要具有高性能、低污染、低排放、长寿命的显著特点，促进了机组向超高参数、大功率/容量、环保型以及智能化方向的蓬勃发展，此外随着新能源发电的大规模兴起，储能技术和多能互补技术也成为新的研究热点，动力机械装备发展也出现了新的机遇，由此持续不断地推动着动力机械工程学科的创新发展。

1. 能量转换效率持续提升

追求高性能始终是动力机械的重要发展方向之一。随着科学技术的不断进步、动力机械设计水平的不断发展以及热力循环与节能技术的不断革新，动力机械的循环热效率和总体性能日益提升。

在锅炉领域，随着高温耐热钢及合金材料冶炼和焊接技术的实用化，我国自主研发的燃用烟煤的煤粉燃烧锅炉蒸汽参数从 17.5MPa/571℃/569℃ 的亚临界锅炉、25.4MPa/571℃/569℃ 的超临界锅炉、27.46MPa/605℃/603℃ 的超超临界锅炉、29.3MPa/605℃/623℃ 的高效超超临界锅炉逐渐提高到目前 33.5MPa/605℃/623℃/623℃ 的高效超超临界二次再热锅炉，使我国燃煤锅炉的热效率不断提升，分别实现了锅炉热效率从 93.5%、94.0%、94.2%、94.5% 到 94.9% 的飞跃；我国自主研发的燃用无烟煤的 25.4MPa/571℃/569℃ 超临界锅炉及燃用贫煤和褐煤的 29.3MPa/605℃/623℃ 高效超超临界锅炉的热效率也分别达到 93.2%、92.8% 和 93.8%，以上煤粉燃烧锅炉热效率达到世界先进水平。近年来，我国自主研发的 25.4 MPa/571℃/569℃ 超临界循环流化床（CFB）锅炉和 29.3 MPa/605℃/623℃ 的高效超超临界 CFB 锅炉的热效率也分别达到 93.2% 和 93.5%，其中高效超超临界 CFB 锅炉的热效率达到世界领先水平。2019 年开工建设的二次再热创新示范项目——大唐郓城 1000MW 高参数超超临界二次再热锅炉，设计蒸汽参数达到 36.5MPa/620℃/633℃/633℃ 的更高水平，设计热效率 ≥ 95.0%，将于 2021 年投产运行。未来我国将继续提高蒸汽参数并与二次再热结合，进一步降低煤耗，后续可依托该示范工程对此类技术进行优化和推广。

在蒸汽轮机领域，我国蒸汽轮机机组的发电效率不断提升，现已达到世界先进水平；蒸汽轮机的再热温度、进汽压力越来越高，充分体现了与材料、机械等多学科交叉融合的发展。2006 年，我国首台 26.25MPa/600℃/600℃ 的 1000MW 超超临界机组在华能玉环电厂运行，机组发电效率超过 45%。为进一步提高蒸汽轮机机组的发电效率，我国从 2009 年起加快了对超超临界二次再热蒸汽轮机的研发。2016 年，山东莱芜二次再热 1000MW

机组的发电效率为 48.12%，是目前世界上发电效率最高的燃煤火力发电厂。表 6 列出了我国 1000MW 超超临界机组额定工况下蒸汽轮机热耗和发电煤耗指标。

表 6 1000MW 超超临界机组额定工况下蒸汽轮机热耗和发电煤耗指标

项目名称	进汽压力（MPa）	进汽温度（℃）	再热温度（℃）	发电效率（%）	热耗率 $[kJ \cdot (kW \cdot h)^{-1}]$	发电煤耗 / $[g \cdot (kW \cdot h)^{-1}]$
鲁阳电厂	25.0	600	600	44.60	7409.4	275
北疆电厂一期	26.25	600	600	44.99	7350.5	273
泰州电厂二期	31.0	600	610、610	47.92	7070.0	256.28
莱芜电厂	31.0	600	620、620	48.12	7064.0	255.3

在燃气轮机领域，世界范围内 E 级、F 级重型燃气轮机技术已经成熟，H 级、J 级产品也已进入市场，我国由东方电气集团东方汽轮机有限公司（以下简称东汽）自主研发的国内首台 F 级 50MW 燃气轮机于 2019 年 9 月试验点火。目前，先进的 G/H 级重型燃气轮机的燃气初温超过了 1500℃，单机循环效率为 40%~43%，联合循环效率超过 60%，而 J 级重型燃气轮机的燃气初温已达 1600℃以上，单机循环效率大于 43%，联合循环效率大于 64%。表 7 给出了先进重型燃气轮机的概况。可以预见，未来的重型燃气轮机将继续朝着更高效率的方向发展。

表 7 先进重型燃气轮机的概况

生产公司	燃机型号	燃气温度（℃）	单循环功率（MW）	联合循环功率（MW）	单循环效率（%）	联合循环效率（%）	压气机压比
GE（通用电气）	9HA.01	–	446	660	43.1	63.5	23.5
	9HA.02	~1630	571	838	44.0	64.1	23.8
SIEMENS（西门子）	SGT5-8000H	~1600	450	665	> 41.0	61.0	21.0
	SGT5-9000HL	–	593	870	42.8	> 63.0	24.0
MHPS（三菱日立电力系统）	M701F5	~1520	385	566	41.9	62.0	21.0
	M701J	~1600	478	701	42.3	62.3	23.0
	M701JAC	~1650	448	650	44.0	64.0	25.0

近年来，随着可再生能源发电的兴起，水力发电和风力发电所占比重越来越大，水轮机与风力机的相关技术也日益成熟，大量风力发电站的出现为分布式能源的发展提供了条件，水电站建设逐渐走出国门、走向世界，支持非洲各国修建了大量水电机组。我国水轮机组的发展已较为成熟，目前能够独立设计和制造回转直径超过 10m 的混流式水轮机，轴流式水轮机的关键技术也处于国际领先水平。通常，混流式水轮机的效率在 95%~98%，轴流式水轮机的效率在 88%~95%，水力发电机组的发电效率是 75%~82%，大中型水力发电机组的发电效率一般超过 90%。风力发电机的贝兹极限限制了风力发电机的效率，贝兹极限的效率一般为 59.3%，即任何风力发电机的效率都小于 59.3%。实际上，考虑到电机损失和机械损失，风力发电机组的发电效率在 44%~47%。

由此可见，传统动力机械的技术已趋于成熟，发电效率虽然一直还在提升，但其提升幅度越来越小。为寻求更高的发电效率，人们开始将目光投向了其他工质的动力机械，其中最具代表性的是对以 $S-CO_2$ 为工质的发电系统的研究。2017 年，华北电力大学牵头承担了国家重点研发计划"超高参数高效二氧化碳燃煤发电基础理论与关键技术研究"项目，该项目设计分流结构的 1000MW 等级的 $S-CO_2$ 燃煤发电系统，理论发电效率达到 48.37%，比目前最先进的超超临界 1000MW 二次再热机组 48.12% 的发电效率还要高。

2. 碳排放和污染物排放不断降低

为缓解资源过度消费，应对全球气候变化，我国持续加大节能减排力度，并将节能减排作为经济社会发展的约束性目标。其中，减少碳排放和污染物排放成为减排的重要措施之一。

2018 年我国因能源消费产生的 CO_2 排放量增加 2.15%，虽然整体增速不大，平均每年排放量仅占世界的 27.86%，但碳排放总量仍高居世界第一。

随着清洁发电技术的不断发展，燃煤火电机组锅炉的污染物排放逐渐得到了控制，以硫化物、氮化物为主的污染物排放量逐年降低。2009 年，北仑电厂三期 2 台百万千瓦超超临界燃煤机组建成投产，成为国内首家百万千瓦机组同步投运脱硫脱硝装置的电厂。到 2017 年年底，全国燃煤电厂 100% 实现烟气脱硫，92.3% 在运机组实现烟气脱硝，全国电力烟尘、SO_2、NO_2 排放量分别约为 26 万吨、120 万吨和 114 万吨，分别比 1990 年下降 336 万吨、297 万吨和 114.7 万吨，在全国火电装机大幅增长的情况下，污染物总排放量显著下降。据统计，2017 年烟尘、SO_2、NO_2 排放量分别为 0.06g/（kW·h）、0.26g/（kW·h）、0.25g/（kW·h），相比于 2012 年的 0.4g/（kW·h）、2.3g/（kW·h）、2.4g/（kW·h），均有显著下降。表 8 给出了华润贺州电厂一期（2 台 1000MW）污染物的排放量。可以说，我国燃煤火电机组锅炉的污染物排放控制水平已处于世界先进水平，为应对全球气候变化、国家生态文明建设和全国污染物减排、环境质量改善做出了重要贡献[8]。

除了对燃煤火电机组进行脱硫、脱硝技术改造，发展燃煤清洁发电技术是解决燃煤电厂污染物排放的根本途径。西安交通大学提出的"煤炭超临界水气化制氢和 H_2O/CO_2 混合工质热力发电多联产发电系统"采用超临界水煤气化制氢，避免传统采用煤炭直接燃烧的方式，实现了燃煤电厂的"零排放"的目标。此外，增压流化床联合循环（PFBC）发电技术、整体煤气化联合循环（IGCC）发电技术、高效超超临界（USC）燃煤发电技术等，都是重要的燃煤清洁发电技术。

表8 华润贺州电厂一期污染物排放量

污染物	大气污染物排放 [mg·(Nm^3)$^{-1}$]	排放量（t·y^{-1}）	排放浓度（mg·m^{-3}）	排放速率（kg·h^{-1}）
烟尘	100	890	28.31	178
SO$_2$	30	2589	82.36	518
NO$_2$	120	6130	195.00	1226

相比于燃煤火力发电机组，燃气轮机燃烧效率高、污染物排放量小。现代燃气轮机主要污染物是NO$_x$，没有SO$_2$和烟尘的排放。以西门子研发的SGT5-9000HL重型燃气轮机为例，加装选择性催化还原（SCR）脱硝技术的燃气轮机NO$_x$排放量为0.0056g/（kW·h），是燃煤火力发电机组NO$_x$排放量的1/40。另外，采用IGCC能将燃煤引起的污染物排放问题在燃料燃烧前解决，实现在燃烧过程中的"低排放"。

3. 安全可靠性趋于增加

众所周知，动力机械安全可靠的运行是确保生产的前提。以化石能源为燃料的动力机械通常工作在高温高压高腐蚀的环境，而应用风能、水能的动力机械随着大型化其工作条件也十分苛刻，这些情况均对动力机械的安全可靠运行带来严峻的挑战。例如，蒸汽轮机或燃气轮机的叶片在承受高速运转引起的离心力、振动应力的同时，还要承受高温蒸汽（燃气）的热冲击和腐蚀作用。近年来，为提高动力机械的安全可靠性，动力机械在结构强度与寿命设计、材料、加工制造、动力特性等方面均取得了一定的研究成果。

在材料方面，现代超临界和超超临界蒸汽轮机的主要结构材料采用铁素体钢，传统的CrMoV、12CrMoV材料在566℃条件下达到性能极限，先进的10% Cr含量的铬钢耐温极限达到600℃，2006年已用于我国首台600℃的玉环超超临界机组上；而9% Cr含量的铬钢耐温极限达620℃，2013年将其应用于我国首台620℃的超超临界机组上。由于在耐高温材料方面的研究不断进步，2018年我国蒸汽轮机机组的设计参数提高到了630℃。当前，对于蒸汽轮机材料的研究主要致力于开发能够在700℃~800℃高温环境中有耐氧化和耐腐蚀性的新型材料。在重型燃气轮机中，透平叶片材料主要使用单晶高温合金，结合先进的透平叶片冷却技术，重型燃气轮机的透平进口温度达到了1500℃~1650℃。

在加工制造方面，蒸汽轮机和核电蒸汽轮机的末级叶片通常很长，制造工艺对整体强度有很大的影响。蒸汽轮机的长叶片一般采用锻造的方式进行制坯，由于叶片型面扭曲度大、锻件厚度薄、制坯难度高，因此长叶片的加工制造成了第三代核电蒸汽轮机的关键技术。燃气轮机高温叶片加工制造是一项技术含量很高的工艺，其难点在于毛坯的铸造工艺复杂，叶片型面复杂，叶片涉及尺寸多，精度要求高，目前，世界上只有少数工业发达的国家掌握了此项技术。此外，随着风力机功率的不断增加和低风速风力机的发展，风力机叶片长度不断加长，我国已生产出91m长叶片，配套7MW等级海上风力机，美国GE公司已生产出了107m长叶片，配套12MW海上风机。叶片长度的快速增长将导致整机载荷和叶片成本快速增加，因此，控制风电机组载荷和成本成为目前叶片设计技术的主要研究目标和难点。

在动力特性方面，由于质量的不平衡，所承受的载荷不均匀，旋转体结构刚度的各向不同性、间隙、润滑等因素，使得动力机械在做高速旋转运动时，轴系振动不可避免。但是轴系振动过大极易引起大轴弯曲和轴承乌金损坏，严重时甚至会造成轴系裂纹、断裂等恶性事故。因此，在动力机械的设计和运行过程中要高度重视机组的振动问题。近年来，西安交通大学与国内汽轮机企业合作研发的减振阻尼叶片技术，可以有效减小蒸汽轮机低压缸中的长叶片振动。此外，在机组实际运行过程中，可以通过实时、在线自动获取实时振动数据，确保蒸汽轮机机组的安全可靠运行。

4. 机组容量进一步提高

动力机械在追求高效率、低排放和高可靠性的技术上不断突破与成熟，促进了机组不断向大容量（大功率）方向发展。改革开放40年来，我国火电机组单机容量从300MW发展到1000MW级以上，经历了从中等容量到大容量不断发展的过程，也影响了世界电力工业的发展趋势。

目前，燃煤电厂的功率已经发展到最大单机单轴容量1240MW，双轴容量1350MW，而世界单机容量最大核电站的功率达到了1750MW。此外，燃气轮机、水轮机等动力机械装备的容量都在进一步提高。可以说，动力机械机组容量的不断提高也体现了动力机械装备技术越来越成熟。表9给出了世界上先进的燃煤发电、核能发电、燃气轮机发电和水力发电机组的主要参数与单机容量。

表9 典型发电类型先进机组的参数与单机容量

发电类型	进汽压力（MPa）	进汽温度（℃）	发电效率（%）	单机容量（MW）	备注
燃煤发电	31.0	600	48.12	1000	山东莱芜电厂
核能发电	7.5	290	–	1750	台山核电站
燃气轮机发电	2.5	1650	>64	830	M701J燃气轮机
水力发电	–	–	–	1000	白鹤滩水电站

动力机械装备的大容量一方面会使得机组的结构复杂、控制难度增加，另外，大容量的动力机械必然会导致机组的高参数，如我国自主研发的1000MW超超临界二次再热机组是世界上参数最高的发电机组，这也对材料性能和设计水平提出了更高的要求；另一方面，大容量能提高机组效率，降低单位功率的建造和运行成本，同时便于生产管理，极大地提高机组的经济性和安全可靠性。因此，随着设计技术、加工制造技术、材料技术和控制技术及系统的技术进步与不断发展，动力机械装备未来还将朝着大容量的方向发展。

到2018年，我国已投产的1000MW以上的超超临界机组达到了111台，现阶段正逐步有计划关停300MW的燃煤发电机组。2018年，世界上单机容量最大的1750MW核电蒸汽轮机在我国台山核电站并网发电。目前，世界上先进J级重型燃气轮机单机功率超过了550MW，联合循环功率超过800MW。单机容量1000MW的水轮机现已在白鹤滩水电站进入制造安装阶段。从技术发展层面而言，经过数十年的技术积累和创新发展，现阶段的设计技术、加工制造水平、材料研发已经可以支撑制造大容量的动力机械装备。但就我国目前的发电产业现状而言，低容量、低参数的发电机组的比例仍然偏高，未来势必还将进一步优化发电机组产品结构，建设更多的大容量机组。

5.新能源开拓发展新方向

近年来，我国风电、太阳能光热发电发展迅速，装机规模不断增大。但风电、光热发电存在着发电不稳定，容易受到天气、地理位置等自然因素的影响，严重影响电能的质量，对整个电网的稳定运行也带来巨大挑战。因此，如何适应于新能源发电将是动力机械新的发展需要面对和解决的一个重要课题。

为了促进新能源发电产业的发展，减少因天气因素对新能源发电的负面影响，近些年来，以抽水蓄能和压缩空气为代表的储能技术受到越来越多的重视。目前，我国的抽水蓄能装机容量居世界第一，中国科学院工程热物理研究所等单位在压缩空气储能领域的研究成果显著，并在国际上首次提出了超临界压缩空气储能系统，这对促进我国压缩空气储能技术的发展具有重要意义。

为了更加充分利用新能源资源，多能互补技术近年来受到了广泛的关注。多能互补是指按照不同资源条件和用能对象，采取多种能源相互补充，以缓解能源供需矛盾，合理保护和利用自然资源，同时获得较好的环境效益的用能方式。多能互补的提出也能够解决风能、太阳能等新能源发电不连续问题，平抑新能源出力的波动性[9]。例如，将分布式能源系统与太阳能、风能结合，一方面既可以减少传统分布式能源系统对化石燃料的消耗，另一方面又可以克服太阳能、风能不连续、不稳定的缺点。正因为多能互补能够促进对新能源资源的利用，《电力发展"十三五"规划》明确指出，多能互补是提高风电、太阳能发电等新能源消纳能力的重要手段。

多能互补系统通常是一个微电网系统，主要应用于新城镇、新建大型公用设施，并以利用风能、太阳能等新能源资源为主，涉及发电、配电和用电各个领域，在物理构成上主要分为能量提供端和信息通信网络控制层。近年来，随着技术的进步，多能互补模式开始多样化发展，既有风、光自然互补模式和水光、水风互补模式，也有风、光、火互补模式，风、光、火、蓄互补模式，还有光伏、光热、蓄能互补模式等。

目前，由于各国资源分布、产业特点等都有所差异，发展多能互补系统的政策有所不同。美国、日本和德国近年来从供应电力安全的角度出发，积极推进多能互补系统发展，甚至通过政策扶持、鼓励融资等方式，激发多能互补系统的商业模式创新。我国风能、太阳能丰富，具有较大的开发潜力，因地制宜选择多能互补模式，提高可再生能源利用率；同时在政策方面，在"互联网＋智慧能源"的推动下，我国的发展将应该更加注重用户端的需求和能源资源的利用率。

综上所述，在"十三五"期间，通过动力机械工程学科"产学研用"各界的持续努力，动力机械工程学科的科学研究、科技研发和产品研制在高效、清洁、安全、大容量化以及面向新能源应用等各个方面都取得了显著进步和重要成果。动力机械能量转换效率的提升以及机组的大容量化，不仅取得了良好的经济效益，还极大地减少了能源消费。清洁无污染的电力／动力生产是现代社会的不懈追求，随着近年来的技术进步和新的突破，动力机械的污染物和碳排放量不断降低，"零排放""低排放"将是动力机械的终极发展方向。同时，随着材料、加工以及设计技术等多学科交叉融合发展与进步，我国动力机械设备的安全可靠性明显提升，电厂的等效可用系数逐步提高，促进了我国各相关行业生产力的不断提升。风能、太阳能等新能源的广泛应用与储能技术的创新发展，进一步促进了我国经济供给侧的结构性改革和能源结构的转型。

（三）动力机械工程学科最新研究进展

1. 锅炉技术研究进展

煤炭是我国的主体能源和重要工业原料。2018 年，我国原煤产量 36.8 亿吨、消费量 39 亿吨，分别占一次能源产量和消费量的 69.6% 和 59%。我国"富煤少油缺气"的能源资源禀赋特点及目前所处的生产力发展阶段，决定了在今后相当长的一段时间内，煤炭仍将是我国的主体能源[10]。推进煤炭的清洁高效开发利用，是实现能源生产和消费革命的必由之路，其中锅炉及其技术的发展无疑是实现煤炭资源消费革命的主体及主流技术。2012—2019 年，锅炉技术发展的主题词为自主研究开发、自主设计制造、自主安装调试运行，经过近些年的不懈努力，我国锅炉技术开启了创新驱动发展的新模式，使锅炉整体技术顺利完成从消化吸收到自主创新发展的根本转变，国内主要锅炉厂建立了完全自主化的锅炉设计技术体系，这是我国锅炉制造企业未来与国外同类制造企业同台竞技发展的必然蜕变之路。

我国高度重视煤炭清洁高效利用技术的研发、推广和转化应用，先后实施 973 计划、

863 计划、科技支撑计划、重点研发计划和自然科学基金项目等各类国家科技计划，支持相关科研工作、改善科研基础条件及促进各领域科技成果转移转化。通过上述国家科技计划的有力支持，我国煤炭清洁高效利用领域的技术水平大幅提升，创新能力显著增强，取得了一系列重要的阶段性成果。

（1）燃烧技术

世界范围内，煤燃烧领域的研究重点已经从传统四角切圆、旋流对冲技术转向先进燃烧技术和特殊煤种燃烧技术，在近年来煤燃烧新技术的发展中，Mild（炉膛内氧气被强烈稀释到低氧条件下的一种温和燃烧模式）燃烧、化学链燃烧和半焦燃烧技术处于理论探索、实验室基础研究和小试阶段，富氧燃烧技术完成中试和 $35MW_{th}$ 工程示范，而超临界水煤气化和高碱煤燃烧技术同时具有研究热度、理论深度和应用广度。我国有关 W 火焰燃烧、旋流对冲燃烧、四角切圆燃烧、水煤浆燃烧和循环流化床等大容量电站煤燃烧技术在保障燃烧安全、提高燃烧效率和降低污染物排放方面均有不同程度发展与突破，成功完成技术转化并形成工程应用。直接燃褐煤发电机组投资大、效率低、水耗高。在褐煤电站中集成烟气、蒸汽干燥工艺，采用燃煤发电过程的低品位能源对褐煤进行预干燥，降低入炉褐煤的水分、提高入炉褐煤热值，并回收干燥乏气中的水分和热量，有望大幅度提高褐煤发电系统效率、降低发电水耗。西安交通大学的研究表明，对于 40% 左右的高水分含量褐煤，采用预干燥技术可降低电站煤耗率达 10g/（kW·h）左右，节能效果显著，并且采用蒸汽轮机抽汽为热源相比锅炉烟气为热源具有更大的节能潜力；对于空冷机组，通过回收干燥乏气中的水分可以实现机组的零补水。褐煤预干燥发电系统的变工况特性研究表明，采用烟气为热源的褐煤预干燥发电系统节煤量基本不受负荷的影响，而采用抽汽为热源时，系统节煤量随着负荷降低而降低，在机组负荷接近 50% 左右时，系统便不再节煤。因此，烟气干燥适合集成于调峰机组，蒸汽干燥适合集成于基准负荷机组。另外，预干燥技术还可以与低温热解、汽化等工艺联合应用，实现褐煤的能质综合梯级利用，提高褐煤利用的能效与经济价值。

（2）高温耐热材料技术

借助超（超）临界一次再热锅炉高温耐热钢的消化吸收与自主创新设计，我国已逐步实现超超临界一次和二次再热机组高温耐热钢管的自主化生产和在 660MW 及以上级燃煤机组上的成功应用，如 10Cr9Mo1VNbN、10Cr9MoW2VNbBN、10Cr18Ni9NbCu3BN、07Cr25Ni21NbN 等钢种。近年来，国内科研机构和钢铁企业不断检视和提高锅炉高温耐热材料的综合性能，创新性地提出了适合我国更高蒸汽参数燃煤机组未来发展的新型高温耐热材料，如 G115、SP2215、CN617、C-HRA-3、HT700、GH984G、GH750 等，其中 G115、GH984G 和 SP2215 均已进入示范应用阶段，使我国锅炉耐热钢及合金研发和应用取得前所未有的技术进步。

（3）清洁高效燃煤发电技术

2013 年，我国燃煤机组平均供电煤耗已达到 321gce/（kW·h），其中 660MW 和 1000MW 超超临界发电机组总装机已达 1 亿千瓦，居世界首位，平均供电煤耗达到 290 gce/（kW·h），上海外高桥三厂燃煤机组年平均供电煤耗已达到 276 gce/（kW·h），处于国际领先水平；我国首台 250 MW 等级 IGCC 示范电站投入运行，成为世界上第四个拥有大型 IGCC 电站且自主设计、建设和运行的国家；除尘、脱硫、脱硝等燃煤污染物独立及其协同控制技术进入规模化推广应用阶段。"十三五"期间，洁净燃煤发电新技术正在加快研发和推广应用，以提高煤电机组发电效率及节能环保水平。现役煤电清洁化改造和新建清洁化煤电机组加大了高能耗、重污染煤电机组的改造和淘汰力度。在重点推广的高效率、低排放煤炭发电技术的各项相关技术中，高效一次和二次再热超超临界发电（USC）趋于成熟，整体煤气化联合循环（IGCC）、富氧燃烧（Oxy-fuel）等煤炭发电技术已成功实现商业化运行[11]。我国主要锅炉制造厂家通过自主研发和技术合作，完成了超（超）临界锅炉各项关键技术的研究和工程示范，并不断总结设计、制造、安装及运行等方面的成熟经验，开发出一系列 350MW~1000MW 等级超（超）临界一次再热煤粉燃烧锅炉、660MW~1000MW 等级超超临界二次再热煤粉燃烧锅炉、1000MW 超超临界 W 火焰燃烧锅炉、1000MW 超超临界褐煤塔式锅炉、700℃参数机组超超临界锅炉、尾部烟气余热综合利用系统、富氧燃烧锅炉及关键设备、中东及南美地区 600MW 等级油气炉等多个具有里程碑意义的重大产品，创新成果达到国际先进水平。

循环流化床（CFB）燃烧具有燃料适应性强、污染控制成本低的优点，超临界循环流化床具有高效和低污染双重优势。在没有先例的情况下，以清华大学、东方电气和神华集团等单位组成的项目团队经过多年攻关，系统突破了循环流化床锅炉从 300MW 亚临界自然循环跨越到 600MW 超临界强制流动带来的巨大的理论及工程挑战，取得了系列原创性成果[12]：完整地揭示了超临界循环流化床锅炉的基本原理，创建了超临界循环流化床锅炉设计理论和关键技术体系；开发了超临界循环流化床锅炉设计技术，发明了系列的专利部件结构，率先研制出世界容量最大、参数最高超临界循环流化床锅炉；创建了控制、仿真、系统集成和安装、调试、安全运行技术体系，建成了国际首台 600MW 超临界锅炉循环流化床示范工程，如图 12 和图 13 所示。示范工程运行平稳，指标全面优于国外超临界循环流化床。获授权发明专利 33 项、实用新型专利 70 项、软件著作权 6 项，发表论文 234 篇。同时，拓展应用创新成果，开发了系列的超临界循环流化床锅炉，且在国内推广使用，并开始走向海外，全球超临界循环流化床市场占有率超过 95%。项目实现了 600MW 超临界循环流化床的国际梦想，国际能源署认定是国际循环流化床燃烧技术发展的标志性事件。上述科研成果获 2017 年度国家科学技术进步奖一等奖。

图 12 装备 600MW 超临界循环流化床锅炉的神华白马电厂

图 13 神华白马电厂 600MW 超临界循环流化床锅炉

燃煤排放的颗粒物（PM）、二氧化硫（SO_2）、氮氧化物（NO_x）、汞（Hg）、三氧化硫（SO_3）等多种污染物，是导致严重大气污染问题的重要原因。燃煤机组能否达到燃气排放限值实现超低排放对推进我国煤炭清洁高效利用、破解我国燃煤污染与能源安全的挑战具有极其重要意义。以浙江大学和浙能集团等组成的项目攻关团队系统研究了烟气中多种污染物转化/脱除过程的多相、多场、多尺度相互作用与耦合规律，建立了多种污染物脱除过程强化的协同调控新方法，突破了多场强化细颗粒捕集、硝汞协同催化、氧化–吸收耦合、多相混合强化、协同优化与智能调控等关键技术，研发形成了经济高效稳定的多种污染物高效协同脱除超低排放技术和装备，建成了国内首个燃煤电厂超低排放工程（嘉华电厂在役 1000MW 燃煤机组，如图 14 所示），首次实现了燃煤主要烟气污

图 14　嘉华电厂在役 1000MW 燃煤机组超低排放技术示范工程

染物排放指标优于国家规定的天然气发电排放限值，被国家能源局授予"国家煤电节能减排示范电站"，开启了我国燃煤电厂进入超低排放的新阶段。该成果已规模化应用，全面提升了燃煤污染治理技术及装备水平，推动了国家燃煤电厂超低排放战略的实施，为支撑我国建成全球最大的清洁高效煤电体系做出了重要贡献，同时也为全球解决燃煤污染问题提供了中国方案，经济和社会环境效益显著。上述科研成果获得 2017 年度国家技术发明奖一等奖。

　　未来数年，我国可再生能源发电装机容量还将持续高速增长。为有效消纳可再生能源发电，提高燃煤电站的运行灵活性刻不容缓。"节能优先"是我国经济社会发展长期坚持的战略，这就要求燃煤发电机组在灵活运行的前提下具备高的能量利用效率。为实现燃煤机组运行灵活性与高效性的协同，西安交通大学将燃煤电站的节能理论由稳态节能拓展至瞬态过程，研究揭示了设备、子系统、系统层面在瞬态过程中的能量转化规律，发现了瞬态过程中存在附加熵产（附加㶲耗散）的特殊现象，进而揭示了通过热力系统与热工控制耦合匹配实现燃煤发电系统瞬态过程熵产最小化的机理，实现了瞬态过程运行灵活性与高效性协同。

　　随着"中国制造 2025"的积极推进，我国电站锅炉部件智能化制造也一直是各锅炉制造厂不断追求的目标，并已开展锅炉智能制造工艺技术的数字化和网络化基础调研和研究开发工作。借助上述基础研究成果和设计与制造技术的进步，形成了我国独特的高效率超超临界二次再热机组大容量燃煤电站锅炉技术，同时我国也积极推进燃煤机组优化改造技术、燃煤机组掺烧生物质耦合发电技术和电站锅炉在线监测、离线检验及锅炉岛控制技术，使我国燃煤机组的仪表监测和优化运行等技术达到世界领先水平。

2. 蒸汽轮机技术研究进展

蒸汽轮机是一种将高温高压蒸汽的热能转换为机械功的旋转式动力机械，应用广泛。蒸汽轮机可分为承担基本发电负荷的大功率蒸汽轮机和工业蒸汽轮机。承担基本发电负荷的先进大功率蒸汽轮机主要包括火电湿冷高效一次再热超超临界蒸汽轮机、火电湿冷高效二次再热超超临界蒸汽轮机、火电空冷超超临界蒸汽轮机与核电半速饱和蒸汽轮机等。工业蒸汽轮机根据不同用途可以分为工业驱动用蒸汽轮机和工业发电用蒸汽轮机（含热电联产），其中工业驱动用蒸汽轮机主要应用于石化、冶金、煤化工、电站锅炉给水泵、核电等领域；工业发电用蒸汽轮机主要应用于企业自备电站、余热利用、太阳能光热发电等领域。

由于中国能源结构的特点，蒸汽轮机是 21 世纪乃至更长时期内中国能源高效转换与洁净利用系统的核心动力装备。我国蒸汽轮机技术近年来取得了一系列重要进展。

（1）高参数大容量超超临界蒸汽轮机

自 2006 年我国首台 1000MW 级超超临界蒸汽轮机投产以来，通过引进、消化吸收和再创新，成功研制了一系列超超临界机组，产品容量从 660MW~1240MW 不等，蒸汽温度有 600℃、610℃和 620℃一次再热蒸汽轮机，机型涵盖不同参数和功率等级的湿冷、空冷、纯凝和抽汽机组，我国超超临界蒸汽轮机的品种、产量、性能和质量均已跨入国际先进行列。

我国自主研发的二次再热超超临界机组进一步提高了能量转换效率。自 2012 年起其代表性机型是单轴五缸四排汽的二次再热 1000MW 等级蒸汽轮机，设计参数为 31MPa/600℃/610~620℃/610~620℃。典型结构布局是一个超高压缸、一个高压缸、一个中压缸和两个低压缸串联布置组成。蒸汽轮机五根转子分别由六个轴承来支承，除超高压转子由两个轴承支承外，其余四根转子，即高压转子、中压转子和两根低压转子均只有一个轴承支承。这种支承方式不仅使结构比较紧凑，主要还在于减少基础变形对于轴承载荷和轴系对中的影响，使得蒸汽轮机转子安全可靠运行[13]。同时，我国还成功开发了高效二次再热超超临界 660MW 级蒸汽轮机，进汽参数为 31MPa/600℃/620℃/620℃，采用五缸四排汽，一个超高压缸、一个高压、中压合缸和两个低压缸串联的布置方式。

新近自主设计的安徽淮北平山电厂二期（以下简称平山二期）1350MW 二次再热发电机组，蒸汽轮机总体布置采用高低位双轴技术，极大缩短了主蒸汽管道、一次再热蒸汽管道以及一次冷再热蒸汽管道的长度。蒸汽轮机进汽参数为 32.5MPa/610℃/630℃/623℃，七缸六排汽，高低位双轴布置。一个单流超高压缸和一个单流高压缸为高位布置；两个双流中压缸和三个双流低压缸为低位布置，布置在传统的蒸汽轮机平台上。低位布置的蒸汽轮机五根转子分别由六个轴承来支承，各个转子之间均只有一个轴承支承。该机组的投运将刷新二次再热机组的效率。

（2）核电蒸汽轮机

2012—2018 年，在国家核电重大专项有关课题的支持下，三大蒸汽轮机制造企业通过引进技术消化吸收再创新以及产学研用合作，逐步实现了 1000MW 级核电蒸汽轮机的国产化制造、自主化研制与批量化生产。核电蒸汽轮机方面代表性的机型如下：①东汽自主研制出"华龙一号"第三代核电技术压水堆核电站 1160MW（福清 5 号和 6 号）与 1200MW（宁德 5 号和 6 号）半速饱和蒸汽轮机，以及 CAP1400 第三代核电技术压水堆核电站 1500MW 半速饱和蒸汽轮机，其中"华龙一号"配套蒸汽轮机为三缸四排蒸汽轮机型、CAP1400 配套蒸汽轮机为四缸六排蒸汽轮机型。②上海电气集团股份有限公司（以下简称上海电气）1000MW 级核电蒸汽轮机是半转速、单轴、反动式蒸汽轮机，采用一个双流高压缸、两个双流低压缸的三缸四排汽结构。其中，阳江 1 号至 6 号、广西防城港核电有限公司（以下均简称防城港）1 号与 2 号等 CPR1000 压水堆核电站 1000MW 级半速饱和蒸汽轮机已经投入运行。③哈汽 1000MW 级核电蒸汽轮机是半转速、单轴、反动式蒸汽轮机，采用一个双流高压缸、三个双流低压缸的四缸六排汽结构。哈尔滨汽轮机厂有限责任公司（以下简称哈汽）自主研制出海南核电有限公司二期压水堆核电站"华龙一号"1197MW 半速饱和蒸汽轮机、江苏田湾核电有限公司 VVER-1000 压水堆核电站 1125MW（田湾 3 号和 4 号）半速饱和蒸汽轮机。

（3）工业蒸汽轮机

2012—2018 年，我国工业蒸汽轮机技术和产品有了新的进展。在工业驱动蒸汽轮机领域，杭州汽轮机股份有限公司（以下简称杭汽）研制成功了全球最大 150 万吨/年超大型乙烯装置用 90MW 工业蒸汽轮机。在工业发电蒸汽轮机领域，发展了应用于钢厂煤气余热发电、生物质发电、垃圾发电、热电联供和光热发电的高转速和再热型式蒸汽轮机技术。

我国在 2012 年首次开发出了 65MW 一次再热机型，将该等级机组热耗率降低 7% 以上，为小功率蒸汽轮机采用再热型式提供了工程实践经验。基于模块化设计理念，实现了亚临界 538℃~566℃、6~125MW 范围内的各种纯背压式、抽汽背压式、抽凝背压式机组的个性化设计，在满足工业、采暖用汽的同时，对高参数的蒸汽进行分级利用，可对外供电或满足厂用电需求，提高了能源利用率。

此外，在太阳能光热利用方面，我国自主开发了槽式光热、塔式光热、菲涅尔式光热蒸汽轮机。光热蒸汽轮机均为空冷蒸汽轮机，更加适应西北地区干旱缺水的运行环境，同时光热蒸汽轮机具有循环效率高、快速启停、宽负荷高效、长寿命等技术优势。

（4）蒸汽轮机核心技术

我国在蒸汽轮机的通流部分设计技术、末级长叶片设计技术、汽封技术、结构强度与寿命评估技术、轴系特性及支撑技术、焊接转子技术、蒸汽轮机材料技术和蒸汽轮机控制系统技术方面掌握了具有自主产权的核心技术。

在"十三五"期间，我国进一步发展完善了蒸汽轮机的长叶片设计体系，该体系建立在理论计算及大量试验研究的基础上，通过工程实际验证，具有一整套可靠的设计准则、强度振动软件系统、制造安装工艺规范、质量规范、实物试验验证规范。采用有限元分析技术和材料试件（单轴应力状态）力学性能的试验数据，发展了蒸汽轮机高温部件蠕变与关键部件多轴应力状态的多工况强度设计体系；提出了蒸汽轮机关键部件的强度有限元分析的稳态额定工况两个设计判据和瞬态变工况一个设计判据的设计准则，有效地提高了蒸汽轮机设计水平；研发了大型核电半速发电机组的低压转子和发电机转子以及1000MW级超超临界机组的低压转子和发电机转子的径向支撑轴承，实现了大直径、高比压轴承设计；所设计的径向支撑轴承的最大直径分别达到560mm和800mm，轴承的最大设计工作比压分别达3.0MPa和2.7MPa，接近最大设计许用比压3.2MPa。在新开发重载轴承中，针对转子的大偏心下的回转运动，润滑油油膜的非线性的特征，解决了轴承的润滑特性要求高、设计开发技术难度大的关键技术问题，实现了大功率蒸汽轮机轴承自主研发，并在单机容量1750MW级核电半速机组上获得了应用。

我国一直致力于研究开发焊接转子技术，并建立了完整的焊接转子技术体系。截至2018年年底，中国企业具备了60年的焊接转子技术研发、产品设计及生产制造经验，已经成功焊接制造各类型焊接转子440余根，实现了商业运行，并保持零故障的记录。焊接转子应用几乎覆盖了所有的蒸汽轮机类型，如125MW~1000MW火电蒸汽轮机低压焊接转子、超超临界高压焊接转子、1000MW核电蒸汽轮机高中压及低压焊接转子、联合循环异种钢转子等。

在600℃蒸汽轮机用铁素体钢开发成功后，我国借鉴欧美的材料研发经验，在已有大量应用业绩的600℃高温转子钢和铸钢基础上添加1%的Co和100ppm的B，并对Si、Mn和Ni含量做了微量调整，得到改型的含Co和B的新型9%Cr铁素体钢FB2M和CB2M。全尺寸模拟件试验表明，FB2M和CB2M的高温性能明显优于600℃用转子钢和铸钢，也优于欧洲开发的620℃用转子钢FB2和铸钢CB2，FB2M和CB2M的最高工作温度可达625℃。对于再热蒸汽温度为620℃的超超临界蒸汽轮机，其转子锻件和铸件采用了含Co和B的新型9%Cr铁素体钢FB2M和CB2M，其汽缸、阀壳和中压转子的尺寸比较大，并在淮沪电力有限公司田集第二发电厂（以下简称安徽田集）我国首台再热蒸汽温度为620℃的超超临界燃煤电站上成功应用。

研发新一代的高参数大容量二次再热发电技术，对进一步提升燃煤发电效率、减少煤炭消耗、降低污染物和CO_2排放具有重要意义。近十年来，我国汽轮机行业相关研制单位联合攻关，相对于国际上普遍选择的二次再热技术路线（参数28~31MPa/550~580℃，最大功率700MW），将两级再热蒸汽参数提升至623℃、容量提升至1000MW级，研制成功具有国际领先水平的660MW和1000MW等级超超临界二次再热机组汽轮机，为更高参数等级的超超临界二次再热机组汽轮机研发奠定了重要基础。

总体上看，我国火电蒸汽轮机的技术和产品的产量、品种、技术水平、运行性能等均居国际先进水平。在蒸汽轮机的实际运行性能、高温材料应用及进汽参数、高参数大容量

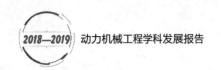

模块开发、单轴最大容量、热电联供、空冷机组、超长轴系、二次再热循环、双机回热抽汽及驱动给水泵抽汽背压小蒸汽轮机、超长叶片低压模块系列开发、双轴高低位布置、单轴全高位布置机型等方面均取得了新成就。

3. 燃气轮机技术研究进展

燃气轮机是一种把高温燃气的热能转换为机械功的旋转式动力机械，具有高效、清洁、运行灵活、结构紧凑的突出优势。根据单机功率和应用领域，燃气轮机可分为用于公用电网发电的大功率重型燃气轮机，以及用于驱动和分布式供能的中小型燃气轮机和微小型燃气轮机，其中重型燃气轮机单机功率多在 100MW 级及以上，其装机容量占全球燃气轮机总装机容量的比例超过 80%，代表了燃气轮机技术发展水平；中小型和微小型燃气轮机单机功率多在 50MW 级及以下，因应用领域广泛，其机组数量占全球燃气轮机机组总数量的比例超过 60%。

随着我国节能减排标准不断提高，应用燃气轮机技术保障清洁、高效的先进电力供应是我国发电行业优化能源结构与发电模式的重大需求。从 2002 年起我国实施"打捆招标"项目引进国际重型燃气轮机制造技术，以满足国内燃气发电市场的需求。引进技术生产的燃气轮机产品虽然基本满足我国发电行业的需求，但其核心热部件完全依赖进口且价格高昂，而且由于我国尚未掌握燃气轮机核心技术，没有自主品牌的重型燃气轮机产品，国内燃气轮机技术和市场受制于外方。因此，突破重型燃气轮机关键核心技术，实现燃气轮机自主化是我国发电行业和电力装备制造业的迫切需求，对于促进我国重型燃气轮机产业发展，建设稳定、清洁的能源体系，提高国家竞争能力具有重大而深远的战略意义。

为了突破重型燃气轮机关键技术，我国自"十五"开始，相继开展了一系列工作。2012 年，燃气轮机列入"航空发动机及燃气轮机"国家科技重大专项进行论证。2015 年，我国发布了实施制造强国战略第一个十年的行动纲领《中国制造 2025》，将燃气轮机列为"高端装备创新工程"的重要内容。2016 年，重型燃气轮机位列国家"十三五"规划实施的 100 项重大工程和项目之首。

（1）燃气轮机相关研发项目进展

沈阳黎明发动机公司在 2003—2014 年承担了国家 863 计划"R0110 重型燃气轮机研制"专项，2008 年完成制造并点火试车成功，输出功率 110MW，发电效率 34.5%，压气机压比 14.7，透平初温 1211℃。2013 年 11 月完成 168 小时联合循环试验运行考核，累计运行超过 450 小时。

哈尔滨电气集团在 2008 年至 2015 年承担了国家 863 计划"F 级中低热值燃料关键技术与整机设计研究"项目，开展了总体设计技术以及压气机、透平、燃烧室、控制系统等核心部件设计技术、试验技术及相关材料与工艺技术攻关，初步建立了重型燃机总体、压气机、燃烧室、透平设计研发平台。

东方电气集团从 2009 年开始，在国家重大技术创新及产业化项目支持下，汇聚集团内外燃气轮机研发、制造、试验验证优势资源，实施 50MW 重型燃气轮机自主研发项目，历时十年时间，建成了从部件到整机的全流程研发、设计、制造和试验验证体系。2019 年 9 月 27 日，东方 50MW 燃气轮机原型机空负荷试验点火成功，目前正在按计划进行整机试验。

中国科学院金属研究所在 2009 年起先后实施了重型燃气轮机大型定向结晶透平叶片材料与制备工艺项目、燃气轮机高温透平叶片研制与验证项目，重点突破 F 级燃气轮机透平叶片抗热腐蚀高温合金材料技术、叶片的无余量精密铸造制造技术和大尺寸定向结晶技术。

北京华清燃气轮机与煤气化联合循环工程技术有限公司（以下简称华清公司）自 2010 年起开展了 60MW 级重型燃气轮机技术验证机 CGT-60F 自主设计工作。截至 2016 年，CGT-60F 研制工作完成了产品概念设计、初步设计和施工设计，进入透平叶片冷却效果热态试验、燃烧室全温全压性能试验等核心热部件试验验证阶段。

哈尔滨电气集团在 2011—2013 年还开展了天然气管线低污染型燃气轮机（30MW 级燃压机组）工艺技术研发，完成了国产首台 30MW 级燃压机组的加工制造。2015 年，30MW 燃压机组在中石油西部管道西三线烟墩站一次点火成功，于 2016 年通过 72 小时零质量事故工业运行试验并正式投入商业运行。

上海电气电站集团（以下简称上海电气）依托与安萨尔多的战略合作，从 2015 年起通过联合开发和自主研究双线并举的方式，开展了新一代 F 级燃气轮机研制、面向钢铁化工行业超低热值 E 级机组研制工作等，目前上述 F 级燃气轮机已完成制造和发运，E 级机组已进入详细设计阶段。

2015 年国家启动实施"航空发动机及燃气轮机"国家科技重大专项，2016 年 12 月，中国联合重型燃气轮机技术有限公司（以下简称中国重燃）作为两机专项重型燃气轮机项目的具体实施单位，推进重燃专项实施。到 2019 年 6 月底，中国重燃完成了 300MW 级 F 级重型燃机概念设计及支撑概念设计的试验验证工作，概念设计转段通过了内部评审，建立了支撑概念设计的设计体系和材料体系。2019 年 11 月通过国家工信部组织的概念设计转段评审。

（2）燃气轮机基础研究进展

在燃气轮机相关学科基础研究方面，国内各大高校和研究院所在国家 863、973 等国家重大研究计划项目和国家自然科学基金等的支持下，开展了一系列的基础研究和应用基础研究，形成了一定的研究基础和技术支撑。

同时，经过 10 多年自主化发展，我国在重型燃气轮机技术领域基本建立了总体与仿真、气动、燃烧、传热、控制与健康管理、结构完整性与机械传动、试验测试、先进材料、制造工艺等基础研究学科体系，并取得了一系列研究成果。

在燃气轮机总体设计技术方面，国内在基元叶栅法轴流压气机变工况性能计算、轴流式压气机特性线外推计算、压气机特性曲线拟合计算、当量透平前温 / 逐级冷却掺混 / 连续膨胀冷却模型等方面开展了深入研究。

在系统仿真方面，开展了燃气轮机动态模拟与仿真研究并取得了进展。同时，国内高校与科研机构在舰用燃气轮机间冷回热技术方面开展了广泛且深入的研究，在循环分析、变工况性能计算以及方案论证等方面取得了进展。

在压气机方面，国内研发工作主要围绕高负荷轴流压气机气动设计与性能优化技术、流动控制技术、内部复杂流动高精度数值模拟方法等展开，同时，国内学者提出了一批压气机气动布局设计的新观点、新理念。在压气机气动设计与性能优化技术方面，清华大学自主开发的高负荷压气机通流设计方法与技术，成功应用于某型高压压气机和低压压气机改型优化；主/被动流动控制技术方面，级间放气技术以及可调静叶技术等主动控制措施在燃气轮机多级压气机中应用广泛。

在高精度数值模拟方法方面，大涡模拟（LES）、分离涡模拟（DES）、延迟分离涡模拟（DDES）等高精度湍流模型格式方法因可以捕捉更多传统 RANS 方法无法模拟到的流场细节而成为国内学界研究的热点。同时，一些新型计算边界处理方法，如浸入式边界处理、叶片力模型方法等，由于其对于流场信息的全面刻画以及避免生成复杂贴体网格等优点，而愈加受到关注。

在燃烧室方面，国内通过自主研发、技术引进消化吸收等多种方式，在不同等级燃气轮机低排放燃烧室研制方面取得了进展。华清公司的重型燃气轮机 CGT-60F 采用单筒多喷嘴干式低污染燃烧室（DLN）设计，氮氧化物（NO_x）排放在 10ppm~15ppm 范围内。对于低排放燃烧，其机理的研究主要围绕干式低排放燃烧技术、分级燃烧技术、富氢燃烧和烟气循环燃烧等展开。

在透平方面，国内学者对透平技术的研究多关注流动机理与气动设计或集中在传热冷却设计技术。近年来，在透平叶片气动优化研究基础上，逐渐加入冷却结构，将气动效率、换热性能同时作为优化目标建立优化模型，基本与国际同步开展了燃气透平气热耦合优化研究。

在总体结构方面，重型燃气轮机转子的结构和设计方法已较为成熟，其安全性和寿命预测等方面与发达国家水平差距逐步缩小。转子结构一般采用单轴两支点布置：轴承采用滑动轴承，转子结构为盘鼓式，盘与盘之间采用拉杆连接。通过理论分析结合试验数据，国内发展了关键零部件的强度、振动、疲劳分析方法。

在控制系统方面，我国早期的燃气轮机控制系统主要由航改燃气轮机的配套发展而来。进入 21 世纪，国内相关单位开展了一系列控制系统及其关键技术自主研发或引进技术消化吸收工作，取得了一定的进展。

在基础研究实验台方面，建设了多个平面、扇形、环形叶栅实验台，压气机、燃烧室、透平基础研究实验台，高温部件传热/冷却基础研究实验台等。在关键部件试验台方面建立了中低热值燃料燃烧室单管压力模化和全压燃烧试验台、17 级压气机单/多/全级1/2 缩尺模化试验台、多燃料重型燃气轮机单筒全尺寸燃烧室加压试验台、单筒全尺寸燃烧室高压试验台、高温综合冷效试验台、压气机全台缩尺试验台等。

目前，正在实施的国家重大科技基础设施项目"高效低碳燃气轮机试验装置"将建设一批全温、全压、全尺寸、全流量工程模化的燃气轮机关键部件试验装置以及先进高精度测试系统。在"航空发动机及燃气轮机"国家科技重大专项的条件建设项目支持下，将规划建设一批重型燃气轮机压气机、透平、燃烧室、转子等关键部件的工业级考核验证试验台和重型燃气轮机全速全负荷整机试验台。

（3）燃气轮机高温材料与制造技术进展

燃气轮机叶片使用的高温合金大致经历了从多晶、定向结晶到单晶的发展历程。我国先后研制出了多晶 K438、K438G、M40、K444、K452，定向结晶 DZ38G、DZ411 以及单晶 DD8、DD10、DD413 等抗热腐蚀高温合金材料，形成了比较完备的抗热腐蚀高温合金材料体系。

在防护涂层方面，国内生产热障涂层粉末品种单一，粉末纯度低、批量稳定性有待提高。耐热高强钢方面，燃气轮机使用的透平轮盘主要包括 GH698、GH706、GH4169、GH4169G 等，虽然部分材料在航空发动机、中小型燃气轮机中已有工程化应用，但尚缺乏长寿命性能数据积累。

在先进制造加工方面，国内各燃气轮机厂商通过引进技术、开展本地化制造、打造供应链等，已在燃气轮机先进制造方面有了长足的发展。涉及的先进制造技术包括先进特殊加工设备的投入、大型高要求铸锻件毛坯开发及精细加工、特殊造型的先进制造研究、全面的无损检测技术发展、高精度的测量技术发展等。

近年来，国内燃气轮机制造企业已建立了具有国际水平的燃气轮机制造体系，拥有一大批高精度机床设备，形成了具有燃气轮机特色的加工工艺，实现了燃气轮机冷端部件、外围部件的全部国产化。

（4）学科建设与人才培养

国际著名工程热物理学家、中国科学院院士吴仲华教授于 1956 年在清华大学创建了我国第一个"燃气轮机"专业，自此燃气轮机专业人才培养、科学研究、技术产业发展在国内蓬勃展开。清华大学、西安交通大学、上海交通大学、哈尔滨工业大学等高等院校和中国科学院工程热物理研究所、上海发电设备成套设计研究院、西安热工研究院等研究院所以及我国哈汽、东汽、上汽三大动力，在燃气轮机相关的人才培养方面都做出了巨大的贡献。这些燃气轮机领域的教学、科研和产品研发人员支撑着中国燃气轮机事业的不断发展，也是"两机专项"重型燃气轮机基础研究、关键技术与产品研制的主力军。

4. 水轮机技术研究进展

我国在水轮机产品开发、设计、制造等技术方面通过 70 年的发展，特别是最近 20 年的快速发展，目前总体上达到国际先进水平，在一些领域已经达到国际领先水平。我国近年的水轮机技术的进步与变化主要表现在：单机容量的提升；抽水蓄能电站建设步伐加快，

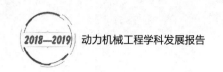

新建或改造水电站对风光水互补提出新的要求等，这些新的变化推动了水轮机技术的进步。

水轮机技术目前拥有国家水力发电设备工程技术研究中心、水力发电设备国家重点实验室、大型抽水蓄能机组成套设备研制创新团队以及国家能源局设立的国家能源中小水电设备重点实验室 4 个国家级研发平台。

（1）主要水轮机产品技术

混流式水轮机产品技术方面，我国目前已能独立设计制造和安装直径超过 10m 的三峡右岸和单机容量为 800MW 向家坝混流式水轮机。单机容量 1000MW 的白鹤滩水轮机也已进入制造安装阶段。在三峡右岸转轮的开发中，通过对引进技术的消化吸收，采用新的设计理念和方法，加大创新力度，开发出了性能全面超过左岸进口机组的新转轮。2013 年国产的溪洛渡 770MW 机组以及向家坝 800MW 机组相继投入商业运行，标志着我国水轮机制造能力和水平已经走在了世界前列，在大型混流式水轮机研制方面处于世界先进水平。

轴流式水轮机产品技术方面，我国经过几十年的努力，全面掌握了关键技术并有所发展。以 193MW 安谷轴流式水轮机、200MW 大藤峡水轮机为代表的产品皆处于国际先进水平。

贯流式水轮机产品技术方面，通过对技术的引进消化吸收再创新，我国已具备大型贯流式水轮机批量生产能力。其中洪江水电站最大工作水头 27.3m，单机容量 45MW，是目前世界上应用水头最高的灯泡贯流机组[14]；广西桥巩电站 8 台 57MW，单机容量世界排名第二。贯流式水轮机模型开发方面，随着国内试验台的建设，使模型水力试验能力得到迅速提升，在新研制的模型装置上开展了自主的水力开发工作，为今后的贯流式水轮机的开发研究及市场竞争提供了非常有利的条件。

冲击式水轮机产品技术方面，通过与国外合作，我国生产了吉牛、大发、金窝、仁宗海等容量超过 120MW 的冲击式水轮机。从模型开发到设计制造，国内已经掌握单机容量 200MW 以下冲击式水轮机设计的关键技术，为未来开发雅鲁藏布江单机容量 500MW 及以上级机组打下坚实的技术基础。

水泵水轮机产品技术方面，我国已具备大型抽水蓄能电站机组设备的生产能力，国内厂家已全面掌握抽水蓄能电站机组设备的核心技术。基于科技支撑计划，在水泵水轮机流动方面理论和数值预测方法得到了提升。

（2）关键部件制造技术

大型水电关键铸件锻件制造技术方面，在三峡工程 70 万千瓦水轮机上冠、下环、叶片以及导叶等大型关键铸锻件国产化基础上，为进一步保证叶片毛坯质量，采用模压技术，叶片材料选用 VOD/AOD 精炼铸件 ZG00OCr13Ni4Mo，1000MW 白鹤滩水轮机转轮叶片已采用电渣熔铸模压叶片，导叶采用电渣重熔技术以保证毛坯质量，实现了此类高端部件国产化。

大型转轮制造技术方面，转轮叶片普遍采用数控加工。哈尔滨电机厂有限责任公司

（以下简称哈电）开发了三支点压力传感器静平衡新技术，精度高、成本低，该技术已推广应用于多项大型轴流、混流转轮静平衡；开发了混流式水轮机整体转轮工地制造技术，完成了龙开口、溪洛渡、糯扎渡、岩滩等21台份转轮工地制造。东方电气集团东方电机有限公司（以下简称东电）开展了转轮高精度平衡技术的系列化和通用化技术研究，不但提高了平衡精度和生产效率，也大大降低了工装成本和管理成本；开发了混流式水轮机整体转轮工地制造技术，目前已完成官地、金安桥、溪洛渡等多个电站数十台转轮的工地制造，该技术解决了大型混流式整体转轮在工地制造的技术难题。

大型阀研制方面，哈电研究和开发了筒阀工地加工专机设备，解决了大型整体筒阀的工地制造难题，大型圆筒阀的工地制造工艺技术在溪洛渡筒阀的成功应用，填补了国内大型筒阀整体工地制造设备技术空白，成功解决了大型部件运输难题。东电开展了大型不可拆卸整体球阀装配技术研究，解决了大型不可拆卸整体球阀装配难题，开发出适用于深孔和窄间隙轴孔内零部件的装配方法，解决了深孔和窄间隙操作空间内零件的装配难题[15]。

水电设备部件焊接技术方面，哈电进行了焊缝超声冲击技术的研究及应用，攻克了发电机软连接柔性片扩散焊工艺，亚激光瞬间熔技术修复金属精加工表面缺陷技术，解决了大轴、水轮机过流部件等精加工件在加工过程中表面缺陷处理疑难问题；完成仙居钢岔管的焊接，填补公司80公斤级焊接技术空白。东电开展了发电设备机器人智能化焊接研究与应用，将弧焊机器人技术和公司产品有效结合；开发出空间曲面结构件的工件标定及路径补偿技术，异形曲面的快速成型及定量堆焊技术，实现复杂曲面定量堆焊，大厚板多层多道焊接，非开放内部空间产品焊接；由于水轮机、发电机主轴重量、尺寸都非常大，整锻供货难度极大，进行了水轮机、水轮发电机主轴锻焊结构制造技术开发应用，成为国内同行业首家，为公司创造了很好的经济和社会效益；进行了水轮发电机"L"形定子线棒电接头的钎焊技术开发，现已形成批量化生产的能力。

（3）空蚀及试验技术

水轮机空蚀方面，近年主要开展了水轮机空化和空蚀的机理研究、水轮机空化对噪声及稳定性的影响研究、针对轴流式和贯流式水轮机开展提高空化性能的研究、针对冲击式水轮机空蚀防止研究、空化对驼峰特性曲线影响的研究。

水轮机试验技术方面，国内哈电、东电、中国水利水电科学研究院等都拥有国际先进或领先水平的现代化的试验台；在水轮机产品技术方面，针对水轮机的设计、工业、制造技术等开展了研究；在水轮机远程运维方面，我国研究还处于起步阶段，但已在丰满水电站、丰宁抽水蓄能电站以及荒沟抽水蓄能电站实施相关探索工作。

同时近年来从水力稳定性、机械稳定性两方面开展了水轮机稳定性方面的研究、水轮机非定常流动特性分析方法研究、水轮机水力损失研究和水轮机泥沙磨蚀研究，其中我国对泥沙磨蚀问题的研究处于国际先进水平。

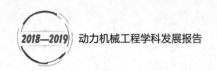

（4）世界水电装备巅峰"百万机组"的研制

2008年，以金沙江白鹤滩和乌东德两座电站为依托，哈电和国家水力发电设备工程技术研究中心共同承担了国家科技支撑计划项目《1000MW水力发电机组研究》。历时四年，2012年圆满完成了《1000MW水力发电机组研究》项目任务书规定的内容和各项技术指标，并通过国家科技部组织的项目验收。

2015年哈电和东电一举获得了白鹤滩项目各8台1000MW水轮发电机组的制造合同，标志着"百万水电"正式进入工程化研制阶段。目前单机容量1000MW的白鹤滩水轮机也已进入制造安装阶段，随着这些百万千瓦级水电项目的逐渐完成，它们将取代向家坝80万千瓦机组，成为世界最大水轮发电设备，引领了世界水轮发电机组技术发展方向，并计划于2021年7月首批水轮机组发电，2022年12月全部机组投产。

在近些年的国际竞标中，采用完全自主技术的国内制造厂商取得优势，研制成功了溪洛渡单机容量770MW、向家坝单机容量800MW水电机组，投入运行后表现出优异的性能。目前正在制造安装世界上单机容量最大的1000MW白鹤滩水电机组，共16台，其中哈电独立研制8台，东电独立研制8台；在冲击式机组方面，研制成功大发电站120MW和金窝电站140MW等水电机组；在贯流式机组方面，研制成功一大批大型灯泡贯流式机组，洪江电站水头29m，是目前世界上应用水头最高的灯泡贯流机组，研制的世界上单机容量最大的75MW灯泡贯流式机组已投入运行。

经过多年积累，在三峡水轮发电机组设备通过引进关键技术、消化吸收创新基础上，中国水电设备实现了跨越，成为中国重大装备国产化的强有力助推器。伴随着金沙江向家坝水电站800MW机组的成功投运和白鹤滩水电站单机容量1000MW机组制造安装，我国大型水电设备已实现了由中国制造向中国创造的转变，将全方位向世界水电设备行业最高水平发起冲击。

5. 风电技术研究进展

中国风电技术的发展是与电网消纳需求紧密结合的，主要分成三个阶段。第一阶段三北地区的大规模装机推动了适应高风速地区的兆瓦级（1.5MW~2MW）风力发电机组研发。第二阶段随着三北地区送出困难的显现，风力发电机组的应用开始由北方的高风速区域转向南方的低风速区域、山地区域以及距离负荷中心较近的海上区域，随之出现了适应低风速地区的长叶片技术、适应中原地区大风切变的高塔筒技术、适应海上区域的大功率机组技术和抗台风技术、适应小规模开发就地消纳的分散式风电技术等。第三阶段随着特高压项目的建设，三北地区送出问题逐步解决，大功率陆上机组开始应用（4MW等级及以上），海上和海外项目开始大规模开发，越来越多的企业开始走出国门，风力发电机组出口稳定增长。

（1）风电装机容量发展

从"十二五"到"十三五"，我国风电并网年增长规模保持在2000万千瓦左右[16]。到2018年年底全国累计装机容量约2.1亿千瓦，并网容量1.84亿千瓦，稳居世界第一。

中国风电新增和累计装机容量变化趋势如图 15 所示。

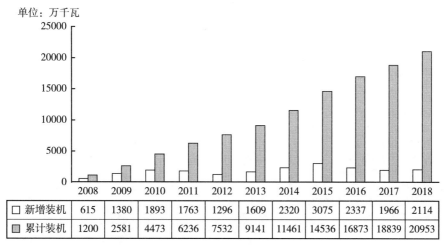

单位：万千瓦

	2008	2009	2010	2011	2012	2013	2014	2015	2016	2017	2018
新增装机	615	1380	1893	1763	1296	1609	2320	3075	2337	1966	2114
累计装机	1200	2581	4473	6236	7532	9141	11461	14536	16873	18839	20953

数据来源：中国可再生能源学会风能专业委员会。

图 15　2008—2018 年中国风电新增和累计装机容量变化趋势图

在中国的各制造企业累计装机容量见图 16，有 7 家整机制造企业的累计装机容量超过 1000 万千瓦，市场份额合计达到 68%。

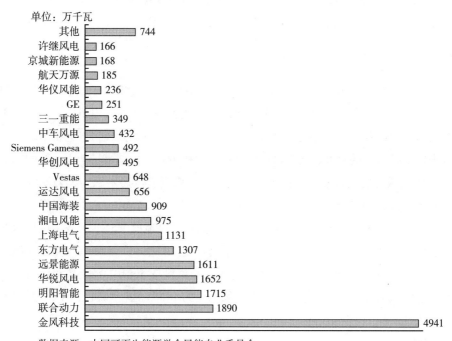

单位：万千瓦

其他	744
许继风电	166
京城新能源	168
航天万源	185
华仪风能	236
GE	251
三一重能	349
中车风电	432
Siemens Gamesa	492
华创风电	495
Vestas	648
运达风电	656
中国海装	909
湘电风能	975
上海电气	1131
东方电气	1307
远景能源	1611
华锐风电	1652
明阳智能	1715
联合动力	1890
金风科技	4941

数据来源：中国可再生能源学会风能专业委员会。

图 16　截至 2018 年年底在中国风电制造企业累计装机容量

2018 年，我国海上风电发展提速，新增装机共 436 台，新增装机容量达到 165.5 万千瓦，同比增长 42.7%，如图 17 所示，累计装机达到 444.5 万千瓦[16]。

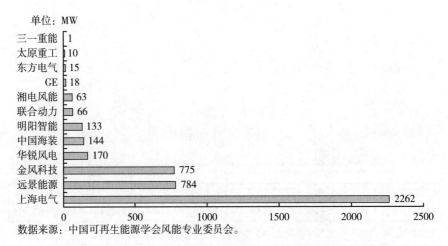

数据来源：中国可再生能源学会风能专业委员会。

图 17　截至 2018 年年底中国风电海上风电累计装机容量

市场规模平稳发展是新兴产业持续健康发展的基石，中国风电成绩的取得、技术的进步，最大的推动力就是平稳的市场规模。目前我国风电已经由补充能源转变为替代能源。2018 年实现风力发电 3660 亿千瓦时，同比增长 20%，发电量继续保持全国第三大电源，总发电量占全部发电量的 5.2%，比 2017 年提高 0.4 个百分点。此外，2018 年我国风电出口容量 37.6 万千瓦左右，累计出口达到 358.1 万千瓦[17]，共计 1838 台风机。

（2）风电技术的最新研究进展

目前产业化的风力发电机组主要是水平轴式风力发电机组。根据传动链形式和电机类型的不同，主要有高速双馈式风力发电机组、高速永磁式风力发电机组、高速鼠笼式风力发电机组、中速双馈式风力发电机组、中速永磁式（半直驱）风力发电机组、低速电励磁式风力发电机组和低速永磁式（直驱）风力发电机组等。目前市场上占主导的机型主要有高速双馈式风力发电机组、中速永磁式风力发电机组、低速永磁式风力发电机组。目前世界陆上已投运功率最大水平轴风力发电机组为 Enercon 公司的 E-126 机组，额定功率 7.5MW；已投运功率最大的海上风机为三菱 - 维斯塔斯制造的 9.5MW。我国已投运的最大陆上风机为新疆金风科技股份有限公司（以下简称金风科技）的 4.5MW，多家风机制造企业的 5MW~6MW 海上风机也已投运，上海电气、金风科技的 8MW 海上风机已完成厂内制造，东方电气风电有限公司（以下简称东方风电）的 10MW 海上风机已下线。目前世界各大制造商正在研制 10MW~12MW 海上风机。

1）陆上风电技术的最新研究进展

双馈发电技术是一种先进的变速恒频发电技术，是近年来比较成熟的风电技术模式之一。我国风电机组制造企业中，如远景能源（江苏）有限公司（以下简称远景能源）、国电联合动力技术有限公司（以下简称国电联合动力）、中国船舶重工集团海装风电股份有限公司（以下简称中国海装）、东方风电、浙江运达风电股份有限公司（以下简称浙江运达）、明阳智慧能源集团股份公司（以下简称明阳智能）、上海电气、华锐风电科技（集团）股份有限公司（以下简称华锐风电）等都在生产双馈异步变速恒频风电机组。2016年我国新增的风电机组中，双馈异步变速恒频风电机组占比约为61%。目前，我国2MW、2.5MW、3MW双馈异步变速恒频风电机组的技术已经非常成熟，并已成为主流机型[18]。

直驱型风电机组一般方案为：轮毂＋低速永磁同步发电机＋全功率变流器。国内目前生产直驱型机组的厂家主要有金风科技、东方风电、湘电风能有限公司（以下简称湘电风能）等。金风科技生产的1.5 MW永磁直驱风电机组已有1万多台安装在风电场，该公司研制的2 MW和2.5 MW永磁直驱风电机组也已大量投放国内外市场。湘电公司的2 MW永磁直驱风电机组已在风电场大批量运行。

2）海上风电技术的最新研究进展

2018年我国的海上风电加速发展，新增装机436台，新增装机容量1655MW，与2017年相比增长42.7%。到2018年年底，我国海上风电总装机4445MW。随着我国海上风电场规划规模的不断扩大，各整机制造商都积极投入到大功率海上风电机组的研制中[18]。主要包括华锐风电3MW机组，金风科技2.5MW、6MW和8MW机组，湘电风能5MW永磁直驱式机组，中国海装5MW高速永磁式机组，联合动力6MW双馈型机组，远景能源4MW鼠笼异步型机组，上海电气3.6MW双馈、4MW鼠笼异步、6.25MW和8MW直驱型机组，明阳智能半直驱7.25MW机组，东方风电5MW高速永磁机组和10MW海上直驱机组等。

采用双馈技术开发海上风电机组，是海上机组早期开发的主要技术方向，采用该结构的国内厂家有上海电气、联合动力、华锐风电等。采用全功率鼠笼异步技术开发海上风电机组的国内厂家有上海电气、远景能源、浙江运达等。

高速永磁型风电机组是通过增速齿轮箱与永磁电机连接，采用全功率变流器，风电机组输出电压的频率不受电机转速的影响。海上风电机组采用高速永磁技术路线的较少，主要代表有国内的东方风电和中国海装的5MW高速永磁海上风电机组。

直驱技术是目前海上大功率风电机组普遍采用的技术路线，其中国内主要生产厂家有金风科技、上海电气、湘电风能以及东方风电。

中速永磁（半直驱）型风电机组与直驱相比增加了中速齿轮箱。明阳智能海上风电采用中速永磁（半直驱）技术路线，国外三菱－维斯塔斯公司在大功率海上风电广泛采用中速永磁（半直驱）结构。

风力发电设备在海上特殊环境条件下运行时，容易发生部件故障停机、控制失灵、短路等问题，影响整个风力发电设备的正常稳定运行[19]。由此带来的系列技术课题有海上机组防腐技术、抗台风技术、载荷一体化设计技术、防叶尖腐蚀技术、风机基础设计技术、碳纤维应用工艺技术、风机通风散热技术、海上安装维护技术、智能智慧技术等。

3）共性技术研究进展

风电机组载荷计算可分为静态模拟计算和动态模拟计算。目前风电机组载荷计算所使用的软件有 Bladed、Flex、Fast、HAWC2 等，其中 Bladed 软件用户最多，是目前覆盖面较广、功能较强大的一款载荷计算软件。

风电机组安全、监视系统目前主要包括监视控制和数据采集系统（SCADA）、状态监测系统（CMS）、音视频监控系统和风功率预测系统等。

变桨控制技术按照控制方式可分为统一变桨控制和独立变桨控制。统一变桨控制，即控制系统对三套变桨执行机构执行同一桨角指令，也是目前机组使用最多的控制方式。独立变桨控制技术给每支叶片叠加一个独立桨角信号，来降低附加的不平衡载荷，以提高机组运行可靠性和稳定性[20]。

2010 年至今，在科技部、国家能源局支持下，依托国内风电企业建立了一批国家级风电技术研究中心和企业国家重点实验室，如科技部批准建立的风电设备及控制国家重点实验室、国家海上风电工程技术研究中心、海上风力发电技术与检测国家重点实验室、新能源电力系统国家重点实验室、新能源与储能运行控制国家重点实验室，国家能源局批准建立的国家能源风电叶片研发（试验）中心、国家能源海上风电技术装备研发中心、国家能源大型风电并网系统研发（试验）中心、国家能源风力发电机研发中心、国家能源风电运营技术研发中心、国家能源风能太阳能仿真与检测认证技术重点实验室，试验与研究能力有了很大提高，部分处于国际领先水平，如鉴衡 150m 长叶片测试试验台等。

同时如表 10 所示，国家也在风电研究领域资助开展了一批 973 计划、863 计划、科技支撑计划、国家重点研发计划等，对高效翼型、风机降载技术、5MW 海上风机设计、超大型超导式海上风电机组设计技术等项目开展了理论和应用基础研究，极大地促进了我国风电产业的发展。

表 10　国家科技计划支持的部分风电研究项目

国家科技计划	项目或课题	依托单位	立项时间
973 计划	大规模风力发电并网基础科学问题研究	华中科技大学等	2012 年
973 计划	大型风力机的关键力学问题研究及设计实现	无锡风电设计研究院等	2014 年
863 计划	大型风力发电机专用轴承试验台	瓦轴等	2010 年
863 计划	1.5MW 低风速风力发电机组关键技术开发和整机研制	华锐风电等	2011 年
863 计划	先进风力机翼型族设计与应用技术	中国空气动力研究与发展中心等	2012 年

续表

国家科技计划	项目或课题	依托单位	立项时间
863 计划	超大型海上风力发电机组设计技术研究（10MW 级）	金风科技等	2012 年
科技支撑计划	风电场接入电力系统关键技术研究	中国电科院等	2011 年
科技支撑计划	7MW 级风力发电机组及关键部件设计和产业化技术	运达风电等	2012 年
科技支撑计划	海上风力发电机组试验检测关键技术研究及设备研制	中国电科院等	2015 年
科技支撑计划	大型风力发电机组传动链测试技术研究	中科院电工所等	2015 年
重点研发计划	大型海上风力发电机组叶片测试技术研究及测试系统研制	鉴衡认证等	2018 年
重点研发计划	大型海上风力发电机组及关键部件优化设计及批量化制造、安装调试与运行关键技术	海装风电等	2018 年
工信部高技术船舶科研项目	海上浮式风电装备研制	海装风电等	2018 年

6. 其他先进能源动力技术研究进展

近年来，随着能源转型和结构改变的迫切要求，动力机械工程学科正向着新能源、能源互联网、储能技术等方向发展，我国在核电、光热技术、S–CO$_2$ 煤电技术、储能技术等新型动力机械及热力系统方面也取得了重要的研究进展。

（1）三代与四代核电技术研究进展

目前我国已具备三代核电技术自主设计和制造能力，并研发出具有自主知识产权的"华龙一号"和"国和一号"（CAP1400）。"华龙一号"自主三代技术具有完整的自主知识产权，其获得的专利和软件著作权覆盖了设计技术、专用设计软件、燃料技术、运行维护技术等领域，满足核电"走出去"战略的要求。"国和一号"（CAP1400）也具有完全自主知识产权，可将工期缩短至 56 个月，具有较好的经济性，是中国核电"走出去"战略的另一重要选项。同时，以高温气冷堆为代表的我国第四代先进核能技术也取得了积极的进展，核电装备技术取得了重大突破。

1）核电核岛技术

从 2012 年至 2018 年年底，中国核电发展进入新阶段，在核岛技术方面最主要特征为：三代核电全面建设和投用，四代核电示范工程开工，小型堆开启应用。

①三代核电全面建设和投用。安全是核电发展的前提，新一批的核电建设重点是采用更安全、更先进的第三代核电机组[21]。我国有 5 种第三代核电技术已经或者计划投入应用，目前建设和运行取得主要进展的是 AP1000、华龙一号和 EPR。

AP1000 为单堆布置两环路机组，电功率 1250MWe，设计寿命 60 年，主要安全系统采用"非能动"的设计理念[21]。目前 AP1000 在建的 4 台机组，均已投运，其中三门核电站一号机组为全球首堆，主要由西屋联队的供应商进行供货，此后的 3 台机组，设备国产化率逐台升高。目前，关键核岛设备均已实现国产化，并已安装和应用。

"华龙一号"核电技术，指的是中核 ACP1000 和中广核 ACPR1000+ 两种技术的融合，被称为"我国自主研发的三代核电技术路线"，电功率 1200MWe，设计寿命 60 年。在设计创新上，"华龙一号"提出"能动和非能动相结合"的安全设计理念。"华龙一号"的关键和主要设备完全国产化。

EPR 为单堆布置四环路机组，电功率 1525MWe，设计寿命 60 年，双层安全壳设计，外层采用加强型的混凝土壳抵御外部灾害，内层为预应力混凝土。中国广东江门的台山核电站一期 1 号机组是全球首台实现并网发电的第三代 EPR 机组。1 号机组核岛主设备基本上全部进口，2 号机组部分核岛主设备国产化。

②四代核电示范工程开工。第四代核电系统是一种具有更好的安全性、经济竞争力，核废物量少，可有效防止核扩散的先进核能系统，代表了先进核能系统的发展趋势和技术前沿[22]。第四代核电技术在中国发展较为迅速，气冷快堆和钠冷快堆均有示范工程开工和建设。

气冷快堆（Gas-cooled Fast Reactor，GFR）系统是快中子谱氦冷反应堆，采用闭式燃料循环，燃料可选择复合陶瓷燃料。它采用直接循环氦气轮机发电，或采用其工艺热进行氢的热化学生产。通过综合利用快中子谱与锕系元素的完全再循环，气冷快堆能将长寿命放射性废物的产生量降到最低[23]。华能山东石岛湾核电有限公司（以下简称石岛湾）高温气冷堆核电站示范工程一期工程建设 1×20 万千瓦级高温气冷堆核电机组，于 2012 年 12 月 4 日获得国家核安全局建设许可。核岛主设备中，反应堆压力容器由上海电气制造，蒸汽发生器由哈电股份制造，主氦风机由哈电股份制造。

液态钠冷却快堆（Sodium-cooled Fast Reactor，SFR）系统是快中子谱钠冷堆，它采用可有效控制锕系元素及可转换铀的转化的闭式燃料循环。液态钠冷却快堆系统主要用于管理高放射性废弃物，尤其在管理钚和其他锕系元素方面。该系统由于具有热响应时间长、冷却剂沸腾的裕度大、一回路系统在接近大气压下运行，并且该回路的放射性钠与电厂的水和蒸汽之间有中间钠系统等特点，因此安全性能好[24]。2017 年 12 月 29 日，中核集团在福建省霞浦县宣布钠冷快堆 CFR600 示范工程土建开工。钠冷快堆 CFR600 示范工程采用单机容量 60 万千瓦的快中子反应堆，计划于 2023 年建成投产。钠冷快堆 CFR600 示范工程建设，是我国核能战略"三步走"（热堆 – 快堆 – 聚变堆）的关键环节，也是新时代、新形势下中国核工业发展的标志性工程，将开启我国核能发展的新篇章[25]。

③小型堆开启应用。小型堆即小型先进模块化多用途反应堆，特点是高安全性、小身型、多用途，不仅可以用作发电，而且可以进行工业供热供汽、城市供暖、海水淡化等。2018 年 2 月 26 日，国家能源局在《2018 年能源工作指导意见》明确提出：加快推进小型堆重大专项立项工作；深入推进模块化小型堆的试验示范工程建设。目前核电的商业应用

场景仅限于电厂发电，未来随着核电安全性的进一步提升以及反应堆的小型化、模块化，核电在其他民用场合的应用范围会逐步打开。

低温核供热堆技术主要应用于区域供热、热电联供、热电冷三联供、海水淡化等，对过去使用的煤炭、石油、天然气等化石燃料进行替代，环保性和稳定性更佳。2017年11月28日，中核集团在京发布其自主研发、可用来实现区域供热的"燕龙"泳池式低温供热堆（DHR-400）。中广核将联合清华大学，采用NHR00-II低温供热堆技术，在华北规划建设我国首个小型核能供暖示范项目。国家电投自主研发的微压供热堆HAPPY200于2017年完成总体方案迭代及优化，并进行了普选厂址的调研勘察。

多用途模块式小型压水堆"玲龙一号"作为国家高新技术产业发展项目，2011年已获得国家能源局批复，且已完成所有科研攻关工作。"玲龙一号"（ACP100）的设计参考了"华龙一号"（HPR1000），采用与第三代核电技术相同标准的完全非能动的安全设施。2016年4月通过国际原子能机构（IAEA）的审查，成为世界首个通过IAEA安全审查的小型堆技术。中核集团目前主要推出的海上小堆型号为自主研发的ACP系列，包括ACP10S、ACP25S、ACP100S等不同功率规模的浮动式核电站堆型，尤其是ACP100S，作为ACP100的海上应用型号，自2010年启动研发以来，已进入落地阶段。同时，中核集团ACP100S、中广核ACPR50S、中船重工HHP25均已进入我国海上核动力平台"国家方阵"。

2）核电常规岛技术

核电站大体可分为两部分：一部分是利用核能生产蒸汽的核岛，包括堆芯一回路系统及辅助系统；另一部分是利用蒸汽发电的常规岛，包括汽轮发电机组及辅助系统[26]。我国三大装备企业——东方电气、上海电气和哈尔滨电气分别引进ALSTOM（现GE）、西门子、日本三菱重工核电汽轮发电机组设计与制造技术，通过消化吸收及自主研发，在核电汽轮发电机组设计与制造技术上有较大突破。

①核电蒸汽轮机技术。核电蒸汽轮机焊接转子：半速核电蒸汽轮机转子体积大、重量重，整体锻件制造困难，若采用红套技术，靠背轮锻件受限于国外供应商。因此，我国自主研发了半速核电蒸汽轮机焊接转子关键技术。

2014年4月8日，东方电气自主研制的核电焊接转子技术通过中国机械工业联合会"百万千瓦核电蒸汽轮机低压焊接转子的研制鉴定"。同年，我国自主焊接的首根国产核电转子在福建宁德核电有限公司（以下简称宁德）投运，是国内核电领域的重大突破。2017年6月"华龙一号"首根核电高中压转子完成高速动平衡试验；2017年12月9日，我国自主设计制造的"华龙一号"首台（福清5号机）首根核电低压转子完成了高速动平衡试验，标志着"华龙一号"核电低压转子研制成功；2018年9月，由上海电气自主研发的我国首根出口卡拉奇"华龙一号"核电焊接转子完成高速动平衡试验。这标志着我国掌握了大功率核电蒸汽轮机焊接转子关键技术，并形成了一定的生产能力。

核电蒸汽轮机低压转子末级长叶片：为了填补国内半转速核电蒸汽轮机超长叶片的空

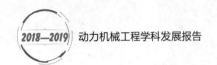

白，寻求结构合理、科学的叶片系列方案，来适应国内不同堆型、不同地区的背压要求，我国积极研制开发了长叶片的设计及制造技术。

2011年5月18日，上海电气研制的1710mm长叶片通过中国动力工程学会组织的新产品鉴定，具有良好的经济性与安全性。2016年，上海电气1905mm长叶片研制完成，这是目前世界上已经制造出的最长的低压末级长叶片，达到国际先进水平，可以用于"华龙一号"及CAP1400项目。2012年5月16日及2012年5月29日东方电气在703所完成1828mm末级叶片组模化叶片空气动力试验和末级动应力试验，并通过国家核电组织的专家见证。2014年8月，装配由哈尔滨电气开发的1800mm叶片1/2模化叶片的深圳南天电力有限公司的联合循环机组顺利投运，叶片运行良好。

②核电发电机技术。我国核电发电机供货企业结合自有先进技术和国内外先进科技成果，开展了大量的设计、技术论证和关键技术课题的攻关工作，实现了自主设计和制造，成功开发了各种等级的核电四极发电机，容量范围1000MW~2000MW。创新产品主要为：配"华龙一号"的1100MW、1200MW等级发电机；配CAP1400的1500MW等级核电发电机；配EPR核岛的容量范围为1600MW~2000MW的核电发电机等。核电发电机冷却方式为水氢氢，即定子绕组为水冷，转子绕组、铁心为氢气冷却。

百万等级核电发电机组拥有完全知识产权，采用国际标准设计，可实现自主出口，在满足国内大容量核电的项目需求的同时，也配合中国核电走向世界的发展战略，具有重大意义。

③核电辅机技术。核电常规岛设备除了蒸汽轮机和发电机两大主机，还有一些辅助设备，如汽水分离再热器（MSR）、高压低压加热器、凝汽器等，我国都逐步实现了国产化。

汽水分离再热器是核电常规岛的重要设备，技术要求高，应用材料复杂，长期依赖国外技术。在国家重大专项的支持下，上海电气、东方电气和哈尔滨电气都对汽水分离再热器设计技术、制造技术及材料技术的国产化进行了全面研究，现已具备自主设计和自主制造的能力。

在热交换器中，主要实现了核级主要原材料（不锈钢板和碳钢板）国产化，降低了采购周期和采购成本；实现了核级奥氏体不锈钢热交换管国产化，打破了国外供应商垄断的局面，为以后其他规格的核级热交换管U型管和π型管的国产化奠定了坚实的基础，也将大幅降低核电生产的制造成本，并填补了国内核电材料这一领域的技术空白；在管子管板胀接焊接工艺上取得了改进，提高了焊缝质量，加快了产品制造周期。

我国已掌握百万千瓦级常规岛大型凝汽器设备设计制造核心技术，使产品技术达到当前国际先进水平，技术上也可以摆脱对技术引进公司的依赖，实现了百万千瓦级常规岛主要辅机设备国产化。

（2）光热技术研究进展

为了缓解环境污染和能源储备危机，近年来光热技术作为清洁发电技术在我国发展迅速。我国的光热项目主要有中控德令哈 1 万千瓦和 5 万千瓦塔式光热电站、首航节能敦煌 1 万千瓦和 10 万千瓦塔式光热电站以及中广核新能源德令哈 5 万千瓦槽式光热项目、鲁能海西 5 万千瓦塔式光热电站与共和 5 万千瓦塔式光热电站，其余主要为小型实验项目。

太阳能热发电的产业链可以分为基础材料、装备制造、电站 EPC 电站运营、电力输配等几个环节。目前，我国太阳能光热产业链条虽然完整，但是项目经验不足，不少领域在中国发展时间较短、产业基础薄弱、核心技术和产业化瓶颈尚未完全实现突破，处于初创期和发展期阶段。作为一个处于发展初期的新兴产业，光热发电产业链的核心环节在于装备制造、系统集成设计和电站 EPC。

1）系统集成能力

①聚光集热系统。随着中控德令哈 50MW 塔式熔盐光热电站和首航敦煌 100MW 塔式熔盐光热电站的投运，意味着我国已经掌握了大型商业熔盐塔式光热电站的聚光集热系统集成能力，与国际上新月沙丘、Gemasolar、NOORIII 这几个商业熔盐塔式光热电站相比，差别仅在于运行时间和经验。

对于槽式电站的集热器，国内中广核德令哈 50MW 项目采用 EPC 模式将镜场分岛独立 EPC 分包给首航节能，后者采用经授权的 ET150 集热器设计图纸，EPC 方按技术要求采购反射镜、集热管、液压驱动和支架。该项目的基础设计由 Ingeteam 公司完成，该公司也作为联合体成员承担了中核龙腾内蒙古乌拉特中旗 100MW 槽式光热发电项目的 EPC 工作。另外，常州龙腾光热有限公司、成都博昱新能源科技公司、天津滨海光热发电投资公司投资有限公司等公司均在槽式技术上有较大投入，上述企业均有测试回路运行。

中广核德令哈 50MW 项目的投运和国内企业在槽式领域的大规模投入和测试回路开发，表明我国已经初步具备了槽式光热电站的太阳岛集成能力，考虑到该项目的基础设计由西班牙完成，因此国内尚缺乏一个独立设计开发的商业槽式电站的太阳岛投入运行，我国槽式电站太阳岛的设计集成能力尚需工程检验。与之相反的是，国际上槽式导热油光热电站技术已经非常成熟，是目前投运规模最大，最为成熟的光热发电技术。而对于线性菲涅尔技术，我国首批示范项目中兰州大成项目尚在开发阶段，其设计能力尚需检验。

②储换热系统集成设计。目前国内投运的几个光热商业电站储换热系统的设计方分别为：中控德令哈 50MW 塔式熔盐光热电站——杭州锅炉集团股份有限公司（以下简称杭锅集团）、首航 100MW 塔式光热电站——首航、中广核德令哈 50MW 槽式电站——山东三维；今年有望投运的几个电站的储换热系统设计方为：中电工程哈密 50MW 塔式熔盐电站——西北电力设计院、鲁能海西州 50MW 塔式熔盐光热电站——西北电力设计院。从目前国内的储换热系统集成设计情况来看，国内目前已经具备了储换热系统的集成能力，唯一欠缺的是长时间工程运行经验的检验。

③发电单元。光热电站发电单元与常规火电类似，我国目前完全有能力进行发电单元系统集成的设计能力。目前国际上装机容量最大的塔式熔盐光热电站 NOORIII 的发电单元

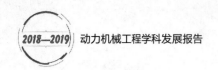

就由西北电力设计院设计。表明我国在发电单元领域具有国际先进水平，并得到国际知名光热工程公司的认可。

2）装备制造能力和业绩情况

太阳能热发电除需要用太阳能镜场替代燃煤锅炉和为了实现连续平稳的电力输出需要建设储热系统外，其余部分与传统的燃煤电站基本相同，其所涉及的设备和材料与传统火力发电领域几无差异，均属传统的机械制造产业。从整体情况看，太阳能热发电用的关键设备及材料如反射镜、定日镜、吸热管、集热器、换热器、储罐、跟踪传动系统、支架结构、控制系统、导热油、熔盐、汽轮发电机组及其辅机等国内生产供给能力充足，其中镜场设备的主要生产企业，整体设备开工率不到 80%。

国内生产的关键设备和重要材料技术水平，除个别设备和材料外，与国际水平相差不大，但缺少在太阳能热发电站长期运行的检验。太阳能热发电镜场（包括槽式、塔式）主要设备技术参数及关键技术指标与国际成熟供货商产品基本相当；吸热器、换热器、蒸汽轮机及其辅机等设备制造技术与传统火力发电行业差异不大。个别关键设备的设计或加工与国际成熟产品尚存在一定差距，如熔融盐大批量供货，其纯度能否达标；导热油泵的密封系统制造能否过关；对 16~17m 液下深度的耐高温、大扬程、耐腐蚀的熔盐泵技术仍处在研发阶段；熔盐吸热器的材料仍宜进口；制作反射镜用的低铁玻璃原片质量有待提高等。总体情况看，国内生产的设备及材料不具有大规模商业电站的供货及运行经验，供货商均大多在试验台或示范装置上进行测试，其真实的技术水平有待示范工程的验证。

目前槽式和塔式太阳能热发电系统进口范围：槽式热发电系统中的集热管旋转接头、导热油泵、储热系统的熔盐泵，熔盐塔式热发电系统中的熔盐泵、熔盐吸热器材料及小部分仪表阀门。按照上述进口范围，初步测算太阳能热发电系统设备国产化率：槽式为 92%以上，熔盐塔式为 93% 以上。

国内设备价格水平现阶段优势不明显。对于镜场设备，由于国内产品市场需求不多，研发成本较高，国产设备具有价格优势但并不明显；对于吸热器和换热器的国内设备价格水平约为国际市场价格的 60%；对于导热油和熔盐，国内价格是国外同类材料价格的 2/3。总之，与国际成熟供应商相比，国内企业的生产规模、集成能力及投运经验等尚显不足，短期内参与国际市场竞争成本优势难以显现。

（3）S-CO$_2$ 煤电技术进展

在未来相当长时间内，我国化石能源在整个能源结构中仍占有重要地位，研发超临界二氧化碳 S-CO$_2$ 燃煤发电系统这样的先进动力循环技术，对于提高燃煤发电系统效率具有十分重要的意义；同时，S-CO$_2$ 燃煤发电系统紧凑，能实现机组灵活运行，有益于解决可再生能源上网引起的弃风弃光问题；而且，S-CO$_2$ 燃煤发电机组采用空冷，可降低由于空冷引起的效率惩罚。

美国提出 Allam 循环，燃料在燃烧室内超高压燃烧，燃气直接驱动燃气轮机，高压燃烧带来材料耐温等难以克服的技术瓶颈。与美国技术途径不同，我国发展间接 $S-CO_2$ 燃煤发电系统，需要解决如下关键科技问题：① $S-CO_2$ 循环流量比水蒸气朗肯循环大 6~8 倍，大循环流量引起大锅炉压降，引起工质堵塞；②一般认为 $S-CO_2$ 循环较为适合中高温热源，然而锅炉烟气温度要跨越 1600℃~120℃ 的宽温区，如何实现锅炉烟气热量全温区吸收；③锅内 CO_2 传热引起锅炉受热面温度变化对燃烧及污染物生成影响机理及调控方法；④透平－压气机以及回热器设计、制造及运行问题。

针对以上关键科技问题，华北电力大学、西安交通大学、华中科技大学、中科院工程热物理研究所等组成的研究团队以典型烟煤为输入煤种，以 1000MW 输出功率为例，提出了如图 18 所示的基于 $S-CO_2$ 循环的燃煤发电系统概念设计，技术上更加切实可行。目前已取得如下研究进展：

1）提出 1/8 减阻原理及锅炉模块化设计

突破传统热力学分析局限性，通过工程热物理学科内部交叉，综合进行热力学、流体力学及传热学分析，对 $S-CO_2$ 锅炉和循环的耦合机理进行了深入研究。通过对再压缩、间冷及再热循环分析，表明这些措施能够提高机组效率，管内工质压降会降低机组发电效率。在热力循环要求条件下，$S-CO_2$ 循环流量是水蒸气机组的 6~8 倍，导致 $S-CO_2$ 锅炉压降大到堵塞循环的程度。因此，提出了 1/8 减阻原理及锅炉模块化设计：将受热面长度 L、流量 m 及吸热量 Q 的全流模式，转换成两个受热面，每个受热面长度均为 0.5L，流量为 0.5m，而两个受热面总长度，总流量与总吸热量与全流模式相等。根据流体力学基本关系式，分流模式将锅炉压降减小为全流模式的 1/8，产生锅炉模块化设计。基于这一原理，编制了 $S-CO_2$ 燃煤机组耦合锅炉热负荷分布、流动传热特性的热力循环分析计算软件，计算表明 1/8 减阻原理及锅炉模块化设计将 $S-CO_2$ 锅炉压降减小到比水蒸气锅炉更低的水平，彻底解决了锅炉大压降问题。

2）顶/底复合循环实现锅炉烟气热量全温区吸收

为解决锅炉烟气热量全温区吸收问题，提出了顶/底复合循环，顶循环吸收锅炉 550℃ 以上的高温烟气热量，底循环吸收 380℃~550℃ 的烟气热量，380℃ 以下的低温烟气热量由空气预热器吸收。提出了新的底循环 SHC，可在宽温区范围内具有更高效率。提出的顶/底复合循环在 35MPa/630℃ 主蒸气参数下，发电效率为 49.73%，明显高于现有超超临界水蒸气燃煤发电机组。发现在锅炉模块化设计及顶/低负荷循环创新模式下，$S-CO_2$ 燃煤机组能量分布与超临界水蒸气机组明显不同，主要表现为 $S-CO_2$ 机组内部回热量是机组发电功率的 3 倍以上，对于回热器设计运行提出了新的要求。另外，在保证 1000MW 净发电量的条件下，透平实际做功在 1300MW 以上，压气机要消耗 300MW 以上的功率。即 $S-CO_2$ 机组高回热量及高压气机功耗是不同于水蒸气朗肯循环的特点。

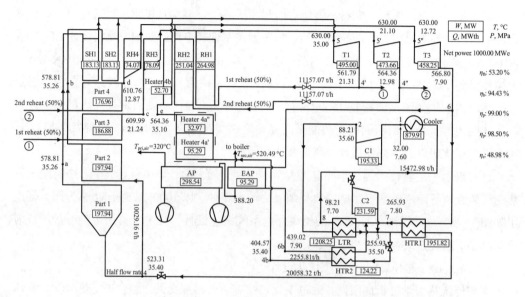

图18　基于S-CO₂循环的燃煤发电系统概念设计示意图

3）关键部件概念设计

提出了S-CO₂"锅"和"炉"耦合机理及调控策略。根据火焰温度和金属壁面温度间辐射换热基本规律，得到了受热面热负荷主要取决于燃烧侧，锅内CO₂传热对热负荷无影响的结论，这一结论直接获得了研究S-CO₂锅炉的解耦策略。进入锅炉的CO₂属于类气态工质，锅炉概念设计的重心在于确保受热面安全，即保证受热面处在合理的耐温极限内，提出"锅"和"炉"的综合调控策略。在锅侧，需优化冷却壁结构尺寸及CO₂流动状况，包括采用新的CO₂强化传热手段等。在炉侧，合理设计燃烧器及优化过量空气系数，降低受热面最大热负荷，并使热负荷沿炉膛高度方向均匀，这方面工作正在进行中。在大容量透平概念设计方面，围绕透平材料选择、轴系稳定性及密封等关键难点，初步完成1000MW级机组主透平设计，提出了采用分流设计方案平衡透平轴向推力，及高性能迷宫碳环或干气密封系统，数值模拟验证了密封系统的可靠性。采用等根径透平设计及三维叶型型线，以及级间匹配实现93%透平效率。

4）建成若干重要实验设施

国际上S-CO₂传热主要集中在8MPa，小于10mm的管径以及全周均匀加热。华北电力大学建立了均匀加热和半周非均匀加热条件下S-CO₂传热大型实验装置，与国际上其他实验台相比，本实验台可进行超高压（如26MPa）、大管径（如10mm内径）以及全周或半周加热实验，弥补了现有实验设施的不足。该实验设施的建成，可满足高温高压S-CO₂数据获取、机理研究及工程设计所需的数据支持。中国科学院工程热物理研究所建成"S-CO₂换热器综合试验测试平台"，可进行S-CO₂印刷电路板换热器性能测试，最高设计压力 32MPa、温度 823K。自主研制的高效紧凑式回热器效率高达 95%，压降不超过 50KPa。西安交通大学和华中科技大学等合作建立 S-CO$_2$ 锅炉研究设施，西安交通大学等正在建设 S-CO$_2$ 透平仿真及测试平台，西安热工研究院正在建设 5MW 燃气驱动 S-CO$_2$ 发电系统。

总体情况看，集中国内优势力量大胆创新，取得了突出进展，培养了一支超临界二氧化动力循环技术高水平研发队伍。锅炉 1/8 减阻原理及模块化设计，彻底解决了锅炉大压降问题。热功转换阻力概念，增加了评价热功转换系统的科学性。顶/底复合循环，是能量梯级利用的延续和发展，解决了锅炉烟气热量全温区吸收难题。S-CO$_2$ "锅" 和 "炉" 耦合机理及综合调控策略及相关的 S-CO$_2$ 锅炉、透平及回热器等概念设计，已经建成或正在建设若干重要实验设施，为我国发展 S-CO$_2$ 技术提供了理论及软硬件支撑，若干设计理念。实验设施的建设为 S-CO$_2$ 发电提供基础数据，为发展关键技术及系统集成奠定技术基础。目前，相关研究引起国际关注，在国际会议上多次做大会及特邀报告，2018 年 6 月在北京召开了第一届 S-CO$_2$ 动力循环国际会议，来自 20 个国家的 300 多名学者参加了会议，提升了我国在 S-CO$_2$ 发电方面的国际影响力，会议优秀论文在 Energy 等 3 个 SCI 期刊出版专辑。法国电力公司和美国西屋公司专家到项目组相关单位进行调研。受 Energy 杂志主编邀请，发表 S-CO$_2$ 发电展望论文。国家能源集团等单位，也在积极酝酿建设 ~10MW 级发电系统示范系统。同时，我国太阳能领域的 S-CO$_2$ 发电系统也已展开。

（4）储能技术研究进展

近年来，风能、太阳能等新能源发电量占全球总发电量的比例在逐年上升。然而，新能源发电存在不稳定和间歇性等问题，其大规模并网发电对电力系统的安全稳定运行带来严峻的挑战。目前，学术界普遍认为储能技术能有效地解决这一问题。所以在当代能源领域内，储能技术扮演着越来越重要的角色。到 2018 年，我国的储能装机总量为 31.3GW，约占全国总装机容量的 1.65%。需要指出的是，抽水蓄能是我国目前唯一的大规模商业应用的储能技术。

我国的抽水蓄能是较为成熟的大规模储能技术，压缩空气储能技术处于起步阶段，目前，中国科学院工程热物理研究所建成了超临界压缩空气储能电站示范机组，但距离大规模商业应用仍然面临着技术难题。

1）抽水蓄能技术

我国抽水蓄能技术的起步相对较晚，但发展迅速。1968 年，我国第一座抽水蓄能电站——河北岗南混合式抽水蓄能电站投入商业运行。20 世纪 90 年代，我国电网调峰矛盾日益突出，修建抽水蓄能电站以解决电网的调峰问题成为行业共识，国家开始大力发展抽水蓄能电站的相关基础设施，从最早的广蓄一期、北京十三陵到浙江天荒坪等，抽水蓄能电站越来越多地出现在了人们的视野中。2010 年以来，随着太阳能、风电等新能源发电逐渐兴起，抽水蓄能电站进入蓬勃发展期，目前正在修建河北抚宁、吉林蛟河等大型抽水蓄能电站，另外，2016 年并网发电浙江仙居抽水蓄能电站的单机容量达到 375MW，水头为 447m，是目前中国单机容量最大的抽水蓄能发电机组。到 2016 年年底，我国的抽水蓄能装机容量为 32.0GW，装机容量居世界第一，预计到 2020 年将达到 40GW。

随着人工智能技术的发展，将信息通信技术与抽水蓄能电站自动化技术有效融合，电站设备同时具有执行能力、思维能力必将成为今后设备智能化发展的趋势。未来一段时间，抽水蓄能电站也将进一步朝着可观测、可视性、自诊断和自适应的方向发展。

2）压缩空气储能技术

随着新能源发电的逐渐兴起，我国才开始对压缩储能系统开展相关研究，当前对压缩储能系统的相关研究越来越被重视。西安交通大学、中国科学院工程热物理研究所、华中科技大学、华北电力大学等单位对压缩空气储能电站的经济性能、热力性能及其商业应用等开展了相关研究，但研究多数还在理论与实验室验证阶段，截至目前仍无投入实际商业运行的压缩空气储能电站[27]。

目前，中国科学院工程热物理研究所在压缩空气储能领域的研究对促进我国压缩空气储能技术的发展具有重要意义，其近年来的研究成果包括相关专利 200 余项，授权专利 144 项，学术论文 300 余篇。并在国际上首次提出了超临界压缩空气储能系统，该系统的效率比传统的压缩空气储能系统高 10%，储能密度为传统压缩空气储能系统的 18 倍。

压缩空气储能在容量、放电时间、功率等级、成本等方面都与抽水蓄能技术相近，而压缩空气储能技术没有水源的要求，在不适合发展抽水蓄能电站的地区有着独到的优势。美国 Pike Research 公司预测，压缩空气储能系统市场份额将从 2010 年的 453MW 增加到 2020 年的 7GW。但常规压缩空气储对化石燃料有所依赖并需要大型储气室存储压缩空气。未来对储能密度、储能效率、消除化石燃料依赖的研究将会是压缩空气储能系统的发展要求和趋势。具体而言，带储热、除去燃烧室，并可以灵活地和太阳能热发电系统结合的压缩空气储能系统是未来重要的发展方向[27]。

3）其他储能技术

我国较早地开展了超导储能的基础理论和关键技术研究，并取得了显著成果。我国于 2008 年完成 1MJ/0.5MV·A 高温超导储能系统的研制，并在甘肃白银实施了世界首座超导变电站限流 – 储能示范工程，其具有目前世界上最大的高温超导磁体，这标志着我国超导技术基本达到国际先进水平，并在国际率先实现完整超导变电站系统的运行[28]。

2013 年，国家电网公司在北京建成首个采用镁砖为蓄热材料的集中电采暖试点示范项目，工作温度范围 150℃~500℃。南京金合能源材料有限公司的相变储热砖，储热密度超过 835kJ/kg 和 1680 MJ/m³。相变储热技术具有储能密度高、体积小、温度输出平稳等优点，但循环寿命有待提升，随着国内电能替代的发展需要，目前已经成为研究热点。

三、本学科国内外研究进展比较

（一）锅炉技术

"十三五"期间，洁净燃煤发电新技术正在加快研发和推广应用，以提高煤电发电效率及节能环保水平。现役煤电清洁化改造和新建清洁化煤电机组，加大了高能耗、重污染的煤电机组的改造和淘汰力度。在重点推广的高效率、低排放煤炭发电技术的各项相关技术中，高效一次和二次再热超超临界（USC）发电趋于成熟，整体煤气化联合循环（IGCC）、富氧燃烧（Oxy-fuel）等煤炭发电技术已成功实现商业化运行。我国主要锅炉制造厂家通过自主研发和技术合作，完成了超（超）临界锅炉各项关键技术的研究和工程示范，并不断总结设计、制造、安装及运行等方面的成熟经验，开发设计了多个具有里程碑意义的重大系列产品，创新成果达到国际先进水平。

1. 煤燃烧技术

我国大容量电站锅炉的燃料类型中，煤炭仍然占据绝对主导地位，预测其占比在未来10年内，虽然会稳步下降但仍将保持在50%以上。我国煤燃烧技术研究虽然起步晚于西方、日本等发达国家，但经过几代人半世纪的不懈努力，已经逐渐赶超世界先进水平。目前世界范围内，煤燃烧领域的研究重点已经转向先进燃烧技术和特殊煤种燃烧，近年来煤燃烧新技术发展中，Mild燃烧、化学链燃烧和半焦燃烧技术处于理论探索、实验室基础研究和小试阶段，富氧燃烧技术完成中试和35MW_{th}工程示范，而超临界水煤气化和高碱煤燃烧技术同时具有研究热度、理论深度和应用广度。

（1）Mild燃烧技术

Mild燃烧技术发展早期，由于高温预热过程需要消耗大量热能，该技术主要被应用于冶金等有大量余热的工业领域。同时由于在换热过程中采用蓄热式换热器，固体燃料产生的灰渣会阻塞换向阀，Mild燃烧技术一般只适用于气体或轻质液体燃料。近年来，随着对该技术研究的不断深入，其适用范围极大拓展，开始探索应用于煤燃烧领域。我国Mild燃烧研究发展较快，北京大学、清华大学、华中科技大学及中国科技大学等高校都对该技术进行了大量的研究，但与国际先进水平相比，中试以上规模的实验研究仍相对匮乏，其工业应用还有待时日[29]。

（2）化学链燃烧技术

化学链燃烧是一种基于CO_2零排放理论的燃烧技术。化学链燃烧技术在CO_2高效分离、高效低成本CO_2捕集和氮氧化物控制等方面具有显著优势。该燃烧系统由燃料反应器、空气反应器和载氧体等组成。燃料反应器温度一般控制在1000℃以下，有效控制了热力型NO_x的生成。而载氧体性能直接决定了化学链燃烧效率，其评价指标主要包括反应活性、载氧能力、循环稳定性、机械强度、抗积碳、抗烧结、成本和环保等。目前全球已有 20 余台 $0.5kW_{th}\sim4MW_{th}$ 规模的化学链燃烧实验装置，其中瑞典、西班牙、法国、德国、美国、芬兰等国外有关大学及研究所和我国华中科技大学、东南大学和中科院广州能源所提出了各自的化学链燃烧技术及系统[30]。

（3）富氧燃烧技术

富氧燃烧技术，又被称为 O_2/CO_2 燃烧技术，是一种高效 CO_2 捕集的燃烧技术，煤粉在富氧气氛中燃烧，其燃烧效率比在空气中燃烧更高，它可以高效回收利用 CO_2，有望成为一种高效率、环保、经济的碳捕集燃烧技术。2010 年，美国能源部启动基于富氧燃烧实现碳捕获的 FutureGen2.0 计划[31]；2011 年，澳大利亚 CS Energy 公司建成世界上容量最大的 $30MW_e$ 富氧燃烧示范电厂；2013 年，英国能源与气候变化部宣布 $426MW_e$ 富氧燃烧碳捕集大型示范项目[32]。国内华中科技大学、东南大学、华北电力大学、浙江大学等在富氧燃烧的燃烧特性、污染物排放和脱除机制开展了研究[29]，其中华中科技大学于 2011 年启动了 $35MW_{th}$ 富氧燃烧碳捕获关键装备研发及工程示范项目，2015 年建成后实现烟气中 CO_2 浓度达到 83%，为更大规模富氧燃烧技术推广奠定了坚实基础。

2. 高温耐热材料技术

高温耐热材料是发展超（超）临界机组的重要制约因素。发达国家在高温耐热材料研究、生产和应用上的先发优势，促进了我国电力工业 30 多年的迅猛发展。目前国外在更高参数超超临界锅炉用材研制方面依然领先于国内。其中，欧洲 Vallourec 研制出 Super VM12 钢、日本新日铁研制出 SAVE12AD-P93 等 9Cr 钢；瑞典 Sandvik 研制出 S31035/Sanicro25 奥氏体耐热钢管；欧美及日本开发出系列适用于 633℃~700℃更高蒸汽参数的锅炉管材，如日本 Sumitomo 的 HR6W、欧洲 Salzgitter 的 617B、美国 SMC 的 740H、美国 Haynes 的 282 等镍基合金。国内已实现从前 10 年机械部门独立研究，发展到中间 10 年机械、冶金、电力部门合作研究，直到近 10 年来才发展到以冶金部门牵头立项研究为主，机械和电力部门协同研究的战略转变，这一转变有利于我国高温耐热材料领域的健康快速发展，没有冶金、机械和电力部门在耐热材料研究领域的合作机制，中国电力制造业不可能实现真正的自主发展。通过高等院校、研究院所、制造和运行企业的跨行业、跨部门、跨领域的广泛合作机制，我国已经在更高参数超超临界锅炉用材研制方面迎头赶上，申请了相关知识产权，冶炼并试制了不同钢种及合金的试验用材，完成了系列综合力学及工艺性能测试评定和试验用材的实机验证实验，并进入定型生产、中试和示范工程阶段。

（二）蒸汽轮机技术

"十三五"以来，在国家政策的引领和市场需求的推动下，通过产学研用合作，我国蒸汽轮机技术在高参数、大容量、高效率、宽低负荷调峰、智能化电厂等领域有了新的发展，研发了一系列具有国际先进水平的大功率高效率火电与核电蒸汽轮机新产品。国内三大蒸汽轮机制造企业都形成并具备了大功率火电与核电蒸汽轮机的自主化设计、国产化制造与批量化生产的能力。

1. 火电蒸汽轮机技术

（1）国外 700℃蒸汽轮机研究进展

1998 年，欧盟启动了为期 17 年的"Thermie AD700 计划（1998—2014）"，论证和发展具有先进参数的未来燃煤机组，700℃蒸汽轮机高温部件采用镍基合金。美国能源部 2000 年启动了 Vision21 计划，目标是 2025 年后，蒸汽轮机的蒸汽参数达到 35MPa/760℃/760℃。日本推出"凉爽地球 – 能源创新技术计划"，开展 700℃级先进超超临界压力发电（A–USC）技术研究。

（2）国内蒸汽轮机研究进展

2012—2018 年，我国火电蒸汽轮机的技术和产品的产量、品种、技术水平、运行性能等均居国际先进水平。蒸汽轮机实际运行的性能、高温材料应用及进汽参数、高参数大容量模块开发、单轴最大容量、热电联供、空冷机组、超长轴系、二次再热循环、双机回热抽汽及驱动给水泵抽汽背压小蒸汽轮机、超长叶片低压模块系列开发、双轴高低位布置、单轴全高位布置机型等方面均取得了新成就。

超超临界 1000MW 二次再热蒸汽轮机的技术和产品取得突破性进展。作为"十二五"节能减排国家重大科技支撑计划项目，国电泰州二期工程建设 3 号 1000MW 超超临界二次再热燃煤发电机组采用了世界首台 1000MW 二次再热蒸汽轮机。该机组 2015 年 9 月投入运行，性能试验表明：机组发电效率达到 47.82%，发电煤耗为 256.8g/（kW·h），供电煤耗为 266.5g/（kW·h）。

2018 年 11 月世界上首台双机回热的一次再热 1000MW 机组及抽汽背压小机已在广东陆丰甲湖湾电厂（以下简称广东甲湖湾）成功投运。与此相比，华能瑞金发电有限责任公司（以下简称华能瑞金）二次再热双机回热循环的抽汽背压小蒸汽轮机的技术更进了一步，背压小机不仅承担 5 抽汽 1 排的回热抽汽，驱动给水泵外，还具备驱动小型发电机具有最大 20MW 的发电功能。采取双机回热抽汽循环华能瑞金高效二次再热超超临界 1000MW 蒸汽轮机，预计 2021 年投运。

高低位布置超超临界 1350MW 二次再热蒸汽轮机。安徽淮北平山电厂为沪皖合作、上海市在安徽淮北异地建设的煤电一体化机组，平山二期 1350MW 二次再热发电机组，2015 年年底被国家能源局列为国家煤电示范工程，2018 年 3 月 30 日开工建设。

陕西国华锦界能源有限责任公司（以下简称国华锦界）三期项目为哈汽生产的超超临界 660MW 直接空冷机组，三缸两排汽，进汽参数为 28MPa/600℃/620℃。国华锦界项目为整机高位布置，高、中、低压缸均布置在 65m 蒸汽轮机运转平台上，此种方案综合分析，可以为电厂节约 1000 余万元，蒸汽轮机全高位布置为国际首台。国华锦界项目为直接空冷机组，高位布置后，基础采用弹性基础，取消排汽装置，排汽缸与空冷岛直接连接，节约四大管道。国华锦界项目蒸汽轮机高位布置，将为 700℃蒸汽轮机节约高温蒸汽

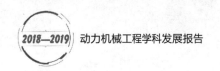

管道镍基合金的设计提供技术依据。

2. 核电蒸汽轮机技术

（1）国外核电蒸汽轮机研究进展

法国弗拉芒维尔（Flamanville）核电站3号机组（是法国唯一在建的EPR机组）是2007年12月开工建设的世界上第二台EPR第三代核电机组，采用欧洲反应堆。蒸汽轮机由ALSTOM供货，常规岛蒸汽轮机采用Arabelle技术的单轴四缸六排汽，1500r/min，冲动式蒸汽轮机，额定功率1650MW。法国弗拉芒维尔核电站3号机组原计划2012年5月投入商业运营，到2018年年底，法国弗拉芒维尔核电站3号机组尚未投入运行，拖期已经超过6年。

（2）国内核电蒸汽轮机研究进展

为促进第三代核电技术和产品的发展，2015年1月21日，发电设备制造行业共同承担的大型先进压水堆核电站重大专项课题"大型半速饱和蒸汽蒸汽轮机、大型汽轮发电机等设备关键共性技术研究"顺利通过国家能源局核电司组织的课题验收。该课题的完成，标志着我国具备了自主研制大型核电半速汽轮发电机组成套设备的能力，形成了国产化AP1000蒸汽轮机后续项目批量化生产能力，产生了显著的经济社会效益。

2012—2018年，在国家核电重大专项有关课题的支持下，三大电气集团通过引进技术消化吸收再创新以及产学研用合作，逐步实现了与二代加反应堆CPR1000配套1000MW核电蒸汽轮机的国产化制造、自主化研制与批量化生产。自2014年起，我国第三代核电技术压水堆核电站核电蒸汽轮机产品的开发取得实质进展，哈汽、东汽、上汽均具有相应核电蒸汽轮机的自主设计和制造能力。

由东汽和ALSTOM合作生产的世界上在役单机容量最大的蒸汽轮机，2018年在广东台山核电有限公司（以下均简称台山）电厂投入商业运行。台山核电1号机组是世界上首台实现并网发电的EPR第三代核电机组，蒸汽轮机单机容量1750MW。台山核电1号、2号机组是继2005年开工芬兰奥基陆托（Olkiluoto）3号机组、2007年开工法国弗拉芒维尔（Flamanville）核电站3号机组后，全球第三、第四台开工建设的EPR第三代核电技术机组，这四台机组都存在拖期现象。但在后续建设过程中，芬兰和法国的EPR机组落后于台山核电1号机组。

石岛湾是我国第四代核电技术首个高温气冷堆示范工程。2008年4月，上汽承担了石岛湾高温气冷堆核电站200MW蒸汽轮机的供货合同。该项目有关的"蒸汽轮机制造技术研究"课题，2009年列入国家核电重大专项，2014年6月25日顺利结题。

（三）燃气轮机技术

国内燃气轮机技术和产业水平总体上与国外相比还有很大差距，在基础和应用基础研究、设计方法开发及试验数据积累等方面基础薄弱，特别是有关热端部件的研发的核心技术，有待于取得突破和发展。

1. 国外燃气轮机技术主要发展趋势

在总体热力系统方面，国外开发了较多的燃气轮机静、动态模拟软件和仿真平台，总体性能模型已呈现出定量化、精细化、实用化的趋势。

在先进循环方面，国外的研究工作主要集中在以下四个方向：先进布雷登燃气轮机循环、湿燃气轮机循环、低能耗捕集 CO_2 燃气轮机循环和煤制气燃气轮机循环。

在压气机设计方面，国外重型燃气轮机压气机性能的不断提升得益于完善的通流设计技术、精细化的叶型设计技术和先进的三维流动控制技术。

在燃烧室设计方面，重型燃气轮机燃烧室技术的主要焦点在于不断调和高温升与低排放之间的矛盾，此外，国外正在开始燃氢燃烧室的研究。

在透平设计方面，国外主要围绕透平复杂气动、传热与冷却问题开展技术研发，国外也在透平全三维流动结构和损失机理、全三维流动优化设计等方面进行了较为全面、深入的工作。

在总体结构方面，国外重型燃气轮机的总体结构已形成较为完善的设计平台，具备了复杂运行工况下保持结构完整性和稳定性及动力传输高效性的技术体系。

在控制系统方面，目前已发展为高度复杂、分布式、多冗余、非线性、多功能的集光、机、电、信息、控制为一体的数字电子控制系统。

从 20 世纪中叶开始，国外高校、研究机构和燃气轮机制造企业相继建设起了支撑燃气轮机可持续发展的试验平台。其中，高校以基础研究为主，专注于建设和运行基础性机理研究实验台；国立研究机构以共性关键技术研发和验证为主，承担系统性、前瞻性、通用性大型试验装置的建设和运行；燃气轮机制造企业以产品研制为目标建设和运行了部件级验证考核和整机试验平台。

近年来，国外认为陶瓷基复合材料是未来叶片材料的发展方向，其中连续纤维增强超高温陶瓷基复合材料是新一代发动机涡轮叶片、燃烧室等高温构件最具潜力的候选材料之一。

热障涂层粉体方面，国外在 20 世纪 90 年代就已将热障涂层用热喷涂粉末定型，目前正朝着高纯化、组织结构精细化、性能评测多元化的方向发展。

3D 打印、数字化智能化等多项创新技术融入燃气轮机生产过程是当前国际燃气轮机制造技术热点和发展趋势。3D 打印技术主要用于燃气轮机叶片模型制造、损伤叶片修复和高温空心叶片熔模制造。

2. 国内燃气轮机技术主要差距

国内燃气轮机技术和产业水平总体上与国外相比还有很大差距，还未具备先进燃气轮机自主开发和制造的能力，总体水平落后 20 年，主要表现在：

（1）经验少、数据库缺乏，在原始理论创新、工作领域的宽度和深度方面存在较大不足，在基础性的材料及热处理研究、燃烧学、热物理、转子动力学、设计方法、设计开发工具、技术标准等领域仍存在许多研究空白。

（2）基础薄弱，还未突破核心技术，自主研发设计能力和水平还有待提高，不能紧跟当前燃气轮机相关科学技术的发展。

（3）对于决定未来燃气轮机产业竞争力、代表未来发展方向的重大先导性、前沿性技术与创新性概念技术储备严重不足，缺乏前瞻性研究。

（四）水轮机技术

水轮机方面，我国在多年积累和对三峡左岸电站机组引进关键技术的吸收消化和再创新基础上，大型混流式水轮机技术飞速发展，总体达到国际领先水平。不同机型总体水平比较如下：

1. 主要水轮机技术发展与国外对比

经过多年的技术积累和在对宝泉、惠州、白莲河等几个项目引进的关键技术进行消化吸收再创新的基础上，我国抽水蓄能机组技术发展全面开花，基于完全自主知识产权又相继承研制了溧阳、深圳、仙居、丰宁、敦化、文登、周宁、绩溪、敦化、长龙山、丰宁二期、沂蒙、永泰、阳江等一大批水泵水轮机。其中长龙山项目最高扬程高达756m，阳江水轮机单机额定功率达406.1MW。

抽水蓄能机组经历了从分包商引进技术到主承包商，进而自主设计制造的转变，并在压力脉动、"S"区特性、驼峰特性等关键技术上占据了世界水电设备制造业的制高点。

我国大型混流式水轮机总体居世界领先地位，但是在更高或更低水头混流式机组方面，由于项目少，目前我国与国外先进水平之间还有一定差距。

在轴流转桨式水轮机方面，在单机容量、使用水头和转轮直径均达到了世界领先。但是在大中型定桨式水轮机方面，我国产品不多，与国外先进水平存在较大的差距。在冲击式水轮机方面，一些设计制造的关键技术还未完全掌握，与国外先进水平之间还存在一定的差距。在贯流式水轮机方面，我国灯泡贯流式机组的单机容量、最大转轮直径和水轮机最高水头均已达到世界先进水平[33]。我国竖井贯流式水轮机的整体水平已接近世界先进水平，但在轴伸贯流式、全贯流式机组以及潮汐贯流式机组方面，我国与国际先进水平间存在较大差距。

2. 国内外典型水轮机组对比

表11给出了已运行的各类水轮机最大单机额定容量；表12给出了已运行的各类水轮机的最大转轮；表13给出了已投运的水头最高的各类水轮机直径。

表 11 已运行的各类水轮机最大单机额定容量 （单位：MW）

水轮机类型	国 际	国 内
混流式	800（中国向家坝）	800（向家坝）
冲击式	423.13（瑞士德隆）	143.6（金窝）
轴流式	200（中国水口和大藤峡）	200（水口和大藤峡）
斜流式	215（苏联泽雅）	8（毛家村）
贯流式	75（巴西杰瑞）（中国制造）	57（桥巩）
水泵水轮机	470（日本神流川）	375（仙居）

表 12 已运行的各类水轮机的最大转轮直径 （单位：m）

水轮机类型	国 际	国 内
混流式	10.4（中国三峡）	10.4（三峡）
冲击式	5.5（奥地利基利茨）	2.95（大发）
轴流式	11.3（中国葛洲坝二江）	11.3（葛洲坝二江）
斜流式	6（苏联泽雅）	1.6（毛家村）
贯流式	8.2（美国悉尼墨雷）	7.5（广西长洲）
水泵水轮机	8.2（美国史密斯山）	5.5（潘家口）

表 13 已投运的水头最高的各类水轮机 （单位：m）

水轮机类型	国 际	国 内
混流式	1771（奥地利来塞克）	550（硗碛）
冲击式	1869（瑞士的 Bieudron 电站）	1209（苏巴姑）
轴流式	136（日本高根第一）	78（石门）
斜流式	88（意大利那门比亚）	77（毛家村）
贯流式	29（中国洪江）	29（洪江）
水泵水轮机	728（日本神流川）	701（西龙池）

（五）风电技术

经过 30 多年的发展，我国已经成为风电大国，但还不是风电强国。总体来看，我国在风能开发利用、装备研制等方面已经取得显著成绩，整体发展势头良好，产业和利用规模世界第一，技术创新能力及水平不断提升，在大容量机组研发、高塔架应用技术方面处于国际先进水平，低风速风电机组开发处于国际领先水平。

1. 风电装机容量

到 2018 年年底，中国（除港、澳、台地区外）风电累计装机容量 2.1 亿千瓦，占全球总装机容量的 37%［说明：此为中国（除港、澳、台地区除外）的数据，而图 19 的中国数据含港、澳、台地区，因此有差别］，并网容量 1.84 亿千瓦，排名世界第一；美国总装机 0.96 亿千瓦，占全球总装机容量的 16%，排名第二；排名前七位的国家总装机容量及占比见图 19。2018 年全球新增风电装机容量 53900MW，中国新增装机容量 25900MW（含港、澳、台），位居全球第一，市场份额占 48%；美国排名第二，装机容量 7600MW，市场份额占 14%。2018 年中国风电机组已经出口到 34 个国家，全球前 10 名风机供应商中，中国占 5 名。

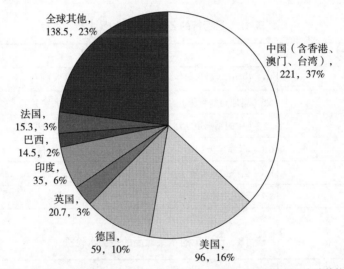

全球其他，138.5，23%

中国（含香港、澳门、台湾），221，37%

法国，15.3，3%
巴西，14.5，2%
印度，35，6%
英国，20.7，3%
德国，59，10%
美国，96，16%

□ 中国 ■ 美国 ■ 德国 ■ 英国 ■ 印度 ■ 巴西 ■ 法国 ■ 全球其他

数据来源：世界风能协会。

图 19　截至 2018 年年底全球风电累计装机排名（单位：GW）

2. 风电技术进展

与国际先进国家相比，我国在风能技术水平存在如下不足：①基础研究和共性技术研究方面相对不足、原创性成果相对较少，风电机组设计软件及载荷评估软件绝大部分为欧洲公司产品[34]，没有形成与产业规模相匹配的具有世界影响力的国家级公共平台；②风资源评估及风况模型、风电机组现场测试、传动链平台测试、风电并网仿真等公共试验平台开发及建设不足；③基础设计能力较弱，特别是漂浮式基础设计方面与国外差距较大；④风电轴承、变流器核心 IGBT 元件、主控系统 PLC 硬件大多还需要进口，核心控制策略尚未完全掌握。

（1）陆上风电机组研究比较

国外已投运功率最大的风机为 Enercon 公司的 E-126，额定 7.5MW，国内已投运最大风机金风科技 GW155，额定功率 4.5MW。国内在弱风型风机开发方面，1.5 MW 已有 10 多家风轮直径达到 90 m 以上；2 MW 已有多家已达到 131m，运达推出了风轮直径 140m 风机；3 MW 多家风轮直径已达到 140 m 以上，海装推出了风轮直径 160m 的风机。Vestas 针对 3.3MW 低风速风机推出了 V155 机型，风轮直径 155m，叶片长 76m。虽然我国已投运陆上风机功率小于欧洲，但总体技术水平基本和欧美国家保持同步，低风速风机开发处于领先水平。

（2）海上风电机组研究比较

在海上风机开发方面，国外整机制造商已经完成 8MW 级风电机组的产业化，10MW~12MW 风机在制造中，15MW~20MW 风机已在规划及概念设计中。我国主要风机制造商 5MW~6MW 海上风电机组样机已投运，形成批量供货能力。上海电气、金风科技 8MW 海上风机样机已下线，东方风电 10MW 海上风机样机也已于 2019 年 9 月下线，多家厂家均在研制 10MW 风机。2018 年，欧洲新吊装海上风电机组的平均单机容量为 6.8MW，中国平均功率为 3.8MW。我国在大功率海上风机开发方面已有较强能力，但已形成产业化及投运的海上风机功率等级与欧洲相比还有差距。

3. 试验和科研平台

国外著名风电实验室大多覆盖风能资源评估、风电机组现场测试、传动链平台测试、风电并网仿真等领域。如美国国家可再生能源实验室（NREL）建立了不同时间尺度的风能资源预测模型、7MVA 多功能电网扰动模拟装置，具有国际先进水平的风电 / 光伏发电设备及零部件的试验研发能力[34]。美国、德国、英国建设的传动链地面测试系统功率等级高达 10MW~15MW。

我国风电领域国家级重点研究平台建设起步相对较晚。实验室测试功能相对单一，不具备公共性和独立性；还没有大功率风电机组传动链地面公共试验测试系统，各厂商大多根据自身的经验、认识和产品开发的侧重点来开展研究性试验，开放交流显著不足[34]；在海上风电检测方面，针对环境、机组、电网的专业检测技术能力尚未形成，亟须加强相关检测能力建设；基础研究和共性技术研究方面相对不足，如风况模型、风电机组设计软件及载荷评估软件，应该由政府培育相关机构进行系统、深入研究。

（六）其他先进能源动力技术

经过多年的积累，我国在锅炉技术、蒸汽轮机技术、水轮机技术以及风电技术方面，总体水平已达到国际领先水平或国际先进水平。而在光热技术、S-CO$_2$ 动力循环技术以及储能技术等方面，我国起步较晚，与国外先进水平存在一定差距。近年来，在国家有关部门、高等院校、科研院所及产业界等多方关注和支持下，我国在这些领域的发展十分迅速，部分技术已取得突破性进展。

1. 三代与四代核电技术

经过 40 余年的发展，目前第三代核电堆型成了我国当前核电发展的主流。第四代核

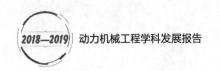

电技术在中国发展也较为迅速。

（1）核电核岛技术

安全是核电发展的前提，世界各国除了对正在运行的第二代机组进行延寿与补充性建一些二代加的机组外，目前新一批的核电建设重点是采用更安全、更先进的第三代核电机组。主要包括：美国核电技术 AP1000、中国核电技术 HPR1000（华龙一号）、法国核电技术 EPR、中国核电技术 CAP1400（国和一号）以及俄罗斯核电技术 VVER。

AP1000 是美国西屋公司研发的一种先进的"非能动型压水堆核电技术"。西屋公司在已开发的非能动先进压水堆 AP600 的基础上开发了 AP1000。

EPR 是与美国 AP1000 并列的当代先进的三代核电技术，是法马通和西门子联合开发的反应堆，是在国际上最新型反应堆（法国 N4 和德国建设的 Konvoi 反应堆）的基础上开发的，吸取了核电站运行 30 多年的经验。EPR 安全系统在传统第二代压水堆核电技术的基础上，采用"加"的设计理念，即用增加冗余度来提高安全性。

中国核电堆型从引进的 M310 技术以及自主研发的 CNP300，国产改进为二代加技术的 CPR1000 及 CNP1000，再到三代技术 EPR 及 AP1000，最后研发出了"华龙一号"（HPR1000）和"国和一号"（CAP1400）第三代核电技术。

（2）核电常规岛技术

我国三大装备企业——东方电气、上海电气和哈尔滨电气分别引进 ALSTOM（现 GE）、西门子、日本三菱重工核电汽轮发电机组设计与制造技术，通过消化吸收及自主研发，在核电汽轮发电机组设计与制造技术上有较大突破。

2. 光热技术

到 2018 年年底，全球光热发电装机达到 608 万千瓦，其中西班牙、美国、南非、摩洛哥、印度以及中国装机规模较大，分别为 230.6 万千瓦、188.6 万千瓦、50.5 万千瓦、53.3 万千瓦以及 22.8 万千瓦和 32.2 万千瓦。近年来，西班牙、美国等光热技术较为发达的国家均下调了对光热的电价支持，取而代之的是针对一些具体的研究点进行经费支持，寄希望于通过这种方式从侧面降低太阳能光热电站的成本，并始终保持在光热领域的先进性。

为提高美国自身太阳能行业的制造竞争力，美国能源部从国家可再生能源实验室（NREL）接手，开展 SunShot 计划，正对五个单独专案进行近 1300 万美元的投资。该计划赞助的范围包括对生产聚光光热槽式系统的新型方法、S–CO$_2$ 循环光热发电技术研发、光热海水淡化技术等光热相关领域进行经费支持。目的是在 2020—2030 年，将削减太阳能发电成本 50%。该计划拟将光热电价在 2020 年前降至 6 美分/（kW·h）[0.43 元/（kW·h）]以下，储热成本降到 15 美元/（kW·h）[107 元/（kW·h）]以下。

早在 1998 年，欧盟就在其第五框架下开始对光热工程和科研进行资金支持，截至 2018 年 3 月，欧盟仅针对光热就已经投入近 4 亿欧元用于光热技术研究，其中对 CSP 技术的资助就超过 2.45 亿欧元。总资助课题超过 168 个。这些课题和项目包括：采用新型传热介质的塔式技术、碟式系统、耦合式太阳离子发电系统、CSP 互补电站、光热有机朗肯循环系统、新型相变储热系统等。除了直接关注光热发电技术以外，这些资助还包括对太阳能热利用、冷却、光伏热利用等领域的资助和支持。图 20 及表 14 给出了欧盟框架下对光热相关课题的支持情况，其中 CSP 包括了上面提到的各种研究方向。

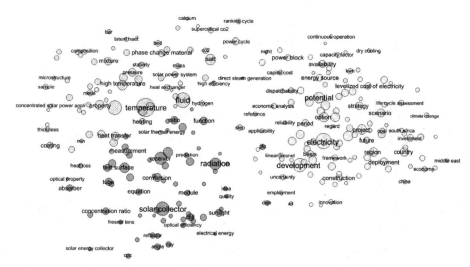

图 20　1981—2018 年国际核心期刊上的光热研究方向

表 14　图 20 中光热方向研究主题及关键词

组群颜色	研究主题	关键词	数量
⬤	CSP 电站发展及发电	发展、电力、区域、国家、评估、方法论、框架、潜力、电力平均成本	115
⬤	太阳能集热器	集热器、接收器、辐射、管道、模拟、转化	68
⊕	储热	温度、流体、摄氏度、换热器、传热、融盐、相变材料	79

　　2012 年澳大利亚最大的国家级科研机构澳大利亚联邦科学与工业研究组织（CSIRO）就发起 ASTRI 计划，成立了澳大利亚太阳能技术研究机构，目标是到 2020 年将光热发电的成本降低至 9 美分 ~12 美分 /（kW·h）[约 0.64~0.86 元 /（kW·h）]，使其可以与传统化石能源相竞争。作为目前澳大利亚投资最大的太阳能热利用项目，ASTRI 由 CSIRO，6 所澳大利亚大学和美国 2 个科研机构和 1 个大学的研发人员组成，分别为：澳大利亚国立大学（Australian National University）、昆士兰大学（University of Queensland）、阿德莱德大学（University of Adelaide）、弗林德斯大学（Flinders University）、南澳大学（University of South Australia）、昆士兰科技大学（Queensland University of Technology）、美国国家可再

生能源实验室（US National Renewable Energy Laboratory）、美国桑迪亚国家实验室（Sandia National Laboratories）、亚利桑那州立大学（Arizona State University）。

项目预计总投资为 8730 万澳元，国际能源署太阳能热发电与热化学组织的现任执行主席 Manuel Blanco 博士为该项目的主任。该项目目标是降低太阳能热发电的成本至 0.12 澳元 /（kW·h），2016 年目标是降到 0.20 澳元 /（kW·h），2020 年实现 0.12 澳元 /（kW·h）；电力品质具有很好的调度性能。目前 ASTRI 的主要研究方向有：定日镜成本降低研究、镜场设计优化、高效吸热器、相变储热系统、新型高温储热材料、S–CO_2 发电系统、反射镜清洁技术、维护期计划系统、太阳能反应器开发、材料特性和选型、过程模型和优化等。

除各国政府的主导以外，在科学研究领域，光热的研究热度也一直在持续上升。一直到 2011 年，世界知名期刊上的光热文章发表数量还不足 50 篇 / 年，到 2017 年，该领域的文章发表数量已经上升到 160 篇 / 年。2018 年澳大利亚麦考瑞大学的 Islam 等人在其综述中通过大数据方法分析了从 1981 年到 2018 年世界知名期刊上的文章研究方向[35]，对我国也有一定的借鉴意义。

从世界范围内的科研情况可以看出，从 1981 年以来，对于光热领域学者们最关心的内容主要分为三个方面，一是有关整体系统：光热的发展、潜力、区域、方法等始终是学者们关注的话题，除此之外，也关注光热系统的度电成本和评价方法等；二是关于技术部件：聚焦设备、吸热器、管道、建模等内容一直备受关注；三是针对储换热系统：储热系统的参数、储热材料、相变储热等一直是研究重点。从 2011—2015 年发表在国际核心期刊上的光热研究方向的文章可以看出，研究热点主要包括：2014 年以来的新热门课题 DSG（Direct Steam Generation），以及太阳倍数（12）、灵活性（21）、度电成本（44）、SAM（System Advisory Model，17）、有机朗肯循环（19）、SCO_2（23）、热化学能源存储（17）等。

3. S–CO_2 煤电技术

S–CO_2 动力循环在 20 世纪 60 年代提出，在其后几十年内并未受到重视，近 20 年来，由于面临能源和环境双重压力，S–CO_2 循环重新受到国际学术界和工业界关注，各国都投入了相当多的人力物力研发该前沿能源技术。2017 年以来，华北电力大学联合西安交通大学、华中科技大学、中科院工程热物理研究所等国内有关高等院校、研究院所及企业，在国家重点研发计划项目支持下，对 S–CO_2 燃煤发电系统的热力循环构建、S–CO_2 传热特性、S–CO_2 锅炉及透平等关键部件概念设计等开展了研究，取得了重要进展。同时，西安热工研究院等单位正在建设 5MW 燃气 S–CO_2 动力系统，我国太阳能驱动的 S–CO_2 发电重点专项已启动实施。

整体上，国外开展 S–CO_2 动力循环研究早于我国。研究工作的侧重点在两个方面：一方面，针对太阳能及核能热源，对 S–CO_2 循环进行了研究，并进行了技术经济性的比较分析，对 S–CO_2 传热及旋转机械内的流动、传热及热功转换进行了较多的数值模拟；另一方面，美国通用电气公司、桑迪亚国家实验室、西南电力研究院及日本和韩国等建立了小容量 S-CO$_2$ 实验设施。

我国 S-CO$_2$ 动力循环的研发起步较晚，但在国家科技部及相关产学研单位的关注和支持下，近年来围绕 S-CO$_2$ 燃煤、核能及太阳能等动力系统方面取得了显著成绩。在化石能源 S-CO$_2$ 动力系统方面，从重大工程中提炼出关键科技问题，另辟蹊径，取得突出进展，体现在提出了 S-CO$_2$ 燃煤锅炉模块化设计，解决了传热管工质堵塞及减阻问题。依据能量梯级利用原理，提出了顶/低负荷循环，实现锅炉烟气热量全温区吸收。鉴于我国发展 S-CO$_2$ 循环技术时采用了和美国不同的技术思路，目前国内提出了 S-CO$_2$ 燃煤锅炉的概念设计。未来我国应重点在 S-CO$_2$ 动力系统及系统集成研发和 S-CO$_2$ 动力系统动态特性研究等方面开展工作。

4. 储能技术

到 2018 年年底，全球储能装机总量约为 180.9GW，其中，抽水蓄能装机总量 170.7GW，占储能装机总量的 94.4%；压缩空气储能装机总量 0.36GW，占储能装机总量的 0.2%；各类化学电池总量 6.51GW，占储能装机总量的 3.6%。世界范围内，抽水蓄能和压缩空气储能已实现大规模商业应用（100MW 级）。

（1）抽水蓄能技术

近年来，风电 - 抽水蓄能复合发电系统成为研究重点。研究表明，抽水蓄能电站既能削峰填谷、减少弃风，又能代替常规火电站作为风电场的备用，提高了整个发电系统的经济性，可以说，抽水蓄能电站对风力发电的进一步发展起着重要的作用。现阶段，国内外在传统抽水蓄能电站的设计、施工和管理有着较为成熟的经验。

目前，抽水蓄能的前沿技术有变速抽水蓄能、海水抽水蓄能和小型化蓄能技术等。变速抽水蓄能电站是一种高效、先进的调峰调频电源，为电网安全稳定运行提供更有力的保障，是电力系统管理的有效工具之一。目前，国内在抽水蓄能变速机组的研究也已起步，在科学合理规划、经济调度、调用顺序优化、交流励磁系统、控制和保护系统等迄今为止技术方面逐步展开系统研究[36]。1999 年，世界首座海水抽水蓄能电站在日本冲绳投入运行，拉开了海水抽水蓄能电站的建设、运行的序幕。我国目前还未建成海水抽水蓄能电站。2015 年，水电水利规划总院组织相关单位受能源局委托牵头组织开展了海水抽水蓄能电站资源普查工作，共确定了 238 个考察站点。2017 年，最终确定浙江省桃花岛、龙潭、青天湾和天灯盏，福建省浮鹰岛，广东省南澳岛、万山岛和上川岛，共 8 个示范工程站点。目前，中科院工程热物理研究所、香港理工大学等单位开始对海水抽水蓄能电站的理论进行分析和研究。小型抽水蓄能电站具有工程位置灵活、投资少、见效快、对输电线路要求较低等优点。现阶段，国内外已经开展了小型抽水蓄能电站的研究、实施和工程应用，积累了可供借鉴的宝贵经验。然而，小型抽水蓄能电站的研究才刚刚起步，经验匮乏，小型抽水蓄能的研究需要在实践中逐步完善提高，不断积累经验[37]。总体上说，我国的变速抽水蓄能还处于起步阶段，与国外先进技术还存在一定的差距，海水抽水蓄能、

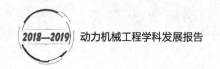

小型化蓄能技术均处在理论研究阶段。

（2）压缩空气储能技术

1949 年，Stal Laval 提出压缩空气储能技术，此后，国内外学者对此开展了大量的研究和实践工作。不同于抽水蓄能，压缩空气储能具有容量大、储能周期长、比投资小等优点，被认为是最具有广阔发展前景的大规模储能技术之一。

1978 年，德国建造了压缩功率 60MW，输出功率 290MW 的 Huntorf 压缩空气储能电站，电站效率 42%。1991 年，美国建造了 McIntosh 压缩空气储能电站，其储气洞穴在地下 450m，压缩空气为 7.5MPa，压缩功率 50MW，输出功率为 110MW，电站效率 54%。

Huntorf 和 McIntosh 压缩空气储能电站采用的都是传统压缩空气储能系统，其必须同燃气轮机电站配套使用，并且需要燃烧化石燃料提供热源，从而大大限制了传统压缩空气储能的应用范围。近年来，为突破传统压缩空气储能技术的瓶颈问题，国内外学者开展了先进压缩空气储能技术研发工作。相比于传统压缩空气储能系统，先进压缩空气储能系统具有储能密度大、避免使用化石燃料、储能效率高、使用寿命长等优点。

目前，先进的压缩空气储能系统包括绝热压缩空气储能系统、蓄热式压缩空气储能系统、液态空气储能系统、超临界压缩空气储能系统等。研究者论证了绝热压缩空气储能系统极大程度提高了系统的效率，避免污染物的排放。目前在建的德国 ADELE 电站是迄今为止规模最大的绝热压缩空气储能系统，其储能容量为 1GW·h，输出功率可以达到 70%。清华大学、中国科学院理化技术研究所和中国电力科学研究院共同研发了最大输出功率为 500kW 的蓄热式压缩空气储能系统。根据我国风能和太阳能的地域分布，研究者筛选出 13 个适宜发展风能－太阳能－蓄热式压缩空气储能耦合系统的地区，并提出将低质量的风电转化为热量储存于蓄热式压缩空气系统，以提高风电的利用率。液态空气储能系统能与燃气轮机系统耦合，该系统能以常规燃气轮机、液态空气储能和释能三种模式运行。研究发现，两级液态空气储能系统可将耦合系统的效率提高至 70% 以上。中国科学院工程热物理研究所于 2009 年在国际上提出了超临界压缩空气储能系统，并进一步提高了系统效率，先后建成了 1.5MW 级和 10MW 级超临界压缩空气储能示范系统，系统效率分别达到 52.1%、60.2%，现已启动 100MW 超临界压缩空气储能的研发工作，已完成系统总体设计和部件设计，系统设计效率为 70%，正在开展部件加工工作，首套示范项目已经立项，预计 2020 年建成。

（3）其他储能技术

飞轮储能适用于调频、调峰、移动应急电源（EPS）和不间断电源（UPS）等领域。国外已经出现了很多高性能的飞轮储能产品。美国的 Active Power 公司的 100-2000kW 的 UPS、Pentadyne 公司的 65-1000kV·A 的 UPS、Beacon Power 公司的 25MW 的 Smart Energy Matrix、波音公司高温超导磁浮轴承的 100kW/5kW·h 飞轮储能，以及 SatCon Technology 公司的 315-2200kV·A 的 UPS 等产品已经应用于电力系统稳定控制、电力质量改善和电力调峰和风力发电全频调峰等领域。美国波音、德国 ATZ 等公司在高温超导飞轮储能系统的研制方面处于世界前列，日本 ISTEC 和韩国 KEPRI 也进行了卓有成效的研究。我国飞轮储能处于关键技术突破阶段，与国外先进技术水平还有差距[28]。

另外，全球电化学储能装机量仅有 1.38GW，但运行项目却是最多的，也是各国储能产业研发和创新的重点领域。欧美等国在储热、电化学储能等技术领域处于领先地位，我国在该领域的发展尚未形成规模，但近年来发展迅速。

四、本学科发展趋势及展望

（一）锅炉技术

根据当前国内外锅炉技术的发展趋势，结合"十二五""十三五"期间的研究成果，今后锅炉技术研究与开发总体规划包括：研发更高参数超超临界锅炉，开发新型耐热钢材、强化加工制造技术、突破 700℃超超临界一次 / 二次再热燃煤发电的关键技术，进一步降低煤耗；研发高效清洁燃烧技术，推进富氧燃烧、低氮燃烧和催化燃烧技术等先进燃烧技术的大范围应用，减少污染物排放；研发 S–CO_2 锅炉，制造样机并进行实验，解决 S–CO_2 锅炉燃烧技术存在的问题，为以后 S–CO_2 锅炉的商业化运行及大规模使用提供经验；发展多能互补技术，按能源品位高低综合互补利用，实现多能协同供应和能源综合梯级利用；探索和建设智慧电厂，以新型传感、大数据、人工智能、虚拟现实等为技术支撑，实现对于锅炉以及电厂其他设备的远程监控、管理和诊断，提升国内电厂综合管理水平。

1. 更高参数超超临界锅炉技术

随着全球温室效应的日益加剧以及煤炭等化石燃料的日渐紧缺，如何进一步提高燃煤电站效率和减少 CO_2 排放成为全社会越来越关注且亟待解决的问题。提高机组参数是燃煤电站增效减排的重要途径，也是燃煤发电技术创新和产业升级换代的主要方向。

2. 高效清洁燃烧技术

燃烧是当今世界能源利用的主要形式，随着科学技术水平的普遍提高以及人们对环境保护意识的日益提高，近年来在燃烧过程的基础理论、数值模拟计算、高效燃烧以及燃烧污染物防治等燃烧领域的新成果、新技术不断涌现并广泛应用。对于锅炉高效清洁燃烧技术的发展前景，应以近年来燃烧领域的新成果、新技术为基础，进一步提高燃烧过程的效率以及降低燃烧过程中污染物的生成和排放。

3. S–CO_2 发电技术

不断提高发电机组效率是电力行业研究的永恒主题和目标。发电效率提高一方面有利于减少能源的消耗，另一方面减少污染物的排放。超超临界燃煤发电效率已达 47.8%，进一步提高效率受到耐高温高压材料限制。另外，随着新能源发电比例的提高及并网需求，需要燃煤发电技术具有深度调峰能力，S–CO_2 燃煤发电技术就是在这个社会背景与时代需求下发展起来的。采用高效的 S-CO$_2$ 布雷顿循环, 吸收燃煤化学能, 实现高效热功转换, 相同温压条件下比水蒸汽机组发电效率提高约 2%~4%。CO$_2$ 化学性质不活泼, 可降低发电机组对材料的苛刻要求, 使进一步提高 CO$_2$ 工质温压参数和发电效率成为可能。该发电系统运行在超临界压力, CO$_2$ 通流能力大, 成倍减小发电系统尺寸, 是能源领域变革性技术[38]。目前, S-CO$_2$ 布雷顿循环系统被普遍认为是极具潜力的新概念先进动力系统, 这主要是由于 S-CO$_2$ 具有能量密度大、传热效率高等特点, S-CO$_2$ 布雷顿循环高效发电系统可以在 620℃温度范围内达到常规蒸汽朗肯循环 700℃的效率, 可以避开新型高温合金材料的技术瓶颈和成本制约, 且设备尺寸小于同参数的蒸汽机组, 经济性非常好。S-CO$_2$ 布雷顿循环系统不仅可以用于光热、核能, 还可以很好地被利用在火力发电方向, 在我国有着很好的发展前景。

4. 多能互补技术

多能互补系统是传统分布式能源应用的拓展, 是一体化整合理念在能源系统工程领域的具象化, 使得分布式能源的应用由点扩展到面, 由局部走向系统。具体而言, 多能互补分布式能源系统是指可包容多种能源资源输入, 并具有多种产出功能和输运形式的"区域能源互联网"系统。它不是多种能源的简单叠加, 而要在系统高度上按照不同能源品位的高低进行综合互补利用, 并统筹安排好各种能量之间的配合关系与转换使用, 以取得最合理能源利用效果与效益[39]。

5. 火电与光热混合发电技术

化石燃料发电系统热功转换效率较高的是燃气 – 蒸汽联合循环, 因而太阳能互补的联合循环系统（以下简称 ISCC）备受关注。它是将太阳能热集成到联合循环中, 与化石燃料互补耦合利用。德国宇航中心（DLR）较早提出 ISCC 发电概念, 用联合循环中的余热锅炉代替 SEGS 中的辅助锅炉, 由太阳能和余热锅炉同时供给蒸汽轮机用汽, 它在无太阳能时仍以常规联合循环方式运行, 有较高的能量转换效率。全球环境基金组织（GEF）积极推荐 ISCC 技术, 从 2000 年开始广泛资助摩洛哥、埃及、墨西哥等发展中国家建设 ISCC 电站。表 15 列出了世界上若干已建的 ISCC 电站。伊朗 Yazd 投运的 467MW 太阳能热互补的联合循环电站也是世界上最早运行的 ISCC 电站之一, 其中太阳能净发电功率为 17MW[40]。我国于 2014 年在酒泉建设了 1.5MW 光热与燃煤发电互补的联合循环发电项目。

表 15　世界若干典型已建的 ISCC 电站

年份	国家	地点	光热 / 火电容量	光热路线	热力循环类型	互补方式
2018 年	沙特阿拉伯	WaadAl-Shamal ISCC	50MW/1390MW	槽式光热	蒸汽朗肯循环	太阳能 – 燃气联合循环
2016 年	印度	Dadri	15MW/210MW	菲涅尔光热	煤基朗肯循环	太阳能 – 燃煤耦合

年份	国家	地点	光热 / 火电容量	光热路线	热力循环类型	互补方式
2015 年	沙特阿拉伯	Duba 1 ISCC	50MW/600MW	槽式光热	蒸汽朗肯循环	太阳能 – 燃油耦合
2014 年	加拿大	Medicine Hat	1MW/120MW	槽式光热	蒸汽朗肯循环	太阳能 – 燃气联合循环
2014 年	中国	酒泉	1.5MW/–	槽式光热	煤基朗肯循环	太阳能燃煤耦合
2012 年	澳大利亚	Liddel	9.3MW/–	菲涅尔光热	煤基朗肯循环	太阳能 – 燃煤耦合
2011 年	澳大利亚	Kogan Creek	44MW/750MW	菲涅尔光热	煤基朗肯循环	太阳能 – 燃煤耦合
2011 年	阿尔及利亚	Hassi R'mel ISCC	20MW/50MW	槽式光热	蒸汽朗肯循环	太阳能 – 燃气联合循环
2010 年	美国	Cameo	2MW/44 MW	槽式光热	煤基朗肯循环	太阳能 – 燃煤耦合
2010 年	摩洛哥	Ain Beni Mathar	20MW/470MW	槽式光热	蒸汽朗肯循环	太阳能 – 燃气联合循环
2010 年	埃及	Kuraymat	32MW/150MW	槽式光热	蒸汽朗肯循环	太阳能 – 燃气联合循环

6. 智慧电厂技术

从 2016 年中国自动化协会发电专委会发布《智能电厂建设指导纲要》开始，到中电联发布《火力发电厂智能化技术导则》，各发电企业和电厂设备提供商均开始探索和实践智慧电厂的建设工作。经过大约三年的技术发展，基本形成远程诊断系统和智慧电厂两个部分。

远程诊断系统主要分为电厂数据采集、传输、云平台数据存储、数据分析、后期的应用开发等工作；而智慧电厂是数字化电厂结合智能系统后的进一步发展，将以新型传感、大数据、人工智能、虚拟现实为技术支撑，形成创新的管理理念、专业化的管控体系、人性化的管理思想、一体化的管理平台[41]。

在我国，锅炉行业是一个不断发展的产业，同时也面临着各种挑战。锅炉行业必须坚持市场导向战略，紧紧依靠科技进步和科技创新，在国家能源和环保政策的引导下，调整发展方向[42]。科学技术水平的普遍提高以及人们对环境保护意识的日益提高，促使着锅炉技术的革新与进步，发展高效清洁燃烧技术，设计更高参数的超超临界锅炉，开展 S–CO$_2$ 锅炉研究是燃煤机组增效减排的重要途径，也是燃煤发电技术创新和产业升级换代的主要方向。与此同时，燃煤机组基础上发展起来的多能互补，在系统高度上按照不同能源品质的高低进行综合互补利用，统筹安排各种能量之间的配合关系与转换使用，以取得最合理的能源利用效果与效益[43]。

目前，科技部会同有关部门正研究部署面向 2030 年的煤炭清洁高效利用重大项目，拟面向煤炭绿色开发、煤炭清洁燃烧与高效发电、煤炭清洁转化、碳捕集利用与封存（CCUS）、煤炭清洁高效利用决策支持 5 大方向进行任务部署，与重点专项任务形成远近结合、梯次接续的系统布局。力争到 2030 年，在煤炭清洁燃烧与高效发电方面实现燃煤发电净效率突破 50%，每年累计节煤 8 亿吨标准煤并减排 CO$_2$ 约 20 亿吨；燃煤发电机组实现 20%~100% 调峰，对可再生能源并网消纳支撑能力显著提升；掌握百万吨碳捕集利用与封存成套技术。

尽管大容量燃煤电站、工业锅炉和污染物超低排放技术已经取得世人瞩目的发展成就，但是天然气、核电、可再生能源等清洁能源也必将逐步成为未来清洁发电和供热的主力，其中风能和太阳能发电技术目前已具备和燃煤发电平价上网的竞争能力。未来，一方面电厂正朝着智能化的方向发展，锅炉燃烧及控制技术必须创新适应发展；另一方面逐步降低煤炭消费比重，推动能源结构持续优化，将成为锅炉技术发展不得不面临的严峻形势。

（二）蒸汽轮机技术

未来，我国在蒸汽轮机技术方面，将在发电效率 50% 以上机组的蒸汽轮机领域继续开拓发展，引领国际先进水平。主要体现在：

1. 焊接转子

工作温度为 650℃ 及以上环境下的高压转子和中压转子采用焊接转子结构，高温段拟采用镍基合金。此外，高温叶片采用镍基合金。采用镍基合金制造的 650℃ ~700℃ 蒸汽轮机大型高温部件的结构强度与寿命、材料力学性能和焊接工艺将有待进一步研发。

2. 长叶片技术研发

随着高强度叶片材料的开发以及计算流体动力学、结构强度设计技术的发展，为满足火电和核电单机容量的增加，冷端超低背压的优化配置、大型联合循环蒸汽轮机的容量要求，末级 50Hz 的全速末级长叶片由 1200mm 等级提高到 1400mm 等级（合金钢材料），1450~1550mm 等级（钛合金材料）；25Hz 的半速末级长叶片由 1400mm 等级最高提高到 2200~2300mm 等级。高性能蒸汽轮机末级长叶片要求其具有良好的运行灵活性和可靠性，以适应较大的工况变化范围，同时蒸汽轮机低压缸末级叶片通流部分具有鲜明的流固耦合和汽液两相流动等复杂特性，需要进一步探索研究。开发高性能长叶片的基础还有赖于末级长叶片的多学科优化设计体系及其验证平台的构建。

3. 深度调峰与宽负荷性能优化研究

这是提升大容量蒸汽轮机的调峰运行能力、保证电力系统安全稳定运行的基础。2018年，煤电装机占比为 53%，煤电发电量占比为 63.7%，用于调峰的燃油、燃气发电及抽水蓄能发电机组装机容量占比仅为 8%[44]。由于风能和太阳能发电在电网中的装机比例逐年攀升，电网负荷峰谷差大，大容量高参数蒸汽轮机为了满足电网调度要求而承担调峰运行任务，已成为必然趋势。深度调峰蒸汽轮机需要具备深度调峰能力和快速变负荷能力，而且在部分负荷时，宽负荷高效蒸汽轮机的经济性应优于常规带基本负荷的蒸汽轮机，同时宽负荷高效蒸汽轮机必须具备带铭牌额定负荷的能力。蒸汽轮机要具备以上能力，必须开展蒸汽轮机与锅炉参数匹配、蒸汽轮机通流设计、配汽方式、本体结构、汽封型式、冷端系统、热力系统、运行方式等全面优化工作，这就需要在蒸汽轮机的通流技术方面开展其宽负荷通流性能、深度调峰低负荷低压缸性能和全负荷工况性能优化三个方向的研发工作。

4. 蒸汽轮机的智能技术

包括智能设计、智能制造和智能运维等先进技术融合领域的应用。蒸汽轮机智能设计是将 CAD（计算机辅助设计）、UG 等技术与人工智能相结合，利用人工智能相关理论使 CAD、UG 等系统结合专家知识和经验代替专家完成部分设计工作，从而实现设计的更大程度的智能化。通过开发出在一定程度上能够代替或支持专家完成创造性的设计任务，进一步提高设计的智能水平和减轻设计人员的工作量。蒸汽轮机智能制造涉及构建标准化工艺数据平台、制造工艺智能编程与数字化装配，以实现制造过程智能化管控。蒸汽轮机的智能运维技术是建设智慧电站的基础和重要组成部分，主要包括：蒸汽轮机的性能优化、设备管理、控制优化与故障诊断，以满足建设智慧电厂的技术需求。

（三）燃气轮机技术

目前，燃用天然气的 E 级、F 级重型燃气轮机技术已经成熟，H 级、J 级产品也已经进入市场[45]，基础研究与核心技术研发的目标是下一代更高温度、超低污染的天然气燃气轮机，以及用于 IGCC、多联产、煤化工、未来近零排放的二氧化碳捕获利用系统（CCS）中的多燃料和低碳燃气轮机，相关的重点研究方向是：

①高参数、高效率、运行更灵活的燃气轮机；
②大流量、高压比、高效率、宽喘振裕度、结构紧凑的压气机；
③高稳定性、低排放以及良好燃料适应性的燃烧技术；
④高初温、高膨胀比、高效率、长寿命冷却透平；
⑤新一代高温材料；
⑥多样化燃气轮机和低碳循环。

在关键技术攻关方面，完成高效压气机、多燃料低污染燃烧室、高温透平叶片、控制系统等关键技术研发和燃气轮机整机试验验证；建立先进燃气轮机高温合金材料体系，完成新一代单晶高温合金等新型高温结构材料研制；形成先进重型燃气轮机设计制造和试验验证技术平台。

在自主产品研制方面，到 2023 年，完成具有完全自主知识产权的 300MW 级 F 级燃气轮机产品研制；到 2030 年，300MW 级 F 级燃气轮机产品形成市场规模，400MW 级 G 级 /H 级重型燃气轮机样机完成自主设计制造，具备同等产品国际竞争力。

在产业发展方面，充分利用现有重型燃气轮机科研、设计制造和发电产业体系的基础，建立燃气轮机技术自主研发创新体系和装备制造业体系。

立足总体目标，我国燃气轮机技术研究方向将聚焦到先进热力循环、高雷诺数单轴高负荷压气机、高温升稳定燃烧与污染物生成抑制燃烧器、高通流高热负荷长寿命透平、先进材料及制造工艺等技术领域。

未来中小型、微小型燃气轮机的重点发展方向包括以下内容：改进燃气轮机部件设计；应用高温材料，发展冷却技术；发展高效低排放燃烧技术；采用先进复杂循环；采用一机多用，系列化发展；采用燃气轮机 – 高速永磁电机起发一体技术。

（四）水轮机技术

1. 水轮机关键技术研究发展趋势

水轮机技术方面，进一步深化水轮机水力稳定性问题的研究，随着高水头大型水轮机和水泵水轮机的开发，机组的转速相对较高，对水轮机的机械稳定性也显得越来越重要，为此应关注高速水轮机的机械稳定性研究。水轮机稳定性的提高，可以使水电机组具备更加宽广的稳定运行范围，以满足电网调节的需求，同时也可以提高制造企业的竞争力，是一个企业水平的重要标志之一。加强水轮机水力稳定性的研究，不仅要关注水轮机稳态稳定性的研究，还要关注其过渡过程的暂态稳定性研究。特别应针对水泵水轮机稳定性问题，开展水泵水轮机工况转换稳定性、可靠性、安全性和转换速度优化的研究。

开展水轮机磨蚀机理和防控技术研究，针对特定河流泥沙条件下，开展试验和理论研究，在定量的基础上，研究泥沙磨蚀的规律，靶向定位磨损部位以便进行局部的涂层或工艺处理，延长和预测水轮机在泥沙磨蚀条件下的寿命；深化研究非金属材料及涂层，如聚合物刚性复层、聚合物弹性复层、陶瓷等表面工程技术在磨蚀防控技术上的应用；研究含沙水流的流体水动力特性，优化流道型线，减少沙接触流道的面积。

开展水轮机空蚀机理及防控技术研究，空蚀是造成水轮机械过流部件侵蚀与破坏的主要原因，通过研究在转轮空化性能、抗空蚀材料、空蚀监测与诊断技术方面达到更高水平。水轮机的空蚀缘于水轮机空化引起的材料破坏。解决空蚀的根本办法是避免空化的发生。过流表面的处理工艺方法和效果对水轮机空化性能的影响研究等。尤其关注局部空化和制造质量上。未来需要进一步完善空化和多相流动的数值计算和实验，并能对导致水轮机在空化和多相流动工况下性能的准确预测。

开展水力机械内部数值模拟研究，目前，基于水轮机全流道的三维、非稳态、多相流的精细模拟成为研究的热点。由于流体流动的复杂性，采用 CFD 技术模拟水轮机内部流动中做了许多假设。在预测水轮机性能中，CFD 技术本身的进步和对水轮机研究的经验积累基础上，预估精度不断提高，已成为水轮机研究的不可或缺的手段之一。今后要提高自主源代码的比重。其具体研究方向仍然是提高以下这些方面的计算精度：水轮机非最优小波动工况、过渡过程大波动工况、水轮机涡带汽液两相流、考虑叶片变形对流场影响与相互作用的流固耦合、间隙流动、自由水面以及水泵水轮机 "S" 区和 "驼峰" 区的 CFD 计算研究等，尤其加强考虑水电设备系统对水轮机性能影响的数值模拟。

开展试验测试技术研究，水轮机的试验技术是水轮机发展的基础，水轮机的模型试验技术是水轮机试验技术的重点，其研究方向是：应研究把现代测试系统广泛应用于水轮机模型试验，以提高测量的正确性、精度、可靠性、自动化程度等；应开展依法试验的研究，逐步推进实验室认可；压力脉动测点大幅度增加；测试由外特性向内特性深入，研究流态观察成像系统，研究 PIV 流场数字化测量，研究叶片动应力测试。

开展水轮机真机测试技术研究，开展真机性能、力特性、动应力等方面的测试研究。

开展新型水轮机理论及机理探索，传统水轮机的设计理论得到了发展，通过设计理论、计算方法与仿真分析软件的相互结合，形成完整的水轮机设计优化系统。但随着人类对环境和可再生清洁能源不断追求，对水电产品的水轮机提出了客观需求。考虑电站系统噪声、过鱼以及无油化环境友好型水轮机，和风光水互补型全天候运行的新型水轮机成为今后水轮机设计的发展方向。其设计方法和机理有待于探索，并形成新型水轮机设计理论。

2. 水轮机装备发展趋势

在水轮机装备发展方面，研制开发稳定运行范围更宽的混流式水轮机型，重点关注加权平均效率，提高转轮寿命；研制开发 1000m 水头和 1000MW 容量级冲击式水轮机，重点关注效率和水斗疲劳破坏；实现超大型贯流机组设备研制的完全国产化，进一步扩大中小型贯流机组产品的多样性和技术适应性，重点关注水力模型开发及低水头贯流机组运行稳定性；发展高水头、大容量、高转速水泵水轮机。开展发电电动机变速情况下水泵水轮机的设计研究，进一步加强设备研发和水路系统设计协同，提高蓄能机组过渡过程稳定性；总结大型水电站改造成功经验，提出老水电机组的"再制造"技术定位；积极开展环保型水轮机和可循环液体节能装备研制。

（五）风电技术

未来风机将以陆上集中式、分散式及海上为主，陆上分散式和海上风机将逐步成为发展的主力；风机整体性能正在向智慧化、电网友好型方向发展；陆上风机正在向 4MW 以上大功率、弱风型（长叶片）、高塔筒方向发展；海上风机正在向 10MW 以上大功率，朝着深海、远海、抗台风、飘浮式基础方向发展。

1. 智慧型风机

旨在以智能感知、智能分析、智能决策、自适应智能控制及集群协同相结合，达到风力发电机组设备的高可靠性、安全性、环境适应性及最大化发电能力目标，并有效推动智能预测性运维。

2. 电网友好型风机

随着风电比例的不断上升，对风机的并网性能提出新的要求，包括低电压穿越、高电压穿越、调频调压无功输出能力等，最终要求风电设备达到和其他火电一样的调节能力。同时，激光雷达控制，降载控制算法，智能控制等在风机控制技术中将被广泛应用。

3. 长叶片

随着风力发电机组功率的不断提升以及低风速、超低风速区域的逐步开发，风电叶片长度不断增加，近十年叶片长度已从约 40m 增加到 100m 以上。叶片长度的增长将导致叶片、整机载荷、重量和成本的快速增加，因此，既增加叶片长度又不使风力发电机组载荷和成本大幅增加成为目前叶片设计技术的主要研究目标。另外，随着叶片的增长，采用碳纤维已成为必需的选择；雨滴对高叶尖速度长叶片寿命、性能的影响是欧洲主要风机制造商正在研究的课题。

4. 高塔筒

随着对中东部低风速区域风资源的开发，高塔筒的风力发电机组已成为一种趋势。随着塔筒高度的增加，对塔筒的设计也提出更高的要求，塔筒的设计需要保证具备足够的刚度和强度，以确保风力发电机组的正常运行。目前高塔筒有两种技术方案：柔性塔筒和混合塔筒。柔性塔筒是塔筒一阶固有频率与机组风轮旋转频率范围有交叉。混合塔筒即塔筒上半部分是标准钢筒，下半部分是优质的预制混凝土塔筒。

5. 偏航及变桨轴承

随着风机功率的增大，偏航、变桨等回转轴承已逐步成为制约机组研发的关键因素。回转轴承已凸显出如下发展趋势：三排柱结构变桨轴承、滑动轴承型偏航轴承。三排柱轴承相比两排球轴承具有更小的启动力矩，更有利于变桨电机的选型；滑动轴承经济性好，由于没有滚动体安全可靠性高。国外风机制造企业已开始使用此类型轴承。

6. 分散式风机

分散式风电项目具有核准流程及核准时间短；位于用电负荷中心附近，所产生的电力可就近接入电网进行消纳，弃风限电率低；不受风电项目开发指标管理等特点。随着"三北"地区风电资源圈占的推进，风电开发布局向中东部和南部转移，这将成为风电的主战场和新阵地，将进入快速发展阶段。

7. 深海、远海大功率海上风机

相对于近海资源，远海、深海海域风功率密度更大，平均风速更高，风速更稳定，有着非常广阔的开发空间，国外众多机构已经将海上风电的研究转向深海、远海。据统计数据，我国近海 10m 水深海域范围内的风能资源约有 1 亿千瓦，水深 50m 以上的深远海风能资源大于 12.68 亿千瓦，其开发潜能是 10m 水深资源总量的 12 倍以上。目前国内外大型风机企业正在制造 10MW~12MW 风机，未来将研发更大功率的 15MW~20MW 风机。

远海、深海风电工作环境严峻，工况更加复杂，面临雷击、台风、远距离输电、漂浮式基础设计以及远海工程施工等问题。

与欧洲不同，中国是一个多台风的国家，在绵延近两万千米的海岸线上，每年都有强度不同的台风来袭。台风一旦正面登陆，其对风力发电机组的破坏是巨大的、颠覆性的，因此，中国要发展海上风机，必须对台风特性进行研究，从风机的偏航控制、变桨控制、外部电源、加强设计等方面提高风机抗台风的能力。

传统的固定式基础应用在深海成本非常高，这就要求深海风力发电机组必须应用漂浮式基础。目前，漂浮式基础主要有四类，单立柱式（Spar）、半潜式、张力腿式、驳船式。漂浮式基础在欧洲风场已经应用，而我国仍处于空白，需加大研究及应用力度。

随着海上风力资源的加速开发，海上型风力发电机单机容量越来越大，其体积重量也在不断增加，利用超导技术的海上大容量风力发电机组在体积重量方面的优势更为明显。当风机容量增加到 10MW 时，超导电机的体积、重量只有永磁直驱机型的 50% 左右，因此目前世界各国都在相继开展高温超导电机的研发。

（六）其他先进能源动力技术

未来，我国将根据国内市场特点，借鉴国外的先进经验，力求在核电技术、光热技术、S–CO$_2$ 动力循环技术、储能技术等方面取得新的突破性进展。

1. 三代与四代核电技术

目前 AP1000、EPR 已经投入运行，"华龙一号"首堆 – 福清 5 号机组进展顺利，有望于 2020 年实现投运。我国全面建设三代核电的条件已经具备，"国和一号"（CAP1400）设备研制基本结束，有效形成了国内三代核电装备产业链。"国和一号"示范工程设备国产化率达到 85% 以上，其中压力容器、蒸汽发生器、控制棒驱动机构、爆破阀等主设备已全部实现国产化。未来将进一步加强核电全产业链建设，尤其是要补泵阀、仪表、控制系统、高端材料等短板。

在核电走出去方面，巴基斯坦卡拉奇"华龙一号"核电项目正在全面建设，预计2021 年投运。但总体上讲，核电走出去的步子不够大，效果不明显。我国在做技术推广和产品推广的同时，要建立自己完备的核电技术标准体系。

200MW 高温气冷堆（石岛湾）的建设已近尾声，600MW 快中子增值堆（霞浦）项目也已开工，2MW 钍基熔盐堆的中试研究已提上日程。在第四代堆方面，除了高温气冷堆和钠冷快堆外，铅铋堆和熔盐堆的研发已经开始。因此，未来几年在四代堆方面可期待有较大突破，希望能够实现对发达国家从三代堆到四代堆的弯道超车。

在小堆方面，发电堆、供热堆、船用堆、海上移动平台都在进行前期的技术设计，从技术到产品突破的窗口期快要到来。

核电的发展受国家产业政策的影响很大，为此需要做好技术装备工作，期待国家核电产业政策的进一步放开。

2. 光热技术

目前国际光热市场相比之前发展速度有所提升，主要原因是南非、摩洛哥、印度等国家的产业激励政策和美国、欧洲等国家对新技术领域的布局等。近几年我国光热迎来了较快发展，在 2018 年和 2019 年先后有多座光热电站并网运行。但是也能够看出后续项目受到政策影响较大，绝大部分项目处于观望期，发展受到一定制约。目前国内光热尚且处于起步阶段，成本电价较高，在单位价格上与光伏、风电等新能源形式无法形成竞争趋势。但是也要看到光热在新能源领域中的独特定位，如果仅根据价格优先发展光伏和风电技术，那么势必摧毁刚刚形成的光热产业链，而光伏技术的开放式发展将造成两个方面的影响，一是在光伏产业上游的电池板生产环节的污染将进一步扩大；二是由于光伏的发电特性对电网的冲击将越来越大，从而影响常规火电的新能源替代政策的落实。因此，目前有新的观点认为在新能源发电领域，光热要明确定位，一是利用其所具有的储热优势参与调峰调频，搭配光伏风电上网，解决现在新能源弃电严重及影响电网调频问题；二是要积极推动国家尽快落实峰谷电价，充分利用光热的储热延时发电能力尽量在高峰期发电，尽快摆脱国家对光热电价的扶持政策。

由于受到政策不确定性影响，目前国际上的研究热点都在进一步提高光热电站效率、降低光热电站成本以及多能互补式光热发电系统等领域，预计在未来 5 年内，连同各种新技术应用及光热产业链进一步成熟，光热电价有望进一步降到 0.76 元/（kW·h）左右〔目前为 1.15 元/（kW·h）〕。综合上述分析，建议的研究方向如下：

①聚光集热系统本体的升级和优化：包括定日镜、槽、新型吸热器等；

②新型储热系统和储热介质研究：包括相变储热系统和高温储热材料等；

③光热联合系统开发：CSP-SCO$_2$，CSP-PV，CSP 有机朗肯循环，光热热利用系统等；

④反射镜清洁技术研究。

3. S-CO$_2$ 煤电技术

目前，S-CO$_2$ 循环处于基础研究阶段，实验研究集中在关键部件及小容量机组测试上，要实现大规模 CO$_2$ 循环发电及商业应用，还有较多研发工作要做。基于此，未来应针对 S-CO$_2$ 与金属材料相容性、S-CO$_2$ 循环的选择、S-CO$_2$ 换热器、S-CO$_2$ 旋转机械等方面进一步开展研究。

（1）S-CO$_2$ 与金属材料相容性问题

二氧化碳在高温高压环境下与金属材料的化学反应速率决定了循环所能采用的最高主蒸汽温压参数，与机组发电效率密切相关。目前已对 S-CO$_2$ 与金属的相容性进行了一些实验，但数据还不能支持大规模机组的设计和运行，体现在以下几个方面：①采用高纯度 CO$_2$ 测试，与机组实际运行工况有偏离；②测试时间不够长；③采用增重法表征化学反应速率，建议采用减重法更有价值。总之，建议测试并建立 S-CO$_2$ 与典型金属材料，包括合金钢的化学反应速率数据库，进行合理评估，以支撑 S-CO$_2$ 机组的设计和运行。

（2）S-CO$_2$ 循环的选择

当 S-CO$_2$ 循环与不同热源耦合时，很难找到一个固定循环适合不同热源（太阳能、核能、化石能源及余热）。当 S-CO$_2$ 循环用于不同热源时，存在直接式 S-CO$_2$ 循环和间接式 S-CO$_2$ 循环之分。在直接式 S-CO$_2$ 循环中，S-CO$_2$ 直接吸收热源热量，效率高，但存在严重的传热问题，例如，对于直接式太阳能 S–CO$_2$ 循环，太阳能吸热器温度高，热应力大，安全问题严重。间接式 S–CO$_2$ 循环采用其他工质，如熔融盐吸收太阳能热量，熔融盐回路和 S–CO$_2$ 循环回路采用中间换热器进行耦合。在进行循环研究时，现有研究主要关注 S–CO$_2$ 循环本身，对热源和 S–CO$_2$ 循环的耦合环节关注不够。S–CO$_2$ 循环效率高并不代表整个系统效率高。因此建议：①提出适合于不同热源特点的循环结构；②研究 S–CO$_2$ 循环与关键部件热工水力特性的耦合机理。S–CO$_2$ 压气机和透平分为径流式和轴流式，分别适合于小容量机组和大容量机组。小容量机组的透平效率很难达到 0.9，大容量机组旋转机械效率亟须进行理论和实验研究。

（3）S–CO$_2$ 换热器

S–CO$_2$ 传热发生在 S–CO$_2$ 循环的多种设备中，如中间换热器、回热器和冷却器等。S–CO$_2$ 循环加热器担负吸收热源热量的重任。PCHE 最初由英国 Heatric 公司提出，由于功率密度高和体积小而备受青睐。S–CO$_2$ 循环具有非常大的系统内部回热，回热量可达净输出功的 3~4 倍，减小回热器尺寸对于整个系统紧凑化和快的负荷响应速率非常重要。已证明 PCHE 在小规模 S–CO$_2$ 循环中有效。美国 NET Power 公司将 PCHE 集成到一个 50MW$_{th}$ 的天然气示范电厂的设计中。Zigzag 是 PCHE 通道的传统结构。近期的进展包括发展新的通道结构，例如 S 型和翼型（aerofoil），减少 PCHE 阻力，提升 PCHE 综合传热性能。亟待开展大容量机组（>100MW 级）采用 PCHE 的可行性研究，包括设计加工方法和成本估算。目前认为 PCHE 有较好的传热性能，但成本昂贵，如何降低成本很重要。从运行角度看，发展弯曲窄缝通道清除杂质的新方法也具有重要意义。

（4）S–CO$_2$ 旋转机械

S–CO$_2$ 旋转机械表现出新的特点：①高运行压力和低压比；②大轴向推力，轴承、密封和转子动力学问题严重；③超高功率密度和超高转速。径流式和轴流式旋转机械分别适用于小容量和大容量机组。现有大型旋转机械主要基于理想气体假设，但理想气体假设用于 S–CO$_2$ 旋转机械设计时，实际运行特性参数与设计值产生明显偏离。S–CO$_2$ 透平运行远偏离临界压力，但 S–CO$_2$ 压气机运行可跨越临界压力，产生明显的实际气体效应。现有商业软件数值模拟，难以捕捉实际气体效应，导致参数偏移。应发展新的数值模拟方法，考虑实际气体效应，提高 S–CO$_2$ 旋转机械数值模拟的精度、收敛性及计算速度，彻底明晰 S–CO$_2$ 旋转机械热功转换机理。

目前美国、韩国、中国等已建立了小容量 S–CO$_2$ 实验系统，通过有关研究可得出如下结论：①已建立的 S–CO$_2$ 实验系统主要针对小容量机组并采用径流式旋转机械；②小型实验系统效率偏低，关键输出参数低于设计值；③二氧化碳严重泄漏，降低了系统性能；④大型轴流式旋转机械可能不会出现小型径流式旋转机械的类似问题。综合上述分析，对研究方向提出以下建议：

● 发展充分反映实际气体效应的数值模型及计算方法，提高设计精度。

- 彻底解决轴承、密封、转子动力稳定性等技术问题。
- 提出 S–CO$_2$ 旋转机械一体化解决方案。
- 测试并提供 S–CO$_2$ 压气机和透平的可靠效率数据。

4. 储能技术

目前来看，我国储能产业还处于发展的初期阶段，以应用示范为主[46]。国内储能政策主要停留在指导层面，没有针对储能产业机制系统的方案。因此，需要结合国内市场特点，借鉴国外先进经验，制定出符合我国国情要求，促进储能产业稳定、长远、健康发展的政策。

从近 5 年的储能产业的发展来看，中国抽水蓄能发展相对缓慢，而电化学储能市场的增速明显高于全球市场，热储能目前尚处于起步阶段[46]。目前，抽水蓄能在储能产业中占主导地位；在电化学储能领域，锂电池发展相对成熟，其累计运行装机规模占我国电化学储能市场总装机的 2/3 以上。在储热项目上，我国的发展尚不成熟，还在起步阶段。

目前，我国的储能产业还面临着一些问题，影响储能技术规模化应用的重大技术瓶颈还有待解决。主要体现在以下方面：①大型抽水蓄能机组国产化程度较低；② 100MW 级及以上压缩空气储能中高负荷压缩机和膨胀机技术尚未完全掌握；③飞轮储能的高速电机、高速轴承和高强度复合材料等关键技术尚未突破；④超导储能系统的高温超导材料和超导限流技术等尚未突破等。

参考文献

[1] 王孜丹，杜鹏. 新中国成立以来学科体系的形成、发展与展望 [J]. 科技导报，2019，37（18）：60–69.

[2] 刘汉斌. 新时代山西煤炭地质工作若干问题的思考 [J]. 中国煤炭，2019，45（1）：18–25.

[3] 张玉清. 全球能源转型与我国能源发展趋势 [C]. 第七届中国能量回收技术与装备论坛报告，武汉，2019.

[4] 中国成可再生能源大国 [J]. 化工时刊，2016，30（5）：55.

[5] 吕涛，侯潇然. 习近平总书记能源革命重要论述的理论逻辑 [J]. 2019，39（3）：4–8.

[6] 国家发展改革委，国家能源局. 能源技术革命创新行动计划（2016—2030 年），2016 年 4 月 7 日，发改能源〔2016〕513 号.

[7] BP 中国. BP 世界能源统计年鉴（第 68 版）. BP 集团，2019.

[8] 梁新怀. 我国火电发展四部曲 [J]. 中国电力企业管理，2018（31）：35–39.

[9] 谭忠富，谭清坤，赵蕊. 多能互补系统关键技术综述 [J]. 分布式能源，2017，2（5）：1–9.

[10] 郑德志，吴立新. 新时期我国煤炭供给面临的新问题及对策建议 [J]. 煤炭经济研究，2019，39（6）：79–84.

[11] 何维，朱骅，刘宇钢，等. 超超临界发电技术展望 [J]. 能源与环保，2019，41（6）：77–81.

[12] 宋畅，吕俊复，杨海瑞，等. 超临界及超超临界循环流化床锅炉技术研究与应用 [J]. 中国电机工程学报，2019，38（2）：338–347.

[13] 薛江涛，马运翔，张耀华，等. 1000 MW 二次再热蒸汽轮机启动步序及问题处理 [J]. 中国电力，2016，

49（11）：119-164.

[14] 周学均. 贯流式水轮发电机组支撑系统有限元分析研究 [D]. 天津：天津大学硕士学位论文，2009.

[15] 周文凯，杨悦伟. 仙游电站300MW抽水蓄能机组制造技术 [J]. 东方电机，2014，4：20-34.

[16] 秦海岩. "十三五"风电保持高质量发展 [J]. 中国电力企业管理，2019，4：40-41.

[17] 秦海岩. 2018年风电产业实现高质量发展 [J]. 风能，2018，12：1.

[18] 沈德昌. 当前风电设备技术发展现状及前景 [J]. 太阳能，2018，4：13-18.

[19] 许雪冬，黄开云. 我国海上风力发电设备环境条件与环境技术要求分析 [J]. 装备环境工程，2013，5：36-41.

[20] 兰杰，莫尔兵，林淑，等. 风力发电机组独立变桨控制技术仿真与试验研究 [J]. 风能，2018，6：100-107.

[21] 靳孝义. 三代核电站EPR与AP1000主管道安装及焊接差异分析 [J]. 2015，11：68-71.

[22] 马绫，波杨，乐唐辉，等. 裂变产额数据对铅基快堆RBEC-M燃耗计算影响研究 [J]. 核科学与工程，2019，3：406-413.

[23] 周雪梅. 钍基熔盐堆中子能谱测量方法的研究 [D]. 上海：中国科学院大学（中国科学院上海应用物理研究所）博士学位论文，2013.

[24] 陈献武. 热中子反应堆与核电 [J]. 现代物理知识，2011，23（3）：23-36.

[25] 王猛，陈波，陈佩寅，等. 高温液态金属泵用不锈钢焊条研制 [J]. 电焊机，2019，49（4）：254-257.

[26] 赵世勇. 核能是清洁 高效 安全的能源 [J]. 青海国土经略，2009，6，22-23.

[27] 陈海生，刘金超，郭欢，等. 压缩空气储能技术原理 [J]. 储能科学与技术，2013，2（2）：146-151.

[28] 陈海生，凌浩恕，徐玉杰. 能源革命中的物理储能技术 [J]. 中国科学院院刊，2019，34（4）：450-459.

[29] 毛志慧. MILD-Oxy燃烧的数值模拟与0.3MW$_{th}$试验研究 [D]. 武汉：华中科技大学博士学位论文，2017.

[30] 张帅，肖睿，李延兵，等. 燃煤化学链燃烧技术的研究进展 [J]. 热能动力工程，2017，32（4）：1-12.

[31] 黄贺星. 富氧燃烧对350MW机组热经济性影响的研究 [D]. 沈阳：沈阳工程学院硕士论文，2018.

[32] 黄科，王艳君，陈彩霞. 富氧燃烧用空分流程优化浅析 [J]. 深冷技术，2015（4）：34-38.

[33] 戴庆忠，余小波，吕坤. 低碳经济风生水起 产业拓展审时度势——担纲清洁能源的中国水电 [J]. 东方电机，2010，20（6）：1-22.

[34] 许国东，叶杭冶，解鸿斌. 风电机组技术现状及发展方向 [J]. 中国工程科学，2018，20（3）：44-50.

[35] Islam M T, Huda N, Abdullah A B, et al. A Comprehensive Review of State-of-the-art Concentrating Solar Power（CSP）Technologies：Current Status and Research Trends [J]. Renewable and Sustainable Energy Reviews, 2018, 91：987-1018.

[36] 卢伟甫，王勇，樊玉林，等. 抽水蓄能变速机组应用技术概述 [J]. 水电与抽水蓄能，2019，5（3）：62-66.

[37] 周学志，徐玉杰，谭雅倩，等. 小型抽水蓄能技术发展现状及应用前景 [J]. 中外能源，2017，22（8）：87-93.

[38] 吴新明，朱兵国，张良，等. 圆管内超临界CO_2的阻力特性 [J]. 化工学报，2018，69（12）：5024-5033.

[39] 陈希章. 建立基于多能互补的化工园区能源供应体系浅析（一）[J]. 化工工业，2019，37（2）：41-48.

[40] 林汝谋，韩巍，金红光，等. 太阳能互补的联合循环（ISCC）发电系统 [J]. 燃气轮机技术，2013，29（2）：1-15.

[41] 唐勇，刘鹤，张力，等. 瀑布沟电厂智慧水电建设实践 [J]. 热力发电，2019，48（9）：156-160.

[42] 姚远华. 工业锅炉节能的几种设计方案分析 [J]. 产业与科技论坛，2014，13（3）：86+195.

[43] 尚德华. 基于不同典型场景的智能微电网系统集成与应用 [D]. 北京：华北电力大学硕士学位论文，

2018.

［44］张晓鲁，张勇，李振中. 高效宽负荷率超超临界机组关键技术研发与工程方案［J］. 动力工程学报，2017，37（3）：173-178.

［45］刘帅，刘玉春. 重型燃气轮机发展现状及展望［J］. 电站系统工程，2018，34（5）：61-63.

［46］封红丽. 2016年全球储能技术发展现状与展望［J］. 电器工业，2016，10：23-29.

专题报告

锅炉技术发展研究

一、引言

我国富煤少油缺气的能源资源禀赋特点及生产力发展阶段，决定了今后相当长一段时间内，煤炭仍将是我国的主体能源。推进煤炭的清洁高效开发利用，是实现能源生产和消费革命的必由之路，锅炉无疑是实现化石能源消费革命的主体。

2012—2019 年，锅炉技术发展的主题词高度凝练就是自主研究开发、自主设计制造、自主安装调试运行，自主开启了创新驱动发展的新模式，使锅炉整体技术顺利完成从消化吸收到自主创新发展的根本转变，这是我国锅炉制造企业未来和国外同类制造企业同台竞技发展的必然蜕变之路。

近 10 年来，我国锅炉技术的发展首先体现在大容量电站锅炉技术发展方面，其中，煤燃烧技术研究重点从传统四角切圆、旋流对冲技术转向先进燃烧和特殊煤种燃烧技术；国内主要锅炉厂建立了完全自主化的锅炉设计技术体系；借助对超（超）临界一次再热锅炉高温耐热钢的消化吸收，已实现自主创新设计，形成高效率超超临界二次再热机组技术的高温耐热材料的国产化市场供应，并创新性地提出了适合我国更高蒸汽参数燃煤机组未来发展的新型高温耐热材料系列，如 G115、SP2215、CN617、C-HRA-3、HT700、GH984G、GH750 等；随着中国制造 2025 的积极推进，我国电站锅炉部件智能化制造也一直是各锅炉厂不断追求的目标，已开展锅炉智能制造工艺技术的数字化和网络化基础调研和研究开发工作。借助上述基础研究成果和设计、制造技术的进步，形成我国独特的高效率超超临界二次再热机组大容量燃煤电站锅炉技术，同时，我国也积极推进燃煤机组优化改造技术、燃煤机组掺烧生物质耦合发电技术和电站锅炉在线监测、离线检验及锅炉岛控制技术，使我国燃煤机组的仪表监测和优化运行等技术达到世界领先水平。

燃煤工业锅炉一直向着大型化、高参数的方向发展，层燃、煤粉和循环流化床燃烧工业锅炉都取得了创新实践和发展,促进了我国燃煤工业锅炉企业自主研发、生产和超低排放运行技术的多元化发展,各自形成基于低氮燃烧、除尘、脱硫、SNCR/SCR 及其灵活性改造的超低排放技术路线,也实现我国燃生物质和垃圾、污泥等特种燃料工业锅炉的自主生产和供应,尤其是燃气工业锅炉行业,借助"煤改气"政策的推进,本体设计、制造技术已进入优化提高阶段,产品已实现规模化出口国外;燃气燃烧器已由国外进口转型为自主研发和生产,其中扩散式燃气燃烧器已达到欧洲能效和排放水平,并自主创新研制开发了水冷预混超低氮燃气燃烧器技术,打破国外燃气燃烧器长期对中国的技术垄断,填补了国内空白。同时,我国规模化工业企业对工业过程余热进行高效回收和利用有效促进了企业综合能力再造,实现了燃气轮机、干熄焦、水泥窑及石油、化工、钢铁领域余热锅炉技术的自主研发生产和供应。

2018 年,全国达到超低排放限值的煤电机组约 8.1 亿千瓦,占全国煤电总装机容量的 80%,累计完成节能改造 6.5 亿千瓦。近年来,电力行业力推燃煤电站锅炉的烟气污染物的协同综合治理和污染物超低排放,使粉尘、SO_2 和 NO_x 排放分别达到 10 mg/m³、35 mg/m³ 和 50 mg/m³。目前,铁拳治霾、保卫蓝天成为重要的社会发展目标,也提出了 SO_3、$PM_{2.5}$、Hg 等重金属、VOCs 等非常规污染物的协同控制的要求,同时,面对全球气候变暖的局面,CO_2、CH_4 和 N_2O 等温室气体排放控制技术的研发应用也日益受到重视。

未来,发展高效清洁燃烧技术,设计更高蒸汽参数 633℃/650℃的燃煤超超临界锅炉,开展 S-CO₂ 锅炉研究是燃煤机组增效减排的重要途径,也是燃煤发电技术创新和产业升级换代的主要方向。同时,在燃煤机组基础上发展起来的多能互补,尤其是和可再生能源实现综合互补利用,以取得最合理的能源利用效果与效益。未来电厂正朝着智能化的方向发展,目前已基本形成了远程诊断系统和智慧电厂技术体系,为发展智能电厂奠定了技术基础。

尽管大容量燃煤电站、工业锅炉和污染物超低排放技术已经取得世人瞩目的发展成就,但是天然气、核电、可再生能源等清洁能源也必将逐步成为未来清洁发电和供热的主力,其中风能和太阳能光伏发电技术目前已具备和燃煤发电平价上网的竞争能力,太阳能光热发电技术也取得多种技术路线示范工程的重大进展。未来,逐步降低煤炭消费比重,推动能源结构持续优化将成为锅炉技术发展不得不面临的严峻形势。

二、大容量电站锅炉技术

(一)概述

我国主要锅炉厂通过技术合作和自主研发,完成了超(超)临界电站锅炉各项关键技术的研究和工程示范,并不断总结设计、制造、安装及运行等方面的成熟经验,设计开发了一系列具有里程碑意义的重大新产品,创新成果达到国际领先水平。持续发展超超临界发电技术,是我国解决煤炭清洁高效利用的根本途径,是保障能源安全、促进经济可持续发展、缓解政治压力的一项重大而长远的战略任务。近年来，我国积极优化和升级超（超）临界发电技术，通过提高蒸汽参数，使燃煤机组平均供电煤耗持续下降，预计到2020年将降低至 310 gce/（kW·h）。

（二）煤燃烧技术

我国大容量电站锅炉的燃料类型中，煤仍然占据绝对主导地位，预测其占比在未来10年内，虽然会稳步下降但仍将保持在 50% 以上。我国煤燃烧技术研究虽然起步晚于西方、日本等发达国家，但经过几代人半世纪的不懈努力，已经逐渐赶超世界先进水平。目前世界范围内，煤燃烧领域的研究重点已经转向先进燃烧和特殊煤种燃烧技术，近年来煤燃烧新技术发展中，Mild 燃烧、化学链燃烧和半焦燃烧技术处于理论探索、实验室基础研究和小试阶段，富氧燃烧技术完成中试和 35MW$_{th}$ 工程示范，而超临界水煤气化和高碱煤燃烧技术同时具有研究热度、理论深度和应用广度。

1. 四角切圆燃烧技术

四角切圆燃烧是一种煤粉锅炉燃烧常用技术，我国三大锅炉厂的四角切圆燃烧技术，从第 1 代普通直流燃烧系统，经历第 2 代多功能燃烧系统、第 3 代水平浓淡燃烧系统、第 4 代浓相大反吹炉内多重深度分级燃烧系统后，发展到目前第五代多维深度分级低 NO$_x$ 燃烧系统，通过各自建立的 MW 级燃烧试验平台的试验研究，采用水平或垂直浓淡分离、浓向大反吹、多重深度分级等燃烧技术，进一步提升了燃烧效率、降低了 NO$_x$ 的生成，同时也提高了低负荷稳燃性能。

2. 对冲旋流燃烧技术

对冲燃烧技术采用旋流燃烧器，具有自持燃烧、风包粉和功率选择灵活等优势。东方电气集团东方锅炉股份有限公司（以下简称东锅）针对旋流燃烧器的研究起步较早，发展将近 20 年。由东锅设计制造的国内首台国产 600MW 超临界前后墙对冲燃烧煤粉锅炉在华能沁北一期于 2004 年 12 月投运；东锅第一台 600MW 亚临界前后墙对冲燃烧煤粉锅炉在国电大同二电厂二期于 2005 年 4 月投运。从第 1 代 OPCC 燃烧，经过第 2 代到目前的第 3 代 OPCC 燃烧器，从煤质适应性、低氮燃烧特性、燃尽特性、稳燃特性、防磨损特性、防结渣特性和运行可靠性等各方面都得以显著提高。

3. Mild 燃烧技术

Mild 燃烧技术发展早期，由于高温预热过程需要消耗大量热能，该技术主要被应用于冶金等有大量余热的工业领域。同时，由于在换热过程中采用蓄热式换热器，固体燃料产生的灰渣会阻塞换向阀，Mild 燃烧技术一般只适用于气体或轻质液体燃料。近年来，随着对该技术研究的不断深入，其适用范围得到极大拓展，开始探索应用于煤燃烧领域。

我国 Mild 燃烧研究发展较快，北京大学、清华大学、华中科技大学及中国科技大学等高校都对该技术进行了大量的研究，但与国际先进水平相比，中试以上规模的实验研究仍相对匮乏，其工业应用还有待时日。

4. 化学链燃烧技术

化学链燃烧是一种基于 CO_2 零排放理论的燃烧技术。该燃烧系统由燃料反应器、空气反应器和载氧体等组成。燃料反应器温度一般控制在 1000℃以下，有效控制了热力型 NO_x 的生成。化学链燃烧技术在 CO_2 高效分离、高效低成本 CO_2 捕集和氮氧化物控制等方面具有显著优势。

载氧体性能直接决定了化学链燃烧效率，其评价指标主要包括反应活性、载氧能力、循环稳定性、机械强度、抗积碳、抗烧结、成本和环保等。目前全球已有 20 余台 $0.5kW_{th} \sim 4MW_{th}$ 规模的化学链燃烧实验装置，其中华中科技大学煤燃烧国家重点实验室、东南大学和中科院广州能源所提出了各自的化学链燃烧技术及系统。表 16 中汇总了国内外化学链燃烧的相关研究情况。

表 16　国内外化学链燃烧的相关研究

研究机构	国家	运行年份（年）	反应器	功率（ kW_{th} ）	燃料	载氧体	运行时间（h）
查尔姆斯理工大学	瑞典	2008	CFB-BFB	10	煤、石油焦、生物炭	钛铁矿、锰矿、钙钛矿	253
东南大学	南京	2009	CFB-喷射床	10	钛铁矿、铁矿石	NiO、Fe_2O_{3230}	130
Instituto de Carboquímica	西班牙	2011	BFB-BFB	0.5	煤、生物质	钛铁矿、铁矿石、Fe-Mn 氧化物等	450
IFP Energies Nouvelles	法国	2012	BFB-BFB-BFB	10	煤	天然矿石（BMP）	52
汉堡理工大学	德国	2012	CFB-BFB	25	煤	钛铁矿、CuO	80
西肯塔基大学	美国	2012	CFB-BFB	10	生物质	CuO	240
俄亥俄州立大学	美国	2012	移动床	25	煤、冶金焦、生物质	Fe_2O_3	>680
中科院可再生能源重点实验室	中国	2014	CFB-BFB	10	生物质	Fe_2O_3、Fe-Ni 氧化物	>60
华中科技大学	中国	2015	CFB-CFB	5	煤	赤铁矿	6
VTT 技术研究中心	芬兰	2016	CFB-BFB	10~50	生物质	钛铁矿	16
达姆施塔特理工大学	德国	2012	CFB-CFB	1000	煤、生物质	钛铁矿、铁矿石	>100
阿尔斯通电力	美国	2011	CFB-CFB	3000	煤	石灰石	>500
查尔姆斯理工大学	瑞典	2016	CFB	4000	生物质	钛铁矿、锰矿石	1000

5. 半焦燃烧技术

半焦是煤热解、气化所得的可燃固体产物。其挥发分含量较低，质量含量约 5%~20%，灰分含量高，质地松脆多孔，反应性能好。与焦炭相比，半焦挥发分含量高，孔隙率大，更容易燃烧。巩志强等[1]在循环流化床热解燃烧耦合试验台上进行了冷半焦燃烧、预热半焦燃烧及煤热解燃烧耦合试验研究，发现半焦的燃尽特性良好，固体不完全燃烧损失在0.19%~0.30%，燃烧效率可达 99.68% 以上。马淞江[2]发现内蒙古褐煤热解过程中水分和挥发分大量析出，在半焦中留下大量密集而细小的孔隙结构，其半焦性质类似于木炭，孔隙发达，碳的活性高，容易着火，有极好的燃烧性能。

6. 超临界水煤气化技术

利用超临界水气化将煤高效清洁地转化成氢气和高纯度二氧化碳是一种具有发展前景的煤转化利用方式。这一"水蒸煤"过程可省去传统煤气化技术中的空分单元，同时煤中含有的硫、氮等污染物以固体残渣形式沉淀，可以排出再利用。超临界水除了作为均相反应介质外，还可能作为催化剂或反应物直接参与化学反应，提高氢气产量，溶解有机成分并析出无机成分，并通过溶解和稀释抑制焦油和焦炭的形成，另外超临界水可作为溶剂萃取煤中挥发分[3]。

近年来，国内外在利用超临界水气化煤炭以获得富氢燃气方面进行了大量研究[4]。2014 年，西安交通大学动力工程多相流国家重点实验室（SKLMFPE）已经成功研制出了包括超临界水流化床等系列实验设施，能够完成煤的完全气化。在 700℃以上，国内各种煤型的碳气化率均达到 100%。超临界水煤气化制氢的热力学以及化学反应动力学模型和反应系统的整合优化已经完成，建立了处理煤量为 1.0 t/h 的实验测试和展示系统，超临界水煤气化技术大规模持续稳定运行的应用示范也已得到验证。分析表明，在系统处理煤量达 83.3 t/h 时，氢气的价格能降低至 0.7 元 / 标升。2018 年 2 月，西安交通大学"煤炭超临界水气化制氢发电多联产技术"首个 50MW 超临界水蒸煤热电联产示范项目在西安热电有限责任公司正式启动。该示范项目将在西安热电有限责任公司建设规模 1×50 MW 超临界水蒸煤热电联产机组及其附属设施。项目建成后将实现硫氧化物、氮氧化物、烟尘和污水的零排放，具有显著的经济、社会和环保效益。

7. 富氧燃烧技术

富氧燃烧技术，又被称为 O_2/CO_2 燃烧技术，是一种高效 CO_2 捕集的燃烧技术，煤粉在富氧气氛中燃烧，其燃烧效率比在空气中燃烧更高，还可以高效回收利用 CO_2，有望成为一种高效率、环保、经济的碳捕集燃烧技术。

针对煤、生物质混合富氧燃烧的相关研究，近期国内外数值模拟、热重及中试实验的结果均表明，与纯煤燃烧相比，加入生物质改变了混合燃料中氮的结构形式，燃料氮转化途径发生变化。中国科学院大学系统研究了煤、生物质高氧气浓度富氧燃烧特性和含氮气体的生成、排放特性，利用 0.1 MW 循环流化床富氧燃烧试验台研究了煤、生物质混合循环流化床高氧气浓度 O_2/CO_2 和 O_2/RFG 的燃烧、飞灰和排放特性，研究了各关键参数对含氮气体排放的影响规律[5]。

针对多煤种配煤富氧燃烧研究成果表明，富氧燃烧时，燃烧后段活化能较高；混煤富氧燃烧过程中氧气浓度越高，燃烧性能越好。可根据煤粉燃烧特性指标来评价混煤的不同掺配比例和最佳配比[6]。

8. 高碱煤燃烧技术

新疆准东煤预测储量约 3900 亿吨，但准东煤燃烧过程中易于积灰结渣严重影响运行，造成燃用准东煤锅炉多次发生结焦、爆管停炉事故。

近年来，国内高校正集中研究高碱煤燃烧特性。清华大学对高碱煤矿取样分析后，研究了不同工况下挥发分着火、成灰特性及灰分对碳燃尽特性的影响规律，优化了高碱煤燃烧的工况条件参数。同时，进一步研究了矿物质迁移对高碱煤燃烧过程中颗粒物生成特性的影响，建立了预测细颗粒物形成的动力学模型，通过细颗粒采样及积灰倾向性实验，研究了碱金属富集的超细颗粒对高碱煤积灰的贡献，形成改变燃烧工况控制高粘附性细颗粒物生成的燃烧调整方法。

浙江大学针对高碱煤研究了矿物质物理化学反应及共融机制，针对不同燃烧温度、气氛、流场、煤粉细度和煤粉均匀性等条件下高碱煤灰颗粒沉积规律进行了大量研究。通过研究不同粒径灰渣迁移及在管束表面沉积过程，掌握了高碱金属含量微米级颗粒在管壁的沉积粘结机理，并通过模拟飞灰颗粒在炉内及尾部对流受热面管束的运动及沉积，分析易积灰结渣部位，为优化受热面布置提供参考。

西安交通大学对高碱煤的研究表明，煤粉细度对旋流燃烧条件下高碱煤燃烧特性和结渣沾污特性有重要影响，高碱煤炉内结渣机理为碱金属元素钠、钾的选择性初始沉积和铁钙元素的促进性成长沉积。通过研究创新性地提出了炉内沉积灰颗粒的瞬时液氮激冷的取样方法[7]，研究了高钠高钙煤灰颗粒沉积过程中钙铁元素的迁移规律，并对高钠高钙煤灰颗粒的辐射特性和导热特性进行了实验研究，总结了高钠高钙煤灰颗粒的组分和灰传热特性对其沉积过程的耦合促进影响规律，揭示了受颗粒组分和颗粒传热耦合控制的灰颗粒沉积过程机理，形成基于灰组分及灰传热特性的高钠高钙煤灰沉积预先防控策略和在线监测方法。

（三）锅炉设计技术

2010 年以后，我国已有大量超临界燃煤机组投入商业运行，特别是近 10 年来，我国在超超临界一次再热发电技术上取得突飞猛进的巨大发展，在显著提高锅炉和机组效率的同时实现了污染物超低排放。在此期间，各电力主机设备生产企业经历了引进、消化吸收到自主开发、再创新的发展历程，正是通过消化吸收超临界和超超临界锅炉及发电技术，获得了大量运行经验及运行数据支撑，我国才能自主研发设计出更高效率的超超临界二次再热机组。

1. 锅炉结构设计技术

近 10 年来，我国主要锅炉厂已具有完全自主化的锅炉设计技术体系，不仅消化了关键技术，推进了工程示范，各主要锅炉厂在基础研究领域也不断加大投入，如哈电集团哈尔滨锅炉厂有限责任公司（以下简称哈电锅炉）建立了国家重点实验室的燃烧技术中心，为哈电锅炉的燃烧器设计提供充足的基础研究数据。随着计算机应用技术的普及和推广，大量的、成熟的设计软件在锅炉产品设计中得以应用，在提高产品设计效率的同时，也提高了设计的精确性，使锅炉设计向着更精细化方向发展。如相关三维设计软件可以使结构设计更加紧凑，力学模型更加精准，碰撞类错误率更低；应力分析软件可以保证管道系统的应力计算结果更加清晰，系统布置方案更加合理、可靠；数值模拟软件可以优化燃烧系统设计，使其更贴近于实际运行状态；使炉内燃烧动力场、温度场直观化、定量化，从而可以通过设计手段调整使其均匀化并趋向于既定目标；可以保证汽水流量分配更加均匀、合理，实现锅炉放热过程与吸热过程的高度契合。对于锅炉设计，机组参数提高的过程，是对于材料温度、强度余量充分利用的过程，也是通过精细化设计不断降低热偏差才能完美实现的过程。在当前国内普遍采用的 605℃ /623℃汽温参数下，我国三大锅炉厂都拥有成熟的产品设计及应用方案。随着锅炉应用材料技术的发展，相信锅炉产品的设计技术也将会迎来一个新的高度。

2. 锅炉水动力计算技术

我国发电用煤多样性及新能源发电的大量接入对燃煤锅炉运行方式带来重大挑战，立足国内开展大容量高参数电站锅炉及特种锅炉的水动力试验研究，并在此基础上开发具有自主知识产权的水动力集成计算技术，为我国燃煤发电机组发展及装备制造业技术进步提供支撑成为迫切需求[8-10]。

国内外学者根据水冷壁内汽水流动特性，建立了不同数学模型以计算自然循环锅炉和直流锅炉流量分配和壁温[11-14]。对二次再热超超临界锅炉的流动不稳定性计算表明，给煤量发生扰动并在一段时间内恢复到初始值后，进口流量与出口流量脉动振幅随时间逐渐减小直至消失，最后二者收敛趋于一致并与初始值相同，锅炉水冷壁流动是稳定的。

西安交通大学动力工程多相流国家重点实验室对我国自主开发的 1000MW 二次再热超超临界锅炉及 660MW 高效超超临界循环流化床锅炉水冷壁流动传热特性进行了试验研究，获得了高热负荷条件下浮升力效应对传热恶化的影响规律。根据试验数据拟合了能够用于工程实践的传热和阻力计算模型，并用于开发基于流动网络系统方法的水动力计算软件。目前上述方法和软件已被广泛应用于不同布置和燃烧方式、水冷壁结构、质量流速的复杂水冷壁结构设计。对我国 660 MW 一次再热、1000 MW 二次再热超超临界煤粉锅炉、350 MW 和 600 MW 超临界循环流化床锅炉、600 MW 超临界 W 火焰锅炉以及 1000 MW 超超临界褐煤锅炉技术发展起到了支撑作用。目前，该方法已用于我国正在自主研发的世界

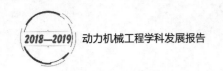

首台 660 MW 高效超超临界循环流化床锅炉水冷壁的优化设计。

我国当前正在向更高参数和更大容量的超超临界锅炉技术迈进，需要进一步针对 650℃ 和 700℃ 超超临界锅炉水冷壁流动传热特性进行试验研究，获得更高参数条件下的可靠试验数据，提高水动力软件的计算精度和适用范围。针对深度调峰和灵活性运行技术要求，开展低负荷和低质量流速下运行优化技术研究，确保锅炉运行安全性。另外，炉内热负荷分布与水冷壁流量分配呈现强烈的非线性耦合关系，流量分配的敏感性计算分析也是今后的一个研究方向。

（四）锅炉高温耐热材料技术

高温耐热材料是发展超（超）临界机组的重要制约因素。发达国家在高温耐热材料研究、生产和应用上的先发优势，促进了我国电力工业 30 多年的迅猛发展。国内已实现从前 10 年机械部门独立研究，发展到中间 10 年机械、冶金、电力部门合作研究，直到近 10 年来才发展到以冶金部门牵头立项研究为主，机械和电力部门协同研究的战略转变，这一转变有利于我国高温耐热材料领域的健康快速发展，没有冶金、机械和电力部门在耐热材料研究领域的合作机制，中国电力制造业不可能实现真正的自主发展。我国已逐步实现先进超超临界机组高温耐热钢管自主化生产及成功应用，如 10Cr9Mo1VNbN、10Cr9MoW2VNbBN、10Cr18Ni9NbCu3BN、07Cr25Ni21NbN 等钢种。近 10 年来，国内各部门对已有锅炉高温耐热材料进行了规模化应用并在应用中不断检视和提高锅炉高温耐热材料的综合性能，自主创新提出了适合我国更高蒸汽参数燃煤机组未来发展的新型高温耐热材料系列，如 G115、SP2215、CN617、C-HRA-3、HT700、GH984G、GH750 等，尽管这些新型高温耐热材料仍处于中试和性能评价阶段，但是这一进程使我国耐热材料研究、生产和工程应用进入良性发展轨道，使我国锅炉耐热钢及合金研发和应用取得前所未有的技术进步。

1. 我国的发展现状

进入 21 世纪后，国内掀起了新一轮的燃煤发电机组建设高潮，国内燃煤发电设备制造企业联合高等院校、科研院所及国内钢铁企业投入了巨大人力、物力进行锅炉材料试验研究、消化吸收再创新和自主研发。钢铁研究总院与宝山钢铁股份有限公司（以下简称宝钢）和锅炉厂合作研发了 08Cr9W3Co3VNbCuBN（G115）、06Cr22Ni25W3Cu3Co2MoNbN（C-HRA-5）、C-HRA-1、C-HRA-3 等一系列高端锅炉用材；针对 700℃ 先进超超临界锅炉，中国科学院沈阳金属所与宝钢和锅炉厂合作研发了 GH984G 铁镍基合金；上海发电设备成套设计研究院（以下简称上海成套院）研发了 GH750 镍基合金；西安热工研究院有限公司（以下简称西安热工院）研发了 HT700 铁镍基合金，新兴铸管开发了水冷壁用 T91-Type2 鳍片管。北方重工与瑞典山特维克和锅炉厂合作，正在研发 650℃ 电站锅炉用 Sanicro25 奥氏体钢大口径管。除此之外，中国锅炉新材料研发和制造能力已经接近世界先进水平。

我国已经形成锅炉高温耐热材料实验研究和工程验证的合作研发和工程应用的完整体系。在试验研究方面，国内钢铁研究总院、西安热工院、上海成套院、北京科技大学、西安交通大学及三大锅炉厂等单位对高参数超超临界电站锅炉用材的性能开展了全面的研究，主要包括高温材料高温持久性能、烟气侧及蒸汽侧腐蚀氧化性能和关键部件加工工艺。

北京科技大学研究了高参数电站锅炉过热器候选高温合金力学性能与微观组织。在700℃先进超超临界电站锅炉高温候选材料中，以析出型强化的镍基高温合金的高温持久强度最高，如282和740H。

西安热工院和西安交通大学的研究表明合金蒸汽氧化过程受扩散控制，合金表面氧化物主要由以 Cr_2O_3、$MnCr_2O_4$ 为主的氧化外层和以 SiO_2、TiO_2 和 Al_2O_3 为主的内氧化层组成，其中含 Ti 的高温合金 282 和 617，富 Cr 氧化层外有 TiO_2 氧化层，并且高温合金氧化前沿主要是氧化物 Al_2O_3；合金 282 氧化速率明显高于其他高温合金，归结于 Ti 掺杂的 Cr_2O_3 氧化外层。高温合金中 Al 含量决定了合金中最大氧化渗透深度；富 Cr 氧化层与基体之间连续稳定的富 Si 氧化层提高了合金的抗蒸汽氧化性能。发现了元素 Al 和 Ti 加速氧化而元素 Si 减缓氧化的规律，并提出适当提高 Si 含量以改善高温合金抗蒸汽氧化性能。

西安交通大学研究了典型耐热钢及高温合金 Sanicro25、HR3C、Haynes120、HR6W、282 和 740H 在 750℃和 810℃模拟烟气环境中的腐蚀行为，发现该环境下耐热材料的腐蚀过程包括孕育生长期和腐蚀加速期。孕育生长期是指元素 Cr 选择性氧化形成保护性氧化膜；腐蚀加速期是指高温熔融态盐膜对氧化铬膜的溶解及渗透。耐热材料的腐蚀主要表现形式为氧化和硫化交替反应侵蚀基体。温度加速了耐热材料的腐蚀、腐蚀产物中硫化物的尺寸及其迁移深度增加。对比研究表明 740H 具备优越的抗热腐蚀性能，而 282 抗热腐蚀性能较差。Co 元素可提高材料的抗热腐蚀性能，而 Mo 元素降低材料的抗热腐蚀性能。

除此之外，基于 $S-CO_2$ 动力系统效率高、体积小等优点，美国、日本、法国和中国积极开展 $S-CO_2$ 环境中耐热材料的腐蚀行为。美国橡树岭国家实验室和威斯康星大学研究了 $S-CO_2$ 中典型耐热钢及合金的腐蚀行为。西安交通大学、上海成套院和华北电力大学相继开展此方面研究的结果表明，耐热钢抗腐蚀性能随 Cr 含量升高而增强，腐蚀产物与基体之间出现了渗碳区间，增加了因应力腐蚀开裂导致腐蚀产物剥落的倾向。因为渗碳区域及贫 Cr 区域的出现，腐蚀层、贫 Cr 区和渗碳区等腐蚀退化深度指标被提出用于评价耐热材料的抗腐蚀性能。

材料工艺方面，我国锅炉厂研究了 700℃用 SA213-T92 水冷壁制造工艺，发现 SA213-T92 管子水冷壁拼排采用 Thermanit MTS 3 φ1.6mm+marathon 543 的焊丝 - 焊剂组合是最佳的；SA213-T92 管子水冷壁拼排采用埋弧焊单层单道焊是可行的，SA213-T92 管材 +SA387Gr91 扁钢的材料组合适用于 700℃水冷壁管排制造。700℃过热器、再热器集箱选用宝钢生产的 φ460×80mm 规格的 CN617 合金管，交货状态为固溶状态，管接头选用宝钢的 φ33.7×7.1mm 规格的 C-HRA-3 合金管，选用进口 φ44.5×10mm 规格的 617mod

合金管。经过试验研究，满足加工条件，为今后更高蒸汽参数电站锅炉生产制造完成了技术准备工作。目前我国锅炉厂已经使用日本 Sumitomo 的 SAVE12AD 钢管制造了 633℃ 过热器集箱模拟件；使用宝钢的 G115 钢管制造了过热器出口集箱模拟件；使用太原钢铁（集团）有限公司（以下简称太钢）的 06Cr22Ni25W3Cu3Co2MoNbN（C-HRA-5）钢管制造了过热器模拟件；使用瑞典 Sandvik 的 Sanicro25 奥氏体钢管制造了过热器模拟件；使用 T91、T92 钢制造了水冷壁管拼排模拟件。此外，上海锅炉厂有限公司（以下简称上锅）使用欧洲 Salzgitter 的 617mod 合金管制造了 700℃ 过热器及出口集箱模拟件；使用日本 Sumitomo 的 HR6W 合金制造了过热器及出口集箱模拟件；东锅使用美国 SMC 的 740H 合金管制造了过热器出口集箱模拟件。综上所述，我国锅炉厂已具备制造超高蒸汽参数电站锅炉的能力。

工程验证方面，2015 年 12 月 30 日，由华能清能院负责组织的我国 700℃ 关键部件验证试验平台在华能南京电厂成功投运实现 700℃ 稳定运行，试验平台设计蒸汽流量 10.8 t/h、蒸汽参数 26.8MPa/725℃。西安热工院负责定期取样进行材料和焊接接头性能试验，上锅负责水冷壁的制造，哈电锅炉负责过热器制造，东锅负责过热器出口集箱和管道的制造。水冷壁选用 T91、T92、宝钢的 GH984G 合金管、欧洲 Salzgitter 的 617mod 镍基合金管、宝钢的 C-HRA-3 合金管和太钢的 TG700B 合金管。高温过热器选用 T92、瑞典 Sandvik 的 Sanicro25 奥氏体钢管、宝钢的 GH984G 合金管、宝钢的 C-HRA-3 合金管、太钢的 TG700B 合金管、欧洲 Salzgitter 的 617mod 合金管，宝钢的 C-HRA-1 合金管、太钢的 TG700A 合金管、美国 SMC 的 740H 合金管和 HAYNES 的 282 合金管。2016 年和 2018 年，西安热工院和上海成套院各自独立研发的 HT700（Ni-20Cr-25Fe-MoALTi）和 GH750 合金管均已安装到 700℃ 试验平台上进行验证试验，其中，过热器出口集箱和管道选用宝钢的 C-HRA-1 合金管。

正在建造的大唐郓城发电有限公司（以下简称大唐郓城）1000MW，35MPa/620℃/633℃/633℃ 超超临界二次再热锅炉水冷壁选用 T91 钢管，过、再热器高温段选用 Sanicro25 钢管；高温过、再热器出口集箱和管道选用宝钢 G115 钢管。

2. 国内外耐热材料发展比较

目前国外在更高参数超超临界锅炉用材研制方面依然领先于国内。其中，欧洲 Vallourec 研制出 Super VM12 钢、日本新日铁研制出 SAVE12AD-P93 等 9Cr 钢；瑞典 Sandvik 研制出 S31035/Sanicro25 奥氏体耐热钢管；欧美及日本开发出系列适用于 633℃ ~700℃ 更高蒸汽参数的锅炉管材，如日本 Sumitomo 的 HR6W、欧洲 Salzgitter 的 617B、美国 SMC 的 740H、美国 Haynes 的 282 等镍基合金。

国内北京钢铁研究总院的 G115、金属所的 GH984G、江苏武进的 SP2215，均已进入示范应用阶段，在提升国内锅炉用高等级耐热材料的综合研发和制造能力的同时，也打破了国外在高等级耐热材料领域的长期垄断地位，为后续国内发展更高参数锅炉机组提供有力的材料保障。

（五）锅炉智能制造工艺技术

随着科学技术的发展，20 世纪 90 年代以后，计算机在我国主要锅炉厂工艺技术和管理中得到了越来越多的应用，特别是进入 21 世纪，在锅炉产品制造工艺编制和一些管理软件方面有了突飞猛进的发展，从而使得工作效率和工作质量得到了极大的提高和改进。

2001 年全面应用计算机辅助工艺规程设计（CAPP）编制工艺文件。2005 年，哈电锅炉的 CAD 全面改用天河公司的 PCCAD，实现了产品部件清单以数据库形式传输。2018 年，哈电锅炉再次与北京清华京渝天河软件公司合作计算机辅助工艺规程设计升级为 T5-CAPP。

随着计算机辅助功能的不断增强，电站锅炉受压部件工艺编制方式也朝着参数化、智能化不断进步。经过多年的技术数据积累和软件开发，截止到 2018 年年底，已建立工序标准数据库、工时标准数据库、设备数据库、焊接坡口标准及焊材计算公式数据库等智能制造数据基础，目前材料定额数据包主材与焊材已经全面实现数字化，工时定额标准的数字化正处于完善阶段。2018 年，各锅炉厂已在集箱、管道、膜式壁等部件上实现了参数化设计编制工艺文件。

2016 年，哈电锅炉与德国施瓦茨共同研发了用于双向数控弯管机的弯管仿真软件，仿真软件可代替技术人员进行复杂弯管的干涉判断，并通过三维软件模拟管子弯制过程、自动判断干涉并解决干涉问题，干涉判断的准确度提高至 95% 以上。同时还可根据设计弯管数据表自动生成数控程序，代替了人工录入弯管数据的过程，极大地提高了工作效率。

电站锅炉部件智能化制造一直是各锅炉厂不断追求的目标，哈电锅炉从 2016 年起，开始吊挂管自动化焊接工作站、膜式壁管屏补焊和附件角焊缝自动焊接等智能化、自动化设备研究，目前切管联动线、吊挂管自动化焊接工作站、膜式壁管屏补焊和附件角焊缝自动焊接设备已开始安装调试。

东锅、上锅与国内相关研究机构及设备厂家联合开发多项自动化设备，集箱管接头自动备料线、集箱短管接头机器人装焊工作站、长管接头机械焊、销钉自动焊、管屏切倒一体化、自动水压控制监测、管板机器人自动封口焊、三轴数控钻、数控弯管机等项目全部完成，产品质量得到显著提高。后续还将持续开展小口径管自动备料线，管屏附件自动焊接等多项研发工作。

我国主要锅炉厂拟通过 3~5 年时间打造锅炉行业智能化集箱生产车间，进行现有设备的自动化、数字化和智能化升级换代，利用管接头自动备料生产线、集箱管孔高速钻、集箱管接头焊接机器人系统、集箱管接头去余量倒角设备等一批自动化和智能化设备，实现工作参数智能录入、识别、生产制造信息实时采集、加工参数精准控制和调整、加工过程精细管理、程序参数远程控制等，显著提高产品的制造质量，实现集箱产品的智能化生产。

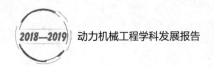

（六）大容量燃煤电站锅炉技术

1. 高效超超临界一次再热锅炉

提高燃煤机组蒸汽初参数是提高效率最有效的方式之一。与采用 17.5MPa/543℃ /543℃参数的亚临界机组相比，采用 25.4MPa/571℃ /569℃参数的超临界机组热效率可由 39% 左右提高到 42% 左右，采用 27.46MPa/605℃ /603℃参数的超超临界机组的热效率可在超临界机组的基础上再提高约 3%。超超临界机组投运成功之后，业内开始探索进一步提升参数的可能性，由于更高等级高温耐热钢研制尚不成熟，因此提升蒸汽参数是在应用现有超超临界锅炉高温耐热钢的前提下进行，将主汽压力提升到 29.4MPa、再热汽温由 605℃提高到 613℃或 623℃，开发效率更高的高效超超临界机组。

国内三大锅炉厂针对提高蒸汽参数带来的热偏差大、汽温不易调节等问题进行了研究，分别采取了相适应的设计方案和针对性措施，并应用于工程实际中。如由上锅自主研制我国首台再热汽温 623℃，也是世界首台一次再热汽温 623℃的 II 型布置的高效超超临界锅炉在安徽淮南田集电厂二期扩建工程于 2013 年 12 月 12 日成功投运，锅炉热效率达到 93.95%；由哈电锅炉研制的再热汽温 623℃的华能长兴 2×660MW 高效超超临界锅炉于 2014 年 12 月 17 日投运，由东方电气东锅设计制造的国内首台 1000MW 高效超超临界锅炉在重庆神华万州电厂（以下简称神华万州）于 2015 年 2 月 9 日投运，设计供电标准煤耗为 272.3g/（kW·h），设计机组热效率为 45.1%。随后国内一大批 600MW~1000MW 等级高效超超临界锅炉相继投运。

2. 超超临界二次再热锅炉

相对于一次再热燃煤机组，二次再热机组可将效率再提高 2%，节能效果明显。但二次再热锅炉设有高压和低压两套再热器，锅炉整体布置难度增加；末级过热器、高压末级再热器和低压末级再热器三级高温受热面需保证额定的 605℃ /623℃ /623℃汽温，难度加大；过热器和两套独立的再热器均需可独立调控、需要灵敏度符合要求的调温手段，再热汽温调节更为困难；给水温度和空气预热器入口烟气温度提高使得排烟温度降低，锅炉效率提高的难度加大。针对二次再热锅炉的设计难点，我国三大电气集团锅炉公司提出了合理的解决措施和设计方案，并应用到工程实际中。

哈电锅炉首次自主研制的我国 2×660 MW 超超临界二次再热锅炉在华能安源发电有限责任公司（以下简称华能安源）于 2015 年 6 月 27 日通过 168 小时试运行，锅炉蒸发量 1938 t/h，32.45 MPa/605℃ /623℃ / 623℃，采用 II 型布置方式、烟气再循环＋燃烧器摆动＋烟道挡板＋过量空气系数调温方式，在 50% 负荷以上均能达到额定汽温；上锅研制的世界首台 1000 MW, 33.03 MPa/605℃ /613℃ /613℃超超临界二次再热锅炉在国电泰州发电有限公司（以下简称国电泰州）于 2015 年 9 月 25 日投运，锅炉实测效率可达 94.78%，采用了塔式锅炉＋挡板调温的设计方案；哈电锅炉研制的莱芜 2×1000 MW 参数为 623℃的超超临界二次再热锅炉于 2015 年 12 月 23 日投运，摘得亚洲电力奖——2018 年度燃煤发电项目金奖；东锅研制的世界首台尾部三烟道布置、挡板调温二次再热锅炉在国电蚌埠电厂二期 660 MW 项目于 2018 年 4 月 15 日完成 168 小时试运行。该项目在调温可靠的基础上未增加电耗使得采用二次再热技术带来的收益得到最大限度的体现，机组实际供电煤耗仅为 269.89 g/（kW·h）。

3. 燃用劣质煤锅炉

（1）燃用准东煤的超临界锅炉

由哈电锅炉研制的新疆地区第一台针对准东煤特性设计运行的电站锅炉——特变电工 2×350MW 超临界锅炉于 2013 年 1 月 23 日通过 168 小时试运，创造了燃烧准东煤比例 90% 以上连续安全可靠运行三年以上的重大突破。此后，国家科技部科技支撑计划针对燃烧准东煤超超临界锅炉进行了立项，我国三大锅炉公司、各高等院校和研究院所均参与其中，特变电工、神华五彩湾、中煤和中电投五彩湾等大批燃用准东煤的 660MW 超超临界锅炉相继投运。

2018 年，国内三大锅炉厂研制的 660MW，28.25 MPa/605℃/603℃ 高效超超临界准东煤锅炉相继投入运行，分别采用 Ⅱ 型布置或者塔式布置，采用四角切圆燃烧或者前后墙对冲燃烧，能够大比例掺烧或者全烧高碱高钙煤，锅炉不结焦、受热面不超温，各参数达到设计值。如上锅设计制造的新疆国信项目、东锅设计制造的大唐准东五彩湾项目，锅炉热效率达到 94.48% 以上。

（2）燃用高水分低热值褐煤超（超）临界锅炉

哈电锅炉采用中速磨制粉系统的新疆农六师煤电有限公司（以下简称新疆农六师）4×1100MW 超超临界褐煤锅炉已于 2014 年投运。在此基础上，针对国外低热值、高灰分的劣质褐煤也进行了相应的研究，目前正在设计塞尔维亚、印尼南苏两个 350MW 超临界劣质褐煤项目。2017 年末哈电锅炉开始配合国电乌拉盖电厂、神华宝清电厂 1000MW 高效超超临界褐煤锅炉进行方案设计，锅炉方案可行性通过了国家电力规划总院组织的项目评审。

截至目前，国内 95% 以上褐煤锅炉均由哈电锅炉设计制造，为国内唯一有风扇磨褐煤锅炉运行业绩的厂家。此外，国内上锅、东锅等也开始探索大容量褐煤锅炉技术，如东锅采用专利技术研制的华润五间房项目 660MW 超超临界锅炉和大唐锡林浩特项目采用中速磨、蒸汽加热一次风的 660MW 高效超超临界锅炉正在建设中。

（3）燃用无烟煤的超临界锅炉

2010 年前国内投产了一大批 300MW、600MW 的亚临界 W 火焰锅炉，均不同程度地存在着燃烧不稳定、结渣超温、火焰偏斜和氮氧化物排放高等问题，这些问题对锅炉运行的安全性及经济性有着极大的影响。国内各高等院校和研究院所结合数值模拟与现场冷、热态实验开展了系统研究[15-18]。

2010 年后哈电锅炉、东锅和上锅等自主研发的一批 600MW 超临界 W 火焰锅炉相继投运。东锅经过优化改进的东方第 3 代超临界 W 火焰锅炉于 2016 年在国电织金、株洲攸县、华电奉节等多个电厂投产，基本解决了结焦超温、水冷壁易拉裂问题，氮氧化物排放得到进一步降低，燃烧效率得到进一步提高。

2013 年，东锅以贵州普安 660MW 项目为依托，研究进一步提高 W 火焰锅炉参数的可行性。由于其受炉膛水动力的安全性以及煤种含硫量较高影响，若要将参数提升至超超临界参数，面临着炉膛水动力的安全性、高硫分燃煤对主机设备的高 / 低温硫腐蚀等技术问题。最终研究确定采用非典型的超超临界参数 26.25MP/585℃ /585℃，也取得一定的高效节能效果。

W 火焰燃烧方式由于炉内火焰温度高、热力型 NO_x 生成量大，降低 NO_x 难度较大。面对污染物排放要求严苛的形势，仍需进一步研究降低 NO_x 的措施。

4. 超（超）临界 CFB 锅炉

循环流化床（CFB）燃烧具有燃料适应性强、污染控制成本低的优点，超临界 CFB 具有高效和低污染双重优势。在没有先例的情况下，以清华大学、东方电气集团东方锅炉和神华集团等单位组成的项目团队经过多年攻关，系统突破了 CFB 锅炉从 300MW 亚临界自然循环跨越到 600MW 超临界强制流动带来的巨大的理论及工程挑战，取得了系列原创性成果：完整地揭示了超临界 CFB 锅炉的基本原理，创建了超临界 CFB 锅炉设计理论和关键技术体系；开发了超临界 CFB 锅炉设计技术，发明了系列专利部件结构，率先研制出世界容量最大、参数最高的超临界 CFB 锅炉；创建了控制、仿真、系统集成和安装、调试、安全运行技术体系，建成了国际首台 600MW 超临界 CFB 示范工程。示范工程运行平稳，指标全面优于国外超临界 CFB。项目实现了 600MW 超临界 CFB 的国际梦想，国际能源署认定是国际 CFB 燃烧技术发展的标志性事件。上述科研成果获 2017 年度国家科学技术进步奖一等奖。

2015 年 9 月，由东锅自主研发设计制造的世界首台 350MW 超临界循环流化床锅炉在山西国金投运。随后由东锅、上锅和哈电锅炉研制的 350MW 超临界循环流化床锅炉相继大批量投运，截至 2019 年 9 月，中国已投运超临界 CFB 锅炉 37 台，其中，东锅设计供货 27 台。从投运情况来看，锅炉运行稳定，各项性能指标优异。波黑巴诺维奇电站 350MW 超临界 CFB 锅炉项目于 2015 年 11 月在中国 - 中东欧领导人峰会期间隆重签署，是国内首个出口超临界 CFB 项目，由东锅设计供货。

我国装备循环流化床锅炉机组总容量已经超过 1 亿千瓦，已成为世界上循环流化床锅炉台数最多、单机及总装机容量最大的国家。相比之下，国外波兰 1×460MW 超临界循环流化床机组和韩国 2×550MW 超超临界循环流化床机组也开始相继投入运行。开发更高蒸汽参数的循环流化床锅炉是保持中国在该技术世界领先的必然选择。提高电厂经济性，发展更大容量、更高参数的超超临界 CFB 锅炉势在必行。

2019 年 1 月，国家能源局正式批复将哈电锅炉研制的神华彬长项目、东锅研制的贵州威赫项目列为国家电力示范项目，二者均为 660MW 超超临界 CFB 锅炉，其中神华彬长项目设计燃料为煤泥、煤矸石的混合燃料，发电效率达到优质动力用煤水平，对实现我国大量废弃物的高效、清洁利用具有重要意义。贵州威赫项目燃用贵州高硫无烟煤，较好地解决了贵州地区高硫无烟煤应用。这将加快超超临界 CFB 的开发进程，对 CFB 锅炉发展具有重要意义。

5. 富氧燃烧锅炉

20 世纪以来，富氧燃烧技术在美国、德国、日本、加拿大、澳大利亚、英国、西班牙、法国、荷兰等国家的工业示范取得了突出进展，如图 21 所示。2010 年 8 月，美国能源部宣布启动基于富氧燃烧实现碳捕获的 FutureGen2.0 计划，资助 10 亿美元建设 200MWe（后调整为 168MWe）规模的富氧燃烧电站；2011 年，澳大利亚 CS Energy 公司在 Calide 建成了目前世界上第一套也是容量最大的 30MWe 富氧燃烧示范电厂；2012 年，西班牙 CIUDEN 技术研发中心建成了一套 $20MW_{th}$ 富氧燃烧煤粉锅炉和世界上第一套 $30MW_{th}$ 富氧流化床试验装置；2013 年 12 月，英国能源与气候变化部宣布支持位于约克郡的 426MWe 富氧燃烧碳捕集大型示范项目进行工程研究。西班牙的 Compostilla 项目 Oxy-CFB300 也在开展基于循环流化床富氧燃烧 CO_2 捕集、运输和埋存示范工程的技术可行性研究。

早在 20 世纪 90 年代中期国内富氧燃烧的基础研究即已开始，华中科技大学、东南大学、华北电力大学、浙江大学等在国内最早开始关注富氧燃烧的燃烧特性、污染物排放和脱除机制等。2011 年，华中科技大学建成了全流程富氧燃烧试验台——$3MW_{th}$ 富氧燃烧碳捕获试验平台。东南大学建成了 $50kW_{th}$ 循环流化床 O_2/CO_2 燃烧试验装置。2011 年 5 月，华中科技大学启动了 $35MW_{th}$ 富氧燃烧碳捕获关键装备研发及工程示范项目，新建一台 38.5t/h 由东锅设计制造的富氧燃烧锅炉，项目于 2015 年建成后实现烟气中 CO_2 浓度达到 83%，为更大规模富氧燃烧技术推广奠定了坚实基础。图 21 示出了国内外富氧燃烧项目的概况。

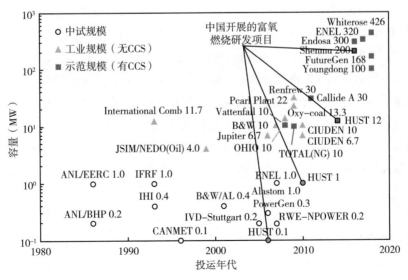

图 21　国内外富氧燃烧项目概况

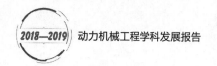

6. 水煤浆燃烧锅炉

在原料的扩大化方面，制浆用煤从中等挥发分的气煤、1/3 焦煤到贫煤以及低阶褐煤转变，同时发展以造纸黑液、污泥、工业废水为配用原料制备的生物质煤浆，明显降低制浆成本。国家水煤浆工程技术中心开发的神华低阶煤制备高浓度水煤浆技术取得突破性进展，在广东、福建等沿海城市建造的高浓度环保水煤浆的大型生产线，取得良好经济和社会效益。

在设备的大型化方面，单机能力由 25 万吨 / 年向 50 万吨 / 年跨进。如广东省海龙光集团，在研制过程中采取了中国矿业大学研制的 50 万吨 / 年水煤浆制造设备，解决了原有 25 万吨 / 年设备面临的各种问题。

燃烧的多样化方面，水煤浆从传统"雾化 – 悬浮"燃烧方式向耦合燃烧方向发展，如"流化 – 悬浮"燃烧、多重配风旋风燃烧、催化燃烧及水煤浆低温、低氧燃烧等。例如青岛特利尔环保股份有限公司完成的"新型水煤浆循环流化高效清洁燃烧技术"以新型水煤浆制备、基于流态重构的循环流化燃烧、低温低氮燃烧、炉内高效脱硫技术，实现了水煤浆循环流化床锅炉的成功应用。未来，水煤浆燃烧技术也向着低灰熔点煤浆、低挥发分煤浆及低 SO_2 控制迈进。

（七）燃煤机组优化改造技术

为响应国家能源结构调整和节能减排要求，一方面解决可再生能源利用过程中存在的弃水、弃风和弃光问题；另一方面，提高传统机组运行效率、降低煤耗，国家要求对现有燃煤锅炉进行灵活性运行改造和节能减排的增容提效改造。

1. 燃煤机组灵活性运行改造技术

目前各种发电技术灵活性调峰能力中，燃气轮机发电装机容量小、成本高，受燃料资源分布影响难以担当消纳风电和太阳能的重任；水力调节速度快，但装机容量小、建设周期长，也难以满足消纳风电和太阳能的重任；化学蓄能还没有发展到大型商业化的阶段；而火电装机容量大、具有快速调峰能力，是灵活性改造的首选。因此 2016 年 6 月 14 日国家发展改革委和能源局正式启动提升火电灵活性改造示范试点工作，印发《可再生能源调峰机组优先发电试行办法》，鼓励常规煤电机组做调峰机组。

燃煤机组运行灵活性的普通操作是更低的负荷运行能力以及快速负荷变化的响应能力，特殊的灵活性操作还包括切除区域供热、切除高加运行、关闭凝汽器进汽以及采用热罐等储热装置等。

锅炉灵活性改造的终极目标是以 20%~25% BMCR 负荷条件下确保安全为前提，达到降低不投油稳燃负荷，在低负荷下实现其安全、稳定运行，在保证满足环保排放的前提下，实现机组快速调峰能力。东锅分别对 300MW 亚临界及 350MW~1000MW 超（超）临界机组锅炉进行研究，包括燃烧技术、承压件寿命、水循环和低负荷脱硝等，提出了一整套改造方案，实现灵活性改造目标。

2. 燃煤机组节能减排改造技术

2014 年中央三部委颁发《国务院办公厅关于印发能源发展战略行动计划（2014—2020 年）》，目标之一是到 2020 年现役燃煤发电机组改造后平均供电煤耗低于 310g/（kW·h），其中现役 60 万千瓦及以上机组（除空冷机组外）改造后平均供电煤耗低于 300g/（kW·h）。

2014 年东锅依托北仑 600MW 亚临界机组和国电靖远 220MW 超高压机组升级改为超超临界二次再热机组做过研究，节能减排效果明显，但投资较大。2015 年东锅完成了大唐安阳 300MW 亚临界锅炉改造，蒸汽温度从 540℃提升到 565℃。哈电锅炉完成的华润常熟 3 台 640MW 超临界锅炉增容整体综合提效改造，主蒸汽温度由 543℃提升至 571℃，2016 年 2 月 19 日实现 650MW 满负荷运行，机组降低发电标准煤耗约 12g/（kW·h），机组供电煤耗低于 300g/（kW·h）；实现全负荷脱硝投运，标志我国首台超临界机组提效改造获得圆满成功。

烟台龙源公司针对 W 火焰锅炉改烧烟煤工程，应用系统工程的观点综合分析提出锅炉供风和制粉系统综合治理方案，如增加均粉器，对二次风进行精确控制，采用偏置浓淡、缩孔均流单调风燃烧器等技术使 W 火焰锅炉能适应烟煤的燃烧，不结渣，同时 NO_x 排放大幅度地降低。

锅炉启停和负荷降低将消耗大量的稳燃用油。进行节能点火设备改造能够大量降低启停和低负荷稳燃过程中的燃油消耗，改造项目的收益率与燃油价格和机组的调峰压力呈正相关。截至 2018 年全球已采用等离子点火及稳燃技术的火电机组共有 846 台，装机容量 3.7 亿千瓦，市场占有率近 90%。全球建立无燃油电厂 58 座，高水分褐煤锅炉达到无燃油启动的有 16 台。

烟台龙源研制的等离子发生器及电源系统，具备完善软硬件运行条件保护逻辑和运行自动化程序逻辑，提供完善数据信息控制接口便捷接入用户 DCS，实现远程操控及状态监测，并有效纳入用户 FSSS 系统实现锅炉安全稳定可靠运行。2018 年经烟台龙源与美国 NFPA 委员会数年的技术交流，NFPA 委员会将等离子点火技术、微油点火技术等内燃式点火技术作为资料性附录编入了 2019 版 NFPA 85 文件，向燃煤火力发电行业介绍此类内燃式点火技术，并为安全使用该技术提供了指导，该版本已于 2019 年 3 月发布。

（八）燃煤机组掺烧生物质耦合发电技术

随着国家能源结构的调整和 CO_2 减排的要求，未来可再生能源将是能源结构调整的重点发展方向。生物质是地球上最广泛存在的物质，是重要且优质的可再生能源，在我国资源总量巨大。生物质资源的合理开发利用对我国绿色低碳能源战略、促进可再生能源发展具有重要意义。目前国家能源局已经印发"十三五"重点专项规划——《生物质能发展

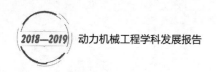

"十三五"规划》。

生物质耦合燃煤发电是一种高效的可再生能源利用方式，加强生物质资源与燃煤电厂优势互补，借助现役燃煤电厂系统进行发电，可实现煤电燃料灵活性，减少农林废弃物露天焚烧导致的雾霾，具有运行效率高、经济效益好、污染物排放低、燃料供应风险小等优势，是优化能源资源配置、促进生态文明建设、推动经济社会绿色发展的重要举措。2016年12月，国家7部委联合发布的《关于推进燃煤与生物质耦合发电的指导意见》中明确："十三五"初期启动一批生物质耦合发电示范项目，"十三五"期间依托现役燃煤电厂建设100个以上燃煤与农林废弃物耦合发电项目和100个以上燃煤与污泥耦合发电项目。

我国三大锅炉厂积极响应国家能源政策要求，分别针对生物气化耦合煤电技术、生物质与煤混燃技术等开展技术攻关，并取得了显著突破。

哈电锅炉承担的国家科技支撑计划项目《生物质与煤混燃发电技术与示范》已于2014年顺利完成课题研究任务并于2015年通过国家验收，为我国生物质资源的清洁高效利用积累了丰富的理论基础和工程实践经验。此外，哈电锅炉还争取到了国家首个示范项目——大唐长山生物质耦合发电项目。大唐长山热电厂拟建设1台20MW等级的生物质气化发电项目，以玉米秸秆压块燃料为主，消耗量约16t/h，产生的燃气送至660MW超临界燃煤机组锅炉中燃烧，该项目已经完成全部安装工作，即将投入商业化运行。

上锅具备了开发自主知识产权生物质气化技术的基本能力，例如SG-流化床气化技术可作为生物质流化床气化的技术基础。东锅凭借在流态化方面积累的大量经验以及煤和生物质气化试验中获得的数据，开发了具有完全自主知识产权的生物质微正压空气流化床气化炉技术。

（九）锅炉监测检测及控制技术

随着我国发电行业的快速发展，各种测量、控制、计算机、信息和网络等方面的先进技术也在火力发电厂得到了广泛的应用，并取得了长足的进步，我国火力发电厂的仪表监测、机组控制、信息管理和优化运行等技术已经达到世界领先水平。自动化技术、信息技术和控制技术等的运用除了完成火电厂安全稳定运行的简单功能外，还成为火力发电厂安全经济、绿色环保、智慧化运行的监控中心，为机组和电网运行提供更为先进的安全保障和信息交换。

1. 先进的测量技术

锅炉飞灰含碳量是衡量锅炉燃尽率的重要指标，这个指标将直接影响锅炉的热效率和整个机组的经济性。然而在相当长的时间里，电站锅炉的飞灰含碳量是无法实现在线测量的，需要定点定时取样再用专门的实验设备进行检测进行分析。这个过程时间周期长、干扰因素多，测量结果的准确性和时效性都比较差，无法直接用于锅炉燃烧状态的调整。

随着飞灰含碳量在线测量技术的研发成功，上述问题得到了有效的解决。采用微波法或灼烧法，原位采灰、就地检测，测量结果直接反映当前锅炉的燃尽状况，为运行人员提供了及时、准确的测量参数用于锅炉燃烧控制，有利于锅炉机组的高效经济运行。

2. 先进的传输技术

现场总线控制系统的目标是为用户提供一种数字化的、开放的、可扩展、具有可互操作性、可互换性和统一标准的测控设备和解决方案。现场总线可以克服传统 DCS 控制系统的封闭性、抗干扰能力差和传输距离短等问题，在设备端将传输信号变成数字信号，解决了传输距离和传输干扰问题，采用地址码寻址传输将各总线设备串联起来减少海量工程电缆。并且现场总线智能设备能够提供丰富的状态、自我诊断和参数信息，易于建立从现场设备到控制系统和操作员站的数字化电厂监控系统的基础构架，使得控制系统实现层次化、扁平化和智能化，从而更有利于控制系统的高效运行。

3. 先进的控制系统与软件

（1）基于模型预测的先进控制技术（MPC）

为进一步挖掘机组潜力，提升电厂的运行控制水平，采用提升关键经济参数的控制精度技术来提高电厂效益成了新的可选方案。

模型预测控制的特点是每一个当前时刻的控制动作是通过求解一个有限时域最优问题得到的，每次求解得到一个控制序列，给出接下来一定时域内的控制动作。但是该序列只有第一步会执行，第二步所处时刻的控制动作要再次解，得到新的控制序列。这就是滚动优化算法。预测控制的实质是开环最优化控制，这与 PID 的闭环反馈控制有根本不同。理论上，开环最优控制可以消除被控变量的所有偏差，使其完全遵循设计值，而闭环反馈控制必须等待偏差出现才能动作，偏差是无法避免的。

（2）APS 在火电厂的推广应用

机组自启停控制系统（APS）可以使机组按照规定的程序进行设备的启停操作，不仅大大简化了操作人员的工作，减少了出现误操作的可能，提高了机组运行的安全可靠性，同时也缩短了机组启动时间，提高了机组的经济效益。因此对发电机组特别是大容量、超超临界机组自启停控制技术进行研究和应用，成为近年电厂热工自动化和自动控制技术的研究热点。

机组自启停控制系统是机组启动和停运的控制中心，是在常规控制系统的基础上，对机组工况进行全面、准确和迅速地检测，通过大量的条件与时间等方面的逻辑判断，按编制好的程序向各个系统、设备发出指令，实现整个机组的快速、安全和平稳启动过程，最终使机组达到目标负荷平稳运行。常规控制系统在机组自启停控制系统不投运的情况下实施对机组的控制；当机组自启停控制系统投入后，常规控制系统接受机组自启停控制系统指挥，实现对电厂机组的顺控启 / 停操作。在设计有机组自启停控制系统的机组，MCS、CCS、FSSS、MEH、DEH 等系统均要围绕机组自启停控制系统进行设计，协调机组自启停控制系统完成机组一键启动和停止的功能。

三、我国工业锅炉技术的发展

（一）概述

工业锅炉是重要的热能动力设备，广泛应用于工厂动力、建筑采暖、人民生活等各个领域。我国是工业锅炉的生产和使用大国，也是世界最大的出口国。我国现有的工业锅炉有 63 万多台，每年全国工业锅炉大约耗煤 7.5 亿吨煤。

目前世界工业锅炉的出口额约为 24 亿美元，仅中国就占据了约 18%，是世界上工业锅炉出口额最多的国家。目前我国工业锅炉虽然总体上仍以燃煤为主，但燃生物质、垃圾和污泥的工业和热电联产锅炉近 10 年来获得快速发展。随着"煤改气"政策的出台和推进，2012 年以来，燃气锅炉市场迅速升温，至 2017 年出现火爆行情，之后引发全国气荒，进入调整阶段，但仍然是年增长率最高的一次能源。美国在 2011 年后用于工业生产和建筑供热的锅炉大多数以天然气燃料为主，占锅炉总台数的 87%，而以煤和油作燃料的锅炉相对较少。欧洲工业锅炉主要有生物质燃料锅炉和燃油燃气锅炉，其中燃油燃气供热锅炉是全世界普及率最好的地区，工业上使用结构合理且具有节能减排优势的工业蒸汽锅炉，同时在供热和生活领域推广燃油燃气冷凝锅炉。

（二）燃煤工业锅炉技术

燃煤工业锅炉一直向着大型化高参数的方向发展。从"十一五"规划开始，层燃、煤粉和循环流化床工业锅炉连续 3 个五年计划都得到国家科技支撑计划项目的大力支持，依托国家项目，我国各高等院校、研究院所和企业为工业锅炉节能减排进行了系统研究和工程示范，在基础研究、关键技术和工程示范的各个方面都取得了创新实践和发展，其研究和应用成果极大地促进了我国燃煤工业锅炉超低排放节能减排技术的多元发展。

1. 层燃工业锅炉技术

"十一五"末期，国家在供热领域大力推广大容量燃煤层燃锅炉集中供热技术。西安交通大学和瓦房店永宁机械厂、原沈阳军区联勤部安装大队合作在层燃工业锅炉本体结构、炉排、炉拱及配风研究成果的基础上，在引进型角管锅炉基础上经过消化吸收再创新提出了一种受热面强制上升流动的角管水循环结构，提出了炉排的新型缝隙式精确配风方法，配置空气预热器和二次风，形成高温飞灰分离再燃以及等流速设计方法等结构及系统设计技术，开发了 29 MW~140 MW 等 12 种型号的层燃工业锅炉产品，解决了长期以来层燃工业锅炉水循环可靠性差易于爆管、停电保护安全性差、热效率低下、排放偏高的运行难题，实现了燃煤工业锅炉安全高效运行。中国特种设备检测研究院对系列产品实际运行能效测试表明热效率高达 83.27%~87.97%。其中，116 MW 和 140 MW 填补了国内技术空白，产品性能优于国外产品，整体达到国际先进水平。

从 2012 年开始我国多地城市爆发严重的雾霾事件，国家开始进行能源结构调整，淘汰 20t/h~35t/h 以下燃用散煤和动力配煤的燃煤锅炉，大容量层燃工业锅炉更加注重低氮燃烧和超低排放的优化改造技术，在国家项目支持下，开始研究利用离线、在线耦合燃煤提质、炉排精确配风、低氮燃烧、自动燃烧调控等系统集成技术，优先实施了基于空气分级和烟气再循环相结合的低 NO_x 燃烧技术，显著降低 NO_x 原始排放浓度，并进一步探索研究 SNCR/SCR 分级脱硝及多效复合脱硝技术，预期可实现以热效率 $\geq$ 90% 为约束的 NO_x 最终排放浓度 $\leq$ 50mg/m^3。

面向层燃锅炉需要达到燃煤电站锅炉 NO_x 超低排放浓度限值（$NO_x \leq$ 50 mg/m^3，6%O_2）要求，哈尔滨工业大学将层燃锅炉低 NO_x 燃烧技术与宽负荷 SCR 结合，开发了层燃锅炉氮氧化物超低排放关键技术，发明了选择性气固分离与颗粒搅拌均混关键装备，实现全工况条件下气体组分、浓度、温度、湿度等多场高度均匀。研究了宽筛分燃料层燃过程燃烧强度、火床稳定性、燃烧偏差等形成机制，提出了炉内气固两相射流混合、低负荷循环烟气强化混合等技术路线，研究了尿素热解制氨关键控制反应步骤和参数，发明了炉内中温制氨、混合技术。发明了低负荷自适应与高温烟气耦合调温技术，实现 30%~100% 宽负荷条件下烟气脱硝系统高效稳定运行。研究了不同负荷条件下，典型锅炉受热面布置方式、工质循环流量、温度对降低烟温能力变化规律，提出了附加传热面、耦合低氮燃烧烟气循环实现温度单向调节的技术路线，提出了锅炉内部和外部两种反应器、烟气流向设计和布置方法。上述技术已经在山东、辽宁、黑龙江总计 10 台锅炉上进行了工程应用，锅炉容量 40t/h~130t/h（29MW~90MW），NO_x 浓度可稳定控制在 15mg/m^3~40mg/m^3，氨氮摩尔比小于 1.02。

2. 煤粉燃烧工业锅炉技术

近 10 年来，我国根据德国工业煤粉炉供热经验，尝试发展高效、低污染煤粉工业锅炉。煤粉工业锅炉连续 3 个五年计划都得到国家科技支撑计划项目的大力支持，依托国家项目，我国各高等院校和研究院所为煤粉工业锅炉节能减排进行了系统研究和工程示范。在优化完善煤粉储存、分配与输送技术，确保煤粉适时、安全、合理输送和燃烧；优化完善煤粉锅炉系统控制技术；提高可靠性和适应性；采用环保新技术和有效降低煤粉工业锅炉粉尘、NO_x、SO_2 等大气污染物的排放量等方面取得丰硕研究成果，并相继完成了 58MW 级及以上煤粉工业锅炉的工程示范，为实现煤粉工业锅炉超低排放奠定了研究和技术基础。

3. 循环流化床燃烧工业锅炉技术

循环流化床（CFB）工业锅炉的大型化应以燃用劣质燃料的 35t/h 及以上产品的研发为重点，在优化改进及研发过程中应将节能降耗、防磨与降低烟尘、SO_x、NO_x 等污染物排放指标放在重要位置，将炉内与炉外相结合，优化炉内脱除，强化炉外脱除，实现一体化除尘、脱硫与脱硝的关键技术创新。

中等以下容量级的循环流化床锅炉炉膛和对流受热面，因只能采用支撑性的重型炉墙，土建和设备投资均较大、建设周期长、电耗量和耐火材料耗量大，限制了中等及以下级工业流化床锅炉的发展和竞争力的提升。

（三）燃油气工业锅炉技术

根据国家能源局 2012 年 10 月 27 日发布的我国"十二五"能源发展目标，预期一次能源消费总量年均增长 4.3%，其中，天然气占一次能源消费比重由 2010 年的 3.8% 预期提高到 7.5%，天然气生产能力从 2010 年的 948 亿立方米预期提高到 2015 年的 1565 亿立方米，年均增长 10.5%，仅次于非化石能源年均增长 10.9% 的增长预期，天然气使用人口达到 2.5 亿人。随着我国"煤改气"铁拳治霾、保卫蓝天事业的快速推进，我国燃气工业锅炉厂不断提高研发设计水平和产品制造质量，产品已出口国外；燃气燃烧器已实现自主研发和生产，达到欧洲能效和排放水平，基本掌握了空气、燃气双分级低氮燃烧技术，借助外置烟气再循环技术，也突破了传统燃气燃烧器超低氮优化改造技术。其中，浙江力聚热水机有限公司（以下简称力聚）独立研制开发的水冷预混超低氮燃气燃烧器技术，具有完全自主知识产权，除阀组和控制元件外全部实现自主配套，打破国外垄断，填补国内空白。未来将扭转国外燃气燃烧器长期垄断中国燃气锅炉市场的不利局面。

1. 传统燃气锅炉技术

传统燃气锅炉高能耗、高排放，其热效率平均可达 92%，多数采用扩散式燃烧器，采用空气和燃气双分级燃烧技术，NO_x 排放 $\geq 80mg/m^3 \sim 150mg/m^3$，不仅浪费天然气，而且引发雾霾，因此，提高效率和减少排放成为亟待解决的问题。

传统燃气锅炉一般是用碳钢或铸铁制造的，不耐冷凝水腐蚀，锅炉本体无法实现整体冷凝。2012 年以后，为提高效率，锅炉厂主要在传统燃气锅炉尾部增加节能器或冷凝器，若为蒸汽锅炉仅依靠锅炉给水难以获取更多冷凝热，排烟温度可达 65℃，按 20℃给水计算，其热效率可达 99%；若为热水锅炉，因热水锅炉主要用于区域集中供热，而我国民用住宅建筑多采用 80℃/60℃ 的供热系统，当回水 60℃ 时，排烟温度可低至 75℃，回水温度高于烟气中水露点温度，无法回收烟气中水蒸气的汽化潜热，集中供热的燃油气热水锅炉热效率均 $\leq 97\%$。

为满足国家新提出的燃气 $30mg/m^3$ 的环保要求，欧洲多数燃烧器厂家均采用外置 FGR 进行技术改造，带来冷凝水腐蚀、引发振动等诸多新问题。目前我国市场上虽然扩散式燃烧器品牌很多，但只有韩国水国（Sookook）生产的扩散式超低氮燃烧器不采用外置 FGR 而仅依靠烟气内循环可以实现 NO_x 排放 $\leq 30mg/m^3$，该技术应用于传统燃气锅炉超低氮改造具有极大优势。扩散式燃烧器均具有一定的火焰长度，因此，传统的燃气锅炉均具有体积庞大的炉膛或炉胆。

2. 燃气冷凝锅炉技术

燃气冷凝锅炉是指燃气烟气中的水蒸气连续凝结释放汽化潜热并被锅炉有效利用的燃气锅炉,也称商用燃气采暖炉。在我国"煤改气"进程中,燃气冷凝锅炉是分布式供热的重要形式,其技术核心是通过热源、环境、建筑系统变温运行将锅炉排烟温度降低到水露点温度以下,实现系统气候补偿、深度动态节能减排。燃气冷凝锅炉结构紧凑,均选配预混燃烧的燃烧器,可实现锅炉本体整体冷凝,无须外置换热器。预混燃烧技术,是空气和燃气经预先混合在接近理论混合比例的条件下燃烧,火焰很短,也称预混无焰燃烧技术,通过增大过剩空气,可实现 $NO_x \leq 30mg/m^3$ 排放,分表面预混燃烧和水冷预混燃烧两种,表面燃烧是混合气通过编织或烧结的金属纤维空隙中喷出点火燃烧;而水冷预混燃烧是将混合气通过水冷管束喷出点火燃烧,因火焰短,与扩散式燃烧器不同,不需要或仅需要极小的炉胆或炉膛空间就可以燃烧充分,同时释放化学能传递给管束中的工质,从而使锅炉结构变得极为紧凑,仅为传统扩散式燃烧锅炉的1/5。在国外,预混燃烧器仅应用于2.8MW及以下商用燃气热水锅炉,而在我国,经过力聚近几年的自主研发,已实现单模块35MW燃气锅炉的安全使用,达到国际领先水平。

(1)燃气冷凝锅炉热工性能测试

近10年来,中国特种设备检测研究院等单位在"国家质检公益课题"支持下开展了天然气烟气中水蒸气凝结、液滴过冷特性研究,提出含过冷液滴温湿度场测试和表征方法,解决了凝结换热条件下85%~90%相对湿度测量问题,《冷凝锅炉热工性能试验方法NB/T47066-2018》直接推荐采用该方法测试。这一标准和方法的出现将对以后优化凝结换热受热面设计、布置,优化燃气锅炉系统能效,建立燃气锅炉物联网起到重要作用。

(2)燃气冷凝锅炉能效限定值及能效等级

最新修订的GB24500《工业锅炉能效限定值及能效等级》对燃气冷凝锅炉重新进行了定义,即烟气中的水蒸气连续凝结释放汽化潜热并被锅炉有效利用的燃气锅炉。本标准规定了燃气冷凝锅炉的能效限定值及能效等级,规定燃气冷凝锅炉额定工况下各能效等级热效率值应该分别达到能效1级103%,能效2级101%,能效3级98%。

(3)商用燃气冷凝热水锅炉

商用燃气冷凝热水锅炉主要应用于商用住宅供热。其基本构成就是预混燃烧器和超高效紧凑换热器的有机组合,预混燃烧器由阀组、混合器、控制器、燃烧头和风机等零部件配套而成,核心部件由国外公司提供,已经实现商业化自主配套, $NO_x \leq 30mg/m^3$,按低位发热值计算的锅炉热效率可达103%~109%,比传统燃气锅炉设备提效节能15%以上,若与低温供热、智能控制和节能建筑耦合共同实现四位一体系统供热总体节能高达50%以上。举例来说,2018年我国采暖耗费天然气500亿立方米,普通钢制燃气锅炉热效率最高可达96%;若锅炉提效10%,年节约天然气约50亿立方米;若热水炉、管网、控制和节能建筑供热系统提效可达50%,年节约天然气约250亿立方米。可见,该技术的节能

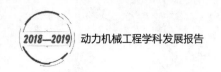

减排潜力巨大，主要分不锈钢和铸铝硅镁燃气冷凝热水炉。

不锈钢燃气冷凝热水炉是指将不锈钢盘管或不锈钢直管采用氩弧焊、高频焊和激光焊等焊接工艺制造的冷凝换热器，搭配圆柱形或平面预混燃烧器形成燃气冷凝热水炉。冷凝换热器由 2 圈矩形、长圆形截面同心圆盘管或规则排列的直管构成，燃烧器布置于盘管中心或直管管束一侧，燃烧后的烟气穿过内外管圈和直管管束进行对流和冷凝换热，结构简单，制造工艺简化，整体结构十分紧凑。

铸铝硅镁燃气冷凝热水炉是由预混燃气燃烧器和紧凑的铝硅镁合金制成的换热器锅片组合构造而成。圆柱形或平面预混燃烧器布置于铸铝硅换热器中心或一侧，燃烧后烟气从上向下依次流经水道包围的炉膛受热面和针翅密布紊流强化传热的对流受热面，下部对流受热面发生烟气冷凝，冷凝水从下部进入承露盘然后折转 90°向上经烟囱排入大气；系统的采暖回水从锅片的下部水道进入"S"形水道不断吸收烟气水蒸气汽化潜热和显热从下而上和烟气呈逆流流动，至上部辐射受热面顶部出口被加热至 50℃~80℃后送入采暖系统供应热水。

（4）水冷预混超低氮燃烧燃气锅炉

全预混燃烧技术是一种将天然气与具有化学计量比的空气在点火燃烧前经过预混腔完全充分混合，使天然气燃烧速度不再受限于气体扩散速度等物理条件，从而使燃烧速度更快、更高效的燃烧技术。德国 ELCO（欧科）在全预混燃烧技术上发展出了水冷全预混燃烧技术。区别于金属纤维全预混表面燃烧技术，水冷全预混燃烧技术是指采用高传热系数的水冷管束组成燃烧器头部，混合气通过水冷管束间的狭缝喷出燃烧，水冷管束在火焰根部将预混火焰产生的高温迅速带走，有效降低燃烧区温度，抑制了热力型 NO_x 的产生，同时水冷管束的"冷壁效应"起到熄火保护作用，可有效降低回火风险。

力聚研发的水冷预混超低氮燃气锅炉，具有完全自主知识产权，采用炉排窄缝及稳焰管组成水冷预混燃烧装置、涡轮式空气-燃气混合装置、多燃烧面燃烧结构均为国内外首创，如图 22 所示，形成独特的水冷全预混无焰燃烧技术，目前除阀组和燃烧控制外，燃烧器系统全部实现自主设计生产，产品设计理念先进、结构简单、低氮排放、紧凑换热、安全可靠、节能环保，首次实现单模块 7MW 燃气锅炉的安全使用，组合模块实现35MW~116MW 的供热能力，打破国外长期技术垄断，填补国内空白。该企业已有 8000 余台锅炉在市场得到应用，每年生产 2500 台燃气锅炉，形成真空热水机组、微压相变锅炉、燃气冷凝蒸汽锅炉系列，锅炉热效率可达 104.5%，锅炉系统节能尤为明显；蒸汽锅炉氮氧化物全负荷范围小于 27mg/m³，热水锅炉氮氧化物小于 19mg/m³，创造了显著的经济社会效益和突出的节能减排效果。

（5）冷热耦合极限冷凝燃气锅炉

随着低氮燃气冷凝锅炉的不断发展，目前燃气锅炉的排烟温度已普遍低于 80℃，但较低的排烟温度导致燃气锅炉冬季白烟现象明显；天然气价格不断上涨，燃气供暖盈利困

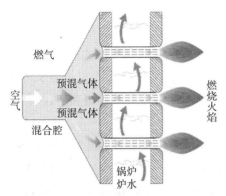

（a）水冷预混超低氮燃烧原理图

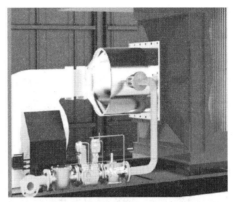

（b）水冷预混燃烧器燃气锅炉

图 22　力聚水冷预混超低氮燃烧器原理及实物图

难，燃气费用占供暖成本的 90% 左右，若能减少 10% 的燃气费，则可增加 8% 左右的利润，实现扭亏为盈。

采用电热泵配合燃气冷凝锅炉或溴化锂吸收式热泵配合传统锅炉，利用热泵产生的冷工质进一步深度冷却冷凝烟气，可将烟气温度降低至 35℃ 以下，提高锅炉效率至 107% 以上；对于燃气冷凝锅炉甚至可以将烟气冷凝至 20℃ 以下，在夏季甚至可以利用到一部分空气能，将锅炉本体效率提升至 111% 以上，相比于传统锅炉约 96% 和燃气冷凝锅炉约 99% 及以上的热效率，提高热效率 10% 左右。采用电热泵的电耗和溴化锂机组燃气燃烧产生的热量也将几乎 100% 进入供暖系统，不会产生能量的浪费。

烟气深度冷凝之后，比如降低至 21℃ 时只需再热 2℃ 即可实现 0℃，80%RH 环境条件下的烟气消白。配合热泵系统后显著降低了烟气消白的难度，甚至可以仅采用电热丝加热就可以消除白烟，省去结构复杂的烟气再热器。这种系统目前已广泛应用于供热领域，显著节约燃气，缓解气荒。

（四）燃生物质工业锅炉技术

通常对于固体燃料，可供选择的燃烧方式主要有三种，即以煤粉炉为代表的悬浮燃烧、炉排炉为代表的层燃燃烧和以循环流化床锅炉为代表的流态化燃烧。三种燃烧方式各有特点，也有不同的适用范围。

生物质炉排炉燃烧技术是目前最为成熟，也是应用最多的生物质处理技术，其中最有代表性的是丹麦 BWE 生产的 130t/h 水冷振动炉排炉。秸秆类生物质灰的熔点较低，产生的焦炭容易在炉排上互相搭桥、结渣和粘结。水冷振动炉排相对于传统风冷炉排，不仅具有自拨火功能，将落在炉排上的生物质进行翻滚，同时水冷可以大幅降低炉排温度，减少结焦。国内对于水冷振动炉排炉也有一定研究，如无锡华光锅炉生产的 75t/h 秸秆直燃悬挂水冷振动炉排锅炉，华西能源生产的 75t/h 秸秆直燃水冷振动炉排锅炉，德普新源生产的 130t/h 混合生物质燃料水冷振动炉排锅炉等，都在生产应用中运行良好，降低了生产成本，大大改善了生物质水冷振动炉排依赖进口的状况。此外，联合炉排炉也是国内应用较多的生物质锅炉。联合炉排炉即在锅炉中采用两种不同形式的炉排，前段为倾斜式往复炉排，后端为鳞片式链条炉排，上下搭接。两种炉排的应用可实现更加灵活的调节以适应我国复杂的燃料种类和较高的生物质含水量，提高生物质燃尽率。

生物质流化床燃烧技术发展在国外具有相当规模，美国生物质能发电的总装机容量已超过 10000MW，单机容量达 10MW~25MW，如美国爱达荷能源产品公司已生产出燃生物质流化床锅炉，蒸汽锅炉出力为 45t/h~50t/h，供热锅炉出力为 $106 \times 107kJ/h~132 \times 108kJ/h$。由美国 CE 公司利用鲁奇技术设计生产的两台循环流化床锅炉，分别安装于 Fresno 和 Rocklin，出力为 100t/h，蒸汽压力为 87MPa，过热蒸汽温度 515℃，热功率 78MW。我国多家锅炉厂在中国科学院的支持下都已经进行了燃用生物质燃料系列流化床锅炉的开发和设计，其中 35t/h、75t/h 和 130t/h 都有运行实绩，效果良好。东锅利用多年来在流态化燃烧领域积累的丰富经验，根据我国生物质燃料资源特点，以农作物秸秆燃料为主要对象，对其高碱特性进行了针对性机理研究。并结合借鉴目前国际上已有的生物质燃烧技术的特点，自主开发了拥有核心知识产权的流化床生物质燃烧技术，目前已有 2 个项目完成施工设计，具备大规模推广应用条件。

生物质气化技术是生物质资源化处理的重要方法之一。气化气、焦油是生物质气化的主要产物，追求高热值的气化产气以及较低的焦油排放是生物质气化的目的之一。根据气化后燃气的利用方向可以分为气化供气技术、气化发电技术和沼气技术。目前，国外生物质气化技术与装置多已达到商业化运作，其中丹麦、荷兰、德国等生物质气化技术领域处于领先水平。国外生物质气化装置一般规模较大，自动化程度高，工艺较复杂，主要以供热、发电和合成液体燃料为主。我国自主研发的生物质气化发电技术已经解决了一些关键性问题，目前已经开发出多种以木屑、稻壳和秸秆等生物质为原料的固定床和流化床气化炉，成功研制了从 400kW 到 10MW 不同规模的气化发电装置。我国的生物质气化发电正在向产业规模化方向发展。我国三大锅炉厂从 2009 年开始涉足煤和生物质气化领域，已完成气化相关的系列技术开发和工程转化设计、制造工作，包括炉内气化反应机理的基础研究以及关键设备设计制造技术的开发，积累了大量的气化项目经验。

（五）垃圾焚烧工业锅炉技术

垃圾焚烧技术在欧洲、日本和美国等发达国家是已有上百年发展历史的成熟技术。国外最早进行垃圾焚烧技术研究开发的是德国，随后英国、法国、美国和日本等国也积极开展了这方面的研究。德国目前已有 50 余座从垃圾中提取能量的装置及 10 多家垃圾发电厂，并且将该技术用于热电联产，有效地对城市进行采暖或提供工业用汽。法国共有垃圾焚烧炉约 300 台，可将城市垃圾的 40% 以上处理掉。巴黎有 4 个垃圾焚烧厂，年处理量 170 万吨，占全市垃圾总量的 90%，回收的能量相当于 20 万吨石油，供蒸汽量占巴黎市供热公司总量的 1/3。美国从 80 年代起，政府投资 70 亿美元，兴建 90 座焚烧厂，年总处理能力 3000 万吨。目前最大的垃圾发电厂已经在底特律市建造，日处理垃圾量 4000t，发电量 65MW。日本目前拥有垃圾电站计 102 座，垃圾处理总量为每日 5.2 万吨，占垃圾总产量的 73%，其余部分由于堆放分散而尚未集中焚烧，发电总容量为 320MW。瑞典、丹麦等国也有类似成功运行的焚烧发电厂。

国外主要垃圾焚烧炉排有以下几种：①德国马丁（水平往复、倾斜逆推往复）；②德国诺尔 – 克尔茨公司（阶梯式水平往复）；③西格斯 SHA 多极炉（多级往复，带水平、垂直往复）；④日本田雄（SN 型炉排）；⑤日本日立造船株式会社（带拨火的往复炉排）；⑥日本 JFE（超级往复炉排）；⑦德国 B&W 公司（往复炉排、振动炉排、转动炉排）。

我国垃圾焚烧发电起步于 20 世纪 90 年代末，发展至今仅 20 年时间，但随着我国城镇化进程和城市人口的增加，我国城市生活垃圾对环境造成的压力不断加大，垃圾无害化处理技术已越来越引起我国重视并快速发展起来。

如表 17 所示，《"十二五"全国城镇生活垃圾无害化处理设施建设规划》反映了填埋和焚烧比例的变化趋势。规划中表明，在"十二五"期间垃圾无害化处理中选用焚烧技术的达到 35%，东部地区选用焚烧技术达到 48%。在 2010 年，全国焚烧的比例仅 20%。而填埋处理量的占比则从 2010 年的 77% 降低至 2015 年的 59%。

表 17 "十二五"全国城镇生活垃圾无害化处理设施建设规划

	2010 年年底	"十二五"规划 2015 年年底	住建部环境卫生研究中心	
			2020 年年底	2025 年年底
垃圾焚烧规模（万吨 / 天）	8.96	30.72	40	50
垃圾焚烧占比（%）	20	35	50	–
垃圾填埋规模（万吨 / 天）	35.2	51.4	以剩余库容衡量	
垃圾填埋占比（%）	77	59	–	–

经过"十二五"期间产能的快速增长，垃圾焚烧产能于 2015 年达到 23.2 万吨 / 天。近年来，垃圾焚烧发电行业集中度不断提升，截至 2015 年年底，前十大垃圾焚烧企业的市场占有率已经接近 80%。大部分产能集中在专业运营商手里，其余部分分布在地方环保公司和当地政府手里。随着市场进一步呈现集约化趋势，专业运营商的竞争优势越发凸显，地方产能将大概率被行业龙头企业整合，行业集中度继续提高。

中国的垃圾焚烧发电设备制造企业基本都是从与国外技术合作和引进起步并逐步发展起来，乃至拥有自主垃圾焚烧炉技术。例如，已知的技术引进关系有：光大国际、重庆三峰和德国马丁公司；深能源和比利时吉宝西格斯公司；康恒环境、华光锅炉和日立造船；中科集团、广环投和丹麦伟伦等。中国企业通过向国外公司的学习，推陈出新乃至拥有自主知识产权的垃圾焚烧炉技术，例如，杭州新世纪、伟明环保的两段式炉排技术；绿色动力的逆推式机械炉排技术、杭州锦江的异重循环流化床技术、湖州环清环保科技有限公司的二次蓄热升温气化燃烧技术；江苏天楹环保等企业在国外技术的基础上进行了垃圾焚烧发电成套装备技术方面的改进，使之更适应中国垃圾分组，有效增强了国产和进口设备之间的协调性，降低了烟气中的噁英浓度。

根据统计数据，截至 2013 年年底我国垃圾发电装机容量达到 340.03 万千瓦时，较 2012 年增长 35%；2014 年我国垃圾发电装机容量 430.8 万千瓦时，较 2013 年增长 26.7%。截至 2016 年年底，全国已有 400 多家垃圾发电厂，并已投运 246 个项目，已建成了光大南京、成都祥福、北京高安屯和佛山南海等一批典型项目。

哈电锅炉、东锅、上锅、无锡锅炉厂和光大环保等一大批企业一直致力于垃圾发电领域的研发，目前已有多个垃圾焚烧项目完成施工设计，标志着我国垃圾焚烧技术已完全商业化。

（六）污泥焚烧工业锅炉技术

污泥焚烧在我国已经有许多应用，这些项目在我国开创了污泥焚烧的先河，成为污泥无害化、资源化处理的成功典范。2010 年，华电潍坊公司第一次实现了在国内 2×330MW 燃煤机组中实施利用烟气余热对城市污泥在焚烧前进行干化处理，解决污泥堆积问题的同时实现了污泥资源化利用。2013 年年底，嘉兴电厂建立第一家掺烧污泥的 300MW 机组，其污泥焚烧机组有 2 条生产线，日处理量各为 120t 和 130t。山东华能临沂发电厂污泥干化焚烧项目规划建设 3 套污泥干化焚烧装置，日处理湿态污泥 500t，自 2015 年 1 月投运以来，每天处理 336t 污泥。2017 年，杭州七格污水厂 100t/d 污泥焚烧示范工程完工并投运，其采用流化床焚烧炉处理脱水污泥。目前以香港屯门的污泥处理最为先进，其污泥处理装置采用最先进的焚烧技术，污泥经过两次沉淀、厌氧消化及脱水后，送入 330MW 的流化床焚烧炉。该设计允许出口剩余电力到当地电网，而且包括生产工艺用水和饮用水的设施，以及能够在现场处理所有废水的设施。

按照国务院办公厅印发的《"十二五"全国城镇污水处理及再生利用设施建设规划》，截至 2015 年年底，直辖市、省会城市和计划单列市的污泥无害化处理处置率达到 80%，其他城市达到 70%，县城及重点城镇达到 30%。污泥处理率在"十三五"期间将大幅提升，世界先进污泥处理技术将会得到广泛采用，从而使我国污泥处理技术将提高到一崭新水平。

（七）光热发电和供热技术

相比欧洲国家，我国光热发电和供热领域的研究和工程示范起步较晚，但经过近 10

年的消化吸收和自主发展，部分光热发电和供热技术已经走在国际前列。2016年，国家能源局启动首批20个光热发电示范项目，装机总量达1.35GW，加快其商业化进程。通过首批4个发电示范项目，并网运行装机总量达320MW，2019年年底再并网4个项目，新增装机250MW，这些项目成功投运，带动了我国相关企业光热发电吸热器技术自主创新，突破了多项核心技术，并形成了完整的产业链，促进了一批材料、设备制造以及电站建设企业快速发展，截至2018年年底，我国具有光热发电吸热器生产线3条。这些生产线的建成投产使光热发电设备国产化率超过90%。

1. 光热发电领域吸热器技术发展现状

20世纪80年代以来，塔式太阳能热发电技术得到了相对迅猛发展，是因为使用了高塔聚焦技术，典型塔式太阳能发电系统可以实现300~1500的聚光比，投射到塔顶吸热器的平均辐射热流密度达$300kW/m^2$~$1000kW/m^2$，系统工作温度高达1000℃，光热电站单机规模可达200MWe以上。

吸热器作为吸热与传热的主设备，按结构可分为外置式和腔式两种。对于前者，吸热器受热面呈环形布置，形成一圆筒体，接收来自塔四周360°范围内定日镜所反射、聚集的太阳光，但由于其吸热器体外露于周围环境中，存在较大热损失。典型代表有早期美国的Solar One和Solar Two电站吸热器以及2011年建成投产的西班牙Gemasolar电站吸热器，近期的则有美国的IVANPH电站及新月少丘电站吸热器。腔式吸热器，受热面包络于腔体内部，但因反射光线只能从采光口射入，镜场布置受到一定的限制，一般呈扇形布置，单机功率受限。西班牙CESA-I太阳能电站吸热器，以色列Weizmann Institute吸热器以及Abengoa的PS10、PS20电站吸热器均采用腔式结构。

2. 国内外吸热器技术研究比较

国外从20世纪80年代开始对大功率吸热器开展技术研究和试验，并于2010年前后相继建成了以水/蒸汽作为传热工质的商业化项目，其中以Ivanpah电站最具代表性，产出565℃/14.7MPa过热蒸汽发电。国内中国科学院电工研究所于2012年建成了国内首座MW级塔式光热电站，采用了腔式吸热器，设计温度400℃，设计压力5.0MPa。由于水工质在储热方面存在固有缺陷导致工程化应用推广困难，人们逐渐将目光转向了以熔盐为传热工质的吸热器，国外以西班牙SENER、比利时CMI为代表的熔盐吸热器供货商提供了600MW$_t$等级的熔盐吸热器在摩洛哥NOOR3项目和智利Cerro Dominador项目上应用，并已经完成工程化应用。我国在示范项目的推动下，以东锅、杭锅集团、首航为代表的吸热器制造商也具有了300MW$_t$/600MW$_t$熔盐吸热器的供货能力，通过运行测试表明，在熔盐吸热器技术能力方面，国内供货商与国外供货商技术能力相当。

3. 光热发电技术发展趋势及政策

Solar Two试验电站证实熔盐技术的可行性，进一步降低塔式热发电的技术和经济风险；Gemasolar熔盐工质电站的建成并实现了太阳能光热电站连续24小时的运行，

NOOR3、Cerro Dominador、中电工程哈密、首航敦煌、中控德令哈等众多项目也证明了大功率长储热熔盐塔式技术的可行性。

利用熔盐作为传热和储热的塔式光热电站具有发电效率高、储热成本低、储热容量大等优势，正逐渐成为太阳能光热发电的主流技术，国家公布的 20 个示范项目中有 9 个塔式项目，2018 年投运的 2 个项目和 2019 年投运的 3 个项目都采用了熔盐吸热器。熔盐塔式作为当前最具竞争力的光热发电技术，是政策鼓励推广的可再生能源发电技术，它也必将带动熔盐吸热器的广泛推广应用。光热发电因其全寿命周期内可再生、可承担基础和调峰负荷，是真正的清洁发电技术，将得到政策的持续性鼓励。从技术发展趋势看，是以塔式聚光技术为基础，以更高效的热力循环效率为目标，开发诸如新一代熔盐吸热器、固体吸热器技术是未来光热发电的主要技术发展趋势。

4. 光热供热技术发展

太阳能供热系统（Solar Heating System）是指将太阳能转换成热能，供给冬季采暖和其他用热的系统。Jan-Olof Dalenbäckp[19]认为未来城市太阳能区域供热主要应采用屋顶安装太阳能集热器，乡村则应大力发展地面安装大型平板太阳能集热器。太阳能耦合能源系统在欧洲发展较快，太阳能可以耦合煤炭、油气、生物质、垃圾焚烧实现热电联供和余热供热。

国外对太阳能采暖的研究较早。截至 2014 年，北美地区建筑一体化太阳能空气加热集热器每年提供 250 MW 的热能，可减少近 10 万吨 CO_2 排放。2012 年 10 月 11 日丹麦齐斯泰兹供热公司（Thisted Varmeforsyning）建成 500 kW 的太阳能供热示范项目，也是丹麦第一座槽式供热站，年区域供热量约为 $500MW_{th}$。丹麦沃延斯市的 Vojens 太阳能供热站在地面安装集热器面积为 $70000m^2$ 的平板型太阳能集热器，利用 $203000m^3$ 的储热水池实现太阳能的跨季节蓄热，年太阳能保证率达 45%，日最大供热量为 $49MW_{th}$，年供热量为 $28000MW_{th}$。截至 2015 年年底，欧洲地区总计建立 235 个供热负荷大于 $350kW_{th}$、相当于集热器面积 $>500m^2$ 的太阳能区域供热场，系统装机容量总计 $745MW_{th}$，并实现与区域热网并网。从全球太阳能供暖应用情况看，小型系统应用最广泛，其市场占比达到 90% 以上。大型系统处于规模化发展初期，在丹麦及北欧国家处于快速发展阶段，主要应用于当地大型供热管网或者是区域供热网。

在国内，太阳能利用被列入我国《可再生能源发展"十三五"规划》，太阳能供热和其他领域太阳能热利用一起，承担着到 2020 年实现年替代 9600 万吨标煤的重任，是国家实施能源变革依赖的高比例可再生能源之一。2013 年 11 月 12 日中国目前最大太阳能季节性蓄热采暖项目——河北经贸大学太阳能季节性蓄热采暖及热水综合示范项目落成，标志着我国太阳能光热行业从热水系统应用时代正式步入采暖产业化升级阶段。2018 年 10 月 5 日，中国科学院电工研究所在张家口市建成小型集中型太阳能供热示范系统，在没有任何辅助能源的条件下为 $3000m^2$ 的建筑供暖，其定日镜采光面积 $760m^2$，跨季节水体蓄热容量 3000m³，中科院对涉及的关键部件拥有完全自主知识产权。2019 年 3 月东方宏海新能源公司在内蒙古鄂尔多斯市建设的全国首个碟式太阳能和燃气锅炉清洁能源供热示范项目完成安装调试并投入运营，共安装 18 台碟式太阳能聚光跟踪集热系统设备和 1 台燃气锅炉设备，设置 2×200m³ 储水罐，全年集热量 >12000GJ，可满足全镇供暖面积约 2.8 万平方米的 24h 供暖。

于 2017 年年底前完成报批的 GB50495《太阳能供热采暖工程技术规范》增补细化了季节蓄热、空气集热和热电联产等方面的太阳能供热采暖技术，极大提高我国太阳能供热采暖系统的优化设计水平，以及大、中型太阳能供暖区域热力站的建设能力。多项涉及太阳能供热采暖的研发项目已列入国家"十三五"重点研发计划，这些计划的落实将会进一步缩小我国和北欧等国的技术差距。

四、余热锅炉技术

（一）概述

工业窑炉热效率一般只有 30% 左右，而高温烟气、高温炉渣和高温产品等带走的热量能达到 40%~60%，其中工业过程中可利用的余热非常可观。

国内企业自主开发了燃气轮机余热锅炉、干熄焦余热锅炉、水泥窑纯低温余热锅炉、炼油催化裂化余热锅炉、分体管壳余热锅炉、城市生活垃圾焚烧余热锅炉等，掌握了制作工艺要求较高的产品如大型炼钢转炉余热锅炉部件等的制作技术。

工信部制定的《工业绿色发展规划（2016—2020 年）》对各行业的节能降耗指标提出了较高的要求，其实现离不开我国工业生产中数十万台余热锅炉的贡献，不仅对余热锅炉技术提出了更高的要求，也为余热锅炉技术的进一步发展指明了方向。

（二）燃气轮机余热锅炉技术

燃气轮机余热锅炉（HRSG）处于燃气轮机和蒸汽轮机之间[20-22]，其结构、性能以及参数都极大地影响到系统中其他设备乃至整个系统的性能。其独特的热力特性为：换热主要以对流方式进行，需要布置更多受热面；烟气流量大、速度快，入口处温度和速度场极不均匀，需进行通流结构优化；采用三压再热汽水系统后蒸汽参数更高、排气温度更低，但多压系统不同压力参数需要匹配优化；低压系统的采用可能使得低压蒸发器系统发生加速腐蚀磨损；其热惯性相对燃气轮机大得多，对快速启动提出了更高的要求。以杭锅集团为代表的余热锅炉生产企业在引进消化吸收 9F 级燃气轮机余热锅炉先进技术和产品的基础上，积极开展自主研发，逐渐形成具有自己特色的设计和制造体系。

杭锅集团自主开发的 9HA 级余热锅炉，成功应用于与美国 GE 生产的 9HA.01 型燃机配套的全球容量最大、等级最高的 9HA 联合循环电厂，单循环功率可达 400MW，联合循

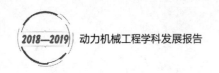

环功率可达 600MW，全厂热效率可达 62%，比传统 9F 级高 4%，比燃煤超超临界一次和二次再热机组热效率分别高 17% 和 14%。

（三）干熄焦余热锅炉技术

国内干熄焦余热锅炉技术是在整体引进日本新日铁和德国 TSOA 等技术的基础上，逐步通过国产化发展起来的。近年来，为适应焦化企业对于节能降耗的更高要求，余热锅炉生产企业开发出了更高蒸汽参数的亚临界超高温带一次再热的干熄焦余热锅炉，主蒸汽参数可达 17.6 ± 0.2MPa/571 ± 5℃，再热器蒸汽参数可达 4.2MPa/571 ± 5℃，其发电量比相同烟气量和烟气温度的高温高压干熄焦余热锅炉高 3%~5%；同时，主蒸汽参数为 17.6 ± 0.2MPa/571 ± 5℃的自身除氧亚临界干熄焦余热锅炉产品也已被成功开发。

（四）水泥窑余热锅炉技术

水泥窑纯低温余热锅炉是利用分别设置于窑头熟料冷却机之后的 AQC 余热锅炉和窑尾预热器之后的 SP 余热锅炉吸收废气余热，产生低压过热蒸汽供汽轮机组发电[23]。新型干法水泥生产过程中熟料烧成热耗约为 3140kJ/kg 左右，热量利用率可达 60%。目前我国开发的水泥窑纯低温余热锅炉每吨水泥熟料的发电能力可达 22（kW·h）~44（kW·h），可适配 700t/d~5000t/d 甚至超过 10000t/d 熟料产量的水泥生产线，单台机组发电功率可达 4500kW~24000kW。

（五）管壳式余热锅炉技术

管壳式余热锅炉利用烟管回收高温烟气中的热能将壳侧工质加热成蒸汽用于发电和供热，管壳式余热锅炉具有结构紧凑，介质和操作适应性广，现场布置灵活，水质要求低等特点，广泛应用于石油、化工和金属冶炼等行业。

工业过程中常用单壳体管壳式余热锅炉，工质在壳体内部和烟管管束间呈简单的池沸腾自然循环状态。近几年来，石油、化工和金属冶炼行业向大型化和高参数的方向发展，在单壳体基础上发展出一种分体结构，在单壳体之上层叠汽包，管壳与汽包之间连通若干根上升管和下降管。这种结构虽然解决了设备大型化难题，但结构变化使单壳体由简单池沸腾自然循环转变成具有多组上升管和下降管并联回路的交错复杂状态，给水循环带来严重挑战，由于缺少相关汽液两相流动与传热研究和水循环计算方法，容易引起水循环故障。

西安交通大学[24, 25]研究了分体管壳余热锅炉汽液两相流动与传热的分布规律，得到汽液两相流体横掠壳体管束时传热系数及阻力压降计算关联式；研究了上升和下降连接管位置对壳侧工质流动和传热的影响规律，并得到其优化布置方式；建立了分体管壳结构热工设计模型，提出受热面微元层叠热工设计方法，基于多孔介质模型研制出分体结构流动与传热特性的分析程序，为分体管壳结构设计提供安全测试和验证。北京航天石化技术装备工程公司根据上述成果设计生产的分体管壳式余热锅炉功率高达63.2MW，可将2.83MPa的工艺气，由620℃冷却至350℃，同时产生10.0MPa的动力蒸汽，采用分体管壳结构设计，解决了装备大型化和水循环难题，实现管壳余热锅炉长周期安全高效经济运行。

（六）电站锅炉余热换热器技术

自1957年起，美国、俄罗斯、德国和日本广泛开展了燃煤机组烟气深度冷却技术及装置的应用研究，但工程实践中，研究者们发现当烟气深度冷却到硫酸露点温度以下时，低温腐蚀严重，造成机组非计划停运。

西安交通大学历经多年的机理研究和工程实践，突破了传统理论认为烟气深度冷却过程中硫酸露点温度为定值的观点，发明了SO_3/H_2SO_4浓度、硫酸露点温度和低温腐蚀性能的检测方法及装置，揭示了烟气深度冷却过程中飞灰中的碱性物质、SO_3/H_2SO_4蒸汽和液滴的气液固三相凝并吸收脱除SO_3/H_2SO_4的机理，探明了烟气深度冷却时碱性氧化物和硫酸液滴的化学反应主导飞灰凝并吸收的微观机制，形成利用飞灰中碱性物质脱除SO_3/H_2SO_4抑制低温腐蚀的技术思路，在此基础上摒弃日本提出的灰硫比判别指标，提出了碱硫比概念和碱硫比调控设计方法；同时，提出了基于流场不均匀累积系数的流场均匀化设计方法，利用该方法对烟道及管束结构进行优化，确保SO_3与飞灰实现高效凝并吸收，实现了低温腐蚀的有效防控。研发了系列烟气深度冷却器及系统、装置及产品，并实现了大规模工程应用[26]。青岛达能环保设备股份有限公司和西安交通大学合作，建立了16条烟气冷却器生产线，产品销售到全国30个省市自治区的华能、大唐等电力公司的150家电厂，应用于236台亚临界和超（超）临界燃煤机组，并出口海外，实现大规模生产及工程应用，取得了显著经济社会效益和突出节能减排效果。西安交通大学和青岛达能合作研制的"气液固凝并吸收抑制低温腐蚀的烟气深度冷却技术及应用"获得2017年国家科学技术进步奖二等奖。

国家正进一步评估燃煤机组湿烟囱的有色烟羽消除技术，燃煤机组湿烟囱的有色烟羽消除技术需要烟气冷却器、烟气冷凝器和烟气再热器的协同联立才具有合理的技术经济性，通过烟气冷凝器降低水蒸气含量之后的湿烟气含水量大大下降，湿烟气中的水蒸气降温扩散过程中仍然会发生凝结析出，形成烟羽，不过此时的烟羽浓度大大下降，仍然需要采用烟气再热才能彻底消除，但经过烟气冷凝之后，可比无冷凝直接再热降低能耗40%以上。

哈电锅炉率先在华能莱芜发电有限公司（以下简称华能莱芜）1000MW二次再热超超临界机组锅炉上研制配套了锅炉烟气余热深度能级回收系统，实现锅炉效率达到95.46%，机组供电煤耗下降3.21g/（kW·h），这是国内首次在这种类型机组上的成功运用，项目整

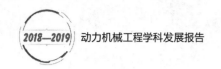

体上达到国际领先水平。

"十二五"和"十三五"期间，国家重点研发计划项目已对烟气冷却、烟气冷凝和烟气再热烟羽消除技术中的烟气冷却器和烟气再热器进行了大量的应用基础、关键技术研究及工程应用推广。而烟气冷凝器的应用基础研究和工程示范正在展开。因为不断增长的环保压力，高等院校、科研院所正处于中试试验和工程示范同步创新的阶段，国外也没有相关经验可以参照。通过产学研用相结合，我国一定会在燃煤机组及其他工业过程的低品位余热利用及污染物协同治理领域不断探索，创新出节能型低成本消除烟羽的自主技术。

（七）余热锅炉技术的发展前景

我国余热锅炉技术从引进开始，历经了从仿制、消化吸收到自主开发创新的过程，建立了较完善的设计和制造体系，产品基本能覆盖各工业领域，为各行业节能降耗、优化工艺做出了贡献，也创造了可观的经济和社会效益。从总体来看，我国余热锅炉产品正在完成从小型到大型、从高温余热利用到中低温余热利用、从低技术含量到高技术含量、从单纯节能型向环保节能型的转变过程。这一发展过程与能源资源的开发、工业系统生产工艺的改进乃至社会经济的发展密切相关。在这个过程中，有的余热锅炉产品已被淘汰；有的产品技术成熟，能够满足市场需求；有的产品技术还需完善、提高；而更多的余热锅炉产品还有待于今后去开发。今后余热锅炉技术的发展主要集中在以下几个方面：

（1）采用理论分析和参数优化的研究方法进行余热锅炉本体热量分配、工质参数优化和余热锅炉整体布置选型研究，确定余热锅炉应达到的设计目标。研究余热锅炉本体设计所必需的热力、烟风阻力和水循环计算方法，并编制具有自主知识产权的计算机辅助设计计算软件。

（2）采用试验研究的方法研究粉尘的物理、化学和外部工作过程特性，采用数值模拟的方法进行通流结构的优化研究；采用试验研究的方法进行热交换受热面结构设计及传热、阻力特性研究。主要研究粉尘颗粒特性，粉尘沉积、粘污特性，磨损及防磨技术，粉尘预分离技术，清灰及除灰技术，受热面及通流结构密封设计，高效传热元件设计，并对高效传热元件的换热、阻力特性进行研究。

（3）采用理论分析和优化设计的研究方法研究余热锅炉对生产工艺系统取热参数在变动工况下的适应性以及对热工参数的影响机制，并在余热锅炉方案设计的基础上对余热锅炉方案进行技术经济比较，为系统设计出能够实现提高蒸发量和余热废气利用效率为总体目标的余热锅炉。

（4）中低温余热的回收利用技术的进一步研发。现代工业生产中，除部分高温炉渣外的高温余热均已回收，但大量废气和热水中的中低温余热尚未回收利用，其冷却或排放对企业运行成本和环境造成很大压力。

（5）随着我国经济的快速发展，人民生活水平大幅提升，对清洁优美的生活和生产环境提出了更高的要求，余热锅炉的技术研发不能只关注余热回收效率和发电量，更不能只关注高品位余热的回收利用，可开发一些针对品味不高、不易回收但对生产生活环境存在热污染、空气污染等的余热资源的余热锅炉产品，减少对外排放的烟气、热水中的热量和二氧化碳等有害气体；研发适应复杂环境、更高效的中低温余热回收利用技术能够为企业创造可观的经济和环境效益，提升企业和行业竞争力。

（6）高效紧凑换热器的研发、有机工质热力循环的研究和工程应用推广、S-CO$_2$工质布雷顿循环研究和工程应用推广、更高效率螺杆膨胀动力机的研发对于中低温余热的回收利用具有重要意义。

五、烟气污染物脱除技术

（一）概述

我国是煤炭消费大国，2018 年中国煤炭消费总量为 46.2 亿吨标煤，其中燃煤电站的耗费占比为 50%。燃煤烟气污染物排放以颗粒物（PM）、二氧化硫（SO$_2$）和氮氧化物（NO$_x$）为主。过去煤电行业一直是大气污染控制的重点行业，但随着污染物脱除技术和装备的发展及应用，尤其是超低排放技术的全面实施，目前已经逐渐摘掉了煤电是污染大户的"帽子"。随着国家《大气污染防治行动计划》、重点污染源排放新标准及《煤电节能减排升级与改造行动计划（2014—2020 年)》、S-CO$_2$《重金属污染综合防治"十二五"规划》《挥发性有机物（VOCs）污染防治技术政策》等一系列环保政策和标准的颁布实施，颗粒物、SO$_2$、NO$_x$、Hg 等污染物过程控制与末端治理协同技术得到了进一步发展。同时，面对全球气候变暖的局面，CO$_2$、CH$_4$ 和 N$_2$O 等温室气体控制技术的研发应用也日益受到重视。

当前我国烟气污染物治理工作主要有以下几点趋势：从以电力行业为主的污染物治理向电力、钢铁、建材、冶金、化工等多行业同步治理转变；污染物高效脱除技术在特别排放限值基础上，提出超低排放限值的目标；从高效脱除单一污染物向多种污染物高效协同脱除转变；从常规污染物（PM、SO$_2$、NO$_x$）控制向常规及非常规污染物（SO$_3$、PM$_{2.5}$、Hg 等重金属、VOCs 等）协同控制转变。

（二）超低排放技术

超低排放指的是在采用传统的除尘、脱硫和脱硝技术的基础上，通过对现有技术进行改进或增加新技术，使粉尘、SO$_2$ 和 NO$_x$ 排放分别达到 10 mg/m^3、35 mg/m^3 和 50 mg/m^3。2018 年，全国达到超低排放限值的煤电机组约 8.1 亿千瓦，占全国煤电总装机容量的 80%，累计完成节能改造 6.5 亿千瓦。

超低排放是我国能源与环境可持续协调发展的必然要求。国内能源结构中，煤炭占我国已探明化石能源资源储量的 94% 左右，天然气和石油占 6%，煤炭是我国经济和社会发展最大的能源支撑，未来依旧是以燃煤供能为主，要使长期空气质量达标，必须执行更为严格的燃煤大气污染物排放标准。浙江大学高翔项目团队研发了超低排放技术，开发了多污染物高效协同脱除集成系统，研发了燃煤机组超低排放新工艺，实现了燃煤机组主要烟气污染物排放优于天然气发电排放标准限值要求，开发了多功能脱硝催化剂配方、催化剂制备及催化剂再生改性等系列技术，解决了燃煤机组高效脱硝难题；研发了细颗粒物高效脱除技术，解决了颗粒物的超低排放难题。浙江省能源集团有限公司在所属嘉兴嘉华电厂在役燃煤机组上率先实现了超低排放的工程示范，该电厂因此被国家能源局授予"国家煤电节能减排示范电站"荣誉称号。浙江大学和浙能集团研制的"燃煤机组超低排放关键技术研发及应用"获得 2017 年国家技术发明奖一等奖。

1. 国内外高效除尘技术发展

（1）低温静电除尘

国外从 20 世纪 90 年代开始在大型燃煤机组中推广应用基于烟气冷却器使烟气温度在 90℃左右运行的低温电除尘技术，已有超过 6500MW 的业绩。在 MHI 烟气处理系统中，低温静电除尘器出口烟尘浓度均小于 30mg/m³，SO_3 浓度大部分低于 3.57mg/m³，湿法脱硫出口烟尘浓度可达 5mg/m³，湿式电除尘器出口烟尘浓度可达 1mg/m³ 以下。日本使用同类技术的还有石川岛播磨（IHI）、日立（Hitachi）等公司。低温电除尘技术在国外应用非常成熟，但由于低温电除尘器运行温度处于酸露点温度以下，粉尘凝并及荷电性质发生了很大的改变，常规静电除尘器需要进行重新设计方可满足要求。

（2）布袋除尘技术

在工业烟尘治理领域除了静电除尘器外还有袋式除尘器和电袋复合除尘器。相比静电除尘器，袋式除尘器可处理高温、高比电阻的粉尘。袋式除尘器除尘效率高，运行稳定。近年来，袋式除尘器在冶金和电力等行业得到了广泛应用。袋式除尘器比其他类型的除尘器具有更多的优越性，其数量约占各类除尘器总量的 60%~70%。袋式除尘器的关键在于滤袋、清灰和控制系统。

袋式除尘技术可控制烟尘排放在 30mg/m³ 或 20mg/m³ 以下，当采用高精过滤滤料时，出口烟尘浓度可实现 10mg/m³ 以下，我国燃煤电厂袋式除尘技术已达到国际先进或领先水平。

（3）湿式电除尘技术

湿式电除尘技术（WESP）主要作为大气复合污染物控制系统的最终精处理技术装备，用于去除湿法烟气脱硫装置无法收集的酸雾、控制 $PM_{2.5}$ 微细颗粒物及解决烟气排放浊度问题。

国外 WESP 主要生产企业有 MHI、Hitachi 和 B&W 公司等。主要采用 SCR+ESP+FGD+WESP 技术方案应用于 1000MW 燃煤机组，烟尘排放浓度长期稳定在 2mg/m³~5mg/m³，同时能高效地除去烟气中的微细烟尘和石膏微液滴。

2. 国内外高效脱硫技术发展

湿法脱硫技术具有脱硫效率高、运行可靠、机组负荷变化范围大等特点。其中石灰石 – 石膏湿法烟气脱硫技术由于技术成熟、吸收剂来源广泛、煤种适应性强、价格低廉、副产物可回收等特点，应用最为广泛。我国已掌握自主知识产权的石灰石 – 石膏烟气脱硫技术，具备 1000MW 级机组脱硫装置的生产制造能力，并在此基础上发展了燃煤烟气多种污染物协同脱除技术。大气污染物超低排放要求 $SO_2 \leqslant 35mg/m^3$，烟尘浓度 $\leqslant 10mg/m^3$，重点省份相继出台了燃煤机组超低排放的指导意见，诸多政策的出台迫使燃煤电厂烟气脱硫装置必须具有高效除尘及深度脱硫的技术特点以达到污染物超低排放限值的要求。

目前，在国内的脱硫工程中，应用较多的高效吸收塔塔型如托盘塔、单（双）塔双循环塔、液柱塔等。目前深度脱硫技术已可实现 SO_2 排放浓度 $\leqslant 20mg/m^3$。在进一步提高烟气脱硫装置（FGD）的脱硫效率的同时，国内华能集团组织高等院校、企业进行联合攻关，进一步研究了 FGD 高效除尘的潜力，提出烟气脱硫装置除尘效率必须达到 70%。

根据当前研究，烟气中 SO_3 也是造成空气污染的重要源头，常规石灰石 – 石膏法脱硫装置脱除 SO_3 效率只有 30%~50%，可同时考虑采用炉内喷碱性物质、炉后喷碱性物质、调整脱硝催化剂配比、低温除尘器、除尘器前喷氨、湿式静电除尘器等 SO_3 脱除措施，这些措施都体现了利用整个炉后系统一体化脱除 SO_3 的思想。鉴于 SO_3 对人类健康和雾霾形成的危害性，今后要加强对 SO_3 精细化脱除技术的研究。

3. 高效脱硝技术研究和应用现状

从运输、安全性等综合方面进行考虑，越来越多的电厂采用尿素作为脱硝的还原剂。尿素工艺目前主流的有尿素催化水解和炉内气气换热器作为热源的尿素热解。两种工艺各有优劣：尿素水解工艺投资成本相对更低，尿素热解炉内气气换热器工艺由于采用热烟气作为热源，运行成本更低。

东锅通过环保与锅炉技术结合，开发出世界首创的 SCR 脱硝还原剂尿素热解热源技术。在锅炉炉内设置气气换热器，充分利用高温烟气直接加热一次风至 600℃~650℃，为尿素热解提供稳定的热源，大大降低了 SCR 运行成本，代表了行业的先进水平。该技术首次在华电十里泉发电厂 2×660MW 超超临界机组上应用，各项性能指标均优于合同要求，NO_x 达到超低排放水平。

4. 超低排放一体化脱除技术

超低排放一体化脱除技术采用了以下不同的技术路线。

（1）煤粉炉

煤粉炉的超低排放一体化解决方案的主流流程为：低氮燃烧技术 +SCR 脱硝 + 布袋 /电袋除尘器 + 石灰石 – 石膏湿法脱硫。同时也可以在除尘器之前和湿法脱硫之后分布采用烟气冷却器和烟气再热器，以提高除尘器的除尘效果同时保证烟气在烟囱出口的抬升高度。

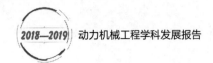

（2）CFB 锅炉

CFB 锅炉的超低排放一体化解决方案的主流流程为：炉内脱硫 + LNC+SNCR+SCR+ 半干法脱硫除尘一体化技术。由于 CFB 锅炉具有较好的 NO_x 排放性能，同时旋风分离器作为 SNCR 脱硝反应器具有较好的脱硝效果（ $\geqslant 60\%$ ），大部分 CFB 锅炉采用 SNCR 技术即可达到 $50mg/m^3$ 的超低排放指标。对本体排放较高的 CFB 锅炉，一般采用 SNCR+SCR 的路线达到 NO_x 的超低排放。CFB 锅炉一般采用炉内脱硫 + 半干法脱硫的脱硫路线，同时结合电袋 / 布袋除尘器进行脱硫除尘一体化的技术路线。

5. 脱硫脱硝对雾霾的影响机制

2013 年年底我国开始出现历史上最大规模的大气雾霾事件，引起世界关注。国家高度重视，采取了系列铁腕治霾手段，情况虽有所好转，但爆表天数不时出现。因此，要治理雾霾首先要弄清雾霾成因，这决定大气雾霾治理环保标准制定的科学性和可行性，并因此而对国民经济及社会发展产生重大影响。目前雾霾成因研究仍处于探索阶段。

我国雾霾具有全国性、突发性、严重性和反复性四大特征。雾霾成分以硫酸盐、硝酸盐、铵盐以及挥发性有机物（VOC）为主。前三者含量约占 40%~60%。

目前雾霾成因主要观点有三种。综合观点认为雾霾是总体污染物排放超过环境容量叠加气象影响所致；二次反应观点认为大气雾霾中的硫酸根、硝酸根和氨根离子来自大气中超量排放的 SO_2、NO_x、NH_3 在雾滴溶解下生成，以上两种观点理论易于理解，也是目前的主流观点，但以上两种观点难以解释 2013—2014 年雾霾的突发性，也难以解释脱硫、脱硝大规模治理的 2013 年前很多年内雾霾天数很少的事实。第三种观点为湿法脱硫、脱硝直接输入，认为电力行业脱硝和湿法脱硫后烟囱排放的湿烟气逸出的 $PM_{2.5}$ 颗粒成分与雾霾样本成分基本相符，并且也与雾霾大爆发的时间点与电力湿法脱硫强制要求在 2012 年年底前必须全部投运，以及 2013 年年底前电力脱硝改造基本完成的时间节点相吻合。

电力行业湿法脱硫带来全年约 40 亿吨湿烟气直接排入大气，由于高空排放，其携带的 $PM_{2.5}$ 可凝结盐分子直接升入云层。贮存于云层内的雾霾又称云霾。云霾随气象而变，晴天上升，使得低空雾霾、灰霾减轻，阴天沉降，使得低空雾霾、灰霾加重。云霾还具有远距离输送能力，突破了雾霾、灰霾的地域限制。

与一般灰颗粒不同，湿法脱硫带出的盐离子与盐颗粒呈现气溶胶的特性，一旦进入大气，就难以从大气中沉降，直接造成大气中颗粒物趋高的态势。

中国电力湿法脱硫、脱硝工程体量之大，为世界罕见，由此造成的大规模输入性雾霾不得不引起高度关注。成因不同，治理措施完全不同。按照前两种观点，则所有烟气排放设备必须同样对待，同样限排，才能见效；按照第三种观点，则以电力行业湿法脱硫治理为主要目标。

如果湿法脱硫引起雾霾的说法得到进一步证实，则根本性治理措施应为：①动力用煤必须全部经过洗煤处理，这也是西方发达国家的经验；②改湿法脱硫为干法或者半干法脱硫；③综合经济与环保，没有必要把环保标准极限化，采用国际标准即可；④在不能实施前两条措施情况下，烟气冷凝"脱白"成为权宜之计。

（三）超净排放技术

随着国家对铁拳治霾保卫蓝天工作的深入开展以及电站锅炉环保技术的进一步发展。在超低排放成功实施的基础上提出超净排放技术，该技术包含消除有色烟羽、脱硫废水零排放等一系列近零排放的技术集成。

消除有色烟羽主要有直接加热和冷却冷凝后再加热两种方式，目的都是将烟气中的水蒸气从饱和状态变为不饱和状态，使烟囱出口烟气在大气中扩散时不会凝结出水蒸气。烟气加热技术按换热方式分为间接换热与直接换热两大类。间接换热主要技术有管式GGH、回转式GGH、低低温烟气处理系统MGGH、热管换热器、蒸汽换热加热等。其中MGGH是目前最主流的烟气加热技术之一，前景最为广阔。浙江某电厂正是通过安装MGGH提高净烟气的排放温度，减少烟气冷凝结露，提高烟气抬升力，促进烟气扩散，有效地消除了"白烟"现象。直接换热主要技术有热二次风混合加热技术、燃气直接加热技术、热空气混合加热技术等，但运行费用高，案例较少。燃煤电厂目前已有烟气冷凝的主要代表技术有相变凝聚器、冷凝析水器、脱硫零补水系统、烟气余热回收与减排一体化系统等。在烟气中气态水冷凝为液滴过程中，还能够捕捉微细颗粒物、SO_3等多种污染物，实现烟气多污染物联合脱除，冷却冷凝后加热消白需要与湿法脱硫的循环回路进行分离，以防止破坏湿法脱硫的水平衡。

烟气冷凝再热技术是前述两种方式的组合使用，由于单纯加热和冷凝技术都有各自的局限性，将两种技术结合起来，对白色烟羽的治理有着更广的环境温度和湿度的适用范围。上海某装机容量为$2 \times 1000MW$的电厂采用这种技术后，在春、夏、秋三个季节都能对白色烟羽进行很好的治理。而由于冬季环境温度太低，目前还无法实现有效治理。

脱硫废水零排放技术主要有膜法和热法两种技术路线，结合烟道蒸发技术达到近零排放。烟道蒸发技术的蒸发系统相对简单，但对预处理及浓缩系统的要求较高；在蒸发不完全的情况下，会造成烟道内壁沾污、积灰、堵塞和腐蚀；机组低负荷运行时烟温过低，系统无法正常运行，不能实现零排放。旋转雾化蒸发一般不需要加装预处理及浓缩系统，系统将对简单。技术运行稳定，能保证废水完全彻底蒸发，避免对后续烟道、除尘器产生影响。在低负荷时也能实现正常运行，但相比烟道蒸发技术的占地面积较大。

目前，我国脱硫废水零排放技术仍处于广泛研究与初步应用探索阶段，现有零排放技术的投资成本普遍较高且运行费用较大。如何组合现有工艺，组合优化，实现低成本脱硫废水零排放，将是今后脱硫废水零排放研究的重点。

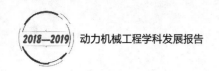

（四）汞及重金属脱除技术

汞及其化合物是环境毒性很强的重金属元素之一，它具有持久性、长距离迁移性和生物富集性。目前国际上已经开始进行脱汞检测与研究工作，我国在新标准中制定了排放指标为 0.03 mg/m³，目前已经在国内多家电厂项目开展了相关在线监测研究。燃煤电站烟气脱汞技术包括活性炭脱汞、飞灰脱汞、钙基吸收剂脱汞和利用现有污染控制设备协同作用联合脱汞等。

美国环保署在 2011 年颁布了汞及空气污染物排放标准（MATS），严格限制汞等污染物的排放[27]。2011 年，我国环境保护部颁布的 GB 13223-2011《火电厂大气污染物排放标准》首次规定了烟气中的汞及其化合物的排放限值为 0.03 mg/m³，同年由国务院正式批复的《重金属污染综合防治"十二五"规划》中，明确提出对重点污染物为 Hg、Cd、Cr、Pb 和类金属 As 等重点区域和重点行业制订严厉的整治措施。

1. 燃煤锅炉脱汞技术

根据燃煤电厂中煤炭的燃烧过程，可将燃煤锅炉脱汞技术分为燃烧前、燃烧中和燃烧后三大类脱汞技术。

（1）燃烧前脱汞技术

洗选煤技术是当前主要煤炭燃烧前脱汞控制技术，按照去除杂质原理不同可以分两种：一种是利用比重不同分离煤炭杂质的淘汰技术、重介质分流技术和旋流器技术；另一种是利用物质表面物化性质不同的浮选煤技术和絮凝技术[28]。

浮选法利用煤中有机物与无机物密度不同、有机亲和性不同的特征，对煤中杂质进行分选。煤炭中的汞主要存在于黄铁矿等无机物中[29, 30]，当向煤粉浆液中加入有机浮选剂进行浮选时，有机物主要成为浮选物，而含有汞与其他重金属的无机矿物质则主要成为浮选废渣。浮选法可以去除原煤中 21%~37% 的汞[31]。

（2）燃烧中脱汞技术

目前，国内外关于燃烧中脱汞的研究较少，主要有以下几种技术：①煤基添加剂技术。添加氯化钙、溴化钙等卤族化合物增加汞氧化效率；②低氮燃烧技术。操作温度较低，增加了烟气中氧化态汞的含量；③炉膛喷射技术。直接向炉膛喷射微量添加剂、氧化剂、催化剂或吸附剂，提高 Hg^0 氧化成 Hg^{2+} 的比例或直接吸附汞；④循环流化床燃烧技术。延长了颗粒物的炉内停留时间，致使细颗粒吸附汞的机会增加；另外炉内温度相对较低，Hg^{2+} 含量相对较高。

（3）燃煤烟气脱汞技术

燃煤电厂燃烧后脱汞技术也称为燃煤烟气脱汞技术，即煤在炉膛或燃烧室进行燃烧后，汞存在与燃烧产生的烟气中，再对含汞的烟气采取脱汞措施，以达到减小燃煤烟气中汞浓度的目的[32]。目前，燃煤电厂主要采用燃煤烟气脱汞技术来控制汞的排放。

燃煤锅炉出口烟气中的元素汞 Hg^0、二价汞 Hg^{2+} 和颗粒态汞 $Hg(p)$ 的性质具有明显差别[33]：Hg^0 非常稳定，具有较高的挥发性，同时水溶性低，不易被除尘或湿法脱硫系统脱除；而 $Hg(p)$ 可附着于飞灰颗粒物表面，易被除尘设备捕集；同时，Hg^{2+} 吸附性强，具有很强的水溶性，遇到颗粒会发生吸附作用而被除尘设备捕集，或者被湿法脱硫浆液吸收。目前燃煤电厂普遍安装了除尘器和湿法脱硫系统，可以对 Hg^{2+} 和 $Hg(p)$ 进行有效脱除，所以燃煤锅炉排放的汞污染物主要是 Hg^0。因此，燃煤烟气脱汞技术的主要研究目标就是采用经济可行的措施使得烟气中的 Hg^0 被有效脱除。

现阶段，已经进行研究的燃煤烟气脱汞技术主要有燃煤电厂常规烟气处理设施脱汞技术、氧化脱汞技术和吸附脱汞技术。

2. 常规烟气处理设施脱汞技术

为满足 GB 13223-2011《火电厂大气污染物排放标准》和《煤电节能减排升级与改造行动计划（2014—2020年）》中的要求，几乎所有燃煤电厂都安装有烟气净化设备，如除尘器、烟气脱硝系统和烟气脱硫系统等，来实现粉尘、NO_x 和 SO_2 的超低排放。由前文可知，除尘器可捕集附着于飞灰颗粒物表面的 $Hg(p)$，烟气脱硫系统可吸收烟气中的 Hg^{2+}。

（1）除尘装置。一般而言，ESP 和布袋除尘器（BF）对 $Hg(p)$ 的脱除能力较强，其中 BF 的脱汞效果优于 ESP。

（2）SCR 脱硝装置。SCR 装置本身对汞脱除作用并不明显，但 SCR 催化剂的催化作用可改变烟气中汞的形态。研究发现，SCR 可促进 Hg^0 向 Hg^{2+} 转化，可根据需要在 SCR 催化剂生产当中添加卤族元素提高 Hg^0 向 Hg^{2+} 转化率。

（3）湿法烟气脱硫系统。WFGD 不仅能够脱除燃煤烟气中的 SO_2，还对燃煤电厂烟气中的 Hg^{2+} 有较高脱除率，可达 80%~95%，但对 Hg^0 的脱除效率很低。

总体而言，燃煤电厂常规烟气处理设施对 Hg^{2+} 和 $Hg(p)$ 有着较好的捕集效果，但对 Hg^0 的脱除能力非常有限，这也导致了常规烟气处理设施对烟气中总汞的脱除具有一定的局限性。

3. 煤中其他重金属的脱除技术

目前应用较多的是燃煤电厂常规烟气处理设施控制重金属的排放。在超低排放机组中，大部分重金属都富集在了除尘器捕集的飞灰当中，其中挥发性较低的 Cd，Cr 和 Pb 大部分被除尘器捕集，脱除效率基本在 80% 以上，脱硫系统对 Cd，Cr 和 Pb 也有较好的脱除能力，极少部分随烟气排出；除尘器对砷的脱除效率在 35%~99% 之间，飞灰中的砷大部分以 As^{5+} 的形式存在，毒性较高的 As^{3+} 大概占飞灰中总砷的 5%~15%；电袋复合除尘器（HPC）能够协同脱除颗粒物上重金属，对 As，Pb，Cr 平均脱除率为 85%[34]；除尘装置（ESP/BF）和湿法脱硫装置对烟气总铅的联合脱除效率能达到 95% 以上[35]。

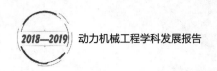

（五）CO_2 捕捉技术

全球气候正在经历以变暖为主要特征的显著变化，并对自然和生态系统产生了一定影响，主要体现在冰川消融加速、主要靠冰雪融化形成的河流径流量增大、海平面升高，海岸带湿地和红树林损失以及南北两极部分生态系统发生变化，甚至出现生态失衡等方面。

2016 年 11 月，《巴黎协定》正式生效，意味着削减温室气体排放、实现 21 世纪末全球气温比工业化前上升不超过 2℃，并向 1.5℃努力的共识正在凝聚。我国将气候变化列为非传统国家安全问题，提出应对气候变化不仅是实施可持续发展战略的内在要求，而且是引领全球生态文明建设的重要抓手。

1. CCS 技术

目前，国际社会应对气候变化、减缓和限制温室气体排放的根本措施大致可分为 3 个方面：调整经济结构向低能耗、低排放的产业转变；调整能源结构，大力发展新能源和可再生能源；加强技术创新，提高能源效率，降低能源需求，以及研发和示范 CO_2 捕捉与封存技术。而中国在面临适应任务艰巨、发展空间受制、减排压力不断增大的严峻挑战下，积极推动温室气体减排与控制技术在生产和生活等领域的全面应用尤为重要。

节能降耗技术的研发，可以适当降低温室气体 CO_2 的排放。但要真正实现无碳 – 低碳化，CO_2 的捕捉与封存技术是必需的。CO_2 的捕捉与封存技术，简称 CCS，是目前国际上的研究热点，初步研究表明，地球上的陆地及海洋下的含水层等地质和油气田等可以储存的 CO_2，可以满足人类社会几百年的需要。在今后几十年的绿色能源和可再生能源尚不能满足人类社会大部分能源需求的时候，CCS 技术的研发与应用将是控制温室气体排放和减缓气候变化的必然选择。

2. 火电厂 CO_2 捕捉利用与封存技术

CO_2 捕捉利用与封存大部分研究主要着眼于电力行业的 CO_2 捕捉利用与封存，涉及捕捉、分离纯化、运输、利用与封存等多个环节。

燃气机组 CO_2 捕捉技术主要有 3 类：燃烧后捕捉，燃烧中捕捉和燃烧前捕捉。CO_2 捕捉主要是将 CO_2 从烟气中分离纯化，一般包括溶剂吸收法、固体吸附分离法、膜分离法和化学吸收分离法等，其中目前比较常用的是化学吸收分离法。

（1）燃烧后 CO_2 捕捉技术

燃烧后捕捉技术即常规燃煤电站加装烟气 CO_2 吸收式捕捉装备，其中烟气 CO_2 吸收式捕捉装备通常采用双塔式结构即吸收塔和再生塔。经脱硫预处理后的烟气由引风机送入吸收塔，吸收塔温度保持在 40℃~60℃，其中 CO_2 被胺溶液吸收。然后烟气进入一个水洗容器以平衡系统中的水分并除去气体中的溶剂液滴与溶剂蒸汽，之后离开吸收塔。吸收了 CO_2 的富溶剂经由热交换器被抽到再生塔的顶端。吸收剂在温度 100℃~140℃和比大气压略高的压力下得到再生。水蒸气经过凝结器返回再生塔，而 CO_2 离开再生塔。再生碱溶剂通过热交换器和冷却器后被抽运回吸收塔。解析出的 CO_2 气体进行贮存。

燃烧后 CO_2 捕捉技术主要用于常规燃煤电站改造。优势在于对电站系统改动小，烟气多级换热，热量综合利用，吸收剂消耗低，设备腐蚀小，胺溶液和水消耗量低。劣势在于捕捉系统复杂，不仅需要设置烟气预处理、尾气洗涤、气液分离等系统，还需要使用抗氧化剂和缓蚀剂，系统投资较大。

（2）富氧燃烧 CO_2 捕捉技术

富氧燃烧是在现有电站锅炉系统基础上，用高纯度的氧代替助燃空气，同时采用烟气循环调节炉膛内的介质流量和传热特性，可获得高达富含 80%~90% 体积浓度的 CO_2 烟气，从而以较小的代价冷凝压缩后实现 CO_2 的永久封存或资源化利用，容易实现大规模化 CO_2 富集和减排，并且由于这种新型燃烧方式与现有电站燃烧方式在技术上具有良好的承接性，也容易被电力行业接受。已有分析表明，和其他碳捕获方式相比，富氧燃烧技术在投资成本、运行成本、CO_2 减排成本、大型化以及与现有技术的兼容度等方面都具有优越性。

在富氧燃烧系统中，由于 CO_2 浓度较高，因此捕捉分离的成本较低，但是供给的富氧成本较高。目前氧气的生产主要通过空气分离方法，包括使用聚合膜、变压吸附和低温蒸馏。

（3）燃烧前 CO_2 捕捉技术

燃烧前 CO_2 捕捉技术主要运用带蒸汽重整的 IGCC 发电系统中，其与常规意义上所说的 IGCC 发电技术有区别。带蒸汽重整的 IGCC，是在常规 IGCC 煤气化反应基础上加入蒸汽重整反应，即在气化炉后建立转化器使合成气中的 CO 转化为 CO_2 和氢气，最后将 CO_2 和 H_2 进行分离，气体压力和 CO_2 浓度都很高，转化后的 CO_2 体积分数可达到 30%~40%，将很容易通过物理吸收的 Selexol 法将 CO_2 从合成气中分离捕捉。剩下的 H_2 可用作燃气联合循环的燃料送入燃气轮机，进行燃气轮机与蒸汽轮机联合循环发电。图 23 示出了 IGCC-CCS 技术示意图。

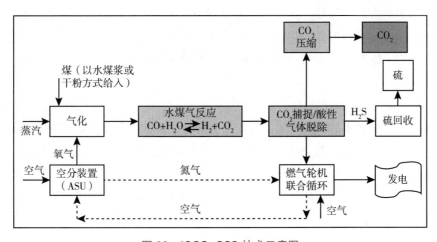

图 23　IGCC-CCS 技术示意图

IGCC 技术是未来煤炭资源综合利用的基础，环保性能良好，是实现未来 CO_2 减排的重要途径，对提高我国能源自给率，能源利用效率以及减少大气污染物排放具有十分重要的战略意义。IGCC 可与煤化工技术耦合，实现电力和化工产品的多种产品输出，通过煤（或石油焦）气化和化工反应一次通过方式实现电力、液体燃料、化工产品、供热、合成气的联产，其核心部分为煤气化技术。随着我国天津临港首台 1×250 MW 的 IGCC 示范工程项目以及大量煤气化项目的实施，必然会带动我国以煤炭为基础的能源、化工行业在 CO_2 减排方面的长足发展。

该技术的捕捉系统小，能耗低，在效率以及对污染物的控制方面有很大的潜力，因此受到广泛关注。然而，IGCC 发电技术仍面临着投资成本太高，可靠性还有待提高等问题。

3. 国内外发展现状与趋势

（1）国外发展现状与趋势

CO_2 捕捉利用和封存（CCUS）可实现化石能源大规模低碳利用，有效降低 CO_2 排放。CO_2 捕捉技术主要有燃烧后捕捉、富氧燃烧、燃烧前捕捉和化工工艺过程中的 CO_2 捕捉，CO_2 利用与封存技术主要有地质利用与封存、化学与生物利用 3 大类 20 多种技术。

1）燃烧后 CO_2 捕捉技术。燃烧后 CO_2 捕捉技术可用于绝大部分燃煤电站。目前加拿大和美国处于大规模示范应用的领导地位。2014 年世界首个燃煤电厂 100 万吨/年 CO_2 捕捉项目——加拿大 SaskPower 公司边界大坝项目正式投运，CO_2 排放由 1100 g/（kW·h）降至 120 g/（kW·h）。2017 年世界最大的燃烧后 CO_2 捕捉工程——美国 Petra Nova 项目正式运行，设计规模 140 万吨/年，再生热耗 2.8 GJ/t CO_2，溶剂损耗速率是传统 MEA 吸收剂的 20%。吸收法面临再生热耗高、溶液消耗大等问题。

2）燃烧前 CO_2 捕捉技术。燃烧前 CO_2 捕捉技术适用于 IGCC 发电，分离过程的能耗较低。2010 年西班牙和荷兰以 IGCC 为基础，建成了捕捉规模为 1 万吨和 3.5 万吨的中试试验系统。美国、欧洲和日本先后提出建立基于 IGCC 的燃烧前捕碳的近零排放电站计划，但都未能实施。另外，国外相似的计划还有澳大利亚的零排放发电（ZeroGen），德国 RWE 公司的 450MW IGCC 以及 CCS 项目，荷兰 Nuon 电厂的二期计划（1200 MW，抽取 2.5% 进行 CCS）；另外，还有力拓公司和 BP 公司联合进行的 "Kwinana" 项目（500MW）等。

3）富氧燃烧 CO_2 捕捉技术。富氧燃烧发展方向主要是降低制氧成本和能耗及对系统的运行示范。该技术已经在美国、加拿大、欧洲、日本、澳大利亚和韩国等国家和地区进行了中试示范研究，这些项目中很多都是利用现有的小型机组进行改造。美国在 JameStone 电厂示范 50 MW 循环流化床的富氧燃烧系统，并于 2013 年放大到 400MW~600 MW。德国从 2006 年 5 月开始动工建造一个 30 MW 的富氧燃烧电站（Pumpe），该项目在 2009 年开始运行。澳大利亚正在开展 Callide 项目，该项目与日本等国家进行合作，对一个 60 年代建造的 4 台 30 MW 的电站进行改造，每天回收 75 t 的 CO_2。Total 公司在法国

Lacq 电厂完成一个 30 MW 的项目，并已于 2009 年开始示范运行。三井巴布公司建设一个 40MW 的富氧燃烧项目，于 2009 年示范运行。

（2）国内发展现状与差距

我国 CCUS 技术起步于 2005 年，在 973 计划、863 计划、支撑计划、重点研发计划的部署以及相关国际科技合作项目支持下，国内有关高等院校、科研院所和企业围绕 CCUS 开展了基础理论研究、关键技术研发与中试示范项目建设，在 CCUS 各技术环节均取得了显著进展，已开发出多种具有自主知识产权的 CO_2 捕捉技术，并具备了大规模捕捉、管道输送和利用封存系统的设计能力。

1）燃烧后捕捉技术。我国最大的燃烧后 CO_2 捕捉装置规模为 12 万吨 / 年，再生热耗 2.8 GJ/tCO_2，溶剂损耗速率是传统 MEA 吸收剂的 30%。目前，我国尚无百万吨级 CO_2 捕捉示范工程，大规模系统集成改造缺乏工程经验。我国最大的燃烧前 CO_2 捕捉装置规模达到 9.6 万吨 / 年，单位能耗 2.2 GJ/tCO_2，捕捉后 CO_2 干基浓度 98.1%，CO_2 回收率 91.6%，但下游配套工艺中存在富氢气体的燃烧发电问题，需进一步突破富氢燃机或燃料电池等新型发电技术。国内吸附法处于千吨级中试示范阶段，CO_2 捕捉率 80%、浓度 90%。膜法尚无中试验证、CO_2 捕捉率及浓度的报道。

2）燃烧前 CO_2 捕捉技术。中国绿色煤电计划是由我国 8 家电力、煤炭和投资公司联合开展的基于 IGCC 的近零排放发电计划。绿色煤电计划主要涉及以下关键技术：大型高效煤气化技术、煤气净化技术、氢燃气轮机发电技术、燃料电池发电技术、膜分离技术、CO_2 储存技术、系统集成技术。绿色煤电计划分为 3 个阶段，项目第一期 250MW IGCC 项目落户天津滨海新区，2015 年完成试运行。

3）富氧燃烧 CO_2 捕捉技术。国内煤粉富氧燃烧技术已完成实验室研究，建成并投运了 3 MW$_{th}$ 全流程试验平台，并于 2015 年在湖北应城建成了 35 MW$_{th}$ 富氧燃烧工业级示范工程，干烟气 CO_2 浓度可稳定在 80% 以上，实现了高浓度 CO_2 的捕捉，完成了 200 MWe 等级示范电站的概念设计。国内已建成 1 MW$_{th}$ 全流程循环流化床富氧燃烧中试实验平台，可实现 50% 氧气浓度的连续稳定运行。

4. 碳捕捉技术在我国的发展前景

我国是世界上最大的碳排放国，煤炭利用所产生的 CO_2 排放占工业碳排放总量的 80% 左右。中国作为负责任的发展中大国，已对世界承诺 CO_2 排放 2030 年左右达到峰值并争取早日实现。

根据国际能源署的能源情景分析，要实现到 2050 年温度升高不超过 2℃ 的控制目标，CCS 对全球 CO_2 减排量的贡献度将达到 17%，并预计到 2020 年、2030 年和 2050 年 CCS 实现的减排量将分别达到 5000 万吨、20 亿吨和 80 亿吨。据中国第三次气候变化评估报告的测算，到 2030 年，我国 CCUS 减排量将达到 2 亿吨 ~8.8 亿吨，工业产值将达到 1200 亿。目前 CO_2 捕捉技术成本和能耗高，CO_2 捕捉、运输网络、封存和利用关键成套技术尚不成熟，对 CO_2 减排的贡献率很小。国家为保障经济发展，必然有较大的碳排放强度。随着中国政府积极履行《巴黎气候协议》，推进"一带一路"国家发展战略，加之我国在 2017 年实施碳交易和碳配额制度，急需围绕 CO_2 峰值目标提供商业化 CCUS 技术支撑，尽早实现碳排放封顶，到 2030 年实现 CCUS 技术在国内外形成快速 CO_2 减排力量。

（六）烟气污染物协同脱除技术

在超低排放要求提出之前，电厂通常在实施单一污染物的控制策略，先后开发了一系列较成熟的除尘、脱硫和脱硝等单独脱除技术。但是采用大气污染物单独脱除技术，没有考虑到烟气中多种大气污染物之间相互关联、相互影响的因素。忽略了各种单独脱除技术除了能够有效脱除主要的对象污染物之外，还可能具备对其他类型污染物脱除做出贡献的潜力。各个污染物脱除设备之间的不利因素没有得到克服，有利因素没有得到充分利用，技术经济性无法得到最大程度的优化。

烟气协同脱除技术是指在同一设备内实现 2 种或以上的污染物的同时脱除，或为下一流程设备的污染物脱除创造有利条件，以及某种烟气污染物在多个设备间高效联合脱除的技术。烟气协同治理技术的最大优势在于强调设备间的协同效应，在满足烟气污染物治理的同时，实现经济优化及稳定运行。图 24 示出了烟气污染物协同脱除超低排放技术路线。

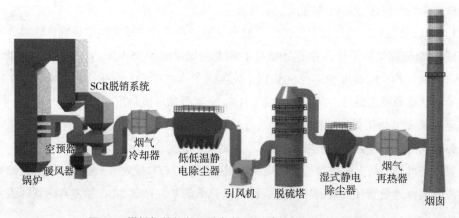

图 24　煤粉锅炉烟气污染物协同脱除超低排放技术路线

烟气污染物协同脱除超低排放技术的核心有低氮燃烧，脱硝，低低温电除尘，高效除尘的湿法脱硫，湿式电除尘器等技术。各烟气控制设备对于污染物的协同脱除作用如表 18 所示。

表 18　烟气控制设备对污染物的协同脱除作用

	超低氮燃烧	脱硝		烟冷器 FGC	干式低低温电除尘 ESP	湿法脱硫 FGD	湿式电除尘 WESP
		SNCR	SCR				
氮氧化物	√	√	√	×	×	○	×
二氧化硫	×	×	○	○	×	√	×
三氧化硫	×	×	○	○	√	√	√
烟尘	×	×	×	○	√	√	√
汞及其化合物	×	×	○	○	√	○	○

注：√ – 直接脱出　　○ – 协同作用　　× – 基本无作用或无作用

目前研究结果表明，脱硝、除尘和脱硫设施在脱除其自身污染物的同时，对其他污染物以及汞等重金属均有一定的协同脱除作用。结合现有脱硝、除尘和脱硫设施，进行 PM、Hg 等污染物脱除功能拓展和效能提升，无须增加太多设备，即可实现多污染物协同控制且项目投资规模相对较小。

1. 脱硝技术

脱硝催化剂在烟气 Hg 的协同脱除中可以发挥更大的作用，目前催化剂生产厂家对于脱硝催化剂对 Hg 的脱除效果缺乏专门研究。需研发一种在进一步提高脱硝效率的同时，对单质 Hg 的氧化性能更高的新型催化剂。

2. 烟气冷却器

烟气冷却器（FGC）的技术核心是将燃煤机组排烟温度降低到硫酸露点温度以下，即从 120℃以上降到 90℃，甚至更低，深度回收烟气余热，并在烟气深度冷却的过程实现烟气中 SO_3 和飞灰的气液固三相凝并吸收从而脱除 SO_3，协同脱除污染物，并有效防止低温腐蚀的发生。

3. 低低温电除尘器

低低温 ESP 可降低粉尘比电阻，具有避免反电晕现象，提高除尘效率，对煤种适应性好，可同时实现 PM、SO_3 和汞等协同脱除。

低低温 ESP 入口烟气温度应低于烟气酸露点温度，一般为 90℃ ±1℃。烟气中大部分 SO_3 冷凝并粘附在粉尘表面，粉尘的性质发生了很大变化，比电阻大幅下降。另外，由于烟气温度降低，烟气量下降，电厂内流速降低，增加了停留时间和比集尘面积，并且电厂击穿电压升高，除尘效率大幅提升。低低温 ESP 能实现有效的节能运行。在使用同类型电源，达到相同除尘效率情况下，与常规电除尘器比较，低低温 ESP 节省电耗 25%。

4. 高效除尘的湿法脱硫装置

高效除尘的 WFGD 的主要功能是实现 SO_2 的高效脱除，同时实现烟尘、SO_3、汞的协同脱除。通过优化设计脱硫塔，采用合适的烟气均布措施（如托盘等烟气分布装置，并辅以 CFD 数值模拟，必要时采用物理模型予以验证），保证吸收塔塔内烟气分布均匀度。同时，采取减小吸收塔周边烟气高速偏流效应的措施（性能增效环或加密喷淋密度）。在保证脱硫效果的同时，烟气治理系统的除尘效率可大幅度提高，并脱除烟气中剩余的 SO_3 和 Hg^{2+}。

5. 湿式电除尘器

WESP 是实现烟气污染物包括烟尘、SO_3 等的精细化处理装置。国外测试表明：WESP 对 $PM_{2.5}$ 去除效率可高于 90%，粉尘排放浓度低于 $5mg/m^3$，酸雾去除率超过 95%，烟气浊度降低到 10%，甚至达到接近零浊度排放。

国外 WESP 主要有 MHI、Hatachi、B&W 等，应用于日本中部电力碧南电厂 $3 \times 700MW$ 机组和日立公司 $2 \times 1000MW$ 机组，采用 SCR+ESP+FGD+WESP 技术方案，排放浓度长期稳定在 $2mg/m^3 \sim 5mg/m^3$，远低于日本国家标准限值，同时高效脱除烟气中微细烟尘和石膏微液滴。

我国对 WESP 的研究工作起步虽晚，因 $PM_{2.5}$ 污染治理急需使该技术发展较快，国内各环保企业采用引进技术和自主研发，取得显著成果。如江苏龙源引进日立、菲达引进三菱的卧式布置、金属板式集尘极技术，系统需要设置碱洗系统；神华山大能源环境自主研发卧式布置、非金属柔性材料板式集尘极技术和东锅自主研发立式布置、导电玻璃钢或 PP 材料管式湿式静电除尘技术，系统均不需要碱洗系统。采用 WESP 技术可实现最终烟尘排放含量 $<5mg/m^3$，甚至达到 $1mg/m^3$，WESP 技术对我国烟气污染物烟尘治理具有重要意义。

六、锅炉技术的发展前景

（一）概述

根据当前国内外锅炉技术的发展趋势，结合"十二五""十三五"期间的研究成果，今后锅炉技术研究与开发总体规划包括：研发更高蒸汽参数超超临界锅炉，开发新型耐热材料、强化加工制造技术、突破 700℃超超临界一次/二次再热燃煤发电的关键技术，进一步降低煤耗；研发高效清洁燃烧技术，推进富氧燃烧、低氮燃烧和催化燃烧等先进燃烧技术的大范围应用，减少污染物排放；研发 S–CO_2 锅炉，制造样机进行实验，解决 S–CO_2 锅炉燃烧技术存在的问题，为以后 S–CO_2 锅炉的商业化运行及大规模使用提供经验；发展多能互补技术，按能源品位高低综合互补利用，实现多能协同供应和能源综合梯级利用；探索和建设智慧电厂，以新型传感、大数据、人工智能和虚拟现实为技术支撑，实现对于锅炉以及电厂其他设备的远程监控、管理和诊断，实现管网优化，提升国内电厂综合管理水平。

（二）更高参数超超临界锅炉技术

随着全球温室效应的日益加剧以及煤炭等化石燃料的日渐紧缺，如何进一步提高燃煤电站效率和减少 CO_2 排放成为全社会越来越关注且亟待解决的问题。提高机组参数是燃煤电站增效减排的重要途径，也是燃煤发电技术创新和产业升级换代的主要方向。

700℃超超临界燃煤发电技术能够大幅提高机组的发电效率，大幅降低污染物及 CO_2 等温室气体的排放。目前，美国、日本、欧洲等国家和地区已开展了该领域的研究和示范工程计划工作。在我国，煤炭仍然是能源结构的基础，在未来一段时间内仍将以燃煤发电为主，因而在我国发展 700℃超超临界燃煤发电技术具有更为重要的战略意义。

从目前到 2030 年是我国超超临界技术赶超国际先进水平的重要时期。到 2030 年，超超临界发电技术有望实现两个目标，一是为建设 A–USC700℃蒸汽参数的超超临界燃煤发电机组的示范工程进一步夯实基础。这就需要完善总体设计方案，密切关注验证平台运行的情况，获取相关数据；完成高温大型锻件、铸件加工制造技术的研究；加强蒸汽轮机高中压转子、汽缸、阀壳、高温叶片、紧固件、阀芯耐磨件等关键部件加工制造技术以及大口径高温管道及管件的设计、制造技术的研究。二是完成大容量高参数超超临界二次再热机组的工程示范。国家 630℃二次再热创新示范项目大唐郓城 1000MW 二次再热机组，其锅炉设计参数主蒸汽参数 35MPa/620℃ /633℃ /633℃，未来将继续提高参数并与二次再热结合，进一步降低煤耗。后续可依托该示范工程对此类技术进行优化和推广。

（三）高效清洁燃烧技术

燃烧是当今世界能源利用的主要形式，随着科学技术水平的普遍提高以及人们对环境保护意识的日益增强，近年来在燃烧过程的基础理论、数值模拟计算、高效燃烧以及燃烧污染物防治等燃烧领域的新成果、新技术不断涌现并广泛应用。对于锅炉高效清洁燃烧技术的发展前景，应以近年来燃烧领域的新成果、新技术为基础，在以下几个方面进行研究以及技术开发，进一步提高燃烧过程的效率以及控制燃烧过程中污染物的生成和排放。

1. 先进富氧燃烧技术

（1）大型富氧燃烧系统流程优化

神华集团国华电力公司已经对 200MW 等级富氧燃烧项目可行性研究进行立项，并由华中科技大学、东锅、西南电力设计院等单位联合开展前期研究。此外，中国大唐新华电厂和山西国际电力也分别与 Alstom、B&W 公司合作进行了 350MW 等级富氧燃烧电站的可行性研究工作。

（2）增压富氧燃烧

欧洲核能机构（ENEA）、意大利电力公司（ENEL）和麻省理工学院（MIT）合作开发 ENEL 增压富氧燃烧系统。系统包含空分单元、加压煤粉燃烧器、蒸汽发生装置、电力

岛和 CO_2 压缩纯化单元。多次在 5MW 规模实验装置上进行 0.4MPa 工作压力下的相关试验。

华盛顿大学圣路易斯分校（WUSTL）和美国电力研究院（EPRI）提出了一种独特的增压富氧燃烧技术，即分级增压富氧燃烧技术，旨在通过减少甚至避免烟气循环来进一步提高系统效率。研究发现，采用分级增压富氧燃烧技术系统净效率提高 6%。

（3）Oxy-steam 燃烧技术

为了研究氢氧燃烧技术可行性及减小设备尺寸和降低设备费用，加拿大能源技术中心（CANMET）提出了基于氧燃料燃烧近零排放系统，在系统中采用 Oxy-steam 燃烧方式，即采用水蒸气或者水来中和纯氧燃烧产生高温的新一代燃料燃烧方式，该系统不实施烟气再循环。他们设计了 $0.3MW_t$ 的 Oxy-steam 燃烧器，通过模拟和实验研究发现，Oxy-steam 燃烧方式下燃烧器出口处 CO_2 浓度在 90% 以上，H_2O 浓度接近 60%，CO 排放浓度低，NO_x 和 SO_x 排放浓度也比较低。研究者通过对 Oxy-steam 燃烧方式及 O_2/CO_2 燃烧方式进行了对比分析，发现从捕获 CO_2 系统层面上，Oxy-steam 燃烧具有以下优势：没有烟气循环且输送气体质量比 O_2/CO_2 输送气体的质量流降低了近 3 倍；水蒸气除了有较高的辐射特性外，其化学影响对燃烧有着很积极的影响；可以在近化学当量比条件下完全燃烧，烟气中 CO 含量极低，飞灰可燃物含量也很低，过氧量很低。由此可见，Oxy-steam 燃烧技术是一种新型的具有很大潜力的富氧燃烧技术。目前，国内关于 Oxy-steam 燃烧技术的研究十分有限，华中科技大学、哈尔滨工业大学等高等院校针对该新型燃烧方式下煤粉燃烧特性、NO 生成特性及系统经济性开展了相关研究。

2. 先进燃烧技术的发展前景

对于大型电站锅炉，目前大多数锅炉在燃烧效率方面已近于完善，在高效燃烧方面应着眼于节能降耗，通过对燃烧系统的优化，特别是对煤粉制备系统的优化，降低磨煤电耗、提高煤粉的均匀性系数、减少煤粉以及空气偏差等措施，达到节能降耗的目标。

对于工业锅炉以及工业窑炉，目前 35 t/h 以下的燃煤工业锅炉已被列入国家限制生产的产品系列，部分已被燃气锅炉所替代，对于正在运行或短时间内不能替代的大型燃煤工业锅炉，可研究推广采用基于低氮燃烧的超低排放技术改造或利用煤粉高效燃烧技术或新一代低氮燃烧的循环流化床燃烧技术替代以往的层状燃烧技术以提高锅炉的燃烧效率。

对于燃烧过程中生成的氮氧化物及其防治，应在近年来的新成果、新技术的基础进一步研究开发；低 NO_x 燃烧技术主要包括降低火焰温度、烟气再循环、空气分级燃烧、燃料再燃技术、低 NO_x 燃烧器等多个方面，目前在降低火焰温度、空气分级燃烧、低 NO_x 燃烧器等技术方面已比较成功。在燃煤技术上，现在应着眼于燃料再燃技术等进一步进行研究开发，特别是采用超细煤粉作为再燃燃料，可考虑开发独立的超细煤粉制备系统。在油气燃烧工业锅炉技术上，我国大多采用外置烟气再循环改造技术实现超低氮氧化物排放，也有很多成功的技术经验。而韩国水国燃气燃烧器还研制开发了无须烟气再循环技术就能实现超低氮氧化物 30 mg/m³ 的燃气和空气双引射内置烟气再循环技术，大大减少了外置烟气再循环所带来的热效率降低和冷凝水腐蚀风险。

在研究燃烧过程中有害重金属、硫酸、氯化氢、氟化物等其他污染物的生成机理及其防治措施方面，重点研究通过燃烧工况的变化抑制各污染物生成的技术方法，以及研究在燃烧过程中喷入吸附剂消除各污染物的技术措施等。

在研究催化燃烧在锅炉技术上的应用前景方面，催化燃烧是指燃料在催化剂的作用下可在低温下进行完全燃烧的新型燃烧方式，其主要特点是在低温无焰下的完全燃烧，燃烧效率高，且基本上不造成二次污染。同时其燃烧过程中适用的氧浓度范围大，可采用低的过量空气系数燃烧，减少过量的排烟热损失。

（四）S-CO_2 锅炉技术

不断提高发电机组效率是电力行业研究的永恒主题和目标。发电效率提高一方面有利于减少能源的消耗，另一方面减少污染物的排放。超超临界燃煤发电效率已达 47.8%，进一步提高效率受到耐高温高压材料限制。另外，随着新能源发电比例的提高及并网需求，需要燃煤发电具有深度调峰能力。S-CO_2 燃煤发电技术，就是在这个社会背景与时代需求下发展起来的。采用高效的 S-CO_2 布雷顿循环，吸收燃煤化学能，实现高效热功转换，相同温压条件下比水蒸气机组发电效率提高 2%~4%。CO_2 化学性质不活泼，可降低发电机组对材料的苛刻要求，使进一步提高 CO_2 工质温压参数和发电效率成为可能。该发电系统运行在超临界压力，CO_2 通流能力大，成倍减小发电系统尺寸，是能源领域变革性技术。目前，S-CO_2 布雷顿循环系统被普遍认为是极具潜力的新概念先进动力系统，这主要是由于 S-CO_2 具有能量密度大、传热效率高等特点，S-CO_2 布雷顿循环高效发电系统可以在620℃温度范围内达到常规蒸汽朗肯循环700℃的效率，可以避开新型高温合金材料的技术瓶颈和成本制约，且设备尺寸小于同参数的蒸汽机组，经济性非常好。S-CO_2 布雷顿循环系统不仅可以用于光热、核能，还可以很好地被利用在火力发电方向，在我国有着很好的发展前景。

S-CO_2 锅炉燃烧技术涉及的关键科学问题为 S-CO_2 锅炉锅侧与炉侧的热流协调控制策略与方法及该策略下的煤粉燃烧理论；锅炉源头上实现可用能损失最小化的原理和方法，创新炉型设计。

由于 S-CO_2 工质入口温度较相同温压下的常规蒸汽锅炉升高 100℃~200℃，冷却壁温升高，S-CO_2 工质对流换热系数降低约 50%，常规蒸汽锅炉炉型不适用于 S-CO_2 煤粉锅炉，华中科技大学发明了多项 S-CO_2 煤粉创新炉型，实现防高温腐蚀、防结焦结渣、均匀炉膛热负荷、防冷却壁超温等创新构型，解决了大容量、低对流换热系数 S-CO_2 煤粉锅炉炉侧与锅侧高效耦合的关键性难题[36]。

由于循环流化床燃烧温度较低，约900℃，主体温度分布均匀，炉内无燃烧器，工质全程无相变，受热面可灵活布置等特点，S-CO_2 循环流化床技术也备受国内外关注[37]。

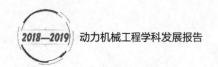

1. 我国的发展现状

与国外研究基本同步，清华大学、中国科学院工程热物理研究所、西安热工院、西安交通大学、中国核动力研究院、哈尔滨工业大学等单位相继开展了 $S\text{-}CO_2$ 循环应用在化石能源、核能、太阳能及船用动力等方面的研究，在循环构建 $S\text{-}CO_2$ 流动传热机理、$S\text{-}CO_2$ 叶轮机械设计方法等方向上的部分成果达到了国际先进水平。西安热工院正在建设 5MWe 等级的 $S\text{-}CO_2$ 循环整体发电试验平台，其参数和功率等级处于国际领先水平。

东南大学创新建立基于循环流化床构架及温区分布的"内外分流 + 外置调节" $S\text{-}CO_2$ 动力循环，在锅炉主体部分采用"内外分流"的动力循环布置方案，提出了多腔室并行 $S\text{-}CO_2$ 循环流化床构型方案和单环形紧凑一体化布置方案。

清华大学开展了以下相关研究内容：①高精度的流体热力学及输运物性测试方法和技术；② $S\text{-}CO_2$ 循环特性及在先进核能系统中应用。测量了多种有重要应用前景、数据稀缺的新型工质关键热物性，发展了普适性的跨接状态方程，提出了应用于核能的再压缩 $S\text{-}CO_2$ 循环。

中科院工程热物理研究所集中力量开展 $S\text{-}CO_2$ 透平发电关键技术和实验机组的研发，自开展实验研究以来，一直把压缩机和透平研发和实验条件建设当作重中之重。压缩机是 $S\text{-}CO_2$ 发电系统的"心脏"，由于 $S\text{-}CO_2$ 工质的物性独特，在临界点附近变化剧烈，导致传统透平设计理论的适用性存在疑问，与压缩机相关的高速转子、高压密封、轴承等成套技术也需要测试验证。国内众多单位开展了比较广泛的 $S\text{-}CO_2$ 压缩机设计理论和计算机仿真研究，但因为没有合适的实验平台，一直无法进行实验验证，大大限制了我国 $S\text{-}CO_2$ 压缩机研发的进度。$S\text{-}CO_2$ 压缩机实验台，特别是 MW 级以上的大型实验台，由于涉及高压设备、特殊气体和闭式循环操作，其设计建造和运行是一项富有挑战性的工作。实验平台用于测试 $S\text{-}CO_2$ 压缩机工作性能和开展 $S\text{-}CO_2$ 流体压缩特性相关基础实验的通用平台，还可以用于开展高速转子测试、轴承测试和密封测试等实验。该平台可调制 7MPa~9MPa/0℃~35℃的亚临界或 $S\text{-}CO_2$，压缩机出口压力可以达到 20MPa 以上；转子转速最高可达 40000r/min 以上，流量最大达到 30kg/s；可进行百 kW 到 MW 级 $S\text{-}CO_2$ 压缩机的精密连续测试，是目前我国唯一的 MW 级 $S\text{-}CO_2$ 压缩机实验平台，也是世界上规模最大等级最高的同类实验平台。

西安热工院联合哈电锅炉开展了以下相关研究内容：①燃煤超临界循环高效发电系统和关键部件设计基础及示范平台建设；② $S\text{-}CO_2$ 紧凑式回热器内流动传热基础研究；③ $S\text{-}CO_2$ 锅炉设计基础研究。提出了 300/600/1000MWe 燃煤 $S\text{-}CO_2$ 循环发电系统的初步设计方案，获得了发明专利，提出了新的 $S\text{-}CO_2$ 热工水力模型，完成了 $S\text{-}CO_2$ 回热器的初步设计，提出了适用于燃煤燃料的 $S\text{-}CO_2$ 锅炉的初步设计方案。同时，西安热工院正在建设 5MW 级 $S\text{-}CO_2$ 燃气发电实验平台。

华中科技大学煤燃烧国家重点实验室建成了首个最高参数达 30MPa/450℃的 $0.2MW_{th}$

级 S-CO$_2$ 燃煤发电实验平台。

西安交通大学开展了以下相关研究内容：①用于核反应堆的 S-CO$_2$ 小型模块式循环系统；②小型径流式 S-CO$_2$ 压缩机和透平气动特性研究；③CO$_2$ 离心压缩机关键共性技术研究。完成用于新型核反应堆的 1MWe 小型 S-CO$_2$ 循环发电系统概念设计，建立了小型径流式 S-CO$_2$ 透平和压缩机基础气动特性试验平台，建立了离心压缩机气动设计优化平台，研制的二氧化碳离心压缩机，总体气动性能优于国际先进水平。

哈尔滨工业大学开展了以下研究内容：①煤粉高效清洁燃烧理论和技术研究（包括煤粉高效清洁燃烧理论、系列低 NO$_x$ 燃烧技术等）；②基于光谱学理论的炉内辐射换热理论研究；③透平设计基础研究（包括三维气动设计技术、冷却技术以及动力系统控制的研究等）。

经检索国内 S-CO$_2$ 应用于发电领域的专利共 92 项，其中发明专利 61 项，实用新型 31 项，大多数发明专利处于在审阶段。从申请单位及数量上看，西安热工院申请发明专利 24 项，实用新型 16 项，西安交通大学申请发明专利 7 项，中国核动力研究设计院申请发明专利 5 项、实用新型 5 项，华中科技大学申请发明专利 2 项。从应用领域上看，以下专利和 S-CO$_2$ 锅炉接近，包括西安热工院申请的"一种无辐射受热面的 S-CO$_2$ 锅炉""一种中间预热的煤基 S-CO$_2$ 布雷顿循环发电系统""一种防止管壁超温的 S-CO$_2$ 锅炉受热面布置方式"，西安交通大学申请的"一种风能、燃气及 S-CO$_2$ 能源梯级利用联合发电系统""一种利用太阳能的燃气 -S-CO$_2$ 联合动力发电系统""一种地热、燃气以及 S-CO$_2$ 联合发电系统"，华中科技大学"一种 S-CO$_2$ 二次再热燃煤发电锅炉系统"。

总体来说，国内电力系统目前对 S-CO$_2$ 循环技术的认识还处于初级层面，对该系统进行研发和示范的机构也很少。

2. 国内外发展比较

国内外各大企业、高等院校和研究机构都十分重视 S-CO$_2$ 发电项目的大型化。目前 MW 级 S-CO$_2$ 锅炉以及透平、压缩机等均已有示范工程，为 MW 级 S-CO$_2$ 燃煤发电系统的建立起到推进作用。

在早期核能和太阳能 S-CO$_2$ 循环研究的带动下，近年来，化石能源 S-CO$_2$ 循环的研究也呈指数增长。美国能源部（DOE）2014 年起实施了化石燃料 S-CO$_2$ 循环发电研究计划，目标是 S-CO$_2$ 循环比高参数水工质朗肯循环效率高 5% 以上。在美国能源部的整体协调下，美国国家能源技术实验室、Sandia 国家实验室、电力研究院、西南研究院、威斯康星大学、麻省理工学院、NET Power 公司和 GE 公司等主要研究单位已投入了超过 2 亿美元，开展了一系列研究项目。其中 Sandia 国家实验室建设有国际上首台 S-CO$_2$ 再压缩循环试验平台。欧洲和日韩也在加紧研究。法国电力公司开展了大型燃煤 S-CO$_2$ 循环机组研究，东京工业大学和韩国原子能科学院等对 S-CO$_2$ 循环应用在核能领域进行了大量的研究。

目前，美国、英国、德国、日本、韩国、西班牙等国家都开展了 S-CO$_2$ 发电技术的研究，部分国家已经开展了样机制造和试验。国内电力系统目前对 S–CO_2 循环技术的认识还处于初级的层面，对该系统进行研发和示范的机构也少之又少，光热发电行业和电力行业应重视 S–CO_2 循环发电技术的研发和应用，这是一种可能带来发电系统变革的技术。S–CO_2 布雷顿循环由于效率高、系统体积小、噪声低等优点，在核反应堆、太阳能发电、工业废热发电、舰船推进系统等方面具有相当可观的应用前景。

S–CO_2 布雷顿循环发电技术是目前最前沿的光热发电技术之一，2018 年 5 月，中国电机工程学会发布了《能源动力领域十项重大工程技术难题》，S–CO_2 太阳能热发电技术被列为其中之一。2018 年 8 月，北京首航节能与法国电力在北京举行了关于 S–CO_2 循环光热发电技术研发项目的启动仪式。这是光热发电领域的一次国际合作，双方将凭借各自在光热领域的技术积累，共同开发高效率的光热发电技术，旨在降低光热发电成本，也是应对世界气候环境变化做出的重要贡献。

西南研究院（SWRI）、气体技术研究所（GTI）、通用电气（GE）S–CO_2 和美国能源部 NETL 于 2018 年 10 月 15 日共同庆祝美国能源部超临界转化电力项目（STEP 项目）动工建设。这个耗资 1.19 亿美元的 10MW S–CO_2 装置将展示下一代高效、低成本的电力技术，计划 2020 年完工。SWRI 已经在美国能源部开展了 20 多个相关项目，包括开发高效的 S–CO_2 能源循环技术。GTI 和 GE 也在 S–CO_2 技术方面积累了丰富的经验，是 STEP 项目里程碑式的示范。

美国 Sandia 国家实验室（SNL）、可再生能源研究实验室（NREL）、电力研究院（EPRI）、威斯康星大学等八家研究机构的联合体开展了用于光热、核电的闭式循环系统研究、压缩机和回热器等关键部件静态、动态特性、控制方法及运行试验研究，并已经建成 240 kWe 级 S–CO_2 再压缩闭式试验系统，为国际上首个完整的循环回路实验台，同时建立了系统及关键部件静态、动态模型，完成了部分运行试验。

法国电力公司（EDF）开展了燃煤 S–CO_2 循环发电系统概念设计及系统静、动态特性及控制方法研究，计划在西安热工院 2017 年建成的 5MWe 试验装置上验证。其提出带二次再热的燃煤 S–CO_2 发电系统概念设计，设计发电效率 >50%，并初步完成 S–CO_2 循环静态及动态特性计算平台的搭建。2013 年，法国电力公司设计了 1000MW 级 S–CO_2 燃煤发电热力系统，最高循环参数为 32MPa/620℃/620℃/620℃，为保证 S–CO_2 锅炉安全运行，锅炉热力系统选择了两次分流技术。

美国威斯康星大学和英国 Heatric 公司开展了 S–CO_2 循环及回热系统能量与效率研究和 S–CO_2 流动传热基础及紧凑式回热器设计方法研究，提出新的回热器概念设计方法和新的 S–CO_2 流动传热计算模型，S–CO_2 紧凑式回热器设计方案选用 Heatric 公司产品。

从总体上看，对于煤基 S–CO_2 循环的研究，国内外仍处于起步阶段。可以预见，通过整合国内优势研究团队，针对高效燃煤发电的重大需求，抓住关键的技术发展机遇，将有望获得基于 S–CO_2 循环的新型高效发电系统的原理和方法，实现跨越式发展，满足国家中远期的发电技术战略需求，为化石燃料发电技术的进步做出重大贡献。

3. 我国发展趋势与对策

$S-CO_2$ 发电是国际公认的具有革命性颠覆性的新一代发电技术，近年来受到科技界和高端装备制造产业的普遍重视，国内外诸多企业、高等院校和科研院所正积极开展或及早布局有关研究。$S-CO_2$ 透平机是目前国内外都在竞相研发的新型动力装置，相比于传统的蒸汽透平具有热源多样、功率密度高、体积小、热效率高和清洁环保等优点，在核电、太阳热发电和火电等许多领域都有广阔应用前景，被认为是具有革命性、颠覆性的国际前沿技术。

中国科学院工程热物理研究所新工质发电团队于 2018 年 9 月 29 日完成了我国首座大型 $S-CO_2$ 压缩机实验平台的建设工作，已于 9 月 21 日召开了竣工总结会，目前已完成设备调试，正在开展压缩机测试前的准备工作。

中国华北电力大学教授徐进良也曾提出超高参数二氧化碳燃煤发电的概念，他认为可以通过 $S-CO_2$ 布雷顿循环及可能的复合循环，吸收燃煤化学能，产生高温高压二氧化碳蒸汽，实现高效热功转换。与蒸汽朗肯循环相比，$S-CO_2$ 布雷顿循环的一大技术特点就是回热量非常大。以目前比较先进的 600℃ 等级含分流再压缩的 $S-CO_2$ 布雷顿循环发电系统为例，整个循环系统的回热量约为锅炉吸热总量的 2~3 倍。高回热量提高了循环的平均吸热温度，进而提高了循环的效率。

但是高回热量带来的技术挑战之一是锅炉入口温度很高，且锅炉内所有工质均工作于温度远高于大比热区的区域，换热能力较差，锅炉受热面易于超温。以 600℃ 等级的 $S-CO_2$ 锅炉为例：若二氧化碳锅炉仍采用传统超临界蒸汽锅炉的结构型式，则水冷壁入口温度约为 500℃ ~530℃，比同参数的蒸汽锅炉高 150℃ 左右；该参数下，二氧化碳锅炉水冷壁内二氧化碳处于温度远高于大比热区的区域，而蒸汽锅炉水冷壁内水则处于大比热区及其附近区域，后者工质侧对流换热系数约为前者工质侧对流换热系数的 3~5 倍，差异非常大。$S-CO_2$ 锅炉入口工质温度高，水冷壁内工质换热能力差，这给 $S-CO_2$ 锅炉的设计带来了很大的挑战，同时也意味着传统结构的超临界蒸汽锅炉的布置型式不适用于 $S-CO_2$ 锅炉。

因此对于 $S-CO_2$ 锅炉的设计需掌握以下关键技术：① $S-CO_2$ 在近临界点和高温高压区域的流动传热特性；② 大流量小温升锅炉各级受热面设计方法；③ 降低锅炉排烟温度与回热系统耦合设计技术；④ $S-CO_2$ 发电系统材料抗腐蚀特性及评价选型。

$S-CO_2$ 流动传热问题可利用我国对于超临界水换热特性的研究经验及研究方法，搭建 $S-CO_2$ 换热研究试验平台，利用锅炉气冷壁单根管子进行试验研究，得到 $S-CO_2$ 高温高压下流动传热的试验数据，包括不同管径、不同质量流速、不同热负荷下的壁温及流动阻力等。利用单管换热试验结果可开发应用于 $S-CO_2$ 锅炉的热力计算和水动力计算软件，从而指导 $S-CO_2$ 锅炉各级受热面的设计，同时可设计制造小比例的锅炉样机，借助国内研究试验平台，进一步获得更为详细的试验数据，逐步完善设计软件，最终掌握大流量小温升锅炉各级受热面设计方法。由于 S–CO$_2$ 锅炉进口工质温度较高，约 500℃，因此排烟温度也较高，如何继续降低排烟温度对提高机组效率至关重要。高温回热器、低温回热器也是 S–CO$_2$ 发电系统的关键部件，可通过试验数据和计算方法建立回热器的设计计算程序软件，并通过与制造厂合作设计制造样机，通过试验台验证完善设计程序。二氧化碳为惰性介质，但同时也是弱酸性工质，特别是在纯度不是很高的情况下，可能会对材料产生腐蚀。国外现有研究表面在温度不是很高的情况下，二氧化碳对常用材料不具有腐蚀性，但在高温环境下，具有一定的腐蚀性，但腐蚀机理与水蒸气不同。应建立高温高压 S–CO$_2$ 试验台，对常用材料抗腐蚀特性进行试验、评价和选型。针对上述关键技术开展专项研究，最终形成可用于指导 S–CO$_2$ 锅炉设计的研发成果。

（五）多能互补技术

1. 多能互补技术概述

多能互补系统是传统分布式能源应用的拓展，是一体化整合理念在能源系统工程领域的具象化，使得分布式能源的应用由点扩展到面，由局部走向系统。具体而言，多能互补分布式能源系统是指可包容多种能源资源输入，并具有多种产出功能和输运形式的"区域能源互联网"系统。它不是多种能源的简单叠加，而要在系统高度上按照不同能源品位的高低进行综合互补利用，并统筹安排好各种能量之间的配合关系与转换使用，以取得最合理能源利用效果与效益。

2. 政策导向

2016 年 7 月 4 日，国家发展改革委联合国家能源局发布了《关于推进多能互补集成优化示范工程建设的实施意见》，意见要求地方申报多能互补集成优化示范工程。意见提出了多能互补项目的两种主要模式：

（1）终端一体化集成供能示范系统。面向终端用户电、热、冷、气等多种用能需求，因地制宜、统筹开发、互补利用传统能源和新能源，优化布局建设一体化集成供能基础设施，通过天然气热电冷三联供、分布式可再生能源和能源智能微网等方式，实现多能协同供应和能源综合梯级利用；此类工程针对用户侧，主要为天然气分布式能源，主要是常说的（冷）热电三联供，即以天然气为主要燃料带动发电设备运行，产生的电力供应用户，发电后排出的余热通过余热回收利用设备向用户供热、供冷，大大提高整个系统的一次能源利用率，实现了能源的梯级利用。

（2）风光水火储多能互补示范系统。利用大型综合能源基地风能、太阳能、水能、煤炭、天然气等资源组合优势，推进风光水火储多能互补系统建设运行。此类工程针对电源侧，互补的形式有多种。

"十三五"期间，建成国家级终端一体化集成供能示范工程 20 项以上，国家级风光水火储多能互补示范工程 3 项以上；到 2020 年，各省区、市新建产业园区采用终端一体化集成供能系统比例达到 50%，既有产业园区实施能源综合梯级利用改造比例达到 30%。国家级风光水火储多能互补示范工程弃风率控制在 5% 以内，弃光率控制在 3% 以内。由此可见，多能互补集成项目的市场巨大。

2016 年 12 月 26 日，国家能源局公布了首批多能互补集成优化示范工程入选项目名单，首批名单涉及 23 个示范项目，包含终端一体化集成供能系统项目 17 个，风光水火储多能互补系统项目 6 个。

风光水火储多能互补系统主要的互补方式包括：①通过新能源电力替代部分火电机组向电网输送电力；②采用新能源电力为火电机组提供厂用电实现燃煤机组的节能减排；③通过外部热力系统向锅炉热力系统输入热量，降低燃煤机组能耗减少碳排放。即通过新能源新技术与火电机组的互补，形成多能互补的能源网络，优化能源结构。

与锅炉技术相关的能源互补技术主要包括通过外部热力系统向锅炉热力系统输入热量，将新能源以热的形式集成到锅炉热力系统中，主要包括太阳能光热与火电机组的互补，锅炉热力系统余热及高峰热能通过储热系统进行存储与利用，光伏弃光风电弃风电力通过电加热设备进行热存储与利用。锅炉热力系统余热及高峰热能通过储热系统进行存储与利用技术属于锅炉深度调峰技术。光伏弃光风电弃风电力通过电加热设备进行热存储与利用本质上也是将外部热源输入锅炉热力系统，与锅炉耦合，同光热与火电机组互补耦合本质相同。

3. 火电与光热发电混合发电技术路线

太阳能光热发电是通过集热场聚焦太阳光，利用太阳辐射能加热循环工质，将太阳能转化为工质热能推动汽机做功实现电能的输出。太阳能热发电技术作为太阳能利用的一种重要途径，由于其聚光倍数和热效率较高，非常适合大规模的开发和利用。

太阳能与火电机组的热互补，是把聚集太阳能转化的热能与锅炉热力循环中各种温度的能量进行互补耦合利用，即将不同集热温度的太阳热以热量传递的方式注入热力循环中加以互补耦合利用。早期的热互补侧重于太阳能为主的太阳能热发电系统，作为辅助功能的火电机组热互补的方式主要有：当太阳能不足时，作为备用能源维持系统正常运行；进一步加热太阳能产生的蒸汽，提高工质参数以改善系统性能等。而近来热互补更多出现在以火电机组热为主的化石能源基发电系统，作为辅助作用的太阳能热互补的方式多种多样。

太阳能热与火电机组互补的系统可细分为：太阳能热互补的联合循环（Integrated Solar Combined Cycle，ISCC）和太阳能热互补的朗肯循环。

4. 火电与光热发电混合发电技术

（1）太阳能热互补的联合循环

太阳能热互补的联合循环（ISCC）是将太阳能热集成到联合循环中，与化石燃料互补

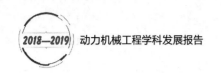

耦合利用，具有节省化石燃料、减少污染物与 CO_2 排放、降低太阳能发电成本和提高太阳能光电效率等一系列优势，从而成为本领域的研究热点之一。

德国宇航中心（DLR）较早提出 ISCC 发电概念，采用联合循环中的余热锅炉代替常规太阳能热发电系统（SEGS）中的辅助锅炉，由太阳能和余热锅炉同时供给蒸汽轮机用汽，它在无太阳能时仍以常规联合循环方式运行，从而使得太阳能热互补的联合循环有较高的能量转换效率。国际环境基金会（GEF）积极推荐 ISCC 技术，从 2000 年开始广泛资助摩洛哥、埃及、墨西哥等发展中国家建设 ISCC 电站。

我国太阳能热发电近年来得到了高度关注和发展。2012 年，华能集团在三亚国际旅游岛建成一个太阳能互补的联合循环电站，它是在原有燃用天然气的燃气轮机联合循环基础上，增加 1.5MW 发电能力的菲涅尔式聚光装置改造而成。2014 年又在酒泉建设了 1.5MW 光热与燃煤发电互补的联合循环发电项目。

（2）太阳能热互补的朗肯循环

国内外学者对新能源与燃煤机组的集成方案进行了大量研究，金红光等[38]在化石燃料与太阳能热化学互补、对转冲压发动机、热声发电等核心技术方面取得突出进展，并指导完成了兆瓦级分布式冷热电联供系统工程示范。Philip G 等[39]构建了 ISCC 计算模型，用于优化设备运行状态；赵军等[40]评判了燃煤锅炉集成太阳能的热力性能，比较了太阳能集成于省煤器前、后两种方案的经济性；吴静等[41]基于热力学第一定律对太阳能与燃煤机组混合发电系统的集成方案进行研究，分析了各方案的经济性；叶学民等[42]将太阳能与生物质能两种新能源同时引入常规燃煤机组，提出新能源与回热系统进行集成的方案。赵钦新等[43]集中论述了燃气冷凝锅炉、热泵、太阳能和生物质气构成的多热源互补耦合低温供热系统的形式和特点，指出了未来供热的发展方向。

国内外建立或正在修建太阳能光煤互补协同发电系统，为该技术的发展奠定了实质性的基础。

美国 Colorado 项目于 2010 年 7 月开始运行，是世界上第一座以并网发电模式工作的太阳能光煤互补联合循环电站，配置集热场容量为 4MW（电站总容量 44MW），集热面积 $25899m^2$，传热工质为矿物油，利用太阳辐射加热工质，通过热交换器，将给水加热至 260℃，然后送回省煤器，进行过热和再热。光煤互补联合循环技术，提高了电厂运行效率 3%~5%，减少了 2000t 温室气体排放。系统的安装成本约为 2 美元 /W，发电成本约为 11 美分 /（kW·h）。

2011 年 11 月澳大利亚光煤互补协同发电项目 Kogen Creek Booster Plan 开工建设。该电站位于澳大利亚昆士兰省，采用 750 MW 燃煤电站与功率为 44 MW 的集热系统相结合，采用线性菲涅耳式（CLFR）技术，集热面积约为 $300000m^2$，年发电量为 44GW·h，每年减少 35600 吨 CO_2 排放，投资成本为 1.05 亿美元。

2014 年东锅与山西国金电力签订《太阳能光热与燃煤机组联合循环示范项目合作框

架协议》，进行山西国金太阳能项目的建设，属于国内第一个将塔式太阳能热发电技术与燃煤电站进行联合循环试验和验证的项目。该项目以山西国金电力新建 $2 \times 350MW$ 超临界 CFB 火电机组为依托，通过建设一套 $1MW_{th}$ 塔式太阳能聚光吸热系统，对原火电机组中 1 号锅炉凝结水采用太阳能光热加热从而替代部分低加抽汽，以达到提高机组运行效率，降低度电煤耗及污染物排放，进一步提升燃煤经济性。

2016 年 11 月 4 日，印度首个光热燃煤混合发电项目开工，该项目采用菲涅尔太阳能集热技术开发，其新建的菲涅尔集热系统的热功率为 $15MW_{th}$，与达德里火电站中一个 210MW 的水冷机组混合发电，每年为其蒸汽循环系统提供 $14GW \cdot h$ 的热能。

5. 多能互补锅炉技术发展建议

多能互补的锅炉技术主要围绕锅炉侧其他非化石能源热量的输入，其技术方案应充分考虑其经济性。只有经济性好，才能广泛推进。经济性的影响因素，首先是实际效率，其次是价格。

实际效率主要取决于机组/负荷匹配，即针对不同用户的负荷情况，通过分析全年负荷变化情况来选择系统各装置的机组容量，并对选定的机组配置方案进行优化分析，尽量提高其能源利用率。即使目前国家没有明确的多能互补电厂上网计价标准，但试点工程背景下，应该会有相关政策出台。

多能互补的能源补充选择，应针对我国能源资源分布不均的情况进行差别化的重点发展。需要因地制宜，兼顾当地能源类型、储量和用电负荷。其他热源与锅炉的互补技术可参考光热与锅炉互补的接入方式。

（六）智慧电厂技术

从 2016 年中国自动化协会发电专委会发布《智能电厂建设指导纲要》开始，到中电联发布《火力发电厂智能化技术导则》，各发电企业和电厂设备提供商均开始探索和实践智慧电厂的建设工作。经过大约 3 年的技术发展，基本形成远程诊断系统和智慧电厂两个部分。

远程诊断系统主要分为电厂数据采集、传输、云平台数据存储、数据分析、后期的应用开发等工作；而智慧电厂是数字化电厂结合智能系统后的进一步发展，将以新型传感、物联网、人工智能和虚拟现实为技术支撑，形成创新的管理理念、专业化的管控体系、人性化的管理思想和一体化的管理平台[44]。

1. 远程诊断系统

远程诊断系统主要是实时采集电厂运行数据，通过 VPN 或网络专线将数据传输到发电企业云平台或发电设备制造商云平台，最终采用专家经验、机理算法和机器学习算法来开发应用提供给发电厂使用，指导电厂对故障进行分析和机组运行，主要分为如下几个方面：

（1）数据采集和传输

数据采集和传输的基本目的就是采集电厂的实时运行数据，并传输到远程分析云平台。在进行互联网传输之前，数据需要进行压缩，过滤处理，否则会带来很大的带宽损失。采集服务器将数据从 DCS 或 SIS 系统采集后，通过单向隔离闸发送至转发服务器，转发服务器接收和存储传来的数据，通过 VPN 防火墙连接至远程分析云平台。数据通过在互联网上建立 VPN 保密通信或进行专线传输进行交互。采集和转发服务器间安装隔离闸，数据单向传输并保证安全。

（2）数据存储

为了数据的保密性，数据中心采用私有云存储数据方式。私有云平台主要提供基础设施服务（IAAS），其负责整合硬件资源，为整个应用提供基础计算、存储和网络资源，是远程诊断应用得以运行的基础。

（3）数据分析

数据分析是远程诊断的核心业务，主要是采用机理模型和机器学习对电厂数据进行建模，分析机组运行情况。根据专家经验建立故障识别库，诊断系统利用实时数据库技术，从电厂的实时数据库中获取信息，如果信号异常，则根据建好的专家系统规则库匹配异常，发出相应的警报。诊断程序由诊断库、数据采集系统数据库、推理模块及人机界面组成。

（4）国内外远程故障诊断的发展趋势和特点

各企业已开始远程故障诊断技术研究。一些国外知名企业，像 EN、TEK、BENTLY 等开始向中国市场推出最新研发的设备故障远程诊断产品。目前，我国远程网络故障诊断技术研发才刚起步，主要有远程分析平台的搭建、针对具体业务的客户端软件开发。当前故障诊断技术呈现出一些新的特点和趋势，主要表现为在诊断方法上与人工智能技术紧密地结合，智能故障诊断技术是现代诊断技术发展的必由之路，智能诊断技术经过几年的发展取得了很大的成就，但还不能很好地满足工程实际应用需要。近年来，随着工业领域对设备安全性、稳定性和寿命的要求越来越高，传统依靠人工的监测诊断方式越来越不适应。基于传感技术信号分析处理的智能故障诊断技术，现代监测与诊断技术得到了快速发展，特别是远程网络技术、专家系统及人工智能神经网络在故障诊断中的应用使得监测和诊断越来越方便、快捷、高效、准确。

未来基于大数据技术应用场景主要体现在：①基于信息融合的软测量技术应用；②基于大数据挖掘的控制优化技术应用；③利用电厂在线监测数据，通过在线仿真技术实现基于实时运行数据的先进控制策略仿真、历史重现、故障分析及诊断和参数预报等；④建立分层分布式结构的故障诊断系统和集成推理系统；⑤构造大型监测诊断中心和运营优化中心，便于知识库的完善化，有利于机组负荷调度、借助平台专家经验共享，建立智能决策库，提高运维领域的装备管理水平，降低行业运营成本，实现人员投入及控制过程的节能提效、建成具有自主闭环诊断功能的大数据平台；⑥通过接入电厂实时运行数据，便于设备制造商对产品售后服务与产品改进实现对设备的全寿命周期进行监视，并且能预测产品故障时间，设备制造厂可提前备货，减少了库存，创造了效益[45]。基于机组运行数据分析的风煤水独立解耦精确前馈锅炉运行优化控制技术，已在 300 MW、600 MW 燃煤发电机组上投入在线、闭环控制，可实现降低发电煤耗和炉内燃烧氮氧化物排放的应用效果，为智能发电技术奠定了良好基础[46]。

2. 智慧电厂

智慧电厂就是在智能发电的基础上，通过发电与其他产业的融合延伸，形成循环经济，提高能源和资源的利用率，承担更多保护环境和服务社会的功能，不仅可以成为电厂参与市场经济的资本，也是新时代生态环境建设和经济社会发展对电力企业的要求，所以远程诊断是智慧电厂发展的基础[47]。

（1）智慧发电厂国内外的最新进展和发展趋势

大唐集团姜堰智慧电厂是全国首家智慧电厂，其智慧电厂模式共包含五大功能模块：基于"互联网+"的安全生产管理系统、基于大数据分析的运行优化系统、基于专家系统的三维可视化故障诊断系统、三维数字化档案和三维可视化智能培训系统。大唐南电智慧电厂规划八大功能模块：三维数字档案和可视化立体设备模型、锅炉 CT、智能燃烧及智能掺配、智能排放、蒸汽轮机冷端优化、故障诊断和事故预报、基于"互联网+"的安全生产管理系统、智慧管控中心。

京能高安屯热电是全国第一个数字化热电厂，其首创将互联网技术运用到传统电力行业，运用大数据进行生产管理和三维仿真训练等。江苏国信集团正在建设高邮、仪征 2 座 6F 级燃机智慧电厂示范项目，以现有的数字化电厂为基础，包含智能设备、智能运行、智能检修、厂级智慧决策以及集团级智慧决策五个方面。山西赵庄鑫光发电有限公司将为格盟集团重点打造的智慧电厂样板工程，实现对设备故障诊断和寿命管理、系统优化控制，达到信息采集数字化、信息传输网络化、数据分析软件化、决策系统科学化和运行控制最优化。

（2）智慧电厂未来发展展望

智慧电厂是数字化电厂结合智能系统后的进一步发展，将以新型传感、物联网、人工智能、虚拟现实为技术支撑，以创新的管理理念、专业化的管控体系、人性化的管理思想、一体化的管理平台为重点，具有数字化、信息化、可视化、智能化等特点，将最大限度地实现电厂的安全、经济、高效和环保运行。

参考文献

[1] 巩志强，刘志成，朱治平，等. 半焦燃烧及煤热解燃烧耦合试验研究 [J]. 煤炭学报，2014，39（S2）：

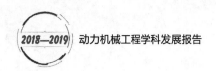
519-525.

[2] 马淞江，刘晓芳，戴谨泽，等. 温和热解条件下内蒙褐煤热解半焦的燃烧性能 [J]. 煤炭学报，2015，40 （5）：1153-1159.

[3] 孟楠. 超临界水煤气化过程中重金属和硫的迁移 [D]. 天津：天津大学博士学位论文，2017.

[4] 陈哲文. 超临界水煤气化方法及发电系统集成 [D]. 北京：中国科学院大学博士学位论文，2018.

[5] 王昕. 煤/生物质循环流化床富氧燃烧及氮转化特性试验研究 [D]. 北京：中国科学院大学博士学位论文，2017.

[6] 杨舒萍. 多煤种配煤富氧燃烧的实验与优化 [D]. 昆明：昆明理工大学硕士学位论文，2016.

[7] Ma Haidong, Wang Yungang, Zhao Qinxin. The Effect of Calcium-Bearing Mineral on Ash Melting Behavior During Zhundong Coal Combustion [C]. International Conference on Power Engineering-2017 (ICOPE-2017), June 26-June 30, 2017, Charlotte, 2017: V001T04A020-V001T04A020.

[8] Ackerman J W. Pseudoboiling Heat Transfer to Supercritical Pressure Water in Smooth and Ribbed Tubes [J]. Journal of Heat Transfer, 1970, 92 (3): 490.

[9] Kohler W, Kastner W. Heat transfer and pressure loss in rifled tubes [C]. International Heat Transfer Conference 8 (IHTC-8), August 17-August 22, 1986, San Francisco, 1986: 2865-2961.

[10] 茆凯源，聂鑫，谢海燕，等. 超超临界1000MW二次再热机组锅炉水动力及流动不稳定性计算分析 [J]. 热力发电，2017，46（8）：36-41.

[11] 马玉华，刑长清，徐君诏，等. 深度调峰负荷时亚临界自然循环锅炉水循环安全计算与分析 [J]. 热力发电，2018，47（10）：112-118.

[12] Tang G, Zhang M, Gu J P, et al. Thermal-hydraulic calculation and analysis on evaporator system of a 660 MWe ultra-supercritical CFB boiler [J]. Applied Thermal Engineering, 2019, 151: 385-393.

[13] Mofeng Q, Dong Y, Ziyu L, et al. Experimental and numerical investigation on heat transfer of ultra-supercritical water in vertical upward tube under uniform and non-uniform heating [J]. International Journal of Heat and Mass Transfer, 2018, 127: 769-783.

[14] 万李，杨冬，董乐，等. 超超临界循环流化床锅炉水动力试验研究与理论计算 [J]. 电力科技与环保，2019，35（2）：13-22.

[15] 金鑫，段宝林，魏铜生，等. FW 型 W 火焰锅炉侧墙严重结渣原因探析 [J]. 热力发电，2007（2）：37-38.

[16] 石践，张韵杰. 安顺发电厂 W 火焰锅炉燃烧调整试验研究 [C]. 中国电机工程学会低挥发分煤的燃烧与 W 型火焰锅炉专题研讨会，太原，2001.

[17] 方庆艳，周怀春，汪华剑，等. 3 种型号 W 火焰锅炉结渣特性的数值模拟 [J]. 动力工程，2008，28（5）：682-689.

[18] 任枫. FW 型 W 火焰锅炉高效低 NO_x 燃烧技术研究 [D]. 哈尔滨：哈尔滨工业大学博士学位论文，2010.

[19] Jan-Olof Dalenbäckp. Large-Scale Solar Heating and Cooling Systems in Europe [M]. Springer Berlin Heidelberg, 2009.

[20] 清华大学热能工程系动力机械与工程研究所. 燃气轮机与燃气——蒸汽联合循环装置 [M]. 北京：北京中国电力出版社，2007.

[21] 高峰. 燃气－蒸汽联合循环中余热锅炉的新发展 [J]. 锅炉制造，2007（1）：26-27.

[22] 赵剑云，潘维，池作和. 大型燃气轮机余热锅炉进口烟道速度均匀性研究 [J]. 热力发电，2004，33（8）：37-40.

[23] 瞿云富，张同伟. 水泥窑纯低温余热锅炉. 2010 国际水泥周——第六届余热发电国际峰会论文集 [C]. 上海，2010，57-64.

[24] 邵怀爽，马海东，陈杰，等. 分体管壳式余热锅炉内摩擦及局部压降 [J]. 化工学报，2016，67（10）：

4118–4125.

［25］邵怀爽，马海东，陈杰，等. 分体式真空锅炉汽液两相流动及压降特性实验研究［J］. 中国电机工程学报，2017，37（S1）：105–111.

［26］赵钦新，严俊杰，王云刚，等. 燃煤机组烟气深度冷却增效减排技术［M］. 北京：中国电力出版社，2018.

［27］王可辉. 美国最新汞及其有毒有害气体排放标准分析. 第十五届中国科协年会第9分会场：火电厂烟气净化与节能技术研讨会论文集［C］. 中国科学技术协会、贵州省人民政府：中国科学技术协会学会学术部，2013.

［28］毛健雄，毛健全，赵树明. 煤的清洁燃烧［M］. 北京：科学出版社，2000.

［29］胡将军，盘思伟，唐念，等. 烟气脱汞［M］. 北京：中国电力出版社，2016.

［30］Senior C L, Zeng T. Distribution of trace elements in selected pulverized coals as a function of particle size and density［J］. Fuel Processing Technology, 2000, 63（7）：215–241.

［31］曹征彦，汪肇平，沈嘉龙，等. 中国洁净煤技术［M］. 北京：中国物资出版社，1998.

［32］Zhuang Y, Thompson J S, Zygarlicke C J, et al. Impact of Calcium Chloride Additon on Mercury Transformations and Control in Coal Flue Gas［J］. Fuel, 2007, 86：2351–2359.

［33］Shah P, Strezov V, Stevanov C, et al. Speciation of Arsenic and Selenium in Coal Combustion Products［J］. Energy & Fuels, 2007, 21（2）：506–512.

［34］史燕红. 燃煤电厂重金属排放与控制研究［D］. 保定：华北电力大学，2016.

［35］邓双，张凡，刘宇，等. 燃煤电厂铅的迁移转化研究［J］. 中国环境科学，2013，（33）（7）：1199–1206.

［36］向军，朱萌，周敬，等. 一种S-CO$_2$燃煤锅炉的对冲燃烧器系统. 中国，201910223252.3［P］. 2019.

［37］Trevisan L, Pini R, Cihan A, et al. Experimental Investigation of Supercritical CO$_2$ Trapping Mechanisms at the Intermediate Laboratory Scale in Well-defined Heterogeneous Porous Media［J］. Energy Procedia, 2014, 63：5646–5653.

［38］金红光，隋军，徐聪，等. 多能源互补的分布式冷热电联产系统理论与方法研究［J］. 中国电机工程学报，2016，36（12）：3150–3161.

［39］Philip G. Brodrick, Adam R. Brandt, Louis J. Durlofsky. Operational optimization of an integrated solar combined cycle under practical time-dependent constraints［J］. Energy, 2017, 141, 1569–1584.

［40］赵军，杨昆. 燃煤锅炉集成太阳能热发电系统经济性分析［J］. 中国电机工程学报，2012，32（S1）：93–100.

［41］吴静，王修彦，杨勇平，等. 太阳能与燃煤机组混合发电系统集成方式的研究［J］. 动力工程学报，2010，30（8）：639–643.

［42］叶学民，王佳，李春曦. 新能源辅助燃煤发电系统热力性能的㶲分析研究［J］. 太阳能学报，2015，36（3）：616–626.

［43］赵钦新，李玉峰，白家境，等. 多热源互补耦合低温供热技术［J］. 工业锅炉，2019，173（1）：1–10.

［44］尹峰，陈波，苏烨，等. 智慧电厂与智能发电典型研究方向及关键技术综述［J］. 浙江电力，2017，36（10）：1–6，26.

［45］张帆. 智慧电厂一体化大数据平台关键技术及应用分析［J］. 华电技术，2017，39（2）：1–3.

［46］周怀春，胡志方，郭建军，等. 面向智能发电的电站燃煤锅炉在线运行优化［J］. 分布式能源，2019，4（3）：1–7.

［47］田宁. 智慧电厂顶层设计的研究［D］. 秦皇岛：燕山大学硕士学位论文，2016.

蒸汽轮机技术发展研究

一、引言

2012—2018 年，在国家政策的引领和市场需求的推动下，通过产学研用合作，我国蒸汽轮机技术在高参数、大容量、高效率、宽低负荷调峰、智能化电厂等领域有了新的发展，研发了一系列具有国际先进水平的大功率高效率火电与核电蒸汽轮机新产品。国内三大蒸汽轮机制造企业都形成并具备了大功率火电与核电蒸汽轮机的自主化设计、国产化制造与批量化生产的能力。

国务院印发的《能源发展"十二五"规划》（国发〔2013〕2 号），要求火电供电标准煤耗率从 2010 年的 333g/（kW·h）下降到 2015 年的 323g/（kW·h）[实际下降到 318g/（kW·h）]。国家《能源发展"十三五"规划》（发改能源〔2016〕2744 号），要求火电供电标准煤耗率从 2015 年的 318g/（kW·h）下降到 2020 年低于 310g/（kW·h）。2014 年 9 月 12 日，国家发展改革委、环境保护部和国家能源局印发《煤电节能减排升级与改造行动计划（2014—2020 年）》，要求新建燃煤发电项目原则上采用 600MW 及以上超超临界机组，1000MW 级湿冷机组与空冷机组的设计供电标准煤耗率分别不高于 282g/（kW·h）和 299g/（kW·h），600MW 级湿冷机组与空冷机组的设计供电标准煤耗率分别不高于 285g/（kW·h）和 302g/（kW·h）。采用 600℃一次再热超超临界蒸汽轮机、620℃高效一次再热超超临界蒸汽轮机和高效二次再热超超临界蒸汽轮机，是火电蒸汽轮机降低热耗率以及火电机组降低供电标准煤耗率的重要技术途径。到 2018 年年底，我国有超超临界 600℃一次再热 88 台 1000MW 级蒸汽轮机和 102 台 660MW 蒸汽轮机投入运行，有超超临界 610~620℃高效一次再热 20 台 1000MW 级蒸汽轮机和 31 台 660MW 蒸汽轮机投入运行，有超超临界 610~620℃高效二次再热 5 台 1000MW 级蒸汽轮机和 5 台 660MW 蒸汽轮机投入运行。通过高参数蒸汽轮机投入运行、在役蒸汽轮机通流部分改造和关停小机组，我国火电机组供电煤耗率呈下降趋势，2018年，全国火电机组供电煤耗率307.6g/（kW·h），与2010年的333g/（kW·h）相比降低25.4g/（kW·h）。

在国家重大科技专项"大型先进压水堆及高温气冷堆核电站"的支持下，蒸汽轮机行业科研院所和制造企业合作，完成了核电半速饱和蒸汽轮机共性关键技术研究与设计制造。2015年1月21日，"大型半转速饱和蒸汽轮机、大型汽轮发电机等设备关键共性关键技术研究"课题通过国家能源局验收，该课题以国内新建AP1000大型先进核电站为依托工程，形成自主研制大型半转速汽轮发电机组成套设备的能力和国产化AP1000蒸汽轮机后续项目批量化生产能力。2018年7月19日，"常规岛关键设备自主设计和制造"课题通过国家能源局验收，该课题实现了CAP1400压水堆核电站大型半速饱和蒸汽轮机的自主开发，填补了国内空白。国家《能源发展"十二五"规划》，要求安全高效发展核电。到2019年6月底，我国有47台核电蒸汽轮机投入运行，居世界第三；有11台核电蒸汽轮机在安装，居世界第一；AP1000和EPR第三代核电技术压水堆核电站采用的半速饱和蒸汽轮机已经投入运行。

二、蒸汽轮机技术的最新进展

（一）蒸汽轮机组

1. 参数与功率

2012年以来，我国蒸汽轮机的参数与功率有比较大的发展，创造了多项全球第一，典型机组的参数与功率列于表19。这些蒸汽轮机划分为火电湿冷高效一次再热超超临界蒸汽轮机、火电湿冷高效二次再热超超临界蒸汽轮机、火电空冷超超临界蒸汽轮机与核电半速饱和蒸汽轮机四类，以下按照这四类类型的投入运行或安装的时间顺序，简要介绍典型蒸汽轮机的参数与功率的新进展。

（1）火电湿冷高效一次再热超超临界蒸汽轮机

由上汽设计制造的首台采用620℃高温FB2材料的27MPa/600℃/620℃，660MW湿冷高效一次再热超超临界蒸汽轮机2013年5月31日在安徽田集投入运行，四缸四排汽。

东汽设计制造的28MPa/600℃/620℃的1050MW湿冷高效一次再热超超临界蒸汽轮机，2015年2月9日在神华万州投入运行，四缸四排汽。

由上汽设计制造的28MPa/600℃/620℃的1000MW湿冷高效一次再热超超临界蒸汽轮机，2015年5月31日在安徽安庆皖江发电有限责任公司投入运行，四缸四排汽。

由哈汽设计制造的28MPa/600℃/620℃的1052MW湿冷高效一次再热超超临界蒸汽轮机，2018年6月20日在江西神华九江电厂投入运行，四缸四排汽。

由上汽设计制造的28MPa/600℃/620℃的1000MW湿冷高效一次再热超超临界热电联

供蒸汽轮机，2018年6月22日在天津国投津能发电有限公司（国投北疆发电厂）投入运行。北疆二期工程 2×1000MW 超超临界发电机组和日产 30 万吨海水淡化装置，使纯凝工况煤耗降至 263.3g/（kW·h），兼顾供应 1000 吨/时采暖用气和 1400 吨/时工业用气，全年平均热效率将提高到 65.6%。

由上汽设计制造的 28MPa/600℃/620℃的 1000MW 湿冷高效一次再热超超临界蒸汽轮机，世界上第一个采用双机回热抽汽循环、配 10 级给水加热器以及驱动给水泵的抽汽背压小汽轮机（首台采用变转速抽背式给水泵 BEST 蒸汽轮机），2018年11月9日在广东甲湖湾投入运行，四缸四排汽。

由上汽设计制造的 28MPa/600℃/620℃的 1240MW 湿冷高效一次再热超超临界蒸汽轮机，2018 年在广东华厦阳西电厂完成安装，五缸六排汽，2019 年 6 月 19 日一次并网成功。

（2）火电湿冷高效二次再热超超临界蒸汽轮机

由东汽设计制造的 31MPa/600℃/620℃/620℃的 660MW 湿冷高效二次再热超超临界蒸汽轮机，2015 年 6 月 28 日在华能安源投入运行，四缸四排汽[1]。

由上汽设计制造的 31MPa/600℃/610℃/610℃的 1000MW 湿冷高效二次再热超超临界蒸汽轮机，2015 年 9 月 25 日在国电泰州投入运行，五缸四排汽[2]。

由上汽设计制造的 31MPa/600℃/620℃/620℃的 1030MW 湿冷高效二次再热超超临界蒸汽轮机，2015 年 12 月 24 日在华能莱芜投入运行，五缸四排汽。

由上汽设计制造的 31MPa/600℃/620℃/620℃的 1030MW 湿冷高效二次再热超超临界蒸汽轮机，超低背压 2.9kPa，2019 年 4 月在大唐东营发电有限公司（以下简称大唐东营）完成扣缸，六缸六排汽。

由哈汽设计制造的 31MPa/600℃/620℃/620℃的 1000MW 湿冷高效二次再热超超临界蒸汽轮机，2018 年 12 月 20 日在哈尔滨蒸汽轮机有限公司总装完毕，由于赣能丰城电厂现场原因，目前电厂尚未安装，五缸四排汽[3]。

上汽承接了 2018 年 3 月开工建设的平山二期 1350MW 高效二次再热超超临界蒸汽轮机的供货合同。该机组的单机容量 1350MW，主蒸汽参数 32.5MPa/610℃；两级再热温度 630℃/623℃，蒸汽轮机的功率、再热温度等参数均为高效二次再热超超临界蒸汽轮机的世界最高水平。

（3）火电空冷超超临界蒸汽轮机

由东汽设计制造的 25MPa/600℃/600℃的 1000MW 直接空冷超超临界蒸汽轮机，一次再热，2011 年 4 月 25 日在宁夏灵武电厂投入运行，四缸四排汽，配置直接空冷系统，末级叶高为 770mm。

由东汽设计制造的 25MPa/600℃/600℃的世界容量最大的 1100MW 直接空冷超超临界蒸汽轮机，一次再热，2014 年 1 月 16 日在新疆农六师投入运行，四缸四排汽，配置直接空冷系统，末级叶高为 770mm。

由上汽设计制造的 27MPa/600℃/610℃ 的 660MW 空冷超超临界蒸汽轮机，一次再热，2015 年 12 月 16 日在国电哈密煤电开发有限公司投入运行，三缸两排汽，配置间接空冷系统，末级叶高为 910mm。

由东汽设计制造的 28MPa/600℃/620℃ 的 660MW 空冷超超临界蒸汽轮机，一次再热，2016 年 12 月 24 日在内蒙古大唐国际托克托发电有限责任公司（以下简称大唐托克托）投入运行，三缸两排汽，配置直接空冷系统，末级叶高为 863mm。

由哈汽设计制造的 28MPa/600℃/620℃ 的 660MW 空冷超超临界蒸汽轮机，一次再热，2017 年 8 月 31 日在宁夏国华宁东发电有限公司（以下简称国华宁东）投入运行，三缸两排汽，配置间接空冷系统，末级叶高为 1100mm 为全球现役最长空冷叶片。

由上汽设计制造的 28MPa/600℃/620℃ 的 1000MW 空冷超超临界蒸汽轮机，一次再热，2018 年 10 月 24 日在陕能赵石畔煤电一体化项目雷龙湾电厂并网发电，配置间接空冷系统，末级叶高为 820mm。

由东汽设计制造的 28MPa/600℃/620℃ 的 1000MW 间接空冷超超临界蒸汽轮机，一次再热，2018 年 12 月 13 日在陕西横山电厂投入运行，四缸四排汽，配置间接空冷系统，末级叶高为 863mm。

由东汽设计制造的世界首台 28MPa/600℃/620℃ 的 1100MW 间接空冷超超临界蒸汽轮机，一次再热，2019 年 4 月 27 日在宁夏鸳鸯湖电厂投入运行，四缸四排汽，配置间接空冷系统，末级叶高为 863mm。

由哈汽设计制造的 28MPa/600℃/620℃ 的 1000MW 空冷超超临界蒸汽轮机，一次再热，预计 2019 年年底在甘电投常乐发电有限公司投入运行，四缸四排汽，配置间接空冷系统，末级叶高为 940mm。

（4）核电半速饱和蒸汽轮机

由东汽和 ALSTOM 合作生产的 CRP1000 压水堆核电站 1089MW 半速饱和蒸汽轮机，2010 年 9 月 20 日在广东岭东核电有限公司（以下简称岭澳）投入运行，高中压合缸，两个双流低压缸，三缸四排汽，末级叶高为 1447.8mm。

由上汽生产的 CRP1000 压水堆核电站 1086MW 半速饱和蒸汽轮机，2014 年 3 月 25 日在阳江核电有限公司（以下简称阳江）投入运行，一个双流高压缸，两个双流低压缸，三缸四排汽，末级叶高为 1396mm。

由哈汽生产的全球首个 AP1000 第三代核电技术压水堆核电站 1250MW 半速饱和蒸汽轮机，2018 年 10 月 12 日在中核集团三门核电有限公司（以下简称三门）投入运行，一个双流高压缸，三个双流低压缸，四缸六排汽，末级叶高为 1375mm。

由东汽与 ALSTOM（GE）合作生产的全球首个 EPR 第三代核电技术压水堆核电站 1755MW 半速饱和蒸汽轮机，2018 年 12 月 13 日在台山投入运行，高中压合缸，三个双流低压缸，四缸六排汽，末级叶高为 1430mm。

表 19　电站蒸汽轮机参数与功率的新进展

类型	参数（MPa/℃/℃）	功率（MW）	技术特点	制造企业	电站简称	投运或安装日期
湿冷高效一次再热超超临界蒸汽轮机	27/600/620	660	国内首台 620℃ 660MW	上汽	田集	2013-5-31
	28/600/620	1050	国内首台 620℃ 1050MW	东汽	万州	2015-2-9
	28/600/620	1000	国内首台 620℃ 1000MW 热电联供	上汽	北疆	2018-6-22
	28/600/620	1050	国内首台双机回热 1000MW	上汽	甲湖湾	2018-11-9
	28/600/620	1240	全球最大功率全速单轴 1240MW	上汽	阳西	2019-6-19
湿冷高效二次再热超超临界蒸汽轮机	31/600/620/620	660	全球首台 620℃二次再热	东汽	安源	2015-6-28
	31/600/610/610	1000	全球首台 1000MW 二次再热	上汽	泰州	2015-9-25
	31/600/620/620	1000	全球首台 620℃ 1000MW 二次再热	上汽	莱芜	2015-12-24
	31/600/620/620	1000	全球首台全速单轴六缸	上汽	东营	2019
	32.5/610/630/623	1350	全球首台双轴高低位布置 630℃ 1350MW 二次再热	上汽	平山	2020
空冷超超临界蒸汽轮机	25/600/600	1100	全球首台最大功率空冷 1100MW	东汽	农六师	2013-12-31
	27/600/610	660	全球首台 610℃空冷	上汽	哈密	2015-12-16
	28/600/620	660	全球首台 620℃空冷 660MW	东汽	托克托	2016-12-24
	28/600/620	660	全球在役最长空冷末级叶 1100mm	哈汽	宁东	2017-8-31
	28/600/620	660	全球首台全高位布置蒸汽轮机	哈汽	锦界	2020
	28/600/620	1000	全球首台并网 620℃空冷 1000MW	上汽	赵石畔	2018-10-24
	28/600/620	1000	全球首台投运 620℃空冷 1000MW	东汽	横山	2018-12-13
	28/600/620	1100	全球首台投运 620℃空冷 1100MW	东汽	鸳鸯湖	2019-4-27
	28/600/620	1000	全球首台 940mm 末级叶片的 620℃空冷 1000MW	哈汽	常乐	2019
核电半速饱和蒸汽轮机	6.43/280	1089	国内在役最长末级叶片 1447.8mm	东汽	岭澳	2010-9-20
	6.43/280	1089	国内生产核电首根焊接转子	东汽	宁德	2013-4-15
	6.43/280	1086	国内生产核电首根套装转子	上汽	阳江	2014-3-25
	6.02/275.8	1125	国内首台 VVER	哈汽	田湾	2017-12-31
	5.38/268.6	1250	全球首台 AP1000	哈汽	三门	2018-10-12
	7.5/290	1750	全球首台最大功率 1755MW	东汽	台山	2018-12-13
核电全速蒸汽轮机	13.24/566	200	全球首台高温气冷堆 200MW	上汽	石岛湾	2020

2. 二次再热蒸汽轮机

自 2006 年我国首台 1000MW 级超超临界蒸汽轮机投产以来，通过引进、消化吸收和再创新，成功研制了一系列超超临界机组，产品容量从 660MW 至 1240MW 不等，蒸汽温度有 600℃、610℃和 620℃一次再热蒸汽轮机，机型涵盖不同参数和功率等级的湿冷、空冷、纯凝和抽汽机组，我国超超临界蒸汽轮机的品种、产量、性能和质量均已跨入国际先进行列。

为了提高大容量蒸汽轮机的经济性，通常采用中间再热的办法提高热力循环的平均吸热温度，以降低蒸汽轮机的热耗率。二次再热技术通过再增加一级中间再热循环来提高机组效率。二次再热技术并不是新的技术，国际上大多数现有二次再热蒸汽轮机都在20 世纪六七十年代已经投运。随着燃料成本及环保压力的不断上升，国际上又重新开始二次再热蒸汽轮机的研发。欧盟、美国和日本在 700℃及以上参数的火电机组规划中，选择二次再热作为研究方向之一。我国开发的二次再热蒸汽轮机技术也不是 20 世纪技术的翻版，而是在机组参数、容量、系统优化等方面都有了较大的突破，自主开发次下列几种新的机型。

（1）1000MW 级高效二次再热超超临界五缸四排汽蒸汽轮机

国内于 2012 年启动 1000MW 级高效二次再热超超临界蒸汽轮机的研发工作，开发了单轴五缸四排汽的二次再热蒸汽轮机。该机型设计参数为 31MPa/600℃ /610–620℃ /610–620℃，国电泰州 3 号、4 号机参数为 31MPa/600℃/610℃ /610℃ ；华能莱芜 6 号、7 号机参数为 31MPa/600℃ /620℃ /620℃，回热级数采用 10 级回热。该机型采用了先进的全三维叶片气动设计技术，所有的超高压缸、高压缸、中压缸与低压缸的叶片，除低压缸的末三级叶片外全部采用马刀型的全三维弯扭的静叶片和动叶片，具有较高的气动效率。从气动力学角度，在通流设计中采用了反动度数值优化的设计方法，通过反动度的寻优设计，确定叶片级的几何尺寸、焓降、进出角特性，获得整体通流最优的效率。国电泰州与华能莱芜高效二次再热蒸汽轮机，由一个超高压缸、一个高压缸、一个中压缸和两个低压缸串联布置组成。蒸汽轮机五根转子分别由六个轴承来支承，除超高压转子由两个轴承支承外，其余四根转子，即高压转子、中压转子和两根低压转子均只有一个轴承支承。这种支承方式不仅使结构比较紧凑，主要还在于减少基础变形对于轴承载荷和轴系对中的影响，使得蒸汽轮机转子安全可靠运行。

（2）660MW 级高效二次再热超超临界四缸或五缸四排汽蒸汽轮机

国内研制的 660MW 级二次再热蒸汽轮机，依托于华能安源和国电蚌埠发电有限公司（以下简称国电蚌埠）两个项目，成功研制出高效二次再热超超临界 660MW 级蒸汽轮机，进汽参数为 31MPa/600℃ /620℃ /620℃。华能安源二次再热蒸汽轮机，四缸四排汽，采用一个超高压缸、一个高压和中压合缸和二个低压缸串联的布置方式。国电蚌埠二次再热蒸汽轮机，五缸四排汽，采用一个超高压缸、一个高压缸、一个中压缸和二个低压缸串联的布置方式。根据进汽流量的不同，国电蚌埠二次再热蒸汽轮机的超高压缸、高压缸、中压缸以及两个低压缸，均采用了比高效二次再热超超临界 1000MW 级蒸汽轮机更小模块的设计。

（3）1000MW 级高效二次再热超超临界六缸六排汽蒸汽轮机

2016 年，国内开始研发超长轴系的高效二次再热超超临界 1000MW 级蒸汽轮机，以大唐东营二次再热项目为典型示范工程。蒸汽轮机设计背压为 2.9kPa，排汽容积流量大幅增加，如采用常规的五缸四排汽方案，则背压为 4.5kPa 时末级叶片已处于阻塞状态，因此需在此基础上增大排汽面积。为了匹配如此超低背压，选定三低压缸六排汽的方案，旨在更好地将超低背压加以利用。蒸汽轮机总体布置为单轴六缸六排汽，采用一个超高压缸、一个高压缸、一个中压缸和三个低压缸串联的布置方式。在回热系统方面，该机型首次采用 11 级回热的方式以达到较高的机组经济性能。六缸机型将高压缸放到了机头，因此滑销系统布置与五缸机型不同，推力轴承位于超高压与中压之间的 3 号轴承座上，3 号轴承座固定在基础上，超高压缸和高压缸以此为死点向调阀端膨胀，中、低压缸以此为死点向电机端膨胀。机组死点布置图如图 25 所示。超高压外缸和高压外缸通过推拉杆连接，中压缸与低压内缸通过推拉装置相连，低压外缸不参与滑销系统膨胀。

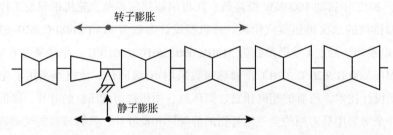

图 25　超低背压 1000MW 级高效二次再热超超临界蒸汽轮机死点布置图

（4）双轴高低位布置的 1350MW 级超超临界七缸六排汽二次再热蒸汽轮机

平山二期 1350MW 二次再热发电机组，蒸汽轮机总体布置采用高低位双轴技术，极大缩短了主蒸汽管道、一次再热蒸汽管道以及一次冷再热蒸汽管道的长度。蒸汽轮机进汽参数为 32.5MPa/610℃ /630℃ /623℃，七缸六排汽，高低位双轴布置。1 个单流超高压缸和 1 个单流高压缸为高位布置；2 个双流中压缸和 3 个双流低压缸为低位布置，布置在传统的蒸汽轮机平台。低位布置的蒸汽轮机 5 根转子分别由 6 个轴承来支承，各个转子之间均只有 1 个轴承支承。

3.1000MW 级核电蒸汽轮机

2012 年至 2018 年，在国家核电重大专项有关课题的支持下，三大蒸汽轮机制造企业通过引进技术消化吸收再创新以及产学研用合作，逐步实现了 1000MW 级核电蒸汽轮机的国产化制造、自主化研制与批量化生产。

（1）东汽 1000MW 级核电蒸汽轮机

东汽 1000MW 级核电蒸汽轮机是半转速、单轴、冲动式蒸汽轮机，采用阿拉贝拉

（Arabelle）机型（N4）、高中压合缸、两个双流低压缸的三缸四排汽结构[4]。来自核岛的带有0.47%湿度的主蒸汽通过四个主汽阀和四个调节阀进入高压缸，全周进汽，节流配汽。高压缸排汽流经汽水分离再热器MSR后，再通过四个再热主汽调节阀进入中压缸。中压通流部分全部处于过热蒸汽区域，中压排汽过热度约为20℃。7段抽汽回热，高压缸有3段回热抽汽，分别从高压通流的4级、6级、9级后抽出，进入7号、6号高压加热器和除氧器；中压缸有2段回热抽汽，分别从中压通流的2级、4级后抽出，进入4号、3号低压加热器；低压缸有2段回热抽汽，分别从低压通流的2级、4级后抽出，进入2号、1号低压加热器。

高中压模块为合缸结构，高压通流部分有9级叶片，中压通流部分有4级叶片，高中压13级动叶片都是自带冠的叉形叶根。高中压通流部分对流布置，有效平衡轴向推力。高中压转子为焊接转子，4段3焊缝。高压隔板为整圈焊接结构，采用自带冠静叶片，中压隔板采用直焊式静叶片。高中压汽缸采用单层缸，有高中压缸和中压排汽两部分，二者通过垂直法兰螺栓连接。高中压缸和高压排汽均采用铸钢件，其中高中压汽缸为铬钼低合金钢，中压排汽部分采用碳素钢。

低压模块有两个低压缸，低压通流部分有2×2×5级叶片，双流对称布置。低压前三级动叶片采用叉形叶根，叶顶为棱形自带冠动叶片；末两级动叶片采用圆弧枞树型叶根，次末级动叶为自由叶片，末级动叶带凸台式阻尼拉筋，无围带。末级叶高1447.8mm（57英寸），低压排汽面积4×18.55=74.2m²。低压转子为焊接转子，10段9焊缝，两根低压转子可以互换。低压隔板为直焊式静叶片，低压末级及次末级的静叶片为空心叶片。低压缸为双层缸，分为低压内缸和低压外缸。低压进汽温度约为150℃左右，内外缸夹层温度为排汽参数，为了减少高温进汽部分的内外壁温差，在内缸外壁上装有隔热板。低压内缸采用装焊式结构，分为上下两半，通过水平中分面法兰螺栓连接。低压转子落在低压内缸上，通过低压内缸轴向支撑板落在蒸汽轮机运行平台上。低压内外缸之间通过柔性密封环连接。低压外缸通过现场焊接与凝汽器喉部刚性连接，凝汽器直接锚定到基础上。

东汽在多年核电蒸汽轮机研究的基础上，自主研制出"华龙一号"第三代核电技术压水堆核电站1160MW（福清5号和6号）与1200MW（宁德5号和6号）半速饱和蒸汽轮机，以及CAP1400第三代核电技术压水堆核电站1500MW半速饱和蒸汽轮机，其中"华龙一号"配套蒸汽轮机为三缸四排蒸汽轮机型、CAP1400配套蒸汽轮机为四缸六排蒸汽轮机型。

CAP1400自主机型高中压模块同样采用了单流合缸结构，低压模块采用东汽全新研发的1828mm末级长叶片，配套6段5焊缝结构的空心焊接转子。单根低压转子长达13米，重量达到283吨，是截至2018年制造出的末级叶片最长、重量最大的低压转子。低压模块采用横向落地支撑，内缸通过左右两侧四个支撑臂支撑在蒸汽轮机基座上。蒸汽轮机侧的两个支撑臂上设有横向导向键，与内缸下半前后两端的轴向导向键配合，构成了低压内缸的绝对死点。低压外缸刚性支撑在凝汽器喉部,内缸与外缸之间设有柔性膨胀节,起到密封和吸收内外缸相对变形的作用。低压支持轴承全部落地,通过轴承箱支撑在蒸汽轮机基座横梁上。这样一来,蒸汽轮机基座就可以不承受机组运行时产生的真空载荷,低压通流部件也不会因为真空载荷产生动静间隙变化。

为了降低低压排汽湿度,减轻末级动叶片水蚀现象,东汽自主型核电采用了末级空心导叶去湿技术。导叶片内、背弧均设有去湿槽,可以抽吸掉蒸汽中的大直径水滴。凝结后的水通过末级隔板内外环上形成的疏水通道最终汇入凝汽器的热井。

东汽生产的岭澳3号与4号、宁德1号至4号、辽宁红沿河核电有限公司(以下简称红沿河)1号至4号、方家山核电厂1号和2号、福建福清核电有限公司(以下简称福清)1号至4号等CPR1000压水堆核电站1000MW级半速饱和蒸汽轮机已经投入运行。自主研制的"华龙一号"全球首堆示范项目的福清5号与6号机组正处于现场安装阶段,其中5号机已于2019年3月份完成蒸汽轮机三缸扣缸节点,预计2020年投入商业运行。

(2)上汽1000MW级核电蒸汽轮机

上汽1000MW级核电蒸汽轮机是半转速、单轴、反动式蒸汽轮机,采用一个双流高压缸、两个双流低压缸的三缸四排汽结构[5]。来自核岛的带有0.47%湿度的主蒸汽通过四个主汽阀和四个调节阀进入高压缸,全周进汽,节流配汽。高压缸排汽流经MSR后,再通过四个再热主汽调节阀组进入低压缸,低压缸为侧向进汽,每个低压缸有两根侧向进汽管道,低压缸进汽为过热蒸汽。7段抽汽回热,高压缸有3段回热抽汽,分别从高压通流的6级、9级、14级后抽出,进入7号、6号高压加热器和除氧器;低压缸有4段回热抽汽,非对称抽汽,进入4号、3号、2号、1号低压加热器。蒸汽轮机控制系统采用了一键启停技术,蒸汽轮机控制系统通过"X准则"自动计算和控制蒸汽轮机关键部件的应力水平,从而控制蒸汽轮机的升速率和升负荷率,无须中速暖机,蒸汽轮机冲转到额定转速的时间小于5min。0%~20%负荷蒸汽轮机升负荷率为约3%/min,20%以上负荷蒸汽轮机升负荷率大于5%/min。

高压模块为采用双流非对称结构,有效平衡轴向推力。高压通流部分有2×14级叶片。高压转子为整锻转子,采用等根径设计、全三维扭叶片,静叶片和动叶片均采用整体菱形围带和T形叶根。采用整体阻尼围带动叶片设计技术,通过预扭安装,在叶片围带间形成接触压应力增加阻尼效应,降低动叶片工作动应力。高压缸采用非对称抽汽,调端抽汽口位于6级后,电端抽汽口位于9级后。高压汽缸采用双层缸结构,内缸和外缸在水平中分面处分为上下半缸,用螺栓紧固。高压缸中部有4个进汽口,上半和下半各布置2个进汽口。高压缸两侧各布置一个回热抽汽口,高压外缸两端设计4个排汽口,高压缸2个抽汽口与4个排汽口均位于下半缸。高压缸模块采用整体发运技术,即高压外缸、内缸、转子在工厂内精装配后整体发运。

低压模块有两个低压缸,低压通流部分有2×2×10级叶片,双流非对称布置。低压前7级采用等根径设计、全三维扭叶片，静叶片和动叶片均采用整体菱形围带和T形叶根；末三级动叶片采用枞树型叶根，采用凸台阻尼拉筋和叶顶为整体围带自锁结构。末级叶高1396mm，低压排汽面积 $4 \times 20=80m^2$。低压转子为套装转子，套装叶轮是西门子核电低压转子特有的结构形式。通过在轮盘锻件上采用专门的热处理和表面滚压处理工艺，使轮盘表面一定深度范围内产生压应力，来解决核电蒸汽轮机低压转子的应力腐蚀问题。低压末级静叶片为空心叶片结构设计，叶片形状与实心叶片相同，在运行过程中，叶片内部空心区域为负压，附着静叶片表面的水分通过静叶片表面的细槽流进叶片内部，并通过末级静叶片的疏水通道排往凝汽器热井。低压缸为双层缸，分为低压内缸和低压外缸。低压外缸有前端板、后端板、左右侧板和外缸上半组成，在现场进行焊接拼装。低压转子和低压内缸落地支撑，低压外缸直接坐落于基础平台上，与凝汽器刚性连接。蒸汽轮机平台与凝汽器底部均采用弹簧支座。

上汽设计制造的阳江1号至4号、防城港1号与2号等CPR1000压水堆核电站1000MW级半速饱和蒸汽轮机已经投入运行。上汽自主研制的1000MW级核电蒸汽轮机，还有"华龙一号"第三代核电技术压水堆核电站1187MW（防城港3号和4号）、湖南桃花江核电有限公司（以下简称桃花江）AP1000第三代核电技术压水堆核电站1250MW与巴基斯坦K2与K3"华龙一号"1000MW级半速饱和蒸汽轮机。

（3）哈汽1000MW级核电蒸汽轮机

哈汽1000MW级核电蒸汽轮机是半转速、单轴、反动式蒸汽轮机，采用一个双流高压缸、三个双流低压缸的四缸六排汽结构[6]。来自核岛的带有0.45%湿度的主蒸汽通过两个高压主汽调节阀进入高压缸两侧，每个高压主汽调节阀由两个主汽阀和两个调节阀组成，全周进汽，节流配汽。高压缸有六个排汽口，排汽流经MSR后，再通过三个再热主汽调节阀组进入低压缸，低压缸进汽为过热蒸汽。7段抽汽回热，高压缸有3段回热抽汽，分别进入7号、6号高压加热器和除氧器；低压缸有4段回热抽汽，非对称抽汽，进入4号、3号、2号、1号低压加热器。

高压模块由高压外缸、转子、隔板套、隔板等组成，为采用双流对称结构，有效平衡轴向推力。高压通流部分有 2×10 级叶片。高压转子为整锻转子，高压通流部分叶片采用全三维设计、反动式叶片、整体围带和枞树型叶根。高压缸中部有4个进汽口，上半和下半各布置2个进汽口。高压缸两侧各布置一个回热抽汽口，抽汽口布置在下半缸。高压外缸两端设计6个排汽口，在调端和电端上半缸各布置1个排汽口，下半缸各布置2个排汽口。

低压模块由三个完全相同的低压缸组成，包括低压转子、低压汽缸等。低压转子采用无中心孔整锻转子，低压通流部分有 $3 \times 2 \times 10$ 级叶片，低压叶片采用全三维设计、反动式叶片、整体围带和枞树型叶根。末级叶高1460mm，采用凸台阻尼拉筋、叶顶为整体围带自锁结构和直枞树型叶根，低压排汽面积 $6 \times 17.7=106.2m^2$。低压末级静叶片采用空心叶片结构，静叶片装焊在隔板外环上，外环采用空心结构并直接与冷凝器相通。在运行过程中，吸附在静叶片上的水滴由于压差作用，通过末级静叶片上的缝隙依次进入叶片空腔和隔板外环进入凝汽器热井。低压汽缸采用三层缸结构，包括低压蒸汽室、低压内缸和低压外缸。低压外缸全部由钢板焊接拼装，低压外缸上半缸和下半缸分为3部分，调端、电端和中部，各部分通过垂直中分面螺栓连接。低压轴承箱采用钢板焊接结构，轴承箱通过轴承直接坐落在基础平台上。低压转子和低压内缸落地支撑，低压外缸直接坐落在基础平台上。

哈汽自主研制出海南核电有限公司（以下简称昌江）二期压水堆核电站"华龙一号"1197MW半速饱和蒸汽轮机、江苏田湾核电有限公司（以下简称田湾）VVER-1000压水堆核电站1125MW（田湾3号和4号）半速饱和蒸汽轮机。哈汽生产的三门1号和2号、山东核电有限公司（以下简称海洋）1号与2号、田湾3号和4号等AP1000压水堆核电站的1250MW和VVER-1000压水堆核电站的1000MW级半速饱和蒸汽轮机已经投入运行。

4. 工业蒸汽轮机

工业蒸汽轮机根据不同用途可以分为：工业驱动用蒸汽轮机和工业发电用蒸汽轮机（含热电联产），其中工业驱动用蒸汽轮机主要应用于石化、冶金、煤化工、电站锅炉给水泵、核电等领域；工业发电用蒸汽轮机主要应用于企业自备电站、余热利用、太阳能光热发电等领域。2012年至2018年，在国家相关产业政策的引领和市场需求的推动下，我国工业蒸汽轮机技术和产品有了新的进展。技术发展方向集中体现在一次再热技术在小功率机组的应用和参数提高两个方面。

（1）近六年开发的工业驱动蒸汽轮机新产品

近几年来，我国工业蒸汽轮机技术利用其后发优势，已应用于石化、煤化工、冶金、核电等多个细分技术应用领域，形成了一系列新产品。在工业驱动蒸汽轮机领域，杭汽研制的典型新产品列于表20，杭汽生产的全球最大150万吨/年超大型乙烯装置用90MW工业蒸汽轮机（乙烯三机）预计2020年在恒力石化（大连）有限公司投运。

表20 杭汽典型的工业驱动蒸汽轮机新产品

序号	名称	额定功率（MW）	工作原理	进汽温度（℃）	进汽压力（MPa）	额定转速（r/min）	级数	末级叶高（mm）
1	150万吨/年乙烯装置用蒸汽轮机（全球最大）	90	反动冷凝式	520	11.6	3500	29	496
2	10万 m³/h 空分装置用蒸汽轮机（全球最大）	71.6	反动冷凝式	520	11.1	3400	28	464
3	全容量1000MW电站锅炉给水泵用蒸汽轮机（全球最大）	34.4	反动冷凝式	383	1.178	5096	26	510
4	5000m³/h 高炉风机用蒸汽轮机	50	反动冷凝式	535	8.83	3000	22	395

续表

序号	名称	额定功率（MW）	工作原理	进汽温度（℃）	进汽压力（MPa）	额定转速（r/min）	级数	末级叶高（mm）
5	第三代核岛冷却给水泵用蒸汽轮机（全球最先进）	0.8	冲动背压式	292	7.6	8000	1	\
6	140万吨/年PTA装置用蒸汽轮机	20.7	反动冷凝式	135	-0.03~0.38	3000	14	395
7	电站锅炉引风机用蒸汽轮机	12	反动冷凝式	380	1.0	4000	12	247
8	双出轴180万吨甲醇装置蒸汽轮机	35.6	反动冷凝式	385	3.6	5982	11	313

（2）近六年开发的工业发电用蒸汽轮机

1）在工业发电蒸汽轮机领域，2012年之前，国内100MW以下机组均采用非再热型式。东汽于2012年在国内首次推出65MW一次再热机型，将该等级机组热耗率降低7%以上，为小功率蒸汽轮机采用再热型式提供了工程实践经验。在此基础上，东汽陆续研制出25MW~135MW等一系列再热机组，其中30MW~50MW等级高转速一次再热系列机组获中国机械工业科学技术二等奖。这些机组广泛应用于钢厂煤气余热发电、生物质发电、垃圾发电等领域，极大地提高了发电效率及能源利用率，典型机组如下：

① 25MW中温次高压一次再热垃圾发电用蒸汽轮机。6.3MPa/445℃/425℃的25MW湿冷高效一次再热垃圾发电用蒸汽轮机，于2018年6月17日在光大环保能源（江阴）有限公司成功投运。机组采用5000r/min高转速设计，通过齿轮减速箱连接发电机，单缸单转子，冲反结合，末级叶片411.2mm。采用中温、一次高压再热技术后，经济指标明显优于采用中温、中压常规技术的同功率机组。蒸汽轮机汽耗率下降0.497kg/（kW·h），蒸汽轮机热耗率下降370kJ/（kW·h），显著提升了垃圾发电行业蒸汽轮机技术水平。

② 30MW~50MW超高温超高压一次再热发电用蒸汽轮机。13.2MPa/566℃/566℃的30MW~50MW湿冷高效一次再热发电用蒸汽轮机。机组采用5000r/min高转速设计，通过齿轮减速箱连接发电机，双缸双转子，末级叶片530mm（30MW）/630mm（50MW）。首台50MW机组，于2017年4月5日在河北津西特钢一次性投运成功。热耗率低于高温高压非再热50MW级机组近10%，提高参数和采用再热技术的经济性收益明显。

③ 80MW~100MW亚临界一次再热发电用蒸汽轮机。16.7MPa/566℃/566℃的80MW~100MW湿冷高效一次再热发电用蒸汽轮机，机组采用常规转速设计，双缸双转子，高压缸为反动式设计，低压缸为冲动式设计。首台100MW机组，于2019年1月2日在迁安市九江线材有限责任公司成功投运。典型的小型再热发电用蒸汽轮机主要技术参数汇总见表21，小型高参数一次再热发电用蒸汽轮机广泛应用在钢铁行业煤气回收发电、生物质垃圾

发电等领域，提高了机组经济性。

表 21　东汽典型小型再热蒸汽轮机主要技术参数

序号	机型	额定功率（MW）	蒸汽参数（Mpa/℃ /℃）	额定转速（r/min）	蒸汽轮机循环热效率（%）	备注
1	中温、次高压	25	6.4/445/425	5025	37.7	国内首台垃圾发电　再热机组
2	中温、超高压	45	12.6/425/405	5025	41.4	垃圾发电
3	高温、超高压	40.5	13.24/538/538	5025	42.20	钢厂、生物质
4	超高温、超高压	40	13.24/566/566	5000	42.98	钢厂余热
5	超高温、亚临界	40	16.7/566/566	5000	43.67	钢厂余热
6	中温、超高压	50	10.0/381/381	高压 6070 低压 3000	40.07	国内首台太阳能　光热再热
7	高温、超高压	50	14.0/550/550	高压 6070 低压 3000	43.85	太阳能光热
8	高温、超高压	65	13.24/538/538	3000	42.80	国内首台钢厂余热　发电再热机组
9	超高温、超高压	65	13.24/566/566	3000	44.17	钢厂余热
10	高温、超高压	80	13.24/535/535	3000	42.89	钢厂余热
11	超高温、超高压	80	13.24/566/566	3000	44.88	钢厂余热
12	超高温、亚临界	80	16.7/566/566	3000	45.62	钢厂余热
13	高温、超高压	100	13.24/535/535	3000	43.60	钢厂余热
14	超高温、超高压	100	13.24/566/566	3000	45.30	钢厂余热
15	超高温、亚临界	100	16.7/566/566	3000	46.27	钢厂余热

2）近年来，哈汽针对钢铁余热发电、生物质发电、垃圾发电等新能源领域所需进行产品研发，在沿用高效机组的设计理念和制造技术的基础上，完成了全系列中小型蒸汽轮机技术升级。在垃圾发电领域，开发低参数小容量机组，匹配垃圾产量低和热值低的固有特性。在生物质发电领域，受经济效益、社会需求等多方面影响，生物质发电配套蒸汽轮机需要在兼顾高效设计的同时具备一定的供热能力，针对此特点开发了兼顾纯凝和高背压运行的机组，采用自平衡推力系统使高效反动式机组也具备一定的供热抽汽能力，提高了整机全年运行经济效益。在钢铁余热发电配套蒸汽轮机领域，已完成 100MW 等级超（超）临界参数机型的技术储备，可根据钢铁行业市场发展逐步进行市场推广应用，进一步提高钢铁余热的利用能力。哈汽典型产品的技术特点见表 22。

表 22 哈汽典型小型蒸汽轮机的技术特点

机型	垃圾发电配套蒸汽轮机	生物质发电配套蒸汽轮机	钢铁余热发电配套蒸汽轮机		光热发电配套蒸汽轮机
机组容量（MW）	10~40	30~50	40~80	80~200	50~100
机组参数	4.0/400 6.2/445	8.83/535 13.24/535/535	13.24/566/566 13.24/535/535	16.7/566/566	13.21/550/550
结构型式	单缸单排汽	单缸单排汽	单缸单排汽	双缸单排汽	双缸单排汽
转速（r/min）	5880~7500	3000~5880	3000 或 5880	3000	7244/3000
配汽方式	全周进汽或喷嘴调节	全周进汽或喷嘴调节	全周进汽或喷嘴调节	全周进汽+补汽阀	全周进汽
通流型式	多级小焓降反动式	多级小焓降反动式	多级小焓降反动式	多级小焓降反动式	多级小焓降反动式
排汽结构	轴排或下排	轴排或下排	下排	下排	轴排或下排
高背压供热	无要求	具备	无要求	无要求	无要求
代表项目	光大宁海	九洲梅里斯	宝德钢铁	镔鑫钢铁	青海共和

（3）近六年开发的工业热电联产蒸汽轮机

热电联产蒸汽轮机主要应用于化工、采暖、造纸、制药、冶炼等行业，在满足工业、采暖用汽的同时，对高参数的蒸汽进行分级利用，可对外供电或满足厂用电需求，可以提高能源利用率。近几年国内热电联产机组需求以纯背压式、抽汽背压式为主，而国外需求多以抽凝背压式、双抽凝汽式为主。

东汽基于模块化设计理念，可实现亚临界超高温以下参数、6MW~125MW 范围内各种纯背压式、抽汽背压式、抽凝背压式机组的个性化设计。哈汽背压式蒸汽轮机的通流部分采用了冲动式或反动式设计，冲动式可配置旋转隔板或座缸阀进行抽汽控制，反动式采用蝶阀或调阀，以满足不同用户工业抽汽需求。东汽与哈汽典型背压式蒸汽轮机的机型见表 23。

表 23 典型背压式蒸汽轮机

序号	功率（MW）	型式	参数（Mpa，℃）	制造企业
1	125	亚临界高温一次再热背压式	16.7/0.7/538/538	东汽
2	125	高温高压抽凝背压式	8.83/1.0/0.396	东汽
3	50	超高压单抽背压式	12.24/4.2/1.1	东汽
4	50	超高温高压单抽背压式	10.0（565）/4.1/1.4	东汽
5	50	高温超高压单抽背压式	13.5/4.7/1.525	东汽

<table>
<tr><th>序号</th><th>功率
（MW）</th><th>型式</th><th>参数
（Mpa，℃）</th><th>制造
企业</th></tr>
<tr><td>6</td><td>30</td><td>超高压单抽背压式</td><td>12.3/4.7/1.8</td><td>东汽</td></tr>
<tr><td>7</td><td>25</td><td>超高压单抽背压式</td><td>12/2.3/1.3</td><td>东汽</td></tr>
<tr><td>8</td><td>6~80</td><td>高温高压背压式</td><td>8.83/（0.2~5.5）</td><td>东汽</td></tr>
<tr><td>9</td><td>12~80</td><td>高温高压抽汽背压式</td><td>8.83/（0.785~5.5）/（0.3~2.0）</td><td>东汽</td></tr>
<tr><td>10</td><td>20</td><td>中温低压背压式（差压利用）</td><td>0.7/0.3</td><td>东汽</td></tr>
<tr><td>11</td><td>12~25</td><td>高温高压背压式</td><td>8.83/535/4.0</td><td>哈汽</td></tr>
<tr><td>12</td><td>25~80</td><td>高温高压背压式</td><td>8.83/535/0.8~1.5</td><td>哈汽</td></tr>
<tr><td>13</td><td>50~80</td><td>高温高压背压式</td><td>8.83/535/0.294</td><td>哈汽</td></tr>
<tr><td>14</td><td>25~50</td><td>高温高压抽汽背压式</td><td>8.83/3.8~4.5/1.0~1.3</td><td>哈汽</td></tr>
<tr><td>15</td><td>50~80</td><td>超高压背压式</td><td>13.24/4.6/0.7</td><td>哈汽</td></tr>
<tr><td>16</td><td>25~30</td><td>高温高压抽汽背压式</td><td>8.83/0.98/0.245</td><td>哈汽</td></tr>
</table>

（4）光热蒸汽轮机

东汽获得了首批50%以上光热蒸汽轮机订单，产品涵盖了槽式光热、塔式光热、菲涅尔式光热蒸汽轮机。由东汽自主研制的槽式导热油光热蒸汽轮机，进汽参数10MPa/381℃/381℃，一次再热，轴向排汽，双缸、双转速，高压缸采用反动式、低压缸冲式设计相结合的凝汽式蒸汽轮机。该机于2017年6月9日在东汽工业透平事业部完成了厂内空负荷试车，顺利冲转至额定转速，并成功完成了110%的超速试验，各项指标优良。同时该型蒸汽轮机应用于中广核德令哈槽式导热油太阳能光热发电项目，项目于2018年6月30日一次并网成功，2018年10月10日投入运行，是我国首台大型商业化光热电站。东汽随后还斩获了国内大部分太阳能光热蒸汽轮机项目：中电工程哈密塔式熔盐太阳能光热发电50MW蒸汽轮机项目，进汽参数14MPa/550℃/550℃，2019年12月29日并网发电；常州龙腾玉门东镇槽式硅油太阳能光热发电50MW蒸汽轮机项目，进汽参数12MPa/410℃/410℃；金帆能源甘肃阿克塞槽式熔盐太阳能光热发电50MW蒸汽轮机项目，进汽参数12.22MPa/538℃/539℃；兰州大成熔盐线性菲涅尔太阳能光热发电50MW蒸汽轮机项目，进汽参数12.2MPa/538℃/538℃，2019年12月31日并网发电。除德令哈项目外，东汽其余光热蒸汽轮机均为空冷蒸汽轮机，更加适应西北地区干旱缺水的运行环境，同时东汽的光热蒸汽轮机具有循环效率高、快速启停、宽负荷高效、长寿命等特色。

（二）蒸汽轮机部件技术

1. 通流部分设计技术

（1）一维、准三维设计技术

蒸汽轮机通流设计是一个从一维、准三维到三维逐步设计的过程，同时也是设计目标从单目标到多目标的多学科综合优化设计过程[7]。蒸汽轮机通流部分流动是典型的非定常三维粘性流动，存在通道涡、角涡、泄漏涡等复杂涡系，并可能伴有激波、边界层分离、回流等复杂的流动现象及其相互运动作用，非常复杂。影响损失的因素非常多（有几何因素，如展弦比、气流折转角等；有气动因素，如来流速度、湍流度和边界层厚度等）。因此，对蒸汽轮机通流部分复杂流动损失机理的认识、损失模型的建立和应用等一直在不断发展和完善[8]。通常蒸汽轮机通流叶栅损失模型主要包括型面损失、二次流损失、尾迹损失、间隙泄漏损失等。各个制造厂的产品设计体系中均已建立了用于产品设计、成熟和有大量验证的一维/准三维损失模型。

为满足高参数、高效率、大容量蒸汽轮机开发的要求，通流部分一维、准三维气动设计技术的发展主要体现在：

1）建立以一维、准三维为核心的数值优化设计系统，在给定约束条件下，采用多变量参数的数值选优技术，以效率最优为目标，自动完成通流部分叶片级的几何参数及气动参数的设计。

2）根据高参数大容量蒸汽轮机宽低负荷高效率的要求，高参数大容量机组的通流部分趋向采用更适应低负荷工况冲角变化的反动式叶片级。

3）组合通流叶片级以及上、下游非叶栅结构的整体气动设计，在分析和试验数据基础上建立进口主蒸汽管道、阀门、进汽流道、排汽蜗壳的一维、准三维气动设计规范。

4）为满足高参数状态下蒸汽轮机运行高可靠性和高效率的要求，高压高温叶片级的通流设计中更趋向采取全周进汽、补汽配汽、节流和滑压运行技术[9, 10]。

（2）全三维设计技术

1）全三维流场定常气动计算技术进入产品的设计流程。蒸汽轮机通流叶片气动设计对其气动性能有着至关重要的作用，从一维设计到基于自由涡流型的二维设计，到基于可控涡的准三维流型设计，再到已经普遍发展并采用的全三维弯扭叶片设计，叶片气动性能已经经历了质的飞跃。在蒸汽轮机一维、准三维通流设计满足总体性能要求的基础上，全三维流场定常气动计算技术（简称CFD）进入产品的设计流程，其主要功能有：①开展叶片三维造型设计，包括叶片的径向弯、掠，叶栅端壁造型；②完成全三维叶片，包括进排汽蜗壳流场的气动特性计算；③精细化通流部分的叶顶汽封设计，获得间隙泄漏流动等对通流气动性能的影响规律；④冲动式透平级平衡孔布局与设计；⑤全三维叶片气动力与叶片动强度特性计算；⑥通流总体流动损失计算及其发展规律分析。

采用全三维数值方法对通流部分流场进行更为细致分析，综合评估蒸汽轮机通流的总体性能，通过精细化流场分析获得间隙泄漏流动等对通流气动性能的影响规律，优化设计不理想的气动布局，充分提高蒸汽轮机通流部分的总体性能。随着数值求解技术和计算机硬件的发展，蒸汽轮机通流部分全三维流场分析和气动性能评估在精度和速度上满足了工程设计的需要[11]。国内蒸汽轮机制造厂，在通流叶片级一维、准三维气动设计的基础上，均建立了全三维流场定常气动计算系统。

2）全三维流场非定常流场计算技术的发展。蒸汽轮机通流部分的非定常流动特性主要由动叶片与静叶片之间的相对运动引起的动静干涉效应造成的[12]。动静干涉的因素包括：①上下游叶栅通道势流流场干涉，势流流场的参数对上下游的影响范围大约具有与叶栅弦长相同的量级；②上游叶片排尾迹干涉，上游叶片排的尾迹区进入下游叶片排的不同进口位置，导致下游叶片排的进口参数不稳定；③上游叶栅二次涡干涉，由于通道涡的存在，造成对下游流场参数的影响，使得下游叶栅进口参数变得非常不稳定；④间隙泄漏流动干涉，由于动叶叶顶与气缸间存在间隙，由于动叶上下游压差和动叶旋转效应，间隙泄漏流动以射流的形式影响到下游叶片排的进口参数场分布。

非定常流动特性改变了叶片的加载特性，进而影响叶栅的热功转换和气动效率。需要采用非定常数值手段进行动静干涉效应下的蒸汽轮机通流内部损失机理及二次流时空演化特性分析，为蒸汽轮机通流设计优化提供了更加翔实的参考依据和准则。蒸汽轮机通流部分全三维设计，已经从定常设计发展到目前考虑非定常干涉作用下的时序效应设计阶段。

（3）优化设计技术

蒸汽轮机通流部分流动是典型全三维、非定常粘性流动，其气动性能与设计变量之间没有解析的函数关系式。工程上采用定常无粘的一维、准三维气动计算方法以及损失模型进行通流部分叶片级的设计。随着计算气动技术的发展，先进的全三维气动数值求解方法开始进入蒸汽轮机通流部分精细化气动性能优化的设计流程。蒸汽轮机通流优化旨在内部流动损失的减少及其几何结构的合理改进。将蒸汽轮机通流的气动性能分析和优化理论进行结合，利用现代计算机的高速计算能力、实现鲁棒性、自动的气动设计，是实现几何结构合理设计、减少内部流动损失和提高蒸汽轮机热功转换效率的有效途径。

随着蒸汽轮机内部流动数值模拟方法不断发展，蒸汽轮机通流的气动优化设计也经历了一个不断发展的过程，蒸汽轮机通流气动优化设计分为以下四类。

第一类是基于势流理论的 S1/S2 流面设计，这类方法不能直接对叶栅的气动性能进行控制，要求设计人员具有很强的专业背景和叶栅气动设计经验。这类方法虽然计算量小，但由于存在过多的假设条件，难以在工程实际中获得广泛的应用。

第二类为基于正反问题迭代的修正方法，这类方法对设计人员的经验要求也较高，但计算量小，设计速度快，辅助一定的设计经验，该方法可以有效地应用于蒸汽轮机通流叶栅的设计中。

第三类是基于梯度的优化设计方法，这类方法通过计算目标函数对设计变量的梯度，构造寻优方向，形成反馈对叶栅进行优化设计。此类方法为局部优化方法，受目标函数的可微性和保凸性的影响，对给定的初始叶型有一定的依赖性。基于梯度的优化设计方法主要包括两种，一种是差分法，另一种是基于控制理论的方法。基于控制理论的方法以偏微分方程系统的控制理论为基础，将叶片的形状参数作为控制变量，应用伴随系统的概念把流动方程作为约束条件引入到目标函数中，迭代一次仅需求解一次流动控制方程和一次伴随方程，其计算量与设计变量无关，从而实现精确快速的梯度计算。基于控制理论的气动优化方法虽然计算速度快，但在约束处理、多目标优化和变工况设计方面还有许多的问题需要解决。

第四类是非数值全局优化方法，蒸汽轮机叶片设计的输出性能指标与输入变量之间函数关系不能显示解析表达（黑盒子），需利用 CFD 技术等进行性能评估；CFD 计算比较耗时（大资源），单次计算时长可达数小时甚至几周。这类方法是应用计算机技术，把全局优化算法，如进化算法、粒子群算法、模拟退火算法等，应用到蒸汽轮机通流及叶栅气动优化设计领域，不依赖目标函数的梯度信息，具有优秀的鲁棒性和全局收敛性能。在处理带约束的问题时，可以直接采用各种约束处理方法把约束问题转化为无约束问题，在多目标优化和变工况设计方面，非数值全局优化方法也表现出其他优化方法无法比拟的优势。但是全局搜索能力强，易于多目标寻优，但函数评估次数多，优化过程耗时。对于中等规模问题，基于全局优化算法，采用代理模型算法 Kriging/co-kriging、径向基、支持向量基、多项式与神经网络等，寻优时间大幅减少；有助于理清设计空间性能与设计变量之间函数关系。

鉴于蒸汽轮机通流叶片优化设计问题具有"黑盒子特点"，导致设计者缺乏对设计空间内性能指标及设计变量函数关系的认识，优化时设计变量和单目标、多目标优化策略根据经验和偏好选取，优化成败依赖于设计者经验；同时优化算法寻优本身是一个黑盒子过程，变量较多时无法深入了解各设计变量对于蒸汽轮机机械叶栅气动性能提高的影响机制及显著程度；无法直观了解优化解性能提高的原因，因而很难为类似设计提高经验借鉴。新近发展的数据挖掘对设计空间知识挖掘，将黑盒子设计空间转化为白盒子设计空间，分析各变量对于性能函数影响的显著程度，有助于理清设计空间中对性能指标影响显著的变量，去除冗余变量，各设计变量对性能指标的影响机制。将数据挖掘技术应用到优化前和优化后对设计空间知识挖掘，理清性能指标之间权衡关系和设计变量对性能指标的影响程度及作用机理，将"黑盒子"转化为"白盒子"设计空间。

蒸汽轮机通流优化设计采用数据挖掘开展设计空间关键性能指标一致、冲突关系及程度不明确的问题，帮助确定单目标/多目标优化策略和优化目标/约束。具有优化解空间各关键性能提升相互制约程度；理清各变量对性能函数提升影响的显著程度和作用机制；归纳变量共同作用对性能影响的模式；归纳优化解共同特征，揭示优化解性能提升的原因。

蒸汽轮机通流设计技术的发展从一维、准三维、三维定常、三维非定常和考虑流热固耦耦合的多目标设计发展[11, 12]。蒸汽轮机通流部分改造和设计优化方面更加关注精细化流动组织和设计技术，具体体现在：

1）高负荷叶栅端壁抑制二次流损失的非轴对称端壁设计技术，耦合非轴对称端壁与叶型的一体化设计技术，全面提升小展弦比高负荷叶片的气动性能。

2）通流部分间隙泄漏流动控制技术，旨在减少静叶与转轴的间隙泄漏量和相应的泄漏损失、减少动叶叶顶间隙泄漏量和泄漏损失、动叶叶根与轮盘间隙的泄漏流动与泄漏损失的分析和控制技术，提升通流部分的热功转换效率。

3）设计工况和变工况时点的静叶和动叶的级间匹配技术，适应宽工况范围内具有优良的气动性能。

4）蒸汽轮机通流部分考虑时序效应的级间非定常设计技术，全面提升通流部分气动效率。

5）极端工况（特别是小流量工况）时的通流部分流动、鼓风的非定常流动性能和考虑安全性的流热固耦合设计技术。

蒸汽轮机通流部分设计变量的不确定性量化，基于数据挖掘的设计变量敏感度分析，获得对通流效率具有显著影响的设计变量，提高设计质量和加速设计周期。

（4）蒸汽轮机通部分流改造

为了加快我国燃煤发电的升级，国家政策鼓励蒸汽轮机通流部分改造、供热改造等成熟适用的节能改造技术，为了进一步提升效率和提高供热量，部分电厂还采用了升参数改造、灵活性改造、系统优化等改造措施。

从 1989 年开始，东汽在全国首家参加实施联合国援助项目"三排汽 200MW 燃煤机组现代化改造"，国内蒸汽轮机改造已历经 20 余年，国内有关蒸汽轮机改造业绩超过 1000台。2015 年 6 月，采用自主先进通流技术对国华三河发电有限责任公司 4 号机进行了通流改造，机组经济性得到显著提升，试验结果表明，高压缸实测效率为 88.4%，中压缸效率为 94.23%，通流改造后煤耗降低 15g/（kW·h）以上，给电厂带来了巨大的经济效益和环境效益。2015 年大唐托克托 2 台机组为依托，实施国内首台亚临界 600MW 湿冷机组升参数节能改造，将主汽温度由 538℃提升至 566℃，与节能改造前相比，蒸汽轮机设计热耗率可降低 450kJ/（kW·h）以上。2018 年，对国电浙江北仑发电厂的原日本东芝亚临界600MW 机组、华能国际电力股份有限公司德州电厂（以下简称华能德州）原美国 GE 公司的亚临界 660MW 蒸汽轮机组进行了通流改造，实现了完全国产化先进通流技术替代国外技术。改造后华能德州 5 号蒸汽轮机机组热耗率降低约 380kJ/（kW·h）。

国华绥中发电有限责任公司一期工程为两台 800MW 等级俄制蒸汽轮机机组，受制于俄罗斯当时的设计、制造水平的影响，机组经济性较差。2014 年由哈汽通流改造后，试验结果表明：1 号机组供电煤耗较改造前降低 38.96g/（kW·h）；2 号机组供电煤耗较改造前降低 39.68g/（kW·h），为俄制蒸汽轮机换上了"中国心"。2015 年将大唐七台河发电有限责任公司 4 号机组作为示范项目，采用哈汽自主核心技术对机组进行技术升级，通流改造后蒸汽轮机热耗水平降低 489.34kJ/（kW·h）。2018 年哈汽对国电康平发电有限公司 2 号机组进行技术升级，改造后热耗率降低 230kJ/（kW·h）以上，并且负荷越低热耗率降低值越大。

华润徐州电力有限公司 3 号机组，原设计参数 320MW，16.7MPa/538℃/538℃，2004 年 6 月 11 日建成投产。由上海申能电力科技公司主导、西门子公司参与完成的华润徐州电厂 3 号机组改造，主蒸汽和再热蒸汽温度均从 538℃提高到 600℃，合同规定改造后机组额定工况下供电煤耗不高于 287g/（kW·h）、下降 31g/（kW·h），下降幅度达 10%。2019 年 8 月 10 日，徐州华润 3 号机组高温亚临界综合升级改造项目顺利通过 168 小时满负荷试运行。

2. 末级长叶片

国内蒸汽轮机长叶片设计体系，建立在理论计算及大量试验研究的基础上，通过工程实际验证，具有一整套可靠的设计准则、强度振动软件系统、制造安装工艺规范、质量规范、实物试验验证规范。国内低压长叶片按照 50Hz 湿冷系列、50Hz 空冷系列、核电半速 25Hz 系列、60Hz 系列开发，均采用了成熟和先进的长叶片开发技术，适用相应标准的材料、气动设计、强度振动设计规范。在全转速（3000r/min）火电蒸汽轮机末级长叶片方面，国内哈汽、东汽、上汽均开发了 3000r/min 钢制 1200mm 末级长叶片，并陆续在火电厂投运。在半转速（1500r/min）核电蒸汽轮机末级长叶片方面，上汽开发了叶高为 1420mm、1710mm 和 1905mm 的蒸汽轮机钢制长叶片系列，东汽开发了叶高为 1651mm、1828mm 和 2082mm 的核电蒸汽轮机钢制长叶片系列，哈汽开发了叶高为 1460mm、1800mm 和 2000mm 的钢制末级长叶片系列。

由西安交通大学、东汽、上汽、杭汽、上海成套院、上海船舶设备研究所等六家单位合作完成"汽轮机系列化减振阻尼叶片设计关键技术及应用"，2018 年获国家科技进步奖二等奖。该项目瞄准振动应力小、安全性高的减振阻尼叶片研发难题，历经 20 余年艰苦攻关，提出了减振阻尼叶片强度、振动设计新方法及系列减振新结构，完成了 20-1700MW 等级火电、核电和工业蒸汽轮机调节级叶片到末级叶片的共 87 种阻尼叶片的自主研发，并获得"中国好设计"银奖。

（1）全速 1100mm~1220mm 长叶片

1）哈汽全速空冷 1100mm 叶片。1100mm 叶片是当前国际上最长的空冷末级动叶片，采用高强度叶片材料 0Cr15Ni7Cu2MoNbVN，研制过程中开发了自带围带、凸台拉筋连接的高阻尼叶片结构，采用了超长空冷末级叶片颤振预测的方法和设计规范，具有变工况综合效率高、安全等特点。叶片排汽面积为 10.3m²，适用于两排汽 600MW 级或四排汽 1300MW 空冷蒸汽轮机。该叶片于 2017 年 8 月 31 日在国华宁东 1 号机组成功投入运行。

2）东汽全速 1200mm 叶片。超超临界蒸汽轮机钢制全转速蒸汽轮机末级 1200mm 长叶片采用了先进的阻尼围带和凸台拉金减振结构，具有效率高、安全可靠等优点。2003年立项开发，2006年完成施工方案设计及国家863课题验收，2010年完成实物叶片制造及调频试验。该叶片于2014年7月和9月，应用于浙江浙能中煤舟山煤电有限责任公司2×1000MW的1号和2号超超临界蒸汽轮机。该叶片于2015年2月和9月，应用于神华万州2×1000MW的1号和2号超超临界蒸汽轮机。

3）上汽全速1220mm叶片。1220mm叶片采用整圈自锁结构，具有频率稳定性好、动应力低的特点。叶片排汽面积为11.57m²，适用于超超临界1000MW及以上火电蒸汽轮机和F级联和循环蒸汽轮机。2015年立项开发，2017年9月在动平衡室完成了1220mm叶片的动频实验工作。2018年11月9日在广东甲湖湾1号机组成功投入运行。

（2）全速1410mm~1500mm长叶片

1）上汽全速钢制1410mm叶片。全速湿冷1410mm末级长叶片全周共56只叶片，每只叶片重量约为72.4kg，排汽面积为13.9m²。叶片采用04Cr15Ni7Cu2MoNb材料，相比05Cr17Ni4Cu4Nb，该材料具有更高的屈服强度及更好的低周疲劳特性。

2）东汽全速钛合金1450mm叶片。钛合金1450mm末级长叶片，是针对超超临界大容量四排汽1200-1300MW级蒸汽轮机，于2011年立项，历时5年攻关开发完成的钛合金全转速超长末级叶片。钛合金是一种低密度金属，具有比强度高、抗腐蚀和抗水蚀性能优的特点。该叶片已完成施工方案设计、一系列的加工工艺试验研究以及实物叶片的加工制造，2019年7月23日完成实物叶片的调频试验工作。钛合金1450mm末级长叶片将应用于大唐郓城和中兴电力蓬莱发电有限公司1000MW高效二次再热超超临界发电机组的两个国家示范项目。

3）哈汽全速钛合金1450mm叶片。全速湿冷1450mm末级钛合金长叶片，采用钛合金材料TC4。设计排汽面积16.17m²，适于660MW两排汽、低背压1000MW以及四排汽1300MW超超临界蒸汽轮机。已经完成1450mm钛合金叶片的设计工作和部分试验验证，下一步计划进行钛合金叶片的试制和模化叶片动调频试验，并将该叶片模化应用于高转速小型蒸汽轮机。

4）上汽全速钛合金1500mm叶片。全速湿冷1500mm末级长叶片，设计排汽面积16.7m²，将采用钛合金材料进行制造，材料强度高、密度低，适用于超长叶片的设计制造。已完成1500mm钛合金叶片的气动设计，并根据加工制造工艺等要求编制了"钛合金长叶片加工制造规范"，已经完成可实现规范化加工制造的1500mm钛合金叶片结构设计。1500mm长叶片可以在不增加低压缸的前提下，能够满足参数更高的联合循环蒸汽轮机以及大容量蒸汽轮机，以提高机组的经济效益。

（3）半速1460mm~2082mm叶片

1）哈汽半速1460mm末级长叶片。1460mm叶片是哈汽专门为国产AP1000蒸汽轮机开发的末级长叶片，适用于六排汽1000MW~1200MW半速核电蒸汽轮机。具有完全自主知识产权，采用了先进的气动设计理念，效率比引进机组的末级叶片高 1.5%，并具有更好的工艺性。1460mm 末级叶片由 730mm 全速末级叶片严格模化得到。2018 年，在大唐长春第二热有限责任公司完成了 730mm 全速末级叶片的动应力实机测量试验。730mm 全速末级叶片已有 20 台蒸汽轮机的运行业绩，到 2018 年年底，该叶片的最长运行时间已超过 10 年。

2）东汽半速 1651mm 末级长叶片。2012 年立项，启动开发，2015 年完成实物叶片制造及试验验证，并于 2017 年 3 月 20 日通过中国机械工业联合会组织的专家鉴定，该叶片可应用于 AP1000、"华龙一号"等核电半转速核电蒸汽轮机。

3）上汽半速 1710mm 叶片。为了满足二代加和第三代核电蒸汽轮机组最佳经济性的要求和已有堆型，以及不同地区背压的最佳选配要求。2007 年上汽完成了核电长叶片系列的总体框架设计，2012 年完成排汽面积为 26m^2 的 1710mm 叶片的全部设计以及动频等试验验证工作。已经落实巴基斯坦 K2/K3 项目、防城港二期项目、福建漳州核电项目以及桃花江等 10 台核电蒸汽轮机使用 1710mm 末级叶片的订单。

4）哈汽半速 1800mm 叶片。1800mm 叶片是大容量半转速核电蒸汽轮机末级叶片，排汽面积为 25.7m^2，采用枞树形叶根、整体围带和凸台拉筋结构，依靠旋转时离心力所引起的叶片扭转恢复形成整圈连接结构，该结构具有振型相对简单、振动应力低的特点。1800mm 叶片进行了全尺寸叶片 120% 超速试验和动调频试验，验证了叶片的静强度和频率特性。叶片共振转速避开了 1410–1545r/min 范围，保证了叶片的运行安全性。在东芝公司蒸汽轮机试验台上进行了模化叶片的动应力试验。试验结果表明，该叶片在极端工况下最大动应力只有 1.65MPa，保证了高背压、小容积流量工况下叶片的安全性。1800mm 叶片可用于 CAP1400 六排汽（TC6F）、AP1000 四排汽（TC4F）、"华龙一号"四排汽（TC4F）以及 VVER 四排汽（TC4F）型核电蒸汽轮机。在国家核电技术公司专家组的现场见证下对 1800mm 叶片进行了安全性和经济性试验验证。验证试验结果表明，1800mm 叶片具有安全可靠性和优良的气动效率。2012 年 8 月 16 日，自主开发的核电半转速 1800mm 末级叶片，通过了中国机械工业联合会组织的专家评审。1800mm 长叶片应用于昌江"华龙一号"核电机组。

5）东汽半速 1828mm 叶片。2006 年完成了核电系列末级叶片的总体规划，2007 年启动了 CAP1400 核电蒸汽轮机关键技术 1828mm 叶片研制工作，并于 2012 年完成了叶片的设计、制造以及相关的气动、强度、振动试验验证工作。该叶片采用了先进的阻尼围带和凸台拉筋减振结构，具有效率高、安全可靠的优点。1828mm 末级长叶片已经成功中标应用该叶片的国家核电重大专项"大型先进压水堆核电站"的国核压水堆 CAP1400 示范工程的 1500MW 核电蒸汽轮机、福清 5 号和 6 号蒸汽轮机以及宁德 5 号、6 号蒸汽轮机等多个项目。

6）上汽半速 1905mm 叶片。2012 年立项，开始排汽面积为 30m^2 的 1905mm 叶片开发工作，2013 年年底完成了总体方案、流场设计、强度振动及结构设计等工程设计工作。2014 年进入最终叶片的制造技术准备阶段，包括试验叶片、试验转子试制和动频试验。上汽半速 1905mm 叶片是已经生产出的世界上排汽面积最大的核电长叶片、叶片毛坯长度超 2m，重量达 490kg。2015 年 3 月完成试验叶片的制造，于 2016 年 6 月完成了 1905mm 叶片的全部设计及试验验证工作。2016 年 8 月 5 日，1905mm 叶片的开发工作通过中国动力工程学会专家委员会的鉴定。1905mm 叶片的开发工作，列入"大型先进压水堆及高温气冷堆核电站"国家科技重大专项课题，同时被列入上海市科委科技攻关专项。1905mm 叶片可满足 EPR、"华龙一号"、CAP1400、CAP1700 及我国北方地区 AP1000 核电蒸汽轮机的应用需求。成功开发的 1905mm 叶片，代替核电蒸汽轮机 1396mm 叶片，可以减少一只低压缸。

7）哈汽半速 2000mm 叶片。2000mm 叶片是哈汽为 CAP1700 蒸汽轮机开发的末级长叶片。该叶片排汽面积为达到 29.8m²，适用于六排汽 2000MW 等级半速核电蒸汽轮机，也适用于四排汽 1000MW 等级半速核电蒸汽轮机。2000mm 末级叶片设计开发工作已经完成，陆续开展相关试验验证工作，计划寻找合适的项目进行模化叶片的实机运行验证。

8）东汽半速 2082mm 叶片。针对 1700MW~2000MW 级核电蒸汽轮机，于 2014 年启动了半速 2082mm 超长末级叶片的设计工作，并于 2015 年年底完成了叶片的气动、强度、振动以及施工方案设计工作，以及该叶片的相关加工制造工艺研究，具备实物叶片制造条件。

3. 汽封技术

现代发电技术对蒸汽轮机越来越高的技术经济性要求，推动了汽封技术的不断发展，先进的转子和静子间的汽封技术可显著提高蒸汽轮机的工作效率和可靠性。统计数据表明，蒸汽轮机的泄漏损失约占级内损失的 1/3，其中动叶片顶部的泄漏损失约占总漏气损失的 80%。高中压缸功率和热耗率影响最大的因素是汽封（包括轴封、隔板汽封、动叶叶顶汽封），对比一次再热、二次再热，从热耗率验收功率（THA）到 40% 负荷工况，典型工况计算表明，轴封间隙每增加 0.1mm，蒸汽轮机热耗率增加 0.07%~0.12%、5~8kJ/(kW·h)。通过采用先进的汽封技术来降低蒸汽轮机通流的漏气损失，对提高蒸汽轮机的经济性有积极的作用。蒸汽轮机应用的主要汽封包括非接触式迷宫汽封、蜂窝/孔型阻尼汽封、袋型阻尼汽封和接触式刷式汽封。新近发展的叶片式汽封等汽封技术和叶顶汽封技术新构型设计，在减少泄漏损失、提高通流效率方面值得进一步深入研究[13-15]。

（1）非接触汽封技术

迷宫汽封由于其结构相对简单和成本低，是蒸汽轮机中最常用的汽封装置[13]。其密封原理是汽封齿与转子间形成的一系列间隙和耗散空腔，当泄漏流体流经间隙时，其部分压力能转化为速度能，速度能随即在耗散空腔中由于湍流涡旋耗散为热能，由于流体产生节流与热力学效应，泄漏流的压力逐渐降低而达到密封效果。在蒸汽轮机的高压端，由于缸内蒸汽压力高，为减少蒸汽的泄漏量，一般采用高低齿汽封。在低压端，常采用光轴汽封（也称平齿汽封），以适应转子和汽缸较大胀差的需要。

蜂窝阻尼汽封是可磨耗的先进阻尼汽封结构，工业应用中较常见的蜂窝汽封由高温合金密封与背板组成，通过高温真空钎焊连接；也有的采用整体加工，电火花成孔[16]。蜂窝材料可以是耐高温合金（Hastelloy-X），也可以是不锈钢箔材，还可以是铝质材料，应用于蒸汽轮机的轴封、叶顶间隙密封。蜂窝阻尼汽封由蜂窝部分和支持部分组成，两部分通过高温真空钎焊工艺连接。蜂窝材料是高温合金或不锈钢箔材，背板、环座用于钎焊蜂窝和安装，其结构与安装方式有关，多个蜂窝密封弧段组成一个密封环，直径较小时可以是两个半圆或整环。在大多数情况下，蜂窝密封安装在静止部件上，如蒸汽轮机的缸体、静叶和隔板套上。蜂窝阻尼汽封与转动部件的界面一起构成密封结构。主要结构型式是蜂窝与光滑面、蜂窝与迷宫齿两种，两者分别应用于不同蒸汽轮机的汽封位置和工作条件中。

相对于迷宫汽封，蜂窝阻尼汽封具有如下优点：

1）能在最小的材料质量下保证密封具有最大的强度，从而允许在高压降条件下应用而不增加汽封的尺寸，此外还简化了蒸汽轮机安装和修理时的装配工作。

2）蜂窝阻尼汽封的蜂窝材料质地较软，常见的由0.05mm~0.10mm厚的镍基耐高温薄板制成，具有可磨性，所以径向间隙可以控制得比迷宫汽封小。再加上蜂窝阻尼密封具有无数个蜂窝孔状芯格结构，与转子接触时是若干个点形成的面式接触，使得汽封碰磨时动静间摩擦力很小，不会产生较大的转子弯曲变形。

3）破坏性耐磨试验结果表明，蜂窝阻尼汽封对轴的摩擦损伤程度仅是铁素体迷宫汽封的1/6。所以，即使在蒸汽轮机运行中蜂窝阻尼汽封的动静发生摩擦，也不会伤及轴颈。

4）蜂窝阻尼汽封是一种利用漩涡耗散能量型的密封，沿轴向进入汽封腔室的气流会立即充满蜂窝芯格，蜂窝芯格内的漩涡会对泄漏气流产生阻碍作用，因此蜂窝阻尼汽封具有很好的密封效果。

5）汽封内泄漏流对转子的周向力是转子产生涡动的主要因素，由于蜂窝芯格具有阻尼作用，所以对气流的周向流动发展具有一定的阻碍作用。因此，蜂窝阻尼汽封具有良好的转子动力特性，对于抑制转子的同步振动和亚同步振动有明显效果。

6）在蒸汽轮机中，将蜂窝阻尼汽封用于蒸汽轮机末级、次末级、次次末级叶顶，具有收集微小水滴去湿的功能，能减轻水滴对叶片的水蚀，提高动叶片的防水蚀可靠性。

国内在低压缸湿蒸汽区的动叶片顶部，以及通流部分改造项目的低温轴端汽封中有大量蜂窝汽封的应用业绩。虽然蜂窝阻尼汽封具有十分优良的性能，但是蜂窝阻尼汽封是有缺点的，蜂窝的焊接和密封的安装将耗费十分长的时间，导致交货期较长，加工成本高，工序复杂。另外，假若与转子面发生磨损，对蜂窝阻尼汽封的破坏程度较大。为了弥补蜂窝阻尼汽封的这些缺点，研究人员发明了孔型阻尼汽封。孔型阻尼汽封和蜂窝阻尼汽封在几何外形上十分接近，两者唯一的区别是前者静子面上开有圆形孔，而后者静子面上开有正六边形孔。可以说,孔型阻尼汽封和蜂窝阻尼汽封其实就是同类汽封。孔型阻尼汽封和蜂窝阻尼汽封的加工工艺、安装位置和方法均相同。能够采用电火花加工工艺在铝质静子面上生成蜂窝孔,而孔型阻尼汽封的电火花加工方法比蜂窝阻尼汽封更为简单。试验揭示了孔型阻尼汽封具有和蜂阻尼窝汽封相近的泄漏特性和转子动力特性,可以作为蜂窝阻尼汽封的替代结构。

(2)接触式汽封技术

接触式汽封的典型技术是刷式汽封技术,接触式刷式汽封可使蒸汽轮机通流的泄漏损失大幅度降低,并改善转子运行的稳定性[13, 15]。刷式汽封是由前夹板、刷丝束和后夹板三部分组成。刷丝束是由排列紧密的柔软而纤细的刷丝层叠构成。前夹板起到固定和保护刷丝束的作用。后夹板对刷丝束起到支撑的作用,使刷丝束在较大压差的作用下避免产生大的轴向变形,保持稳定的汽封性能。刷丝束在安装时与转子具有微小的初始干涉量。因此气流只能通过刷丝间的微小孔隙泄漏通过,泄漏量极低。此外,刷丝束是沿着转子转动方向以一定倾斜角(30~60°)与转子表面相接触。这种特殊的结构设计不仅可以有效地减缓刷丝的磨损速度,而且使刷丝束对转子的径向变形和偏心涡动有极强的适应性。在转子发生径向偏移时,刷丝束可以产生弹性退让,避免刷丝过度磨损,当转子从偏心位置恢复时,刷丝又会在弹性恢复力的作用下及时地跟随转子,从而保证良好的封严性能。即便是刷式汽封经过长时间高频率与转子碰磨后形成永久性汽封间隙,刷丝束也会在气动力的作用下向转子面移动,自动地减小或者关闭汽封间隙,维持良好的封严性能。此外,刷丝束与转子具有一定倾角,还便于刷式汽封的安装替换。

刷式汽封经常在非常严酷的条件下工作,温度可达 850℃,压力可达 0.8MPa,相对接触速度可达 350m/s,因此刷丝束材料的选择尤为重要,刷丝束是决定刷式汽封性能的关键。最常用的刷丝材料是钴基合金,这种合金在高温下具有很好的耐磨和耐腐蚀特性。刷式汽封在工作时,转子面一般需要光滑硬质涂层,这样可以降低刷式汽封对转子的磨损,避免产生裂纹。航空发动机中常用陶瓷涂层,包含碳化铬和氧化铝。对于蒸汽轮机,转子直径大,对涂层没有统一要求。近年来出现了非金属纤维制造的刷丝用于一些特殊的场合。例如,金属材料的刷式汽封不适用于轴承油封,因为刷丝磨损产生的金属颗粒会对精密轴承造成损害和同时存在潜在的火花。而纤维材料的刷式汽封便能克服这些缺点,替代迷宫汽封,几乎不产生泄漏。国内在高中压合缸,通流改造中有大量刷式汽封的应用业绩。

(3)新型汽封技术

国内在蒸汽轮机个别改造项目上,采用了新型汽封。

1)指式汽封由许多精确加工的薄钢片叠置而成,在汽封外缘附近,指式汽封与其他元件铆接固定[15]。汽封的外部元件是圆环,称为前盖板和后盖板。在前盖板的后面是前隔片,然后是指式单元,后隔片和后盖板。前隔片是一个带装配孔和径向槽的环状隔片,在汽封内径附近有压力平衡孔。指式部件是一个圆环部件，在汽封内径周围有很多切口成为细长弯曲梁，弯曲梁的顶部延长成为触板。每个指式单元在外径附近有一系列孔，当相邻的指式单元交替指向孔，单元结构的指尖之间的空间被相邻单元的指头占据时，就被分隔开来。有些孔形成汽封上游高压气流流道，在最后的指式单元，后隔片和汽封坝之间的空腔达到压力平衡。后隔片包含两个同心的圆环片。一个像前隔片，与后盖板的内径相同的另一个圆环更小一些，通过许多径向辐条把后隔片与外圆环连接到一起。

2）叶式汽封主要由沿周向叠置的多层弹性金属薄片和外罩组成，这些薄片在外罩内可以自由移动，排列时与转轴表面成一定角度[15]。当转子处于静止状态时，叶式汽封的叶尖与转子表面接触；当转子旋转时，受气动力和压差的作用，叶式汽封尖端上浮从而离开转轴表面，因此这种气封在运行期间磨损较小。在汽封工作过程中，由于薄叶顶端上抬形成的动静间隙很小，同时由于金属薄片间距很小，导致壁面对气体的粘性阻力大于气流的膨胀加速能力，因此，在汽封间隙处，气体速度与密度均降低，气封泄漏量明显减小。

3）叶顶汽封反旋流器设计。日本三菱重工和三菱日立能源系统公司针对蒸汽轮机叶顶间隙控制方面，提出了在动叶片叶顶汽封出口设计反旋流器结构，减少叶顶间隙泄漏与主流的掺混损失，以提高蒸汽轮机级的气动效率[17, 18]。

随着蒸汽轮机参数日益提高和对通流效率要求不断提升，具有自适应的控制间隙泄漏流动的汽封技术得到发展和应用。主要包括涡旋汽封技术、防旋流汽封技术以及各种动汽封技术的有效组合，旨在相同间隙时有效抑制泄漏流动，减少泄漏量，进而控制间隙泄漏流动与主流的掺混而造成的流动损失。

4. 结构强度与寿命

发展620℃或更高温度的高效一次再热超超临界和高效二次再热超超临界蒸汽轮机技术，高温部件面临蠕变问题；蒸汽轮机的快速启动、快速负荷变动、宽负荷运行、常态化深度调峰或两班制运行等新的灵活性要求，带来的问题是寿命损伤大，关键部件面临多工况强度、寿命损耗与安全服役问题。电站业主对蒸汽轮机的寿命要求不断提高，火电蒸汽轮机已经从30年提高到40年，核电蒸汽轮机已经从40年提高到60年。针对蒸汽轮机的高参数、长寿命和运行灵活性，蒸汽轮机高温部件与关键部件的结构强度与寿命设计技术取得了一些新进展。

（1）高温部件蠕变

随着蒸汽轮机进汽温度不断提高，高温部件面临蠕变问题。传统的蒸汽轮机高温部件设计，取材料10万小时的持久强度应用于蒸汽轮机高温部件的强度设计。若蒸汽轮机年运行小时数按7000h计算，高温部件运行10万小时相当于寿命14.2年，不能满足电站用户30年或40年的寿命要求。针对蒸汽轮机的稳态额定工况进行高温部件蠕变变形设计，采用有限元分析法确定蠕变变形的设计量，考虑多轴应力状态对蠕变损伤的影响，应用于高温部件的蠕变变形的设计与改进。

建立蒸汽轮机高温部件的三维有限元计算模型，高温部件的温度场分布取蒸汽轮机带额定负荷时的稳态温度场的计算结果，加力载荷，使用大型结构有限元分析商用软件，可以计算得出蒸汽轮机高温零部件运行 210000h（约 30 年）和 280000h（约 40 年）的等效应力 σ_{eq}（von Mises 应力）、3 个主应力（σ_1，σ_2，σ_3）、3 个主应变（ε_1，ε_2，ε_3）和六个应变分量（ε_x，ε_y，ε_z，ε_{xy}，ε_{xz}，ε_{yz}）的计算结果，高温部件的蠕变变形的设计量取为最大主应变 ε_1。

多轴蠕变是高温部件失效的主要原因之一，蒸汽轮机高温部件的蠕变设计，需要考虑多轴应力状态对蠕变损伤的影响。考虑到空洞长大在高温部件蠕变失效中占主导地位，蒸汽轮机高温部件的复杂结构又处于多轴应力状态，高温部件的蠕变设计还需要考虑在多轴应力状态下材料的蠕变断裂应变显著下降实际情况。基于空洞长大理论，在多轴蠕变设计模型中考虑了多轴蠕变的 Cocks 与 Ashby 系数 F_{CA} 的修正。依据等效应力 σ_{eq}、静水应力 $\sigma_h = (\sigma_1 + \sigma_2 + \sigma_3) \div 3$、材料蠕变的 Norton 指数和 $\sinh(x)$ 函数，计算蒸汽轮机高温部件的蠕变变形设计的 Cocks 与 Ashby 系数 F_{CA}，来计入多轴韧性对高温部件蠕变失效的影响。

蒸汽轮机高温部件的蠕变变形的第一个设计判据是截面平均应变的设计判据。设计量是沿截面平均最大主应变 ε_{1m}，先计算出 6 个应变分量（ε_x，ε_y，ε_z，ε_{xy}，ε_{xz}，ε_{yz}）沿截面的积分平均值，再按塑性力学中"应变分析"的方法确定沿壁厚平均最大主应变 ε_{1m}，应用于蒸汽轮机高温部件的蠕变设计。考虑多轴蠕变效应的 Cocks 与 Ashby 系数 F_{CA} 后[19]，蒸汽轮机高温部件的蠕变变形的第一个设计判据是 $\varepsilon_{1m} \times F_{CA} \leq 1\%$。

蒸汽轮机高温部件的蠕变变形的第二个设计判据是局部应变的设计判据。设计量是采用有限元分析得出的局部最大主应变 ε_{1max}，考虑多轴蠕变效应的 Cocks 与 Ashby 系数 F_{CA} 后，蒸汽轮机高温部件的蠕变变形的第二个设计判据是 $\varepsilon_{1max} \times F_{CA} \leq 3\% \sim 5\%$。对于蒸汽轮机的汽缸、阀壳、喷嘴室、管道等静止承压部件，在设计中对于应力集中部位的局部应变，可以按照 $\varepsilon_{1max} \times F_{CA} \leq 5\%$ 校核蠕变设计的安全性。考虑到蒸汽轮机的高温转动部件的安全性要求更高，对于蒸汽轮机的转子等高温转动部件的应力集中部位，推荐局部应变的设计校核判据为 $\varepsilon_{1max} \times F_{CA} \leq 3\%$，以保证其有足够的安全裕度。

（2）关键部件的多工况强度

由于蒸汽轮机的转子、汽缸、阀壳等关键部件的结构和受力的复杂性，其危险点的受力绝大多数处在多轴应力状态。蒸汽轮机关键部件的三维结构在复杂的多轴应力状态下工作，其失效大多数为多轴强度失效或多轴疲劳失效。传统的蒸汽轮机关键部件的强度的常规设计，大多采用单轴应力状态进行强度计算和安全性校核。对于单轴应力状态而言，工程上采用简化模型计算平均应力，通过试验测定试件的材料力学性能，就可以进行强度设计。蒸汽轮机关键部件的多轴应力状态有无限种，通过试验测定无限种多轴应力状态下的材料力学性能，既不经济，也不可能。随着科学技术的发展，有限元分析技术在蒸汽轮机关键部件结构改进和强度设计中广泛应用，利用材料试件（单轴应力状态）力学性能的试验数据，来开展蒸汽轮机关键部件多轴应力状态的多工况强度设计。

对于蒸汽轮机关键部件的而言，加力载荷与热载荷，可采用弹性有限元分析方法，计算得出关键部件额定负荷工况与瞬态变工况的多轴应力状态，采用第四强度理论计算多轴应力的等效应力，采用塑性失效准则进行蒸汽轮机关键部件强度的分析设计，即对稳态额定工况采用考虑极限载荷的极限设计方法，对瞬态变工况采用考虑安定载荷的安定性设计方法[20]。蒸汽轮机关键部件的强度有限元分析和多轴应力状态下的多工况强度设计，面临着缺少设计判据的技术难题。蒸汽轮机关键部件的多工况的强度设计，蒸汽轮机关键部件的强度有限元分析的三个设计判据，稳态额定工况有两个设计判据，瞬态变工况有一个设计判据。

第一个设计判据是稳态额定工况沿截面平均应力的设计判据。先计算得出蒸汽轮机关键部件沿某一截面的各应力分量的积分平均值，再按第四强度理论冯·米塞斯公式（von Mises）计算等效应力，第一个设计判据是稳态额定工况沿截面平均等效应力小于材料许用应力。汽缸、阀壳、管道等筒状零部件可取垂直于中心线或垂直于内表面的某一危险截面进行稳态工况强度校核，叶片、叶轮、轮缘与焊接转子的轮盘可取某一径向危险截面进行危险工况强度校核，焊接转子的焊缝、热影响区、转鼓部分的母材及叶根槽可取垂直于转子中心线的截面进行稳态工况强度校核。

第二个设计判据是稳态额定工况表面应力的设计判据。在稳态额定工况有限元分析得出的蒸汽轮机关键部件表面多轴应力状态和 von Mises 等效应力的基础上，第二个设计判据是稳态额定工况表面等效应力小于材料屈服极限。工程实践中，稳态额定负荷工况下末级长叶片的叶根和转子叶根槽的应力集中部位，出现了一些表面等效应力大于屈服强度而投运以后并没有发生叶根与叶根槽的断裂事故的案例。对于末级长叶片的叶根和转子的叶根槽，在末级长叶片振动设计合格的前提下，推荐蒸汽轮机稳态额定工况末级长叶片的叶根及转子叶根槽的强度有限元分析的设计判据为表面等效应力小于抗拉强度或 1.25 倍屈服极限。

第三个设计判据是瞬态工况局部应力的设计判据。蒸汽轮机的瞬态变工况，包括蒸汽轮机的启动过程、停机过程、负荷变动过程、超速试验工况、甩负荷后维持空转或带厂用电运行等，简称启动、停机与负荷变动过程等瞬态变工况过程。启动过程包括冷态启动、温态启动、热态启动、极热态启动。停机过程包括滑参数停机、正常停机、事故停机。负荷变动过程包括升负荷过程、降负荷过程。通过瞬态工况有限元分析得出的多轴应力状态，并按照 von Mises 公式计算出的等效应力后，第三个设计判据是瞬态工况的局部等效应力小于 1.5~2 倍材料屈服极限，铸件局部等效应力小于 1.5 倍材料屈服极限，锻件局部等效应力小于 2 倍材料屈服极限。

（3）高温部件总寿命

在蒸汽轮机的启动、停机与负荷变动的瞬态工况，由于力载荷和热载荷引起的低周疲劳作用，导致蒸汽轮机高温部件的低周疲劳裂纹萌生与裂纹扩展。在蒸汽轮机带负荷运行的稳态工况，由于工作温度与力载荷引起的蠕变作用，导致蒸汽轮机高温部件的蠕变裂纹萌生与裂纹扩展。在蒸汽轮机的运行过程中，启动、停机与负荷变动等瞬态工况和带负荷运行的稳态工况交替出现，蒸汽轮机高温部件交替发生低周疲劳与蠕变损伤[21]。对于蒸汽轮机的高温部件，在低周疲劳与蠕变交互作用下发生裂纹萌生与裂纹扩展。

1）低周疲劳裂纹萌生寿命的计算方法。蒸汽轮机部件的低周疲劳裂纹萌生寿命的预测属于多轴疲劳问题，采用最大瞬态应变 ε_{max} 和最小瞬态应变 ε_{min} 的非对称循环法来，计算低周疲劳裂纹萌生寿命。考虑材料缺口敏感性、低周疲劳循环不对称性、高周疲劳和高温持久强度等影响因素修正后，计算蒸汽轮机部件非对称低周疲劳循环的等效应变幅。依据材料单轴对称疲劳循环的试验数据曲线，预测复杂加载条件下蒸汽轮机部件三维结构多轴应力状态的非对称疲劳循环的低周疲劳裂纹萌生寿命。

2）蠕变裂纹萌生寿命的计算方法。过有限元分析方法确定蒸汽轮机高温部件的稳态温度场和稳定蠕变等效应力 σ_c，利用蒸汽轮机高温部件的 σ_c 和工作温度 T_0，查材料持久强度的拉森–米勒参数（Larson–Miller Parameter）曲线，可确定蒸汽轮机高温部件的材料断裂时间 t_r。稳定蠕变应力对应的材料断裂时间 t_r 除以安全系数，得出蒸汽轮机高温部件蠕变裂纹萌生寿命 τ_{ic}。

3）低周疲劳裂纹扩展寿命的计算方法。对于蒸汽轮机部件，采用最大主应力与断裂力学的方法计算低周疲劳裂纹扩展寿命[22]。通过蒸汽轮机部件瞬态应力场的分析，可以确定蒸汽轮机启动、停机或负荷变动过程等瞬态工况最大主应力 σ_{1max}。通常汽缸与阀壳的外表面以及转子内表面与转子内部的最大拉应力出现在蒸汽轮机的启动过程，汽缸与阀壳的内表面以及转子外表面的最大拉应力出现在蒸汽轮机停机过程。蒸汽轮机部件低周疲劳裂纹扩展的最大应力 σ_{maxL} 为 σ_{1max} 与残余应力 σ_{re} 之和。依据材料的断裂韧性 K_{IC} 和 σ_{maxL}，计算蒸汽轮机部件低周疲劳临界裂纹尺寸 a_{cL}。在蒸汽轮机的启动、停机、负荷变动与超速试验过程，给定蒸汽轮机部件从初始裂纹 $a_i = 0.1mm$，计算 a_i 至低周疲劳临界裂纹尺寸 a_{cL} 的低周疲劳裂纹扩展寿命 N_p。

4）蠕变裂纹扩展寿命的计算方法。对于蒸汽轮机高温部件，采用稳定蠕变最大主应力与断裂力学的方法计算蠕变裂纹扩展寿命[23]。建立蒸汽轮机高温部件高温蠕变的三维有限元分析模型，计算得出额定工况下高温部件的稳态温度场和稳定蠕变最大主应力 σ_{1c}。蠕变裂纹扩展的稳定蠕变最大应力 σ_{maxc} 为 σ_{1c} 与残余应力 σ_{re} 之和。依据材料的断裂韧性 K_{IC} 和稳定蠕变最大应力 σ_{maxc}，计算蠕变临界裂纹尺寸 a_{cc}。在蒸汽轮机的带负荷稳态运行过程，依据蒸汽轮机高温部件蠕变裂纹扩展速率和大范围蠕变条件下的断裂力学参量 C^*，计算蒸汽轮机高温部件从初始裂纹 a_i 至蠕变临界裂纹尺寸 a_{cc} 的蠕变裂纹扩展寿命 τ_{pc}。

5）裂纹萌生日历寿命的计算方法。对于变幅载荷蒸汽轮机高温部件，在裂纹萌生阶段,考虑到拉应力与压应力、正应变与负应变均可以引起蒸汽轮机高温部件裂纹萌生,假定带负荷运行稳态工况以及不同的启动、停机、负荷变动或超速试验等瞬态工况的最大应变与最小应变的方向相同,应用 Palmgern-Miner 寿命损耗线性叠加法则,计算蒸汽轮机高温部件的裂纹萌生日历寿命。对于蒸汽轮机的汽缸、阀壳等静止高温部件,针对蒸汽轮机不同的启动、停机、负荷变动等瞬态工况以及带负荷运行稳态工况,在计算得出低周疲劳裂纹萌生寿命与蠕变裂纹萌生寿命后,计算裂纹萌生日历寿命 τ_{CLi}。对于蒸汽轮机的转子等转动高温部件,除了要考虑蒸汽轮机不同的启动、停机、负荷变动等瞬态工况以及带负荷运行稳态工况外,还要考虑蒸汽轮机超速试验的瞬态工况。

6)裂纹扩展日历寿命的计算方法。在蒸汽轮机高温部件的裂纹扩展阶段,在蒸汽轮机带负荷运行稳态工况发生蠕变裂纹扩展,在蒸汽轮机启动、停机、负荷变动或转子超速试验过程等瞬态工况发生低周疲劳裂纹扩展。考虑到压应力不会引起裂纹扩展,只有拉应力引起裂纹扩展。对于汽缸与阀壳的外表面以及转子内部,通常在启动过程与负荷变动升负荷工程出现最大主应力,发生低周疲劳裂纹扩展。对于汽缸与阀壳的内表面以及转子外表面,通常在停机过程与负荷变动降负荷工程出现最大主应力,发生低周疲劳裂纹扩展。对于变幅载荷的蒸汽轮机高温部件,在裂纹扩展阶段,假定不同的启动、停机、负荷变动或超速试验等瞬态工况以及带负荷运行稳态工况的最大主应力的方向相同,应用 Palmgern-Miner 寿命损耗线性叠加法则,计算蒸汽轮机高温部件的裂纹扩展日历寿命 τ_{CLp}。对于蒸汽轮机转子,还要考虑蒸汽轮机 110% 超速试验过程以及 120% 超速运行的低周疲劳裂纹扩展。

7)总寿命的计算方法。蒸汽轮机高温部件总寿命由裂纹萌生寿命和裂纹扩展寿命两部分构成,即日历总寿命为裂纹萌生日历寿命 τ_{CLi} 与裂纹扩展日历寿命 τ_{CLp} 之和[24]。在蒸汽轮机高温部件的设计阶段,用 Y_0 表示电站业主要求的使用寿命,在低周疲劳与蠕变交互作用下,蒸汽轮机高温部件总寿命的安全性评定判据为:若 $\tau_{CLi}+\tau_{CLp} \geq Y_0$ 年,高温部件总寿命的设计是安全的。两台超临界 600MW 蒸汽轮机高压内缸外表面寿命薄弱部位总寿命的计算分析与电站服役的工程验证的应用实例,验证结果表明,1 号蒸汽轮机高压内缸总寿命计算的相对误差为 4.12%,2 号蒸汽轮机高压内缸总寿命计算的相对误差为 -0.48%,总寿命的计算结果符合电站服役的工程实际。

5. 轴系特性及支撑

（1）大型重载轴承

近十年来,大型核电半速发电机组的低压转子和发电机转子以及 1000MW 级超超临界机组的低压转子和发电机转子采用径向支撑轴承,呈现大直径、高比压特点。已研制出的 1000MW 级超超临界机组（900MW~1240MW）和核电半速机组（1000MW~1755MW）,所采用径向支撑轴承的最大直径分别达到 560mm 和 800mm,轴承的最大设计工作比压分别达 3.0MPa 和 2.7MPa,接近最大设计许用比压 3.2MPa。新开发重载轴承,已经在单机容量 1755MW 级核电半速机组上应用。在新开发重载轴承中，转子多呈现为大偏心下的回转运动，润滑油油膜的非线性特征明显，使得对该类轴承的润滑特性要求高、设计开发技术难度大。

为保障重载高承载能力和油膜优良的润滑特性，这些机组常采用带有特殊槽、油囊的固定瓦轴承（如圆瓦、椭圆瓦），并进行结构的优化，如优化的袋式圆瓦轴承，核电 1000MW 级机组也有应用不对称分布和瓦张角不同的可倾瓦块轴承等。

大型径向滑动轴承油膜特性的设计技术研究方面取得技术水平的提升，工程设计基于油膜刚度阻尼系数线性化分析模型进行重载轴承初步结构方案设计分析，再针对重载轴承大偏心下的非线性特性增强的特点开展细化分析。国内高校和科研院所针对超大直径固定瓦轴承，基于大型三维有限元流固耦合计算分析软件（FLUENT）建立非线性模型，基于动网格技术和定常流体运动微分方程（RANS）的高偏心率三维计算网格的生成方法，进行油膜静动特性数值计算分析[25]；同时针对影响着轴承性能的大型轴承瓦面的热弹变形，采用数值求解与 ANSYS 软件联合求解弹流润滑问题在部分研究中实施。这些设计分析技术均逐步应用于工程化设计开发中，基于非线性的轴承润滑油膜特性数值计算成果，建立了更接近实际情况的大型重载轴承油膜特性数据库，或绘制了静动特性与转子运行转速的关系曲线，应用于重载轴承支承下的轴系动力学特性设计，尤其在新机型开发和方案比较上为工程技术人员提供了便利的设计开发的计算工具，并可在开放式的数据库中添加新结构型式轴承的静动特性参数。

大型重载轴承的实验研究方面取得的重要研究成果，基于直径 500mm 径向轴承试验台所进行的轴承润滑油的流量功耗以及动态油膜刚度的实测，以及基于 1500MW 发电机转子厂内动平衡试验条件下，直径 800mm 重载轴承的静动特性实测研究，以及对单机容量为 1755MW 级核电半速机组发电机用椭圆轴承进行了试验研究，理论和试验验证了考虑瓦体变形润滑计算方法在大型重载轴承应用上的可行性，也为大型重载轴承的动特性设计计算方法和分析数据提供了重要的验证。

大型重载轴承的支撑结构研究方面，鉴于对大型重载轴承支撑结构的刚性要求不断提高，轴承座主要为落地式，对于 1000MW 级容量及以上的新型机组与基础开发选配，应用三维有限元技术综合轴承支座及其下方支撑基础横梁等基座结构进行系统支撑刚性的计算分析，并针对类似机组基础组合进行现场的刚度实测试验研究，近十年来科研院所及有关单位实测了近十台火电与核电机组的大型重载轴承支撑系统的刚度特性，为新机设计提供了依据。

（2）轴系适配组合

为满足电站业主的不同需求，多品种的高参数、大容量机组的设计日益增多，使得机组轴系的组合呈现较为丰富的形式，同时也使轴系静动特性和安全稳定性设计难度更大，也促使制造业相关的设计技术水平不断提高。

近年来全速单轴高参数超大容量火电机组的功率达 1240MW，全速双轴机组功率可达
1350MW，半速单轴核电机组设计功率达到 1755MW。为了适应超大容量机组高效出力及
安全运行的需要，采用了多样化的轴系组合设计。基于模块化设计的新开发的蒸汽轮机具
有多样的机型和轴系选配组合，新设计的国内典型大容量机组轴系选配形式见表24。

表24　大容量机组轴系选配形式

类型	机组类型	汽缸数	轴系组成	轴系支撑系统特点
火电站同轴单轴系	1000MW 级超超临界蒸汽轮机（湿冷与空冷），包括发电机轴系总长 46m	四缸四排汽（高压、中压、低压 2 个）	高、中、低转子均为双支承，四转子八轴承	低压转子轴承采用落地或半落地轴承座；轴瓦采用可倾瓦和固定瓦（椭圆瓦）
			高压转子双支承，其余转子单支承，四转子五轴承	湿冷机组与空冷机组的低压转子轴承采用落地轴承座，轴瓦采用可倾瓦和固定瓦（圆瓦－袋式轴承）
	1240MW 超超临界蒸汽轮机（湿冷），包括发电机轴系总长 55m	五缸六排汽（高压、中压、低压 3 个）	高压转子双支承，其余转子单支承，五转子六轴承	所有转子的轴承均采用落地轴承座，轴瓦形式同上
	1000MW 级超超临界二次再热蒸汽轮机（包括宽负荷运行机组），包括发电机轴系总长 54m（61.5m）	五缸四排汽（超高压、高压、中压、低压 2 个）	高压转子双支承，其余转子单支承，五转子六轴承	落地轴承座，轴瓦形式同上，采用带弹簧隔振器的蒸汽轮机基础
		六缸六排汽（超高压、高压、中压、低压 3 个）	超高压转子双支承，其余转子单支承，六转子七轴承	
火电站非同轴双轴系	1350MW 超超临界二次再热蒸汽轮机，高低位布置的双轴机	高位机两缸（超高压、高压），低位机五缸六排汽（中压 2 个、低压 3 个）	高位机转子单支承，两转子三轴承，低位机低压转子单支承，五转子六轴承	轴瓦形式同上，轴承座落地，高位机采用带弹簧隔振器的混凝土基础与钢架基础组合，低位机置于蒸汽轮机厂房钢筋混凝土基座上
核电站同轴单轴系	全速核电蒸汽轮机，容量 710MW，包括发电机轴系总长为 50m	四缸六排汽（高压、低压 3 个）	四转子八轴承	低压转子轴承均采用半落地轴承座、固定基础
	半速核电蒸汽轮机，1755MW，包括发电机轴系总长 70m（"华龙一号"1000MW 机组、CAP1400 的 1500 MW 机组）	四缸六排汽（Arabelle 机型，采用高中压合缸、低压 3 个，其他机型采用高压、低压 3 个）	四转子八轴承	轴承均采用落地轴承座、弹簧隔振基础

高蒸汽参数带来机组高效率和高出力的同时，其形成的长轴系及多种匹配，产生诸如

找中、负荷分配、胀差、横振、扭振以及稳定性等问题，对轴系的静动力学特性设计带来一定的影响，表24所示多种轴系组合设计促使技术手段和设计体系的不断改进完善。通过新技术的研究与应用，建立了比较完整的大型火电机组、核电半速机组的轴系静动态特性设计基数规范。

1）在大型蒸汽轮机轴系动力特性分析用等效模型的完善方面，提升建立等效分析模型的技术手段，基于大型有限元结构分析软件，建立转轴、大型分支结构（如低压末三级1.2m~1.8m长叶片的轮系）、大型蒸汽轮机支撑结构（轴承座及包括弹簧隔振器的蒸汽轮机基础）等实体结构模型，完善等效模型，已在1000MW级火电与核电机组上应用，使新的等效模型与边界条件更准确地反映转子的动态特性[26]。

2）在轴系的振动稳定性优化设计技术方面，多家制造厂二次再热机组采用全周进汽、防汽流涡动汽封结构的设计，超高压和高压转子轴承采用可倾瓦轴承、中压和低压转子大多采用单支撑方式等轴系组合设计，以获得更佳的轴承和轴系稳定性。大型机组轴系的加重与加长，工作转速下的轴系临界转速呈现密集化特征，要求机组各阶临界转速严格达到设计规范的避开率，成为部分机型设计中不可协调的矛盾，在保证主模态临界转速基本满足避开率同时，引入表征转子轴承系统抑制共振峰值能力的Q系数进行设计考核，这几年通过不同大容量机型的现场运行考核，趋于成熟。

3）在轴系的扭振特性设计技术方面，机组大型化及超长轴系组合，其有多阶扭振固有频率低于工作转速，设计计算分析时，计入了低压多级长叶片分支结构等的耦合振动影响的分析模型日臻完善，包括采用分层二重模态综合法已经在工程设计中的分析应用[27]，同时将典型电气故障下的激励响应及其产生的扭振疲劳寿命损耗纳入设计考核体系。此外，在转子弯扭耦合振动的研究方面，建立了比较完善的分析模型和开发了理论计算程序[28]。

（3）弹簧隔振基础

超大容量全速单轴火电机组和半速单轴核电机组的开发，带来长轴系下的轴系刚性下降以及轴系的低阶临界转速进一步降低，蒸汽轮机基座选用弹簧隔振基础，使基础低阶主模态频率降低、避开轴系低阶临界转速，同时减少了蒸汽轮机组与厂房内设备的振动传递，近十年来弹簧隔振基础在核电半速机组得以广泛应用，火电超超临界二次再热机组也有推广应用。

按实物机组轴系和弹簧基础缩小到原来的1/10，建立轴系与弹簧隔振基础系统动态特性模型试验台[28]，开展现场核电650~1700MW机组振动特性测试以及三维有限元建模分析，进一步掌握了弹簧基础支撑下的机组轴系动力特性的设计分析技术与大型弹簧隔振基础的设计技术[29]。对于支撑于弹簧基础的轴系静态分析，综合考虑基础弹性修正下的轴系静态挠度、弯应力等参数分析，有利于机组的安装。对于轴系静动态特性的设计计算，基于三维有限元动态子结构法，对机组的转子、轴承油膜与轴承座、其他静子载荷，以及弹簧隔振基础进行实体建模，将弹簧隔振基础作为一个子结构，进行机组与弹簧隔振基础联合振动条件下的轴系动力特性计算分析[26]，实现了设计阶段对机组轴系与弹簧基础的匹配性进行预测分析和优化设计研究。这些理论分析和试验研究，为大型发电机组及弹簧隔振基础在多模块下的轴系动力学特性设计计算软件的开发提供了验证，完善了轴系动力特性设计技术规范。

6. 焊接转子

长期以来，国内有关单位一直致力于研究开发焊接转子技术，并建立了完整的焊接转子技术体系。到 2018 年年底，上汽已有 60 年的焊接转子技术研发、产品设计及生产制造经验，已经成功焊接制造各类型焊接转子 440 余根，实现了商业运行，并保持零故障的记录。焊接转子应用领域广泛，可以说覆盖了几乎所有的蒸汽轮机类型，如 125MW~1000MW 火电蒸汽轮机低压焊接转子，超超临界高压焊接转子，1000MW 核电蒸汽轮机低压焊接转子，联合循环异种钢转子等。东汽从 2004 年起步 1000MW 核电蒸汽轮机焊接转子的研发工作，2011 年开始批量化生产。

（1）核电焊接转子

第三代核电技术低压蒸汽为饱和蒸汽，低压转子尺寸大、质量重，末级叶片更长，要求在半转速（1500r/min）下工作，承受着巨大的离心力、扭转力矩，对锻件材料提出了更高的要求。作为其核心部件的转子，其锻件钢锭、毛坯的重量和尺寸都很大，整锻毛坯采购困难，且质量控制较为困难。

自 2008 年，上汽开始了新一轮面向 1000MW 级核电低压焊接转子的焊接工艺开发工作，自主研发了 700MPa 强度级 NiCrMoV 转子锻件钢，形成了比较完整的核电低压焊接转子设计技术、工艺技术及无损检测技术体系，完成了适合核电超大型低压转子焊接生产的 350t 专用焊接系统及 17m 井式炉的生产制造能力建设。上汽自主设计的"华龙一号"核电低压焊接转子由 8 个锻件焊接而成，共计有 7 条焊缝，转子最大外径达 3100mm 左右，转子总长度约 13m 长，转子重约 283t。转子末级叶片配自主研发的 1710mm 长叶片，安装动叶片后总重约 315t。2017 年开始核电焊接转子产品的焊接及焊后热处理，截至 2018 年10 月，已完成了八根"华龙一号"1000MW 级核电蒸汽轮机低压焊接转子的生产制造，完工后的系列检查与检测结果表明，各项性能指标完全符合设计要求。从技术研发、产品设计、生产制造、质量管理等各个环节，具备了大型焊接转子的批量化生产能力。

2004 年，东汽开启了核电蒸汽轮机焊接转子的研发工作，并于 2007 年开始建设焊接转子中心。焊接转子中心占地 8000m²，集转子装配、焊接、无损探伤、热处理、精加工等功能于一体。2009 年，核电焊接转子项目入选国家科技支撑计划，2011 年通过国家技术鉴定后，开始批量化生产，迄今已经有 9 根核电焊接转子在我国核电站安全运行。2011年，开始研制第三代核电蒸汽轮机焊接转子。2012 年，"华龙一号"核电焊接转子研制工作列入国家核电重大专项。2018 年首根"华龙一号"核电焊接转子在福清 5 号核电站安家落户。

（2）火电焊接转子

经过多年的技术积累与技术创新，形成了火电蒸汽轮机焊接转子设计与制造的技术体系，在众多低压焊接转子成功运行经验的基础上，火电焊接转子向大型化和高温化发展。2010年，上汽设计制造的全速超超临界1000MW级蒸汽轮机低压焊接转子，通过国家能源局和中国工业机械联合会专家组评审鉴定。该产品在2014年2月已经成功投运于华能国际电力股份有限公司南通电厂二期工程，运行后焊接转子的动态性能与整锻转子一样好。2015年成功生产试制了第一根600℃超临界蒸汽轮机高中压异种钢焊接转子，并在华电国际电力股份有限公司奉节发电厂成功运行。同年还生产试制了第一根620℃超超临界蒸汽轮机中压异种钢焊接转子。650℃异种钢焊接转子、700℃镍基同种钢及700℃镍基异种钢焊接转子等具有更高参数的焊接转子技术，研发工作取得了阶段性成果。此外，在2014年采购了一根因机组改造退役300MW火电蒸汽轮机低压焊接转子，该转子由上汽制造，已经在电厂安全服役了22年，对其进行解剖测试分析服役后的焊接转子接头性能变化情况，结果显示服役过后焊接接头性能未衰退，进一步验证了焊接转子的安全可靠性。

东汽核电焊接转子成功研发后，制订了焊接转子系列化开发计划，覆盖工作温度为180℃~700℃不同参数蒸汽轮机。已经完成620℃蒸汽轮机高压异种钢焊接转子中试试验，并起步700℃蒸汽轮机镍基焊接转子研发和试验工作。

（3）联合循环焊接转子

联合循环发电机组因其启停速度快、效率高及环境污染小等优点得到了迅速的发展。一般来说，功率较小的联合循环蒸汽轮机通常采用单缸结构，转子加工、制造、装配完成后为一体式结构。转子的高温段在高温高压蒸汽中工作，要求材料具有良好的高温性能。随着蒸汽在蒸汽轮机中不断膨胀做功，温度和压力逐渐降低，叶高随之不断增长，要求转子低温段的材料具有高强度和良好的韧性。采用焊接转子，把两种不同的锻件材料连接在一起形成整根转子，可以很好地满足同一根转子不同区域要求不同材料性能的需求。

在2008年，上汽完成了第一根F级燃气轮机联合循环（CCPP）异种钢转子的焊接及局部焊后热处理，并在厦门东部燃气电厂成功运行。于2010年完成了第一根整体煤气化联合循环（IGCC）异种钢转子的焊接及局部焊后热处理生产，并在华能（天津）煤气化发电有限公司成功运行，2011年完成了2根西门子分包的异种钢焊接转子。截至2018年12月，上汽已成功焊接制造了28根异种钢（CrMoV+3.5NiCrMoV）联合循环焊接转子。此外，随着联合循环蒸汽轮机的蒸汽参数不断提高，已经开展满足600℃联合循环蒸汽轮机12Cr钢与NiCrMoV钢中低压焊接转子技术研发，这将有助于提高联合循环机组的发电效率。

（4）光热蒸汽轮机焊接转子

光热发电利用太阳能代替燃煤，加热工质，驱动蒸汽轮机发电，是人类对新能源利用的一个重要方向。光热蒸汽轮机具有频繁启停、结构紧凑等特点，转子一端处于

40℃~50℃的常温环境，另一端处于520℃以上的高温区域。要求转子材料在低温段高强度及高韧性，在高温段高温强度好。东汽采用30Cr1Mo1V与30Cr2Ni4MoV异种钢焊接转子解决了该技术难题。异种钢焊接转子陆续应用在我国首批次光热发电项目中。同时，该组合异种钢焊接转子还在东汽F级联合循环机组中大量使用，已经确定应用于4个项目8台隔热蒸汽轮机。

7. 蒸汽轮机材料

材料是蒸汽轮机新产品开发的先导，引领产品的升级换代。各制造企业正在建立自主的材料体系，进行关键材料的全面性能试验，并建立了相应的材料数据库。

（1）620℃先进铁素体钢的开发

600℃超超临界蒸汽轮机的成功开发，为我国火电机组节能减排做出了巨大的贡献。600℃蒸汽轮机用铁素体钢开发成功后，借鉴欧美的材料研发的经验，国内在已有大量应用业绩的600℃高温转子钢和铸钢基础上添加1%的Co和100ppm的B，并对Si、Mn和Ni含量做了微量调整，得到改型的含Co和B的新型9%Cr铁素体钢FB2M和CB2M。全尺寸模拟件试验表明，FB2M和CB2M的高温性能明显优于600℃用转子钢和铸钢，也优于欧洲开发的620℃用转子钢FB2和铸钢CB2，FB2M和CB2M的最高工作温度可达625℃。对于再热蒸汽温度为620℃的超超临界蒸汽轮机，其转子锻件和铸件采用了含Co和B的新型9%Cr铁素体钢FB2M和CB2M，其汽缸、阀壳和中压转子的尺寸比较大，并且在国内首台再热蒸汽温度为620℃的超超临界燃煤电站的安徽田集成功应用。

（2）630℃先进铁素体钢的开发

620℃用先进铁素体钢成功投入应用后，国内又开始进行更高级的铁素体钢开发，期望在不使用或尽可能少地使用镍基合金的基础上进一步提高蒸汽轮机的进汽温度。在借鉴欧洲和日本材料合金化设计理念的基础上，通过Mo和W的复合强化来进一步提高铁素体钢的使用温度，已开发完成可满足630℃使用要求的新型转子钢FW2、铸钢CW2和高温叶片/螺栓钢BW2。与FB2M转子钢的持久强度对比，新型转子钢FW2的最高使用温度比FB2M高出10℃左右。最新超超临界机组的最高再热温度已提高到630℃。高温性能更好的FW2材料已用于蒸汽轮机的中压转子。此外，上汽正在进行＞630℃用的先进铁素体钢的开发，期望能替代镍基合金满足650℃蒸汽轮机部件的工作要求，转子锻件、阀壳铸件、叶片螺栓用棒材的试制和性能评估工作正在进行中。

（3）700℃蒸汽轮机材料技术

火电的下一个发展目标是700℃蒸汽轮机，其主蒸汽参数为温度≥700℃和压力≥35MPa，采用的材料应升级为镍基高温合金。早在2009年，上汽已全面开展700℃蒸汽轮机材料的开发和应用研究工作，镍基高温合金转子锻件和缸体与阀壳类铸件的材料优化设计、模拟件试制以及叶片和螺栓材料性能试验验证工作已接近尾声。上汽试制的镍基合金转子锻件，到2018年仍为世界上已解剖的尺寸吨位最大的锻件。

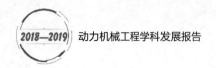

（三）蒸汽轮机控制系统

1. 一键启停技术的发展和应用

计算机分散控制系统（DCS）是国内电站普遍采用的自动控制硬件，DCS 系统中的蒸汽轮机一键启停（Automatic Procedure Start-up/Shut-down, APS），又称自启停，其突出的技术特征是全盘自动化，其控制水平可以是全工况、全过程、全自动地控制机组（从启动准备状态运转到既定目标负荷，或在规定负荷之上续减出力直至停机）[30]。蒸汽轮机控制系统（TCS）是全厂 APS 的重要组成部分，实现蒸汽轮机设备全自动启停，以提高初期低负荷阶段的自动化水平和运行安全性。

在蒸汽轮机一键启停系统的作用下，蒸汽轮机能够随时安全启动，符合电厂最短启动时间和高可靠性的经济运行要求。在启动过程中，由蒸汽轮机主控程序控制（SGC）整个冲转过程。蒸汽轮机主控程序（SGC）在启动前判断机组是否满足启动条件，在启动冲转及带负荷过程中，监视蒸汽轮机的状态，如蒸汽温度、阀门及汽缸的金属温度等，并判断是否满足机组启动冲转的条件（X 准则）。通过对关键部件（阀门、转子、汽缸）进行应力计算，计算出温度裕度，确定升速率和升负荷率；在不同的阶段赋予启动装置相应的定值，以满足控制的要求。在启动过程中在适当的时机向蒸汽轮机辅助系统及其他相关系统发出指令并从这些系统接受反馈信号，使这些辅助系统的状态与蒸汽轮机启动的要求适应。

蒸汽轮机主控程序可由运行人员在集控室发出启停指令，也可接受机组级协调控制指令，完成全厂自启停。蒸汽轮机主控程序的任务就是使蒸汽轮机和所有需要启动的辅助系统达到安全、可靠地从停机状态转换到发电运行状态。

蒸汽轮机主控程序包含辅助系统的自动启动控制和蒸汽轮机自动启动控。辅助系统的自动启动控制，自动启动蒸汽轮机润滑油系统、汽封系统、控制蒸汽轮机蒸汽阀的 EH 供油系统，并使蒸汽轮机达到盘车运行和旁路运行状态。利用"辅助系统自动启动控制"或手动启动辅助系统，启动并达到稳定状态后，"汽轮发电机自动启动控制"将使蒸汽轮机从盘车状态转换为发电状态。当蒸汽轮机控制器切换到负荷调节时，启动程序就完成了。自动停机程序使汽轮发电机组从发电状态进入蒸汽轮机阀门全部关闭的状态，这个过程中，它也采取措施使蒸汽轮机停机并进入到盘车状态。

一键操作自动完成蒸汽轮机的启动与停机过程中的控制功能包括：协调从停机到满负荷运行的自动启动过程，在不同的运行工况下（包括冷态启动、温态启动、热态启动和过临界转速、改变负荷）热应力的监控，自动完成从满负荷到投盘车的停机操作过程，在蒸汽轮机启动和停机的过程中协调整个控制系统的设备。

2. 热应力监控技术的应用

蒸汽轮机阀门、汽缸和转子等重要部件的热应力监控数据，是 TCS 蒸汽轮机监测的重要参数，是安全运行的决策指标。对蒸汽轮机一键启停而言，热应力监控的运算结果决定了蒸汽轮机启动过程中的升速率以及变负荷时最大的允许负荷变动率，是一键启停不可缺少的关键参数。

在实际应用中，有些机组 TCS 通过有限元的方法模拟计算高中压转子的应力，这种方法认为蒸汽轮机的高、中压转子的前轴封封段与前几级，在过渡工况中汽温变化段剧烈，导致这些部位的温度梯度及热应力最大，成为整个转子的最危险部位，蒸汽轮机转子外表面的叶轮根部圆角、沟槽等部位都存在着不同程度的热应力集中现象，可能导致疲劳裂纹首先在这些地方产生和发展[31]。有些通过测量汽缸内壁和中间层的温度差来计算汽缸的温度裕度，应力计算的部件包括高压主汽阀和调节阀、高中压转子、高压缸。为了减少部件疲劳寿命损耗，控制热应力的最好方法就是控制部件内外温差，因此延缓部件的升、降温速率是最直接且实用的方案。合理地损耗寿命，以便蒸汽轮机在使用寿命内发挥最大的效益是热应力控制的最终目的。为实现这个目标，蒸汽轮机制造厂会提供全寿命期内蒸汽轮机冷态启动、温态启动、热态启动和极热态启动的次数限制，以及升降负荷的速率限制，电站业主则根据蒸汽轮机的运行特性，合理分配蒸汽轮机的寿命损耗。

以国内常见的 1000MW 超超临界机组为例，高压转子、中压转子、高压主汽阀与调节阀的阀体和高压外缸的缸体是该蒸汽轮机中最厚重的部件，因此只要控制了这五个部件的热应力，其他部件也就不存在热应力超标问题。由热弹性理论可知，部件的热应力与金属部件内部的温度梯度成正比。经过简化处理，可以采用部件的表面温度和平均温度的差值来表示热应力的大小[32]。

在高压主汽阀与调节阀的阀体和高压缸外缸上各安装了 90% 插入深度和 50% 插入深度的两支热电偶作为温度测点进行温度测量。90% 深度处的温度 T_1 泛指直接接触蒸汽并进行热交换的相应阀体（缸体）温度，50% 深度处的温度 T_m 泛指相应阀体（缸体）的平均温度，由于热传导的延迟，T_m 的变化总会慢于 T_1 的变化，从而存在温差。这一温差的大小，可以表示热应力的大小。

对于高压转子、中压转子，实测温度是十分困难的，只能采用仿真计算方法。该方法是在大量实验的基础上，对热传导的边界条件进行简化处理。首先用测得的高压（中压）内缸温度近似表示高压（中压）转子表面的温度 T_a，再仿真计算转子平均温度 T_m 和转子中心的温度 T_{ax}。转子表面温度 T_a 和转子平均温度 T_m 的差值与转子热应力的大小成正比。

部件的热应力限制曲线是根据材料寿命确定的，一旦越限就有可能影响蒸汽轮机的正常寿命。为此，在蒸汽轮机正常运行中需要留出一定的安全裕量，这就是温度裕度。温度裕度是部件内外壁的实际温差和允许温差的差值，裕度越大，说明温差越小，部件所受的热应力也越小。对于每一个部件都有一个允许的温度变化裕量，允许值和运行人员选择的机组启动模式有关，分为快速、正常和慢速启动三种。快速启动的允许温度裕量最大，正常启动次之，慢速启动最小。当蒸汽轮机处于启停或负荷变动等不稳定工况下，蒸汽温度的波动更容易引起部件的温度变化并导致温差。因此，在这些过程，TCS通过温度裕度来决定或限制机组转速和负荷的变化速率，就能达到控制热应力的目的。TCS中设有应力计算（TSE）和应力控制（TSC）蒸汽轮机的监控功能，对其重要部件热应力进行连续的评估，使蒸汽轮机组能在最小寿命损耗下运行，同时也提供最大的运行灵活性，在任何运行工况下通过TSC将热应力控制在许可范围内。

三、蒸汽轮机国内外研究进展的比较

（一）火电蒸汽轮机技术

1. 国外700℃蒸汽轮机研究新进展

1998年，欧盟启动了为期17年的"Thermie AD700计划（1998—2014）"，论证和发展具有先进参数的未来燃煤机组，700℃蒸汽轮机高温部件采用镍基合金。美国能源部2000年启动了Vision21计划，目标是15年（2025年）后，蒸汽轮机的蒸汽参数达到35MPa/760℃/760℃。日本推出"凉爽地球 – 能源创新技术计划"，开展700℃级先进超超临界压力发电（A–USC）技术研究。

Thermie AD700计划的目标是研制下一代超超临界机组，原定蒸汽参数37.5MPa/700℃/700℃，发电效率达到52%~55%（对于深海海水冷却达到55%，对于内陆地区和冷却塔方式可达52%）。Thermie AD700计划的重点内容：镍基合金的材料研究，700℃时蠕变强度大于100MPa；700℃~750℃的条件下进行新材料试验，包括强度、蠕变特性、脆性、抗氧化性能等；蒸汽轮机和锅炉的设计、热力系统优化；经济分析和评价；进行400MW和1000MW两种机型的设计，参数为700℃/720℃/720℃。

Thermie AD700计划的蒸汽轮机采用二次再热，原定400MW~500MW，由超高压缸、高压缸、中压缸和低压缸组成。西门子与ALSTOM承担了欧盟700℃蒸汽轮机的研制任务，都在结构设计方面提出了技术创新方向。在西门子公司承担的多个项目中，主要是高中压缸新结构研究。中压缸进排汽温度720℃/320℃，温差达到400℃，缸体热应力很难通过计算考核，需要设计汽缸内侧隔热罩、外侧隔热罩，内缸内表面采用燃气轮机的热障涂层，研究带热障涂层与不带热障涂层的中压内缸的热应力。ALSTOM承担蒸汽轮机的进汽阀壳设计，采用了双层阀壳设计概念，锅炉产生的低温湿蒸汽引入内外阀壳的夹层，降低内阀壳承受的内外压差，可将镍基合金制成的内阀壳壁厚减薄；而承受主要压差的外阀壳，由于工作温度低，12% Cr钢可以满足要求。虽然700℃以上镍基合金是一种成熟材料，已广泛应用，但其锻件重量都比较小。AD700要求镍基合金转子锻件重量超过5t，日本东芝已试制出8.5t转子锻件。

欧盟700℃蒸汽轮机研制，研究工作文献报道比较少，由于面临大型铸锻件与焊接等技术难题，示范电厂原计划2014年在德国投运，后来又推迟到2020年以后。

2. 国内蒸汽轮机研究新进展

（1）火电蒸汽轮机研究新成就

2012—2018 年，我国火电蒸汽轮机的技术和产品的产量、品种、技术水平、运行性能等均居国际先进水平。蒸汽轮机的实际运行的性能、高温材料应用及进汽参数、高参数大容量模块开发、单轴最大容量、热电联供、空冷机组、超长轴系、二次再热循环、双机回热抽汽及驱动给水泵抽汽背压小蒸汽轮机、超长叶片低压模块系列开发、双轴高低位布置、单轴全高位置机型等方面均取得了新成就，典型特征有：

1）世界上供电煤耗最低的火力发电机组。中电联发布的 2018 年我国超超临界 1000MW 机组的年运行加权的供电煤耗为 282.81g/（kW·h），其中最低的华能莱芜投运的二次再热 1000MW 机组达到 270.1g/（kW·h），标志着我国燃煤发电装备的设计、制造、运行水平和整体能耗指标均达到国际先进水平。

2）2012 年以来，我国火电装备的蒸汽温度和高温材料的应用达到国际先进水平，蒸汽温度由 600℃先后提高到 620℃和 630℃；主蒸汽压力由 25MPa 提高到一次再热机组的 28MPa 与二次再热机组的 35MPa。

3）成功设计开发了世界上最大容量高参数的高压和中压模块，以适应更大单机容量以及二次再热中压缸容量的要求。

4）自主设计制造世界上单轴功率最大的 1240MW 机组，2019 年 6 月 19 日并网发电。

5）自主设计制造世界上最大的热电联供超超临界 1000MW 机组。

6）自主设计制造世界上参数最高、容量系列最完整的超超临界 660MW~1100MW 直接空冷和间接空冷的蒸汽轮机。

7）超低背压三个低压缸的五缸六排汽一次再热超超临界 1000MW 机组 2019 年 5 月在曹妃甸正式投运；世界上最长轴系、超低背压的高效二次再热 1000MW 蒸汽轮机（大唐东营），采用三个低压缸的六缸六排汽，标志着我国超长轴系大容量发电机组的设计制造技术又上了一个新的台阶。

8）全速长叶片低压模块的开发：长叶片是决定机组容量和性能的关键部件，历来是蒸汽轮机研发的重点。在气动、强度、材料学科的带动下，我国自主研制出具有国际先进水平的、完整的超长叶片低压模块，哈汽、东汽、上汽的全速 1200mm 等级长叶片均已投运；正在研制全速合金钢材料的 1400mm、钛合金材料的 1450~1550mm 等级长叶片。

9）双机回热抽汽循环及驱动给水泵的抽汽背压蒸汽轮机，可以大幅度降低给水加热蒸汽的过热度，以及加热器的工作温度，是保证下一步高温≥650℃，大于 700℃蒸汽循环技术和产品安全可靠性的关键技术。该项技术的应用还可提高主压和背压小机的叶片级效率，蒸汽轮机的热耗率得益约 0.5%。通过简化给水系统，降低设备成本。自主设计制造的世界上首个双机回热抽汽、高效一次再热超超临界 1000MW 机组及驱动给水泵的抽汽背压蒸汽轮机，2018 年 11 月在甲湖湾成功投运。

（2）高效二次再热蒸汽轮机

超超临界1000MW二次再热蒸汽轮机的技术和产品取得突破性进展。作为"十二五"节能减排国家重大科技支撑计划项目，国电泰州二期工程建设3号1000MW超超临界二次再热燃煤发电机组，采用了世界首台1000MW二次再热蒸汽轮机。项目通过自主研发，在1000MW二次再热蒸汽轮机设计制造等方面取得重大突破，进汽参数为31MPa/600℃/610℃/610℃，蒸汽轮机采用五缸四排汽方案，由1个单流超高压（VHP）缸、1个双流高压（HP）缸、1个双流的中压（IP）缸和2个低压（LP）缸串联单轴布置组成。该机组2015年9月投入运行，机组发电效率达到47.82%，发电煤耗为256.8g/（kW·h），供电煤耗为266.5g/（kW·h）。国内自主研制的31MPa/600℃/620℃/620℃超超临界1030MW二次再热蒸汽轮机，两台机组分别于2015年12月和2016年11月在华能莱芜投入运行。与常规一次再热超超临界机型相比，通过采用先进的二次再热循环、优化的十级回热系统，机组参数得到全面提升，各汽缸模块经过优化与改进设计，相对常规一次再热超超临界机组，二次再热超超临界蒸汽轮机热耗率得益度达到3.3%~3.8%，蒸汽轮机设计热耗率下降约280kJ/（kW·h）。

（3）1000MW级二次再热双机回热循环蒸汽轮机

1000MW级二次再热双机回热循环蒸汽轮机及抽汽背压小蒸汽轮机。2019年上汽与华能瑞金签订了二次再热超超临界1000MW蒸汽轮机机组的合同。该机组采取双机回热抽汽循环，配置抽汽背压小蒸汽轮机的二次再热机组。整个回热系统为12级给水加热器。主蒸汽参数31MPa/605℃/622℃/620℃。抽汽背压小蒸汽轮机的汽源为超高压缸排汽；小机设置5个抽汽口承担再热后高温高压加热器、除氧器以及除氧器下游的1号低压加热器的回热抽汽。背压小机的抽汽不仅大幅度降低相应加热器的工作温度，消除了常规热力系统中加热器的高温安全性风险，而且减少了原中压缸的高过热度抽汽的能级损失。此外，取消中压缸抽汽还可提高中压缸的通流效率。双机回热抽汽系统及抽汽背压小机是高温（>630℃）超超临界机组开发的关键技术。2018年11月世界上首台双机回热的一次再热1000MW机组及抽汽背压小机已在广东甲湖湾成功投运。与此相比，华能瑞金二次再热双机回热循环的抽汽背压小蒸汽轮机的技术更进了一步，背压小机不仅承担5抽汽1排的回热抽汽，驱动给水泵外，还具备驱动小型发电机具有最大20MW的发电功能。采取双机回热抽汽循环华能瑞金高效二次再热超超临界1000MW蒸汽轮机，预计2021年投运。

（4）高低位布置高效二次再热蒸汽轮机

高低位布置超超临界1350MW二次再热蒸汽轮机。安徽淮北平山电厂为沪皖合作、上海市在安徽淮北异地建设的煤电一体化机组，平山二期1350MW二次再热发电机组，2015年年底被国家能源局列为国家煤电示范工程，2018年3月30日开工建设。平山二期工程作为扩建项目，利用一期工程的部分公用、辅助设施，在规划预留的场地上建设一台1350MW新型高效超超临界二次再热燃煤发电机组，为国际首台单机容量最大的新型、高效、清洁、低碳燃煤发电机组，蒸汽轮机采用高低位双轴布置的技术，极大缩短了主蒸汽管道、一次再热蒸汽管道以及一次冷再热蒸汽管道的长度。该机型双轴七缸六排汽方案，进汽参数为 32.5MPa/610℃ /630℃ /623℃，双轴布置，1 个单流超高压缸和 1 个单流高压缸为高位布置，布置在 85m 标高的锅炉过热器与一次再热器的出口集箱处，高位布置采用弹簧隔振基础。2 个双流中压缸和 3 个双流低压缸为低位布置，布置在传统的蒸汽轮机平台，末级叶高 1045.8mm。高位布置蒸汽轮机的超高压转子和高压转子由 3 个轴承支承，两转子三轴承。低高位置蒸汽轮机的 2 根中压转子和 3 根低压转子由 6 个轴承支承。与常规一次再热超超临界机组相比，蒸汽轮机设计热耗率下降约 453kJ/（kW·h），计划 2020 年并网发电。

（5）全高位布置高效一次再热超超临界 660MW 蒸汽轮机

国华锦界三期项目为哈汽生产的超超临界 660MW 直接空冷机组，三缸两排汽，进汽参数为 28MPa/600℃ /620℃。国华锦界项目为整机高位布置，高、中、低压缸均布置在 65m 蒸汽轮机运转平台上，此种方案综合分析，可以为电厂节约 1000 余万元，蒸汽轮机全高位布置为国际首台。锦界项目为直接空冷机组，高位布置后，基础采用弹性基础，取消排汽装置，排汽缸与空冷岛直接连接，节约四大管道。锦界项目蒸汽轮机高位布置，将为 700℃蒸汽轮机节约高温蒸汽管道镍基合金的设计提供技术依据。

（6）常规布置 630℃高效二次再热 1000MW 蒸汽轮机

蒸汽轮机的进汽参数为 35MPa/615℃ /630℃ /630℃，二次再热 1000MW 蒸汽轮机，有单轴五缸四排汽、单轴四缸四排汽和单轴六缸六排汽三种结构。若要 630℃机组的发电效率达到 50%，在锅炉效率为 94.6% 与管道效率为 99.5% 的前提下，蒸汽轮机的热耗率要小于 6777kJ/（kW·h）。若要蒸汽轮机的热耗率小于 6777kJ/（kW·h），除了采用二次再热、主蒸汽参数为 35MPa/615℃、一次再热温度 630℃与二次再热 630℃之外，还要采用低背压（4.0~4.1kPa）技术。对于排汽压力约为 4.0~4.1kPa 的全速单轴蒸汽轮机，一种技术方案是末级叶片宜采用 1200mm 或 1450mm 长叶片的四排汽，另一种技术方案是末级叶片采用 1000mm 级长叶片的六排汽。对于 630℃蒸汽轮机，超高压内缸、高压内缸、中压内缸、超高压阀壳、高压阀壳和中压阀壳的材料可以采用 ZG12Cr9Mo1Co1NiVNbNB（CB2）或 CB2M，超高压转子的材料采用 13Cr9Mo1Co1NiVNbNB（FB2）或 FB2M，高压转子和中压转子的材料采用目前世界最先进的马氏体型耐热钢 9Cr-3Co-3W-B（N-FB2）或 FW2，材料的高温长时性能评价时间已经超过了 3 万小时；高温叶片采用镍基合金。对于温度达到 630℃的部分高温零件，采用最新的抗高温氧化涂层技术。

1）五缸四排汽 630℃超超临界二次再热 1000MW 蒸汽轮机。大唐郓城 630℃国家示范电站为大唐集团、东方电气集团、山东电力工程咨询院有限公司联合向国家申报的电力示范项目。项目应用国内研发的耐高温材料，自主设计制造的具有自主知识产权的 35MPa/615℃ /630℃ /630℃参数百万级超超临界二次再热燃煤发电机组，具有关键高温新材料的中国制造，采用了总体热力系统创新、更高效率的主机与辅机设备、机炉深度耦合烟气余热利用等技术，可实现内陆火力电厂发电效率突破 50%。蒸汽轮机为二次中间再热、单轴、五缸四排汽、湿冷凝汽式。机组采用回热驱动式小机减少了一、二次再热流量，提高了电厂再热管道、蒸汽轮机再热模块安全可靠性，降低了投资。高温铸件研选全国产化的 ZG12Cr9Mo1Co1NiVNbNB（CB2）、高温转子锻件采用 N-FB2 应对高温的挑战。采用双筒形汽缸结构应对高压的挑战。末级叶片采用自主研发的全转速 1450mm 钛合金叶片。大唐郓城 630℃超超临界二次再热 1000MW 蒸汽轮机，2018 年签订合同，计划 2021年并网发电。

2）五缸四排汽 630℃超超临界二次再热 1000MW 蒸汽轮机。随着国内二次再热技术的快速发展，对蒸汽轮机经济性能的追求不断提升，提高蒸汽进汽参数为最直观提高性能的手段。哈汽依托于神华清远项目，正在研制的 1000MW 级二次再热蒸汽轮机将进汽参数提升为 35MPa/615℃/630℃/630℃。中国神华国华清远发电有限责任公司（简称国华清远）二次再热蒸汽轮机，五缸四排汽，采用一个超高压缸、一个高压缸、一个中压缸和二个低压缸串联的布置方式。匹配先进的 9Cr 钢材料及工艺手段，适应 630℃进汽需求。采用 12级回热系统，匹配主循环给水泵蒸汽轮机（MCT），简化主机本体结构，减少主机本体承受的管道推力，降低 630℃二次再热机组高加设计参数，节约高加采购成本。整机组采用先进的反动式设计技术，采用成熟先进的结构形式，保证机组达到先进的经济性能。国华清远项目，蒸汽轮机设计热耗率相对 620℃二次再热机组下降约 200kJ/（kW·h）。

3）六缸六排汽 630℃超超临界二次再热 1000MW 蒸汽轮机。上汽设计的超超临界1000MW 的 35MPa/615℃/630℃/630℃二次再热蒸汽轮机，单轴六缸六排汽结构，由 1个单流超高压缸、1 个双流高压缸、1 个双流的中压缸和 3 个低压缸串联单轴布置组成，6 根转子由 7 个轴承支承，六排汽末级叶高约 1000mm，还可应用于蒸汽轮机的超低背压。

（二）核电蒸汽轮机技术

1. 国外核电蒸汽轮机研究新进展

2012 年 11 月 15 日，ALSTOM 在上海举行的第三届全球核电（中国）前沿论坛上宣布，完成当时世界上最长、排汽面积最大的用于核电蒸汽轮机的 LP75 型超长末级叶片的设计开发，该叶片将进一步提高核电蒸汽轮机的效率。75 英寸末级叶片的长度为 1905mm，是ALSTOM 的 1752.6mm（69 英寸）末级叶片的升级版本。69 英寸末级叶片是当时在役最长核电蒸汽轮机叶片，在瑞典的奥斯卡港核电厂 3 号机上率先应用。ALSTOM 阿拉贝拉核电蒸汽轮机末级叶片系列增加到 57 英寸、69 英寸和 75 英寸，岭澳两台 1000MW 级核电蒸汽轮机采用了 1447.8mm（57 英寸）末级长叶片。ALSTOM 的 75 英寸型超长末级叶片，叶高 1905mm，排汽面积 29m²，与 69 英寸叶片相比，75 英寸叶片排汽损失减少了 20%，在相同反应堆和相同工况的前提下，单机出力可以增加 10MW，相当于 6 万户中国家庭 1

年的用电量，按照欧洲的计算方法预计能带来每年 400 万欧元的额外收入。ALSTOM 的 LP75 型超长末级叶片，能在常规岛低温冷却条件下提供更多出力，尤其适合英国、北欧等地区的气候条件下运行，也适合中国东北三省的水温运行工况和沿渤海海水冷却的核电站。75 英寸产品叶片的加工制造，计划应用于英国 HPC 项目。

芬兰奥基陆托（Olkiluoto）3 号机组是 2005 年开工建设的世界上第一台 EPR 第三代核电机组，核电蒸汽轮机由西门子公司制造，功率为 1700MW，主蒸汽是压力为 7.55MPa、温度为 290℃的饱和蒸汽，1500r/min，单轴四缸六排汽，末级叶高 1830mm（72 英寸），反动式核电蒸汽轮机，额定功率 1720MW。作为最早开工的 EPR 首堆，奥基陆托（Olkiluoto）3 号机组（OL3）于 2005 年投入建设，原计划在 2009 年投产，至 2018 年年底拖期已经超过 10 年。

法国弗拉芒维尔（Flamanville）核电站 3 号机组（是法国唯一在建的 EPR 机组），是 2007 年 12 月开工建设的世界上第二台 EPR 第三代核电机组，采用欧洲反应堆。蒸汽轮机由 ALSTOM 供货，常规岛蒸汽轮机采用 Arabelle 技术的单轴四缸六排汽，1500r/min，冲动式蒸汽轮机，额定功率 1650MW[33]。法国弗拉芒维尔核电站 3 号机组，原计划 2012 年 5 月投入商业运营，到 2018 年年底，法国弗拉芒维尔核电站 3 号机组，尚未投入运行，拖期已经超过 6 年。

2. 国内核电蒸汽轮机研究新进展

（1）完成核电重大专项的半速饱和蒸汽蒸汽轮机研究课题

为促进第三代核电技术和产品的发展，2015 年 1 月 21 日，发电设备制造行业共同承担的大型先进压水堆核电站重大专项课题"大型半速饱和蒸汽蒸汽轮机、大型汽轮发电机等设备关键共性技术研究"顺利通过国家能源局核电司组织的课题验收。通过该课题实施，掌握核电百万千瓦级大型半速饱和蒸汽轮机、大型汽轮发电机及其主要辅机设备自主设计、制造、试验等关键技术，在大型半速汽轮发电机组系统集成、整锻和焊接低压转子、末级长叶片、发电机以及汽水分离再热器（MSR）关键技术等方面取得突破，建设了一大批重大研发试验设施。该课题的完成，标志着我国具备了自主研制大型核电半速汽轮发电机组成套设备的能力，形成了国产化 AP1000 蒸汽轮机后续项目批量化生产能力，产生了显著的经济社会效益。

2018 年 7 月 19 日，发电设备制造行业共同承担的大型先进压水堆核电站重大专项"常规岛关键设备自主设计和制造"课题通过国家能源局核电重大专项办组织的课题验收。通过该课题实施，取得重大标志性成果有：突破了大型半速蒸汽轮机末级长叶片设计制造技术瓶颈，成功开发出拥有自主知识产权的 1710mm、1800mm、1828mm 和 1905mm 四种末级长叶片，并完成末级长叶片性能及安全性试验验证；掌握了核电蒸汽轮机低压焊接转子关键技术，完成焊接转子研制，填补大型核电蒸汽轮机低压焊接转子设计制造国内技术空白；实现了 CAP1400 蒸汽轮机、发电机和汽水分离再热器的自主开发，填补了国内空白；完成了 CAP1400 主给水泵、凝结水泵和冷却水循环泵的样机研制及试验验证；建成了大型蒸汽轮机焊接转子、末级长叶片等一系列关键设备及部件设计、制造和试验研究平台和基地。

（2）第三代核电技术压水堆核电站半速饱和蒸汽轮机

2012 年至 2018 年，在国家核电重大专项有关课题的支持下，三大电气集团通过引进技术消化吸收再创新以及产学研用合作，逐步实现了与二代加反应堆 CPR1000 配套 1000MW 核电蒸汽轮机的国产化制造、自主化研制与批量化生产。自 2014 年起，我国第三代核电技术压水堆核电站核电蒸汽轮机产品的开发取得实质进展，哈汽、东汽、上汽均具有相应核电蒸汽轮机的自主设计和制造能力：

1）哈汽设计制造的 AP1000 第三代核电技术压水堆核电站 1250MW 半速饱和蒸汽轮机的三门 1 号和 2 号、海洋 1 号与 2 号已经投入运行。自主研制出昌江"华龙一号" 1197MW 半速饱和蒸汽轮机、VVER–1000 压水堆核电站 1125MW（田湾 3 号和 4 号）半速饱和蒸汽轮机。

2）东汽自主研制出"华龙一号"第三代核电技术压水堆核电站 1160MW（福清 5 号和 6 号）与 1200MW（宁德 5 号和 6 号）半速饱和蒸汽轮机，以及"国和一号"CAP1400 第三代核电技术压水堆核电站 1500MW（石岛湾）半速饱和蒸汽轮机。

3）上汽自主研制出"华龙一号"第三代核电技术压水堆核电站 1187MW（防城港 3 号和 4 号），AP1000 第三代核电技术压水堆核电站 1250MW（桃花江）以及巴基斯坦 K2 与 K3"华龙一号"1000MW 级半速饱和蒸汽轮机。

（3）全球功率最大的在役核电半速饱和蒸汽轮机

由东汽和 ALSTOM 合作生产的世界上在役单机容量最大的蒸汽轮机，2018 年在台山电厂投入商业运行。台山核电 1 号机组是世界上首台实现并网发电的 EPR 第三代核电机组，蒸汽轮机单机容量 1755MW。台山常规岛蒸汽轮机为四缸六排汽 Arabelle1700 蒸汽轮机。独特的 Arabelle 技术，1500r/min，冲动式蒸汽轮机，主蒸汽是压力为 7.55MPa、温度为 291℃的饱和蒸汽，抽汽回热 7 级（2 高加 +1 除氧 +3 低加）。在 Arabelle 蒸汽轮机中，4 组高压主汽调节阀布置在高压缸两侧，高压缸的蒸汽膨胀是单流向的，高压缸排汽口出来的 4 根管道分别接入左右两个立式布置的 MSR，经汽水分离后的过热蒸汽再热后经过 4 个再热主汽调节阀进入单流向的中压缸膨胀做功。Arabelle 采用了中压缸单元，从而降低了低压模块的焓降，低压级数减少缩短整个蒸汽轮机的总长度，高压缸和中压缸采用高压与中压合缸结构。经过在中压缸的膨胀后，排汽平均地分配（各三分之一排汽）给并行的三个低压缸，低压缸的排汽进入凝汽器。3 个 LT57 低压缸，采用末级叶片 1430mm。Arabelle 蒸汽轮机的优点是高压缸与中压缸蒸汽膨胀是单流向的，这种结构通过减少在通流部分叶型根部与叶型顶部处的二次流动损失，从而提高了效率。东汽 2008 年 2 月开始项目启动，2011 年 12 月首个蒸汽轮机凝汽器模块开始交付，先后完成蒸汽轮机高中压模块、低压模块、汽水分离再热器的制造，并于 2013 年 8 月完成了发电机厂内型式试验及交付，标志世界最大容量的汽轮发电机组研制全面成功。台山核电 1 号机组于 2009 年开工建设，2 号机组于 2010 年开工建设。台山 1 号、2 号机组是继 2005 年开工芬兰奥基陆托（Olkiluoto）3 号机组、2007 年开工法国弗拉芒维尔（Flamanville）核电站 3 号机组后，全球第三、第四台开工建设的 EPR 第三代核电技术机组，这四台机组都存在拖期现象。但在后续建设过程中，芬兰和法国的 EPR 机组落后于台山核电 1 号机组。在 2018 年 6 月台山核电 1 号机组核蒸汽冲转一次成功并迎来一次并网成功。2018 年 6 月 29 日 17 时 59 分，台山核电 1 号 1755MW 蒸汽轮机首次并网发电成功，2018 年 12 月 13 日投入运行；台山核电 2 号 1755MW 蒸汽轮机于 2019 年 9 月 7 日顺利完成 168h 满负荷运行性能验收，具备投入商运条件。

（4）第四代核电技术高温气冷堆核电站蒸汽轮机

石岛湾是我国第四代核电技术首个高温气冷堆示范工程。2008 年 4 月，上汽承担了石岛湾高温气冷堆核电站 200MW 蒸汽轮机的供货合同。该项目有关的"蒸汽轮机制造技术研究"课题，2009 年列入国家核电重大专项，2014 年 6 月 25 日顺利结题。

石岛湾高温气冷堆核电站蒸汽轮机，进汽参数为 13.24MPa/566℃，额定功率 211.9MW，工作转速 3000r/min，额定背压 4.5kPa。蒸汽轮机由一个单流高压缸和一个双流低压缸组成，高压缸有 21 级叶片，低压缸有 2×7 级叶片，末级叶高 1050mm。考虑到低压缸的排汽湿度较大，除了设置除湿沟、蜂窝汽封、适当动静间隙、叶片司太立合金防护等常规的除湿与防湿措施外，还采用了空心静叶片加热除湿装置。由于高压缸的排汽仍然为过热蒸汽，蒸汽轮机没有配置汽水分离再热器（MSR）。全转速设计的蒸汽轮机高压缸与低压缸的尺寸较小，选取了合理的系统配置，降低了核电站的工程造价。

2016 年 4 月蒸汽轮机运抵核电站现场，于 2017 年 4 月完成安装工作。根据电站业主计划，预计 2020 年并网。

四、蒸汽轮机的发展目标、前景及研究方向

（一）发电效率 50% 以上机组的蒸汽轮机

1. 650℃蒸汽轮机

蒸汽轮机的进汽参数初步确定为 35MPa/630℃/650℃/650℃，二次再热 660MW 或 1000MW，有单轴五缸四排汽和单轴六缸六排汽的两种结构。单轴五缸五排汽结构，有 1 个超高压钢，1 个高压缸，1 个中压缸，2 个双流低压缸。单轴六缸六排汽结构，有 1 个超高压钢，1 个高压缸，1 个中压缸，3 个双流低压缸。采用二次再热的 630℃蒸汽轮机，机组发电效率达到 50%，需要采用低背压（4.0~4.1kPa）技术。采用二次再热的 650℃蒸汽轮机，机组发电效率达到 50%，可以采用常规背压 4.9kPa 设计。由于 650℃蒸汽轮机的

进汽温度比较高，在相同排汽压力下，蒸汽轮机的热耗率比 630℃汽轮机更低，机组发电效率可以超过 50%。

工作温度为 650℃的高压内缸、中压内缸、高压阀壳、中压阀壳等大型铸件的材料拟采用镍基合金或马氏体耐热钢，采用马氏体耐热钢可以显著节约机组制造成本，但耐热钢的高温抗氧化工艺还需要进一步研究。高压转子和中压转子采用焊接转子结构，高温段拟采用镍基合金，高温叶片采用镍基合金。采用镍基合金制造的 650℃蒸汽轮机大型高温部件，其结构强度与寿命、材料力学性能、焊接工艺等有待深入研究。

2. 700℃蒸汽轮机

进汽参数初步拟定为 35~38MPa/700℃/720℃，一次再热或二次再热的 700MW~1000MW 蒸汽轮机。对于 700℃二次再热 1000MW 蒸汽轮机，双轴五缸四排汽结构，可以采用高低位布置。1 个超高压缸、1 个高压缸和 1 个中压缸采用高位布置，2 个双流低压缸采用低位布置。机组发电效率为 52%~55%，对于采用深海海水冷却的超低背压的机组发电效率达到 55%，对于内陆地区采用冷却塔方式的机组发电效率可达 52%。

对于 700℃蒸汽轮机，超高压转子、高压转子和中压转子均采用焊接转子结构，高温段拟采用镍基合金，超高压内缸、高压内缸、中压内缸、超高压阀壳、高压阀壳、中压阀壳等大型铸件的材料拟采用镍基合金，高温叶片采用镍基合金。采用镍基合金制造蒸汽轮机的大型高温部件，大型铸锻件研制、结构强度与寿命、材料力学性能、焊接工艺等有待深入研究。

700℃二次再热发电技术，面临的另一个问题是性价比问题。传统的蒸汽轮机布置方式，主蒸汽管道、一次再热管道和二次再热管道，采用镍基合金，造价昂贵。平山二期高低位布置的超超临界 32.5MPa/610℃/630℃/623℃二次再热 1350MW 蒸汽轮机与国华锦界三期全高位布置高效一次再热超超临界 28MPa/600℃/620℃的 660MW 蒸汽轮机的示范工程成功后，700℃蒸汽轮机可以采用高低位布置或全高位布置，有效减少主蒸汽管道、一次再热管道和二次再热管道的镍基合金使用量，有效降低机组造价，具有良好的发展前景。

700℃蒸汽轮机研制的技术关键是镍基合金大型铸锻件与焊接工艺技术，以及降低镍基的材料成本。降低镍基合金高温管道的费用是决定 700℃蒸汽轮机能否产业化的关键因素。技术经济分析表明，700℃蒸汽轮机示范工程采用一次再热、三缸两排汽的 700MW 机型以及全高位的布置方案，可以大幅度降低镍基材料的消耗，并提高 700℃蒸汽轮机的性价比。由电力规划设计总院有限公司、华东电力设计院有限公司、华北电力设计院有限公司，上锅、上汽等单位，联合承担的 700℃"示范电站建设工程可行性研究"项目，2016 年 11 月启动。初步确定一次再热，双机回热抽汽系统，具有 3 抽 1 排回热抽汽的背压小蒸汽轮机，主蒸汽参数 35MPa/700℃/720℃，一次再热，单轴三缸两排汽结构，1 个高压缸、1 个中压缸和 1 个双流低压缸，最大出力 700MW。整个蒸汽轮机机组全高位布置，可以大幅度减少主蒸汽与一次再热蒸汽管道的长度以及镍基合金高温管道的成本，相比在役超超临界机组，考虑参数提高、高位布置管道压损减少以及双机回热系统等因素，蒸汽轮机的热耗率下降得益超过5%。

为了降低镍基合金的材料成本，上海成套院提出了采用非镍基合金研制700℃蒸汽轮机技术方案，主要技术特点是采用铁素体钢或奥氏体钢材料、转子蒸汽冷却与焊接转子等技术。初步计算分析表明，由于冷却蒸汽流量很小，对蒸汽轮机热耗率影响也比较小，但可以有效降低700℃蒸汽轮机研制的技术难度和造价。采用非镍基合金制造的700℃蒸汽轮机大型高温部件，其结构强度与寿命、转子冷却技术、冷却蒸汽对蒸汽轮机经济性的影响等，有待深入研究。

（二）1900MW~2200MW 核电蒸汽轮机

1. CAP1700 核电蒸汽轮机（1900MW）

CAP1700核电半速饱和蒸汽轮机主蒸汽参数为5.52~5.92MPa/270~274.7℃，主蒸汽湿度为0.36%~0.45%，额定功率1900MW，1500r/min，主蒸汽流量为10037~10260t/h，背压3~7kPa。总体方案是单轴四缸六排汽，或单轴五缸八排汽。对于单轴四缸六排汽方案，反动式蒸汽轮机采用1个双流高压缸和3个双流低压缸结构，冲动式蒸汽轮机采用1个高中压合缸和3个双流低压缸的结构。对于单轴五缸八排汽方案，反动式蒸汽轮机采用1个双流高压缸和4个双流低压缸的结构。采用焊接转子或整锻转子，根据背压的不同，采用1905~2082mm末级长叶片。7级抽汽回热，2级高压加热器、1级除氧器和4级低压加热器，3×33%或4×25%给水泵。

2. CAP1900 核电蒸汽轮机（2100MW~2200MW）

CAP1900核电半速饱和蒸汽轮机主蒸汽参数为5.52~5.92MPa/270~274.7℃，主蒸汽湿度为0.36%~0.45%，额定功率2100MW~2200MW，1500r/min，主蒸汽流量为11094~11880t/h，背压3~7kPa。总体结构是单轴四缸六排汽，或单轴五缸八排汽。对于单轴四缸六排汽方案，反动式蒸汽轮机采用1个双流高压缸和3个双流低压缸的结构，冲动式蒸汽轮机采用1个高中压合缸和3个双流低压缸的结构。对于单轴五缸八排汽方案，反动式蒸汽轮机采用1个双流高压缸和4个双流低压缸的结构。采用焊接转子或整锻转子，根据背压的不同，采用1800~2300mm末级长叶片。7级抽汽回热，2级高压加热器、1级除氧器和4级低压加热器，3×33%或4×25%给水泵。

3. 1900MW~2200MW 核电蒸汽轮机的关键技术

研制和发展CAP1700与CAP1900核电大型半速饱和蒸汽轮机，需要研究解决的关键技术包括：2000MW级核电蒸汽轮机气动性能、结构强度与寿命设计技术，采用弹簧基础的汽轮发电机组轴系振动特性与稳定性设计技术，半转速饱和蒸汽轮机2000mm~2200mm级末级长叶片研制，蒸汽轮机大口径主汽调节阀与再热主汽调节阀研制，饱和蒸汽轮机去湿结构与防水蚀工艺，蒸汽轮机控制与保护系统研制，2000MW级核电汽水分离再热器

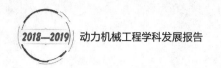

（MSR）、高压加热器、低压加热器与除氧器研制等。

（三）全速 1400mm~1550mm 和半速 2200mm~2300mm 长叶片

蒸汽轮机末级长叶片的开发设计是制造高效节能蒸汽轮机关键核心技术之一。降低末级排汽损失的一个重要手段就是采用更长的末级长叶片，增加末级的排汽面积，使得低压缸中的湿蒸汽在进入排汽缸之前进一步的膨胀，从而提高末级的出力和做功能力。长叶片的应用可以减少大功率发电机组低压缸的数量，从而降低蒸汽轮机的造价以及减少蒸汽轮机占地面积。

随着高强度叶片材料的开发，以及计算气动力学、结构强度设计技术的发展，为满足火电和核电单机容量的增加，冷端超低背压的优化配置、大型联合循环蒸汽轮机的容量要求，末级 50Hz 的全速末级长叶片由 1200mm 等级提高到 1400mm 等级（合金钢材料），1450mm~1550mm 等级（钛合金材料）；25Hz 的半速末级长叶片由 1400mm 等级最高提高到 2200mm~2300mm 等级。

高性能蒸汽轮机末级长叶片要求其具有良好的运行灵活性和可靠性，以适应较大的工况变化范围，同时蒸汽轮机低压缸末级叶片通流部分具有鲜明的三元粘性流动特征，内部流动涡系非常复杂，这些都为末级长叶片的开发设计带来了大的技术难度。

（1）在旋转离心力的作用下，过大的径高比 D/H 会使得末级动静叶间蒸汽的压力沿径向增大显著，进而引起较大的负马赫数梯度。根部的低压会降低末级根部的反动度，在小流量的情况下（如启动和停机过程）可能会造成流动分离，严重影响蒸汽轮机效率。动叶入口处的相对马赫数在根部和顶部会出现峰值，正常情况下将超过当地音速，这将导致很难在动叶通道中避免激波的出现。

（2）在满足气动条件下设计出来的末级叶片将会变得非常的细长，这降低了叶片的刚度，给强度设计带来了巨大困难。由于离心力与半径成正比，随着叶片高度的增加，叶片截面将承受更大的离心应力；在叶栅通道内部非定常气流力的作用下，末级动叶片会出现颤振，甚至会引起叶片断裂的共振；末级长叶片高度的不断增加使得其对转子的惯性力矩不断增大，有可能会引起长叶片固有振动与轴系扭振相互作用的高频扭振。

（3）高温高压蒸汽经过高中压缸的膨胀最后进入低压缸末级时已经变为气液两相的湿蒸汽状态。湿蒸汽在继续膨胀的过程中会释放可观的汽化潜热，其对汽流的加热作用导致流动向音速靠近，在流动过程中会出现凝结激波，凝结激波与稳定和不稳定的气动激波相互作用导致自激振荡流动现象。同时凝结出的大量小水滴会对末级叶片不断冲刷侵蚀，降低末级叶片的使用寿命。

（4）末级叶栅与排汽缸相互影响，排汽缸的造型会影响末级叶片出口的压力分布进而影响蒸汽轮机级的设计，而由末级叶栅流出的气流流场又会影响排汽缸的设计，所以末级长叶片的开发设计要与排汽缸的设计耦合考虑。低压缸排汽扩压器壁面的大扩张角使得绕流气气流容易出现惯性分离，并形成大尺度的强旋不稳定集中涡系。

1）流固耦合特性

随着末级长叶片变得越来越细长，叶片的刚度相应地降低，这就减弱了长叶片抵抗动应力的能力，为了获得安全高效的长叶片，长叶片的结构设计经历了从自由叶片到成组叶片再到最新的整体围带叶片 ISB（Intergrated Shrouded Blade）。ISB 在叶片顶部设计有围带，同时在中叶展处通常会安装阻尼拉金。长叶片在静止状态下，相邻长叶片的阻尼围带和拉金之间为零间隙或者留有很小的初始间隙；在旋转过程中长叶片会发生扭转恢复，从而在相邻叶片的阻尼围带和阻尼拉金间产生摩擦作用，形成整圈连接的结构，整圈振动使长叶片的动应力大幅度下降，仅为成组叶片的 1/10~1/5，且调频振型少，有效地改善了叶片的强度和振动特性[34, 35]。

随着计算机软件和硬件水平的不断进步，采用非定常的方法评估蒸汽轮机特别是末级长叶片所受到的随时间变化的气流力的作用变得可行起来。同时为了适应电网负荷的变化以及时常会出现的启动和停机情况，蒸汽轮机经常会在小流量的条件下运行。随着容积流量的减小，长叶片所承受的气动载荷会发生变化，同时能经常在叶栅通道中观察到不稳定的分离流动，当流量降低到一定程度时甚至会出现风阻现象，这一方面严重影响了蒸汽轮机的气动性能，降低了气动效率；另一方面则会对长叶片所受到的激振频率造成影响，威胁到叶片的安全运行。因此开展末级长叶片非定常气动性能与气流激振特性的研究格外重要。

2）汽液两相特性

高温高压蒸汽经过高中压缸的膨胀最后进入低压缸末级时已经变为气液两相的湿蒸汽状态，因此末级长叶片一般工作在湿蒸汽环境中。蒸汽轮机低压缸除湿方法是在空心静叶上设置除湿槽，利用槽内外的压差去除水膜，从而减少静叶出气边水膜破裂形成的二次水滴数量，减轻动叶水蚀[36]。蒸汽轮机末级长叶片的湿蒸汽汽液两相流动方面需要研究的技术[37]：准确的蒸汽轮机低压缸湿蒸汽汽液两相流动实验测量技术；可靠的蒸汽轮机低压缸湿蒸汽汽液两相数值模拟方法[38]；高效的蒸汽轮机低压缸湿蒸汽汽液两相流环境下的先进除湿技术[39]。

由于湿蒸汽中液相的存在会导致额外的能量损失、叶片水蚀和故障，降低蒸汽轮机的效率和安全性，为了解决这些问题，液滴尺寸分布的研究能够提供最基本的信息。蒸汽湿度的测量是湿蒸汽研究中的一个主要方面，通常可以理解为对蒸汽湿度、液滴直径和单位体积中水滴个数的测量。确定湿度分布和液滴直径分布，可为蒸汽轮机级中水排除措施提供依据。常用的湿度测量方法为光学法和热力学法，需要进一步研究[37]。

3）设计优化

蒸汽轮机末级长叶片气动设计过程的两个重要方面分别是截面型线的设计优化和叶片积叠规律的设计优化。截面型线的设计是为了优化二维叶型型线，减小或抑制叶片表面出现流动分离；同时合理的选择叶片根部和顶部截面有利于控制激波，提高流动效率。对叶片积叠规律进行优化设计可以控制流动参数沿叶高的分布，从而减少流动损失[40, 41]。

对于大功率蒸汽轮机的末级长叶片，除了其气动性能需要重视外，由于长叶片在运行时会承受很大的离心应力和多种接触应力，其强度性能对机组的安全运行也有着重要的影响，因此设计时需要同时考虑气动和结构强度的综合性能。近年来，一种借鉴并行协同设计学和集成制造技术的思想所提出的多学科设计优化方法（Multidisciplinary Design Optimization，MDO）被逐渐应用于叶片设计领域，该方法在多目标优化设计的基础上，同时考虑有耦合关系的多种学科的性能要求，应用具有并行特点的开发策略和分布式计算机网络技术，来搜索整体的最优解。多学科优化设计方法能够大幅度缩减设计周期，减少对人力和计算资源的需求，充分发掘各学科的潜能[42]。

开发适用于蒸汽轮机长叶片级的多学科多目标优化平台，该优化方法结合自适应多目标差分进化算法（SMODE）、基于三次非均匀B样条曲线的叶片参数化方法以及多学科性能评估方法[34, 43]。开展带有抽汽口的低压缸末级环境下的末级叶栅单目标气动优化设计以及带有阻尼围带和枞树形叶根的蒸汽轮机末级长叶片级的多学科多目标优化设计，有待深入研究[42]。

（四）深度调峰与宽负荷性能优化

2018年，煤电装机占比为53%，煤电发电量占比为63.7%，用于调峰的燃油、燃气发电及抽水蓄能发电机组装机容量占比仅8%[44]。由于风能和太阳能发电在电网中的装机比例逐年攀升，电网负荷峰谷差大，大容量高参数蒸汽轮机为了满足电网调度要求而承担调峰运行任务，已成为必然趋势。由于风能和太阳能发电具有随机性强、波动性大的特点，其出力稳定性难以保证，具有较强的反调峰特性，风能和太阳能发电大规模并网带来的调峰难问题十分突出，使电网日负荷曲线的峰谷差日趋增大。因此，燃煤发电机组进一步成为新能源并网的主导互补电源，提升大容量蒸汽轮机的调峰运行能力是保证电力系统安全稳定运行的基础。

当大容量蒸汽轮机在日常运行中承担调峰任务时，难以保证一直具有较高的效率。当超超临界机组运行区间宽泛时，蒸汽轮机偏离最佳设计工况，节流、漏汽和湿汽等损失增加，造成机组循环热效率下降，引起供电煤耗增加。通常，系统设计、设备构成、运行环境（背压）、运行方式以及运行人员的技术水平等都是影响机组调峰与宽负荷运行热经济性的主要因素。

深度调峰与宽负荷高效蒸汽轮机要具备以下能力：深度调峰蒸汽轮机具备深度调峰能力，具备快速变负荷能力；在部分负荷时，宽负荷高效蒸汽轮机的经济性应优于常规带基本负荷的蒸汽轮机；宽负荷高效蒸汽轮机，必须具备带铭牌额定负荷的能力。要具备以上能力，需要开展蒸汽轮机与锅炉参数匹配、蒸汽轮机通流设计、配汽方式、本体结构、汽封型式、冷端系统、热力系统、运行方式等全面优化工作。

深度调峰与宽负荷高效蒸汽轮机本体设备优化值得深入研究，主要包含以下方面：新型通流叶型优化，针对蒸汽轮机变工况运行的特点，以变工况性能较好的后加载叶型为母型，开发高效宽负荷叶型，以满足深度调峰与宽负荷高效运行的要求，蒸汽轮机的高压缸、中压缸、低压缸结构优化。高压缸模块优化为单流程的圆筒形多层缸结构，中压缸模块优化为多层缸和对称双分流结构。低压内缸和低压轴承箱均优化为落地式结构。新型汽封技术，蒸汽轮机不同部位选择适宜的（迷宫、侧齿、蜂窝、自调整、刷式、小间隙等）不同型式的汽封组合方案，较单一型式汽封方案，组合方案具有更好的节能效果。蒸汽轮机冷端优化技术，结合煤炭价格、机组年运行状况和当地气象条件，对冷却水塔有效面积、收水高度、凝汽器面积和循环水泵选型等进行优化。具备抽汽供热的蒸汽轮机，既可以结合蓄热系统来参与调峰，又可以采用低压缸少汽运行方式一定程度将作功与供热进行切换参与调峰。蒸汽轮机的深度调峰与宽负荷性能优化，还有以下三项技术需要深入研究。

1. 宽负荷通流性能

高、中压通流采用等根径等焓降设计，低压通流采用最佳焓降匹配、最佳反动度设计，高、中、低压各级排汽角均为轴向排汽设计。通过采用高效宽负荷叶型，叶型端部二次流损失明显改善，能量损失系数大幅降低，级性能得到显著提高；静叶叶型损失平均减小 1%，动叶叶型损失平均减小 1.1%。增强了变工况适应性，高压缸与中压缸效率在低负荷工况下降更为平缓。高压缸效率平均提高 2%，中压缸效率平均提高 2%。

2. 深度调峰低负荷低压缸性能

对低压末级静、动叶片进行了弯曲、扭曲的型线等结构优化，使末级气动性能得到很好的改善，动叶的优化还减小了末级余速损失，使得末级静效率得到提高。优化后级效率和宽负荷适应性有较大提升，不仅在设计工况下的性能得到提高，低负荷工况下的性能也得到了改善，且收益更大。将末级叶片和低压排汽腔室一道进行气动性能耦合优化，获得气动性能更优的低压排汽腔室。集成采用高效宽负荷叶型、优化的末级叶片、优化的进汽和排汽腔室，可使得低压缸的效率平均提高 0.5%~1.5%。

3. 全负荷工况性能优化

采用设计点优化、优化配汽、增设蛇形管式附加高压加热器等方式，保证蒸汽轮机在全负荷工况性能优化。设计点由额定负荷向部分负荷优化，一定程度缩小了蒸汽轮机通流的面积，可提高蒸汽轮机在部分负荷的主蒸汽压力和各级回热抽汽的压力，从而提高回热系统的抽汽系数，降低蒸汽轮机冷端排汽损失的比率，一定程度提高了部分负荷的经济性。通过采用旁通配汽方式和切除高加运行方式可以保证机组达到额定出力，但一定程度降低了蒸汽轮机在满负荷的经济性，这种方式对于主要承担调峰类型的机组是合适的。高效宽负荷率蒸汽轮机的采用新型的配汽调节技术（喷嘴配汽＋旁通配汽），大容量高参数机组喷嘴配汽面临调节级叶片安全可靠性的限制，又趋向采取全周进汽＋旁通配汽的方式。采用定压、滑压与定压的运行方式，可在保持蒸汽轮机在高负荷工况下高经济性的同时，有效地提高蒸汽轮机在部分负荷工况下的经济性。通过增设蛇形管式附加高压加热器，在中、低负荷区间内，蛇形管式附加高压加热器投入运行可提高给水温度约 20℃ 左右，不仅有利于机组脱销系统的稳定运行，同时可降低机组热耗约 35kJ/（kW·h）左右，具有良好的经济性。

（五）蒸汽轮机智能技术

制造业数字化、智能化的目标在开始的时候就是极其明确的：从繁杂的体力或脑力劳动中解放人类，提升效能。随着现代社会信息技术、互联网技术的飞速发展，越来越多繁杂的任务采用计算机完成。计算机可以在最短的时间内遍历由人脑提前设定好的所有可能，筛选出适合的解决方案，最终由人或者类人智能选择结果。有待深入研究的蒸汽轮机的智能技术，包括智能设计、智能制造和智能运维。

1. 智能设计

蒸汽轮机智能设计是将 CAD（计算机辅助设计）、UG 等技术与人工智能相结合，利用人工智能相关理论使 CAD、UG 等系统结合专家知识和经验代替专家完成部分设计工作，从而实现设计的更大程度的智能化。通过开发出在一定程度上能够代替或支持专家完成创造性的设计任务，进一步提高设计的智能水平和减轻设计人员的工作量[45]。结合蒸汽轮机设计经验及智能设计技术，提出蒸汽轮机智能设计的以下三个研究方向。

（1）基于遗传算法的 EBOM 方案设计

蒸汽轮机由多个零部件组合而成，具有一定的层次结构，各个结构层次之间又保持着继承和交叉的统一关系。合理表达出多层次的结构特征，对于蒸汽轮机的方案设计有着至关重要的作用。通过遗传算法，采用多层次基因编码方法，合理搭建蒸汽轮机工程物料清单（EBOM）结构，解决方案交叉和变异等问题，在满足设计要求的同时匹配智能制造的需求。

（2）基于实例推理的部套详细设计

根据蒸汽轮机结构、功能等属性的不同，构建蒸汽轮机不同模块的数据库，在蒸汽轮机的设计和开发过程中，优先通过实例推理算法从数据库中搜索相似模块，并根据相似模块解决新问题。建立标准库，定期进行标准化审查，将符合要求的新模块存入数据库中以丰富数据库。通过对模块的积累和优化，提高部分模块的通用性，实现缩短设计周期、提升设计质量的目的。

（3）基于 UG 二次开发的参数化建模

参数化设计是近年来应用最广的机械产品零部件设计方法，把参数化技术和三维建模结合起来实现蒸汽轮机的三维参数化建模，扩大了参数化的应用领域，提高了蒸汽轮机零部件的设计和加工效率。通过对 UG 的二次开发，设置人性化的界面、建立标准零件库、自动生成复杂零件，实现转子、汽封、内缸等部套的自动出图，提升设计阶段的出图效率。

通过智能设计实现设计平台的建设和完善，不断提高设计过程的自动化范围和效率，从而压缩初步设计、方案设计、施工设计三阶段技术准备的周期，满足市场需求。对蒸汽轮机全生命周期内的所有仿真（热力、气动、强度、振动、控制等）的软件、流程和数据进行集成和管理，并通过引入人工智能（AI）算法，大数据技术和云计算架构（ABC），以实现蒸汽轮机性能和质量提升，同时大幅缩短蒸汽轮机设计周期。对标国际先进厂家的技术体系，寻找突破点，优化设计逻辑，消除设计对下游的计划、采购、生产等工作带来的不便。通过技术体系的优化，以满足蒸汽轮机全生命周期需求。

2. 智能制造

蒸汽轮机是典型面向工程制造的产品，对产品制造工艺和制造过程管控是提升质量、效益和产品性能的关键，是提高产品核心竞争力的有效途径之一。通过蒸汽轮机智能制造，实现从产品设计 – 制造 – 检验 – 销售 – 售后运维，设备控制到企业资源管理全流程的数据信息集成、交换、传递、存储和处理。结合蒸汽轮机制造工艺及智能制造技术，提出蒸汽轮机智能制造的以下三个研究方向。

（1）标准化工艺数据平台

通过对数据处理、分析与挖掘，形成有用的信息，并将这些信息加以应用，智能制造主要基于这些信息进行状态感知、分析和自主决策，建立适应蒸汽轮机智能制造的工艺数据库[46]。通过参数显性化、实物图示化，建立实物与系统的连接，形成工艺资源库；固化工艺设计及生产过程中的经验，形成蒸汽轮机智能制造的工艺知识库。与各系统建立接口，支撑工艺设计、计划排产、生产制造。应用工艺物料清单（PBOM）构建技术，构建层次化的工艺数据，在工艺资源库和工艺知识库的支持下，完成工艺文件向 PBOM 工艺数据的转化，搭建包含面向工艺设计计算机辅助工艺过程设计（CAPP）的模块和面向生产制造制造企业生产过程执行管理系统（MES）的模块的 PBOM 系统。围绕"人机料法环"开展现场制造过程的透明化、全过程管控。

（2）工艺设计能力

在蒸汽轮机智能制造的工艺数据平台的支撑下，优化工艺结构，通过智能编程及仿真平台，打造数字化装配，提升工艺的设计能力。通过结构化工艺设计体系，确保工艺设计的数据完整性、工艺资源的配备性、工艺的规范性，支持生产计划和物流计划的制定、修改与执行。对 UG-CAM 平台进行二次开发，模块化特征化产品设计模型，在新产品编程自动生成程序，快速完成数控编程。提高工艺指导文件的可读性及指导性，使用装配仿真动画视频直观指导生产操作人员。利用仿真装配，在技术准备阶段提前发现问题，减小生产过程中出现问题的概率。

（3）制造过程管控

融合物联网、自动化和先进网络技术等，将原有的大规模单台蒸汽轮机生产模式转变为柔性敏捷制造，通过采用智能装备、工业软件，打造一个具有自感知、自决策、自执行等特征的高端数字化车间[47]。通过高级计划与排程（APS）计划排程模块，依据工艺核定的制造能力和现有生产负荷，设计智能优化算法，对新订单生成生产计划，并实时调整优化。在 PBOM 制造数据系统的支撑下，依据生产任务计划，生成物流配送计划，通过 RFID 技术（射频识别）、物联网技术、运动控制信息系统（MCIS 系统），实现多系统之间的数据互通、物物互通，精细化物流管控，实现对蒸汽轮机制造状态数据的监控和调整。

3. 智能运维

智能运维即使用机器来代替人工运维，运用脚本或人机交互的方式运维监控整个电厂系统，保证蒸汽轮机全天候 24h 高效稳定地运行。智能运维结合监控、管理、故障定位，不仅能把运维人员从烦琐的日常巡检等工作中解放出来，还能通过运维大数据或人工智能技术大大提高机组的工作效能，这是将来运维的必然趋势[48]。蒸汽轮机的智能运维技术，是建设智慧电站的基础和重要组成部分。现根据国内智慧电厂的潜在需求，提出蒸汽轮机智能运维的以下四个研究方向。

（1）性能优化

蒸汽轮机的性能优化包括性能仿真、负荷分配、运行优化等。虽然我国在电厂自动化技术趋于成熟，但因为还没有把协同设计、大数据分析、数字孪生体建模等技术运用以配合蒸汽轮机设计参数优化，对于蒸汽轮机组设计性能方面还有相当大的可提升空间。可通过安全仪表系统（SIS 系统）将日常运维中蒸汽轮机实测数据，经过过滤提取后，回传至数据库中，通过新研发平台中的仿真建模软件，对数据进行下一步的处理运算，借此对蒸汽轮机各项性能优化，扩大电厂经济效应，拓展蒸汽轮机增值业务。

（2）设备管理

蒸汽轮机管理分为设备检测，寿命管理以及状态评估等。人工智能技术极大改变国内电力企业的自动化应用生态。针对用户对运维的高需求度，对数据的不敏感性，通过用户侧和电气集团侧布置平台（可云端布置）实现用户侧人员与电气集团侧专家、服务人员均可围绕电站平台，充分实现了用户与工厂技术支持的合作和数据、知识的共享，快速响应并给予及时的反馈。实现诸如电厂效率的实时评估，部件寿命的快速预测等功能。新增的增强现实技术 / 虚拟现实技术（AR/VR）技术，将高效交互的可视化智能设备投入电厂日常运维中去。在平时的巡检中，运行人员可以携带 AR 眼镜巡检各设备，蒸汽轮机岛中设备各项参数将会透过 AR 镜片显现。在维修过程中，AR 眼镜运用于拆分零件图纸、后台专家远程指导、运行数据自动传输并转化、危险预警等。基于智能算法、语言识别、图像识别、自然语言处理和专家系统为核心的智能设备管理技术，从蒸汽轮机定期检修向按需检修升级。

（3）控制优化

控制优化诸如一次调频控制优化、阀门特性优化，自启停优化（APS）。目前以分布式控制系统（DCS 系统）为基础的数字化控制系统，是电厂的主要自动化硬件，同时众多电厂也建立了网络化的信息平台。而智能化是数字化的进一步发展和提升，智慧电厂的重要标志就是将智能控制理论广泛应用于电厂控制领域，提升蒸汽轮机运行效率与可靠性。

（4）故障诊断

蒸汽轮机的故障诊断划分为故障检测、故障预警、振动诊断、故障预测等。智能运维中故障诊断是其中的一块最重要的内容，故障诊断将人从繁杂的运行维护中解放出来。将重要部件的参数进行筛选并监视并投入预先建立的算法库及专家知识库运算，若蒸汽轮机中任何参数出现异常，基于算法库及专家知识库的建模软件将自动分析并找出问题的根源所在，待问题解决后，故障处理结果返回智能设计环节，并对蒸汽轮机前端设计做自动优化。同时在专家知识库内若没有相关内容，则故障解决后方案将自动写入专家知识库。这种故障诊断的智能技术极大地提升机组安全性和设计协同性。

参考文献

［1］王建录，张晓东，侯明军. 超超临界二次再热汽轮机应用研究与展望［J］. 热力发电，2017，46（8）：11-15.

［2］余炎，刘晓澜，范世望. 二次再热汽轮机关键技术分析及探讨［J］. 热力透平，2013，42（2）：69-72.

［3］王洪鹏，李殿成，叶东平. 二次再热 1000MW 汽轮机关键技术和结构特点［C］. 中国动力工程学会透平专业委员会 2016 年学术研讨会论文集，2016，74-81.

［4］黄欧，余炎. 我国百万千瓦级以上核电汽轮机组现状及发展［J］. 发电设备，2010（5）：309-314.

［5］廖兴宝，高宏喜. 引进型 1000MW 级核电汽轮机的设计特点［J］. 热力透平，2008，37（1）：12-15.

［6］张秋鸿，顾卫东，谭宗立，等. 核电站常规岛汽轮机国产化现状和发展规划［J］. 中国动力工程学会透平专业委员会 2008 年学术研讨会论文集，2008，77-80.

［7］王新军，李亮，宋立明，等. 汽轮机原理［M］. 西安：西安交通大学出版社，2013.

［8］邹正平，王松涛，刘火星，等. 航空燃气轮机涡轮气动力学：流动机理及气动设计［M］. 上海：上海交通大学出版社，2014.

［9］Bloch H P, Singh M P. Steam Turbines: Design, Applications and Rerating［M］. McGraw-Hill Companies, Second Edition, 2009.

［10］Leyzerovich A S. Steam Turbines for Modern Fossil-Fuel Power Plants［M］. CRC Press, Taylor & Francis Group, 2007.

［11］Rubechihi F, Schneider A, Arnone A, et al. A Redesign Strategy to Improve the Efficiency of a 7-Stage Steam Turbine［J］. ASME Journal of Turbomachinery, 2012, 134: 031021-1-7.

［12］Yoon S. The Effect of the Degree of Reaction on the Leakage Loss in Steam Turbines［J］. ASME Journal of Engineering for Gas Turbines and Power, 2013, 135: 022602-1-9.

［13］李军，晏鑫，李志刚. 热力透平密封技术［M］. 西安：西安交通大学出版社，2015.

［14］Barmpalias K G. Steam Turbine Aerodynamics and Geometry Optimization for Effective Reduction of Leakage Flow Interactions［D］. Ph.D. Thesis, EHT Zurich, 2011.

［15］Chupp R E, Hendricks R C, Lattime S B, et al. Sealing in Turbomachinery［J］. Journal of Propulsion and Power, 2006, 22（2）：313-349.

［16］张延峰，王绍民. 蜂窝式密封及汽轮机相关节能技术的研究与应用［M］. 北京：中国电力出版社，2007.

［17］Shibata T, Fukushima H, Segewa K. Improvement of Steam Turbine Stage Efficiency by Controlling Rotor Shroud Leakage Flows - Part I: Design Concept and Typical Performance of a Swirl Breaker［J］. ASME Journal of Engineering for Gas Turbines and Power, 2019, 141：041002-1-9.

［18］Duan C, Fukushima H, Segewa K, et al. Improvement of Steam Turbine Stage Efficiency by Controlling Rotor Shroud Leakage Flows - Part II: Effect of Axial Distance Between a Swirl Breaker and a Rotor Shroud on Efficiency Improvement［J］. ASME Journal of Engineering for Gas Turbines and Power, 2019, 141：041003-1-9.

［19］史进渊，杨宇，汪勇，等. 大型发电机组可靠性预测与安全服役的理论及方法［M］. 北京：中国电力出版社，2014.

［20］史进渊，汪勇，杨宇，等. 汽轮机零部件多轴应力状态下的强度设计和寿命预测［J］. 热力透平，2012，41（2）：131-139，146.

［21］史进渊，孙庆，杨宇，等. 大型汽轮机高温部件蠕变寿命的设计和评估［J］. 中国电机工程学报，2002，22（3）：103-107.

［22］史进渊，袁伯英，程道来，等. 汽轮机 17CrMo1V 材料焊接低压转子脆性断裂的研究［J］. 中国电机工程学报，2000，20（6）：61-64.

［23］史进渊，杨宇，邓志成，等. 大功率电站汽轮机寿命预测与可靠性设计［M］. 北京：中国电力出版社，2011.

［24］史进渊. 汽轮机高温部件总寿命的计算方法与工程验证［J］. 动力工程学报，2018，38（11）：886-894.

［25］于桂昌，刘淑莲，郑水英. 基于 CFD 的滑动轴承动力特性的数值计算方法［C］. 全国设备故障诊断学术会议，2010.

［26］蒋俊，李汪繁，王秀瑾，等. 基于子结构法的汽轮发电机组模型轴系及弹簧基础模态分析［J］. 汽轮机技术，2018，60（2）：123-126.

［27］徐自力，窦柏通，范小平，等. 基于分层模态综合法的大型汽轮发电机组转子末级叶片耦合系统扭转振动分析［J］. 动力工程学报，2014，34（12）：938-944.

［28］李汪繁，王秀瑾，孙庆，等. 核电半速机组模拟轴系与弹簧隔振基础联合振动试验台设计［J］. 动力工程学报，2017，37（11）：35-39+89.

［29］杨培红，郑伯兴，周雷靖. 核电站汽轮发电机弹簧隔振基础设计［J］. 电力建设，2010，31（5）：70-73.

［30］秦莉，王立地. 火力发电机组程序自动启、停系统控制策略探讨［J］. 广东电力，2010，23（6）：43-47.

［31］祝建飞，姚峻，吴建平. 1000MW 超超临界汽轮机热应力监测及自动控制［J］. 中国电力，2009，42（6）：21-24.

［32］祝建飞，姚峻，陈松操，等. 1000MW 超超临界汽轮机自启动中热应力控制［J］. 上海电力，2008（1）：47-51.

［33］赵秀梅，杨长柱. 国内首个 EPR 核电汽轮机项目管理浅析［J］. 项目管理技术，2015，13（11）：115-118.

［34］杨建道. 低压汽轮机末级与排气缸耦合气动性能研究和优化设计［D］. 西安：西安交通大学博士学位论文，2018.

［35］ 李彬．汽轮机末级长叶片气动和强度的流固耦合特性研究及优化设计［D］．西安：西安交通大学博士学位论文，2016.

［36］ Sengupta B，Bhattacharya C. Investigation of Energy Loss on Fraction Deposition in Last Stages of Condensing Steam Turbine Due to Blade Shape and Moisture Droplet Size［J］．ASME Journal of Engineering for Gas Turbines and Power，2018，140：072601-1-8.

［37］ Rossi P，Raheem A，Abhari R S. Numerical Model of Liquid Film Formation and Breakup in Last Stage of a Low-Pressure Steam Turbine［J］．ASME Journal of Engineering for Gas Turbines and Power，2018，140：032602-1-8.

［38］ Starzmann J，Kaluza P，Casey M V，et al. On Kinematic Relaxation and Deposition of Water Droplets in the Last Stages of Low Pressure Steam Turbines［J］．ASME Journal of Turbomachinery，2014，136：071001-1-10.

［39］ Havakechian S，Denton J. Three-Dimensional Blade Stacking Strategy and Understanding of Flow Physics in Low Pressure Steam Turbines-Part I: Three-Dimensional Stacking Mechanisms［J］．ASME Journal of Engineering for Gas Turbines and Power，2016，138（5）：052603-1-10.

［40］ Havakechian S，Denton J. Three-Dimensional Blade Stacking Strategies and Understanding of Flow Physics in Low-Pressure Steam Turbines-Part II：Stacking Equivalence and Differentiators［J］．ASME Journal of Engineering for Gas Turbines and Power，2016，138（6）：062601-1-13.

［41］ Bosda I，Mansour M，Kalfas A I，et al. Unsteady Wet Steam Flow Field Measurements in the Last Stage of Low Pressure Steam Turbine［J］．ASME Journal of Engineering for Gas Turbines and Power，2016，138：032601-1-12.

［42］ Senoo S，Ogata K，Nakamura T，et al. Three-Dimensional Design Method For Long Blades Of Steam Turbines Using Fourth-Degree Nurbs Surface［C］．ASME Paper GT 2010-22312，2010.

［43］ Senoo S. Development of Design Method for Supersonic Turbine Aerofoils Near the Tip of Long Blades in Steam Turbines：Part 1-Overall Configuration［C］．ASME Paper GT 2012-68218，2012.

［44］ 张晓鲁，张勇，李振中．高效宽负荷率超超临界机组关键技术研发与工程方案［J］．动力工程学报，2017，37（3）：173-178.

［45］ 陈青山．大数据之于智能设计［J］．信息化建设，2014（9）：13-14.

［46］ 郑大安，周宇戈．适应智能制造的工艺技术［J］．新技术新工艺，2017（2）：9-12.

［47］ 张莉，喻晓鹏，陈思敏，等．LED封装车间智能制造新模式探讨［J］．中国照明电器，2018（9）：1-4.

［48］ 吉锋，刘丽霞，文韬，等．智能运维技术在电信大视频业务中的应用研究［J］．信息通信技术，2018，12（1）：28-34.

燃气轮机技术发展研究

一、引言

燃气轮机是一种把高温燃气的热能转换为机械功的旋转式动力机械，具有高效、清洁、运行灵活、结构紧凑的突出优势，应用广泛。根据单机功率和应用领域，燃气轮机可分为用于公用电网发电的大功率重型燃气轮机，以及用于驱动和分布式供能的中小型燃气轮机和微小型燃气轮机，其中重型燃气轮机单机功率多在100MW级及以上，其装机容量占全球燃气轮机总装机容量的比例超过80%，代表了燃气轮机技术发展水平；中小型和微小型燃气轮机单机功率多在50MW级及以下，因应用领域广泛，其机组数量占全球燃气轮机机组总数量的比例超过60%。

燃气轮机具有高效、清洁的突出优势。当前最先进的重型燃气轮机美国通用电气9HA.02单机功率超过500MW，简单循环和联合循环热效率已分别达到43%和63%；通过有效控制燃烧温度，燃用天然气的燃气轮机联合循环电站氮氧化物排放低于10ppm，排放量仅为先进燃煤电站的1/3左右。此外，燃气轮机体积小、重量轻，适于频繁快速启停，G/H级重型燃气轮机能在30分钟内从零负荷达到满负荷，适合电网调峰，对电网接纳新能源电站和智能化具有重要意义。自1939年诞生世界第一台发电用重型燃气轮机以来，重型燃气轮机制造和发电产业在全球迅速发展，表征燃气轮机技术水平的透平前燃气温度、压比、热效率等不断提高，单机功率不断提高，以重型燃气轮机为核心动力装备的燃气－蒸汽联合循环成为所有热－功转换发电系统中最高效、清洁的大规模商业化火力发电方式，其发电量占全球一次能源发电总量比例超过22%且还在稳步增加。随着全球气候变暖和大气环境污染问题日益突出，国内外科技界与产业界已认识到，天然气作为最便捷的清洁发电燃料，替代煤炭发电逐渐成为全球趋势。重型燃气轮机是天然气发电的主流技术，也是以煤气化生成的合成气为燃料的整体煤气化联合循环（IGCC）发电技术的基本动力装备，将是 21 世纪乃至更长时期内能源高效转换与洁净利用系统的核心动力装备。

我国以火电为主的能源结构对环境保护和社会可持续发展造成了巨大的压力。随着我国节能减排标准不断提高，PM$_{2.5}$ 等污染物逐步纳入监控，煤电发展受到了日益严格的限制。发展清洁、高效、低成本、灵活、可靠的先进大规模发电技术是我国发电行业保障电力供应、优化能源结构、节能环保的重大需求，燃气轮机发电技术已经成为我国能源清洁高效利用、优化发电模式、调整能源结构的重大需求。为了推进重型燃气轮机发电技术的应用，发展燃气轮机技术和产业，21 世纪以来，我国一方面加快天然气勘查开发并加大天然气进口保障燃料供应，另一方面从 2002 年起实施"打捆招标"项目引进国际重型燃气轮机制造技术，以满足国内燃气发电市场的需求，使我国燃气轮机制造和发电产业快速发展，燃气轮机在发电设备中的比重大幅提高。截至 2017 年年底，我国燃气轮机发电装机容量为 7629 万千瓦，占全国总装机容量的 4.3%，增速 8.8%，2017 年天然气发电量 1528 亿千瓦时，占全国发电量的 2.4%。但与世界典型国家相比，我国天然气发电呈现装机容量和发电量"双低"状态，与全球燃气发电占一次能源发电的平均比例仍有很大差距。

随着我国能源结构优化和环境污染治理不断向纵深推进，我国近年来发布了一系列加快推动天然气发电行业发展的利好政策。《加快推进天然气利用的意见》制定了实施天然气发电工程的重点任务，要求大力发展天然气分布式能源，鼓励发展天然气调峰电站，在大气污染防治重点地区有序发展天然气热电联产。《电力发展"十三五"规划》中明确，到 2020 年我国气电装机容量增加 5000 万千瓦，总装机达到 1.1 亿千瓦以上，占比超过 5%。若按 F 级 /H 级燃气轮机容量估算，"十三五"期间新增 F 级、H 级燃气轮机组约 100 台，到 2020 年我国 F 级、H 级在运和在建机组将超过 250 台套。另外，我国西气东输、近海天然气开发、液化天然气（LNG）引进、可燃冰开发、煤层气综合利用、分布式能源建设等工程的快速发展为燃气轮机发电保障了天然气供应。《天然气发展"十三五"规划》明确指出，2020 年国内天然气（包括常规和非常规天然气、煤层气、进口液化天然气等）综合保供能力达到 3600 亿立方米以上。上述利好政策为燃气轮机发电技术的快速发展保障了燃料供应，使燃气轮机在我国能源和电力工业中的地位进一步提升，为燃气轮机制造、销售、运营、运维市场提供了可期的发展前景。

天然气发电市场的发展离不开燃气轮机技术装备的发展。"打捆招标"引进技术生产的燃气轮机产品虽然基本满足我国发电行业的需求，但其核心热部件完全依赖进口且价格高昂，造成国内燃气轮机制造企业的制造销售利润被挤占，燃气电站机组运行维修成本高昂，经济性受到显著影响，而国内尚未掌握燃气轮机设计技术、热端部件制造、试验验证、控制和运维等核心技术，没有自主品牌的重型燃气轮机产品，国内燃气轮机技术和市场受制于外方。更重要的是，重型燃气轮机是战略性高端装备，其设计制造集成了气动、燃烧、控制、冶金材料、机械制造、电子等多学科领域大量高精尖技术，产业链长、覆盖面广、附加值高，对基础工业、科学技术的发展有巨大带动作用和产业辐射效应，代表着一个国家制造业的整体水平，是世界公认的制造强国的重要标志，被称为制造业"皇冠上的明珠"。因此，突破重型燃气轮机关键核心技术，研制出自主品牌的产品，实现燃气轮机自主化、可持续发展，是我国发电行业和电力装备制造业的迫切需求，对于促进我国重型燃气轮机产业发展，建设稳定、经济、清洁的能源体系，提高国家竞争能力，具有重大而深远的战略意义。

我国在"十五"规划、"十一五"规划期间结合"打捆招标"实施了一系列重型燃气轮机自主研发项目，形成了一定的燃气轮机技术研发基础，在"十二五"规划期间进一步通过制定国家战略、实施重大项目等加大了对燃气轮机技术和产业发展的支持力度。2012年，燃气轮机被我国列入"航空发动机及燃气轮机"国家科技重大专项，位列国家"十三五"规划实施的100个重大工程和项目之首。2015年，我国发布了实施制造强国战略第一个十年的行动纲领《中国制造2025》，将燃气轮机列为"高端装备创新工程"的重要内容，要求到2020年实现燃气轮机自主研制及应用，到2025年自主知识产权高端装备市场占有率大幅提升，核心技术对外依存度明显下降，基础配套能力显著加强，燃气轮机等领域装备达到国际领先水平。燃气轮机技术和产业在我国迎来了前所未有的发展机遇。

本专题报告回顾了我国燃气轮机领域技术研究和产业发展现状，调研国外燃气轮机技术发展近况和趋势，分析比较国内外发展特点和差异，预测我国燃气轮机技术发展目标和重点研究领域，为我国燃气轮机技术发展提出建议。

二、重型燃气轮机研究进展与发展趋势

（一）国内重型燃气轮机产业发展历程

我国在20世纪50年代末就开始设计制造重型燃气轮机，发展呈"马鞍型"。早期阶段（1950—1970年），我国在消化吸收苏联技术的基础上自主设计、试验和制造燃气轮机，开发出200kW~25000kW多种型号的燃气轮机，包括车载燃气轮机、机车燃气轮机和重型燃气轮机等，培养了我国第一代燃气轮机核心技术自主研究开发、试验研究、产品制造和工程服务技术队伍。期间，上海发电设备成套设计研究院、上海汽轮机厂、哈尔滨汽轮机厂、东方汽轮机厂和南京汽轮电机厂等都曾以产学研联合的方式，自行设计和生产过透平进气初温700℃等级的燃气轮机，典型机型有1MW、1.5MW、3MW、6MW发电机组、6MW船用机组以及3500hp、4500hp机车用机组。20世纪70年代中期，为配合川沪输气管线的建设，原第一机械工业部负责在南京汽轮电机厂组织全国近百个单位开展了23MW燃气轮机大会战，于1978年成功完成了第一台全国产化样机的试制工作并通过了国家鉴定，这是我国当时最大功率的燃气轮机，透平进气初温900℃等级。70年代后期，哈汽、上汽、

东汽和南汽等单位按国家川沪输气管线计划，联合设计过 17.8MW 的驱动用燃气轮机。

中期阶段（1980—2000 年），由于全国油气供应严重短缺，国家不允许使用燃油 / 燃气发电，重型燃气轮机行业失去市场需求，除保留南汽一家重型燃气轮机制造厂外，其他制造企业全部退出，与国际水平差距迅速拉大。期间，南汽在原机械电子工业部的主持下，与美国通用电气开始合作生产 MS6001B 型 39MW 燃气轮机，国产化率 60%~70%。

2000 年以来，我国燃气轮机发电行业进入全面发展阶段。2002 年 3 月起，国家发展和改革委员会组织了 3 次 F 级（250MW）和 E 级（125MW）燃气轮机的打捆招标，先后引进美国通用电气、日本三菱重工、德国西门子的燃气轮机制造技术。其中，哈尔滨电气集团与通用电气合作，生产 PG9351FA 型燃气轮机；东方电气集团与三菱重工合作，生产 M701F 型燃气轮机；上海电气与西门子合作，生产 SGT5-4000F（V94.3A）型和 SGT5-2000E（V94.2）燃气轮机；南汽与通用电气合作，生产 6B3、9E3、6F3 等 40MW~125MW 等级 B 级 /E 级 /F 级燃气轮机，"打捆招标"引进技术生产的重型燃气轮机产品及其主要技术指标见表 25。

表 25　"打捆招标"引进 F 级 /E 级重型燃气轮机主要产品及其主要技术指标

合作公司	哈电 ——通用电气	上海电气 ——西门子	东方电气集团 ——三菱重工	南京汽轮机 ——通用电气
型号代号	PG9351FA	V94.3A/SGT5-4000F	M701F	PG9171E
简单循环功率（MW）	255.6	265	270.3	123.4
简单循环效率（%）	36.9	38.5	38.2	33.8
联合循环效率（%）	56.7	57.3	57.0	52.0

近年来，面对竞争日益激烈的市场和不断进步的燃气轮机技术，国内重型燃气轮机制造企业通过股权收购、组建合资公司等方式开展国际合作，加大或深化与外方的合作。2014 年，上海电气结束与西门子"打捆招标"中的合资合作，转而收购意大利安萨尔多能源公司 40% 股权并与安萨尔多能源在中国成立两家合资公司，进行安萨尔多能源 AE 系列燃气轮机的研发设计、制造、销售、售后运维和热部件制造技术开发。哈尔滨电气集团扩大了与通用电气公司已有合作，进一步成立合资公司进行先进 F 级和 9HA 级重型燃气轮机的本地化制造。东方电气集团深化了与三菱重工的合作，在 2016 年将合作范围扩展到 F+ 级（M701F5）和 H 级（M701J）。"打捆招标"以来，哈尔滨电气集团、东方电气集团、上海电气生产的重型燃气轮机产品及其市场份额见图 26。

"打捆招标"促进了我国燃气轮机产业发展，基本满足了我国电力市场对重型燃气轮机的需求。但是，在"打捆招标"中，外方严密封锁重型燃气轮机核心技术，坚决不转让设计、高温材料和热部件制造、控制系统等核心技术。我国燃气轮机产业发展基础薄弱，

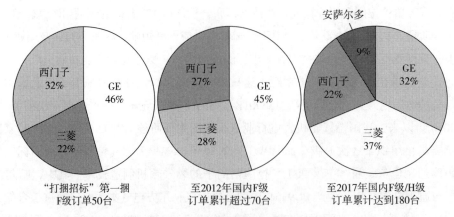

图 26　国内重型燃气轮机产品市场份额

并没有掌握重型燃气轮机的核心关键技术，没有自主的重型燃气轮机产品，特别是"打捆招标"引进技术生产的重型燃气轮机的核心热部件完全依靠进口，制造企业销售重型燃气轮机的利润被挤压且进入国际市场受制于外方，燃气轮机发电机组维修维护和备品备件成本高昂。

　　为了突破重型燃气轮机关键技术，拥有自主品牌的燃气轮机产品，实现燃气轮机产业自主创新发展，我国自"十五"规划开始，从国家有关部门、地方政府到企业、科研院所、高等院校，通过自主研发、设施建设等多种渠道，在重型燃气轮机核心部件和产品研制、关键技术开发、应用基础研究等方面开展了一系列工作。

　　"十五"规划期间，国家科技部在 863 计划中布局燃气轮机专项，以"R0110 重型燃气轮机设计与研制"和"R0110 重型燃气轮机研制与调试"两个课题持续支持 R0110 重型燃气轮机轮机研制工作。R0110 重型燃气轮机于 2008 年完成制造并点火试车成功，输出功率 110MW，发电效率 34.5%，压气机压比 14.7，透平初温 1211℃；在 2013 年 11 月完成 168h 联合循环试验运行考核，累计运行超过 450h，在 2014 年 3 月通过了科技部组织的验收。"十一五"规划期间，国家 863 计划实施了"F 级中低热值燃料燃气轮机关键技术与整机设计研究""中低热值燃料 R0110 燃气轮机研制及其在 IGCC 电站中的工程应用示范"等课题，围绕 F 级 /E 级中低热值燃气轮机总体设计技术、关键部件设计与试验技术及相关材料与工艺开展了自主开发工作。

　　2008 年，经国家发展和改革委员会批准，清华大学联合东方汽轮机有限公司、哈汽、南汽、上汽等单位成立了燃气轮机与煤气化联合循环国家工程研究中心，开展重型燃气轮机和整体煤气化联合循环（IGCC）关键共性技术的研究、工程化和产业化。2010 年，该工程中心注册为"北京华清燃气轮机与煤气化联合循环工程技术有限公司"（以下简称华清公司），开展了 60MW 级重型燃气轮机技术验证机 CGT-60F 自主设计工作。至 2016 年，CGT-60F 研制工作完成了产品概念设计、初步设计和施工设计，进入透平叶片冷却效果热态试验、燃烧室全温全压性能试验等核心热部件试验验证阶段。

哈尔滨电气集团、东方电气集团等作为我国动力装备制造领域的主力，各自在燃气轮机自主研发方面开展了一系列工作。

东方电气集团在国家重大技术创新及产业化项目支持下，汇聚集团内外燃气轮机研发、制造、试验验证优势资源，从 2009 年开始实施 50MW 重型燃气轮机自主研发项目。2009 年至 2013 年，完成了总体、压气机、燃烧器、透平研发设计和总体结构设计，转入工程施工设计；2014 年至 2016 年，建成并投用了燃气轮机压气机试验台、燃烧器试验台、涂层试验台以及国家重点试验室透平高温叶片试验室；2014 年至 2017 年，先后完成了分段和全级整体试验等压气机试验；2015 年至 2019 年，完成了核心高温部件燃烧器制造工艺研发和试验件制造，透平叶片铸造、加工、喷涂工艺技术研发，以及 50MW 燃气轮机全套透平叶片全过程实物制造，完成了燃烧器常压、实压燃烧试验、透平冷效试验、透平冷却流动试验、二次空系统试验、透平叶片调频试验等；2017 年至 2019 年，建成燃机整机空负荷和满负荷试验台，形成了完整的燃机研发试验平台，完成了 50MW 燃气轮机原型机制造、总装、整机试验系统连接和调试，进入整机试验阶段；2019 年 9 月，50MW 燃气轮机整机空负荷试验点火成功，目前正在按计划进行整机试验。

哈电集团在 2008 年至 2015 年承担了国家 863 计划"F 级中低热值燃料关键技术与整机设计研究"项目，开展了总体设计技术以及压气机、透平、燃烧室、控制系统等核心部件设计技术、试验技术及相关材料与工艺技术攻关，完成了压气机设计方案与缩型压气机制造、燃烧室设计方案与试验件制造、透平设计方案与第 1 级动叶制造、透平高温合金材料与涂层技术研究，进行了压气机和透平典型叶栅性能试验、燃烧室常压性能试验、透平第 1 级动叶热冲击试验等关键零部件试验验证，初步建立了重型燃机总体、压气机、燃烧室、透平设计研发平台。同时，哈电集团在 2011 年至 2013 年开展了天然气管线低污染型燃气轮机（30MW 级燃压机组）工艺技术研发，突破了 30MW 级燃机加工及装配技术，对加工设备进行了大规模技术改造，新增了大批加工装配设备，建立了驱动用燃气轮机的生产加工基地，于 2013 年完成了国产首台 30MW 级燃压机组压气机、燃烧室、透平和整机的加工制造。2015 年，该 30MW 级燃机机组在中石油西部管道西三线烟墩站一次点火成功，于 2016 年通过 72 小时零质量事故工业运行试验并正式投入商业运行。

上海电气依托与安萨尔多的战略合作，通过与安萨尔多联合开发和自主研究双线并举的方式，开展了重型燃气轮机的新产品研制和新技术开发工作。在重型燃气轮机产品方面，上海电气与安萨尔多联合开展了新一代 F 级燃气轮机研制、面向钢铁化工行业超低热值 E 级机组研制工作等，目前上述 F 级燃气轮机已完成制造和发运，E 级机组已进入详细设计阶段。在关键技术方面，上海电气与安萨尔多联合开发先进燃烧技术（包括超低热值、富氢燃烧等）、先进测试技术、先进气动设计技术等关键技术，并逐步应用到新产品中；自主开展了燃烧稳定性、燃烧大涡模拟、热声振荡分析、密封、非对称端壁、新型

TBC 涂层、在线监测及故障诊断等关键技术研究，并在 3D 打印、CMC 等前沿技术领域展开布局和研究；2017 年成立了"燃气轮机远程监测及诊断中心"和"燃气轮机仿真测试中心"，该中心是国内首个燃气轮机远程监控和诊断中心，也是国内首个基于 OEM 核心技术的仿真中心，结合上海电气获得的燃气轮机长协服务订单，实现了国内燃机厂商在燃机服务技术和领域上的突破。

在核心热部件方面，中国科学院金属研究所在 2009 年起先后实施了重型燃气轮机大型定向结晶透平叶片材料与制备工艺项目、燃气轮机高温透平叶片研制与验证项目，重点突破 F 级燃气轮机透平叶片抗热腐蚀高温合金材料技术、叶片的无余量精密铸造制造技术和大尺寸定向结晶技术。国内重型燃气轮机制造行业和燃气发电行业的发展带动了一批燃气轮机零部件供应商和运维服务商的出现和成长，江苏、四川、安徽等地涌现出一批中小企业，进行燃气轮机零部件制造和高温部件备品备件制造。

在燃气轮机相关学科基础研究方面，"十一五"期间，国家 973 计划实施了"燃气轮机的高性能热—功转换科学技术问题"项目，在燃气轮机轴流压气机、燃烧室和空冷透平的流动、燃烧、传热机理以及设计理论基础研究方面建设了一批机理性实验研究平台，解决了一批关键科学问题，实施了"大型动力装备制造基础研究"项目，对重型燃气轮机高温透平蒸汽／空气双工质超强冷却机理进行了研究，研制了 F 级透平高温动叶片，建成了重型燃气轮机转子综合试验系统。"十二五"期间，国家 973 计划进一步实施了"先进重型燃气轮机制造基础研究"项目，重点研究了严酷服役环境下的大型高温叶片制造新理论和新方法、组合转子性能退化机理和故障演化规律，为国内燃气轮机研发的战略部署提供了基础理论支持。清华大学、上海交通大学、西安交通大学、哈尔滨工业大学、中国科学院工程热物理所和中国科学院金属研究所等单位在国家 863、973 等国家重大研究计划项目、国家自然科学基金和相关企业的支持下，围绕燃气轮机设计技术、热部件及其高温材料制造、控制、运维等核心技术，开展了一系列的基础研究和应用基础研究，形成了一定的技术基础。

在上述计划和项目的推动下，我国重型燃气轮机在关键技术、核心部件的自主化发展方面形成了一定的技术基础和能力，但仍未突破重型燃气轮机设计、高温材料与热部件制造、试验验证、控制系统等核心技术，没有形成自主品牌的重型燃气轮机产品，没有建立完整的设计体系、制造体系、材料体系和试验验证体系，在零部件供应、技术服务、热部件维修／备品备件供应、运行维护服务等产业链环节存在短板和缺项。

因此，"十二五"规划期间，国家将航空发动机与燃气轮机一并列为国家科技重大专项，在基础研究、关键技术研究验证、型号产品研制、条件建设等方面统筹规划、系统布局、全面发力，目标是突破航空发动机和燃气轮机关键技术，研制出自主品牌产品，初步建立航空发动机和燃气轮机自主创新的基础研究、技术与产品研发和产业体系。同期，国家发展和改革委员会立项实施了国家重大科技基础设施"高效低碳燃气轮机试验装置"项目，由中国科学院工程热物理所、江苏中国科学院能源动力研究中心和上海浦东先进能源动力研究中心共建，主要目标是围绕化石燃料高效转化和洁净低碳利用，建成一批总体技术水平和研究支撑能力位居世界前列的燃气轮机试验装置，研究先进新型动力循环能量转换规律，开辟燃气轮机发展的新路径。随着"航空发动机及燃气轮机"国家科技重大专项的实施，我国重型燃气轮机技术和产业进入快速发展的全新阶段。

"航空发动机及燃气轮机"国家科技重大专项于 2015 年启动实施，其中国家电力投资集团有限公司是重型燃气轮机部分实施责任主体，2014 年由国家电力投资集团公司控股，哈尔滨电气股份有限公司、中国东方电气股份有限公司、上海电气（集团）总公司共同出资组建的中国联合重型燃气轮机技术有限公司负责具体实施，哈尔滨电气集团、东方电气集团、上海电气集团及国内相关科研院所、高等院校、企业参加，任务目标包括 300MW 级 F 级产品研制、400MW 级 G 级 /H 级技术验证、先进重型燃气轮机关键技术研究与验证、条件建设和试验电站建设等。截至 2019 年 6 月，中国重燃完成了 300MW 级 F 级重型燃机概念设计及概念设计转段预评审，完成了压气机进口多级试验、燃烧室喷嘴低压性能试验和流量特性试验、燃烧室火焰筒冷却性能验证及冷却单元性能测试、透平第一级静叶中温中压冷效试验以及透平气膜、冲击冷却单元及密封单元试验，支撑了 300MW 级 F 级重型燃机概念设计方案。在重燃专项实施过程中同步建设和完善设计体系，初步建立了能够支撑 300MW 级 F 级重型燃机概念设计的设计体系和材料体系，涉及气动、燃烧、冷却、强度 / 振动、热力循环等专业；结合国内重型燃气轮机材料性能水平、技术成熟度、应用情况，提出了透平、燃烧室、压气机关键部件选材方案，基本满足概念设计需求。采用双流水（中国科学院金属所、江苏永瀚）对透平一级动叶和一级静叶进行了试制，目前金属所已经完成一级静叶产品鉴定和一级动叶铸件首件鉴定。

中国重燃组织实施，采用"双流水"（中国科学院金属所、江苏永瀚）对透平一级动叶和一级静叶进行了试制。中国科学院金属所和江苏永瀚分别牵头试制的 300MW 级 F 级透平第一级静叶分别于 2019 年 6 月 19 日和 8 月 14 日通过首件制造鉴定，2019 年 8 月 14 日，中国科学院金属所牵头试制的 300MW 级 F 级透平第一级动叶通过首件制造鉴定，标志着我国在重型燃机核心热端零部件自主设计、自主冶炼、自主铸造上取得重大突破，为 300MW 级 F 级重型燃机一级动 / 静叶定型设计及批量化生产奠定了坚实的基础。

（二）国内重型燃气轮机技术进展

经过 10 多年自主化发展，我国在重型燃气轮机技术领域基本建立了总体与仿真、气动、燃烧、传热、控制与健康管理、结构完整性与机械传动、试验测试、先进材料、制造工艺等基础研究学科体系，在设计理论、模型、方法和基础数据方面形成了一定的积累，建立了一批机理实验研究平台，取得了一批服务于燃气轮机行业的研究成果。

1. 总体热力系统与先进循环

在燃气轮机总体设计技术方面，国内学界跟踪并采用国外发展的理论模型和方法体系，在基元叶栅法轴流压气机变工况性能计算、轴流式压气机特性线外推计算、压气机特性曲线拟合计算、当量透平前温 / 逐级冷却掺混 / 连续膨胀冷却模型等方面开展了深入研究。在系统仿真方面，开展了燃气轮机动态模拟与仿真研究，在先进动态建模方法、仿真机开发以及基于仿真系统的控制、故障诊断研究等方面取得了进展。同时，国内高校与科研机构在舰用燃气轮机间冷回热技术方面开展了广泛且深入的研究，在循环分析、变工况性能计算以及方案论证等方面取得了进展。

随着透平前温不断提高、冷却空气大幅增加，传统布雷登循环效率提高潜力有限的背景下，先进热力循环的研究成为燃气轮机创新发展的推动力与重要前沿。先进湿燃气轮机循环（HAT）方面，主要研究了 HAT 系统优化集成、湿燃烧、湿化、动态仿真、水回收等关键过程的基础问题以及湿空气热物性等，代表性的工作是中国科学院工程热物理研究所在 2010 年建成并成功运行了国内第一套、世界第三套的百千瓦级空气湿化循环原型系统的实验装置[1]。煤制气燃气轮机循环方面，国内自 20 世纪 80 年代初开始煤气化燃气轮机循环系统方案分析及系统优化工作；"十一五"规划期间，系统开展了煤气化与燃气轮机循环集成研究，在烧煤制气的重型燃气轮机建模与性能分析、燃气轮机与不同气化炉、空分的集成匹配规律等方面取得了进展。先进布雷登燃气轮机循环方面，以总能系统理论为指导，对燃气 – 蒸汽联合循环、燃气 – 卡林娜循环、燃料电池 – 燃气轮机混合循环方面开展了大量研究，提出了低能耗碳捕集燃气轮机循环、间冷回热循环、正逆耦合功冷并供循环等。低能耗捕集 CO_2 燃气轮机循环方面，在载氧体燃烧燃气轮机循环、燃料电池 – 燃气轮机混合循环方面取得有较多成果，特别是在能源动力系统中的燃料化学能梯级利用与 CO_2 富集的协同机理研究、CO_2 减排与能量转化一体化原理与方法方面，形成了较强的研究特色。

2. 压气机及其内流气动

国内对压气机的研发工作主要围绕高负荷轴流压气机气动设计与性能优化技术、流动控制技术、内部复杂流动高精度数值模拟方法等展开。

压气机气动设计与性能优化技术方面，清华大学自主开发的高负荷压气机通流设计方法与技术，成功应用于某型高压压气机和低压压气机改型优化[2]。在全三维优化设计技术方面，国内以梯度式优化算法（主要是伴随优化）、启发式优化算法（如遗传算法、进化算法、粒子群算法等）为主进行了相关优化程序的研究与开发，其中伴随优化算法由于可有效降低计算成本而备受关注，混合型梯度 – 启发式算法可兼顾计算成本及优化全局性而成为另一个研究热点。

主 / 被动流动控制技术一直以来都是国内压气机气动研究领域的热点，包括级间放气、抽吸、喷气、等离子体、涡流发生器、翼刀、凹坑、非对称机匣、机匣处理等数十种流动控制措施[3-7]。其中，级间放气技术以及可调静叶技术等主动控制措施在燃气轮机多级压气机中应用广泛，机匣处理等被动流动控制措施鲜少应用于燃气轮机压气机部件中，相关研究主要集中在流动控制机理的分析以及机匣槽缝几何的优化设计方面。

高精度数值模拟方法方面，大涡模拟（LES）、分离涡模拟（DES）、延迟分离涡模拟（DDES）等高精度湍流模型格式方法因可以捕捉更多传统 RANS 方法无法模拟到的流场细节而成为国内学界研究的热点。同时，一些新型计算边界处理方法，如浸入式边界处理、叶片力模型方法等，由于其对于流场信息的全面刻画以及避免生成复杂贴体网格等优点，而更加受到关注。针对压气机内部流场同时存在从激波高马赫数到角区边界层近不可压低马赫数流动的现象，为了实现压气机流场的高精度模拟，还发展了 Preconditioning Roe 格式、All-Speed Roe 格式等全马赫数高解析算法。

同时，国内学者研究提出了一批压气机气动布局设计的新观点、新理念。北京航空航天大学发展了以非定常涡升力机制为基础的新增压途径，探索发展转子/调制静子等新型气动布局，在压气机失速预测理论方面提出了基于特征值理论的叶轮机流动失稳通用理论。西北工业大学、中国科学院工程热物理研究所对对转激波增压的压气机等新型气动布局设计理念进行了实验研究。

3. 燃烧室及低排放燃烧

国内通过自主研发、技术引进消化吸收等多种方式，在不同等级燃气轮机低排放燃烧室研制方面取得了进展。中航工业黎明公司牵头研制的 E 级重型燃气轮机 R0110 采用径向燃料分级燃烧技术，其燃烧室包含 20 个火焰筒的逆流式环管式结构，按照干式低污染（DLN）原理设计。华清公司的重型燃气轮机 CGT-60F 采用单筒多喷嘴干式低污染燃烧室（DLN）设计，已在 2016 年完成燃烧室全温全压全尺寸试验，氮氧化物（NO_x）排放在 10ppm~15ppm 范围内，其他各项设计指标均达到预期。东方电气集团通过其 50MW 级燃气轮机研制工作，掌握了 50MW 级燃气轮机燃烧器设计制造技术。上海电气通过与安萨尔多公司的合作研发，完成了安萨尔多 AE 系列燃气轮机改进机组的燃烧室设计、加工及全压实验，并完成了 E 级低热值煤气燃烧器的设计、制造和全压试验。中国科学院工程热物理所将 40MW 级燃气轮机改造为以合成气为燃料的煤制气燃气轮机，建立了我国首套 IGCC 联产示范系统，后续将航改型 QD128 燃气轮机改造为以合成油驰放气为燃料的煤基合成油发电联产系统。上海和兰透平动力技术公司完成了国产 ZK2000 系列燃气轮机首台机组 2MW 燃气轮机设计研发，掌握了小功率燃气轮机超低排放燃烧室设计技术。

同时，国内在低排放燃烧机理、燃烧振荡抑制和高精度燃烧模拟等方面开展了一系列基础研究[8]：对低排放燃烧机理的研究主要围绕干式低排放燃烧技术、分级燃烧技术、富氢燃料和烟气循环燃烧等方面；对燃烧振荡抑制技术的研究主要围绕热声耦合机理、火焰动力学和主/被动控制等方面；对高精度燃烧模拟的研究主要围绕化学反应动力学、湍流燃烧模型、高精度数值方法等。

4. 透平及其传热冷却

重型燃气轮机透平叶片具有复杂的冷却系统及结构，其内部流动包含显著的气热耦合现象、冷气与主流间干涉效应、级间干涉效应等，因此透平内复杂流动机理与设计方法、高温叶片冷却技术始终是国内外研究重点和热点。国内学者对透平技术的研究多关注流动机理与气动设计或集中在传热冷却设计技术。

在透平复杂流动机理与设计方法方面，对国外已有透平叶型损失模型进行了验证、筛选和改进，利用自行开发的或商业的 CFD 求解器，结合商业优化软件平台开发透平全三维气动设计方法和设计平台，围绕透平三维复杂流动机理、透平叶片二维叶型、三维积叠及非轴对称端壁的气动优化设计开展了大量研究。其中，清华大学、西安交通大学、中国科学院等单位开发了透平气动设计软件，包括准一维方案设计、S2 通流程序等，但缺乏实验数据和实际设计案例的考核。

在透平传热冷却方面，清华大学、上海交通大学、西安交通大学、北京航空航天大学、南京航空航天大学、中国科学院等对冲击冷却、肋片扰流冷却、针肋冷却、凹陷涡发生器冷却等透平叶片内部冷却技术开展了数值模拟研究，研究了局部气膜冷气对通道流动损失的影响、局部流动结构及其换热冷却特性、冷气与主流掺混、叶顶泄漏流损失特性及叶顶气膜冷却特性、端壁造型对气动性能影响及端壁上泄漏流和气膜冷却特性等；针对平板和简化模型，提出了一些高效的气膜冷却孔型和内部冷却结构，开展了低速常温下绝热气膜冷效实验，同时针对复合冷却结构进行了多孔微细通道、层板冷却的平板换热特性实验以及层板冷却叶栅的冷效实验研究；开发了一些传热分析程序、参数化叶片打孔程序等透平叶片冷却设计工具；对燃气轮机辐射传热、水雾／蒸汽或水雾／空气的流动换热等新型冷却方式也进行了研究。近年来，国内在透平叶片气动优化研究基础上，逐渐加入冷却结构，将气动效率、换热性能同时作为优化目标建立优化模型，基本与国际同步开展了燃气透平气热耦合优化研究。

此外，针对进口热斑等非均匀流场以及叶栅结构和冷却设置影响下的透平非定常气动和传热特性，开展了数值模拟研究；针对燃气轮机零维空气系统的计算模型及算法、稳态间隙预估模型、不同进出流方式下转静系／旋转系盘腔的流动换热特征，以及不同迷宫密封结构的泄漏进行了研究。

5. 总体结构

重型燃气轮机转子的结构形式及其设计方法经过多年发展已较为成熟，即单轴两支点布置，这有利于缩短气流流程，易于平衡轴向推力。一般采用滑动轴承，转子结构为盘鼓式，由此兼有盘式转子强度好和鼓式转子刚度好的优点，盘与盘之间采用拉杆连接，国外通用电气、西门子、三菱重工以及国内生产的代表性机组均采用这一总体结构型式。我国在重型燃气轮机总体结构安全性和寿命预测等方面开展了大量的研究工作，通过多年的技术引进、消化吸收和自主创新，与发达国家的水平差距逐步缩小。

国内研究人员通过理论分析结合试验数据，发展了关键零部件的强度、振动、疲劳分析方法。例如针对高速旋转的透平叶轮，采用 Monte-Carlo 法、响应面法、神经网络法等进行了可靠性分析；应用神经网络法结合可靠性灵敏度分析技术以及通过遗传算法优化 BP 网络层可以得到应变 - 寿命分布；采用有限元方法和模型实验评估叶片 - 轮盘结构和燃气轮机支撑结构在高温环境及多因素作用下的振动安全性；对燃气轮机运行过程中的故障机理进行分析，提出具体的处置措施，保障燃气轮机安全稳定运行。针对重型燃气轮机叶根、轮盘 - 转轴、各级轮盘连接处等关键部位已经发展出了系统的强度振动评估理论和计算方法，并可进行结构优化设计。总体来看，通过优化设计不断提高各部件的可靠性、延长其运行寿命，同时尽可能采用简单的结构，是重型燃气轮机未来的研究方向和发展目标。

6. 控制仿真与健康管理

我国早期的燃气轮机控制系统主要由航改燃气轮机的配套发展而来。国内航空工业领域为 QD100、QD128、QD70 等轻型燃气轮机研制配套开发了自主的控制系统，并在 WJ6、WJ5、WP6 和 WZ5 等工业燃气轮机上应用了数字电子控制器。进入 21 世纪，根据相关燃气轮机自主产品研制、引进产品国产化和在役机组运维需要，国内相关单位开展了一系列控制系统及其关键技术自主研发或引进技术消化吸收工作，取得了一定的进展。中国航发控制系统研究所为 E 级 R0110 燃气轮机成功配套研制了具有自主产权的数字控制系统；中国船舶重工集团公司第 703 研究所和利时集团等单位合作完成了舰用 GT25000 燃气轮机和 30MW 级燃气轮机驱动压缩机组的控制系统软硬件并实现批量使用；上海新华控制技术（集团）公司研制了自主燃气轮机控制系统 NetPAC 和美国通用电气 9E 燃气轮机控制系统的工程样机；南京科远自动化集团通过升级其 NT6000 系统为华清公司 F 级燃气轮机 CGT-60F 配套了控制系统硬件平台，为中科合肥微小型燃气轮机研究院 1MW/4MW 级燃气轮机研制了控制系统工程样机；中国自动化集团康吉森公司、上海成套院分别开展了美国通用电气 9B、9E 燃气轮机控制系统的升级改造；清华大学、北京航空航天大学、中国科学院工程热物理研究所、上海交通大学、西安交通大学、中国航发控制系统研究所等相关科研院所、高校在先进控制算法、控制仿真验证、故障诊断和健康管理等关键技术领域开展了大量研究，但由于国内缺少燃气轮机控制系统产品以及大型半物理试验验证平台，因此研究大多停留在理论和实验室数字仿真阶段。

7. 试验验证

经过几十年的发展，国内建立了燃气轮机相关的多种试验研究能力和测试手段，在压气机、燃烧室、透平、测量、数据采集和处理等方面有一定的技术积累和基础。

在基础研究实验台方面，建设了多个平面、扇形、环形叶栅实验台，压气机、燃烧室、透平基础研究实验台，高温部件传热 / 冷却基础研究实验台等。有代表性的试验台包括：中国科学院工程热物理所 3 级低速轴流压气机试验台、低 / 高速压气机试验台、暂冲式透平试验台、气热耦合机理试验台、气膜冷却机理实验台等；清华大学 1.5 级跨音压气机试验台，以及气膜冷却机理实验台、高温气膜冷却耦合试验台、内部冷却试验台、三级气冷透平试验台、二次空气系统试验台等一批透平研究试验台；哈尔滨工业大学跨音速环形 / 扇形 / 平面叶栅试验台、低速双级重复级压气机、单级跨音速压气机试验台等；北京航空航天大学低速大尺寸轴流压气机试验台、跨声速单级压气机试验台；西安交通大学透平叶片双工质冷却传热性能实验台、透平叶片换热冷却综合性试验台、气膜冷却机理及强化试验台、内部冲击及强化换热冷却试验台等。

在关键部件试验台方面，哈电集团建立了中低热值燃料燃烧室单管压力模化和全压燃烧试验台等；东方电气集团建立了 50MW 燃气轮机 17 级压气机单 / 多 / 全级 1/2 缩尺模化试验台；中国科学院工程热物理所建设了多燃料重型燃气轮机单筒全尺寸燃烧室加压试验台、单筒全尺寸燃烧室高压试验台及相应的空气源和燃料源，高温综合冷效试验台等；中船重工 703 所为开发 F 级中低热值燃气轮机产品，建设了压气机全台缩尺试验台等。

目前，正在实施的国家重大科技基础设施项目"高效低碳燃气轮机试验装置"将建设一批全温、全压、全尺寸、全流量工程模化的燃气轮机关键部件试验装置以及先进高精度测试系统，形成高效低碳燃气轮机重大科学问题、关键技术、部件及系统特性的研究手段和工具。在"航空发动机及燃气轮机"国家科技重大专项的条件建设项目支持下，将规划建设一批重型燃气轮机压气机、透平、燃烧室、转子等关键部件的工业级考核验证试验台和重型燃气轮机全速全负荷整机试验台，为 300MW 级重型燃气轮机产品研制提供支撑。

8. 先进材料

燃气轮机叶片使用的高温合金大致经历了从多晶、定向结晶到单晶的发展历程，其中定向结晶和单晶合金又根据承温能力而分为第一、第二、第三代合金[9]，图 27 为重型燃气轮机透平一级叶片材料的发展情况。我国先后研制出了多晶 K438、K438G、M40、K444、K452，定向结晶 DZ38G、DZ411 以及单晶 DD8、DD10、DD413 等抗热腐蚀高温合金材料，形成了比较完备的抗热腐蚀高温合金材料体系，其中 K438 合金与国外广泛应用的 IN738 合金相当，DZ411 的性能指标与通用电气公司 9FA 燃气轮机一级工作叶片使用的 DS GTD111 合金相当，正在研制的抗热腐蚀单晶合金 DD10 的部分性能指标优于西门子公司 V94.3A 燃气轮机透平一级叶片使用的 PWA1483 单晶合金[10-13]；正在开展的低成本第二代抗热腐蚀单晶合金性能水平与通用电气公司 H 级燃气轮机使用的 N5 合金相当，可满足未来级燃气轮机的材料需求。目前，我国等轴晶高温合金已经实现工程化应用，定向结晶与单晶高温合金尚未在研发中。防护涂层方面，在热端部件表面涂敷高熔点、低热导率、耐腐蚀的热障涂层（Thermal Barrier Coatings，简称热障涂层），降低合金表面温度，是提升燃气轮机透平前燃气入口温度、保护金属部件，提高燃气轮机工作效率、延长热端部件服役寿命的最有效手段。国内生产热障涂层粉末的厂家主要有中国科学院过程工程研究所、北京矿冶研究总院、地质大学等单位。总体来看，国内氧化锆粉末品种单一，粉末纯度低、批量稳定性有待进一步提高。耐热高强钢方面，燃气轮机使用的透平轮盘主要包括 GH698、GH706、GH4169、GH4169G 等，国内主要研制单位包括钢铁研究总院和中国科学院金属所，部分材料在航空发动机、中小型燃气轮机中已有工程化应用，但尚缺乏长寿命性能数据积累。

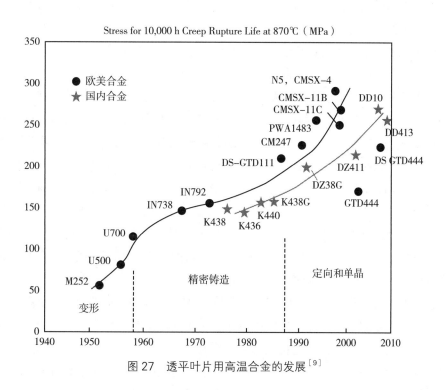

图 27　透平叶片用高温合金的发展[9]

9. 先进制造加工

国内各燃气轮机厂商通过引进技术、开展本地化制造、打造供应链等，已在燃气轮机先进制造方面有了长足的发展。燃气轮机涉及的先进制造技术包括先进特殊加工设备的投入、大型高要求铸锻件毛坯开发及精细加工、特殊造型的先进制造研究、全面的无损检测技术发展、高精度的测量技术发展等。

近年来，通过技术引进消化和核心技术自主攻关，国内燃气轮机制造企业已建立了具有国际水平的燃气轮机制造体系，拥有一大批高精度机床设备，诸如数控正面车床、数控端面齿磨床、数控拉床等，形成了具有燃气轮机特色的加工工艺；已建设一批重要的燃气轮机特殊加工设备，如燃气轮机转子叶根拉床、可倾锯切割设备、熔蜡设备、五轴加工装备等；已实现燃气轮机冷端部件、外围部件的全部国产化。在燃气轮机透平高温叶片及轮盘精密铸造加工及快速高精度质量检测、组合转子系统精密加工装配、耐热涂层制备及其喷涂技术等方面也取得了重要进展，促进了国内单晶和定向结晶高温合金空心叶片铸造工

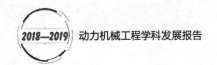

艺、耐热涂层材料制备工艺及特种喷涂能力的发展。

（三）国外重型燃气轮机技术进展

重型燃气轮机的高技术门槛特征、产业规模化发展和长期市场竞争形成了产业巨头高度垄断国际重型燃气轮机技术和产业的局面，到 21 世纪初，通用电气、西门子、三菱重工和阿尔斯通基本控制了全球燃气轮机研发、设计、生产和销售，其燃气轮机产品在全球燃气轮机装机总容量中的占比超过 90%。2013 年以来，世界重型燃气轮机产业格局变化频繁，通用电气、西门子、三菱重工纷纷展开能源业务领域的大规模并购。三菱重工兼并了日立制作所火力发电业务，后又从美国普惠公司收购中小型燃气轮机业务部门普惠动力系统公司，将普惠发动机技术植入工业生产线。西门子收购了德莱赛兰公司，包括了压缩机、蒸汽轮机、燃气轮机和内燃气轮机等能源基础设施业务，在 2014 年收购英国罗罗公司的航改型燃气轮机。2015 年，美国通用电气公司收购了法国阿尔斯通电力和电网业务的交易，并根据欧委会与通用电气签署的相关协议，在保留绝大部分阿尔斯通燃气轮机业务及机组服务合同的条件下，向意大利安萨尔多能源公司出售了阿尔斯通公司 GT26 型产品线以及新机销售订单、GT36 开发项目以及位于瑞士比尔的两个试验机构等核心燃气轮机资产。至此，国际重型燃气轮机产业形成了美国通用电气、德国西门子、日本三菱重工位列第一梯队，意大利安萨尔多能源位列第二梯队的局面。

经过数十年的科学研究和工业实践，国外燃气轮机技术以更高热效率、更高负荷、更低排放为主要技术路径，已逐渐发展成熟并形成完备的技术体系[14]。透平前燃气温度、压气机压比是表征并决定燃气轮机联合循环热效率的两个主要参数，国际上都以透平前燃气温度作为燃气轮机技术等级的标志，并且通过提高透平前燃气温度和压气机压比来推动燃气轮机技术进步。20 世纪 80 年代，高压比大流量轴流压气机、定向结晶高温合金透平叶片及其热障涂层、高效空气冷却等技术取得突破，透平前燃气温度超过 1100℃的 100MW 级 E 级、200MW F 级重型燃气轮机产品相继问世且技术日益成熟，简单循环效率达到 34%~36%，燃气 – 蒸汽联合循环效率超过 55%，逐步成为继蒸汽轮机之后的主要发电装置；20 世纪 90 年代，F 级重型燃气轮机单机功率达 250MW~300MW，透平前温超过 1300℃，简单循环效率达到 37%~39%，NO_x 排放低于 25ppm。进入 21 世纪，国外燃气轮机制造企业陆续研制新一代 G 级 /H 级和 J 级燃气轮机，单机功率达到 400MW~571MW，透平前燃气温度达到 1550℃ ~1650℃，其中最先进的重型燃气轮机简单循环和联合循环的效率已分别达到了 42%~44% 和 62%~64%，表 26 给出了世界主要燃气轮机制造商最新 F 级、H 级 /J 级产品性能参数。当前，1500℃等级 G 级 /H 级燃气轮机正在成为市场上的新主力机组，1600℃等级 J 级燃气轮机已推向市场，简单循环效率 44%~45%、联合循环效率达 65%、透平前燃气温度 1700℃以上的未来级燃气轮机技术正在研发，新型燃气轮机循环和低碳燃气轮机循环正在突破[14]。

表26　世界主要燃气轮机制造商最新F级、H级及J级产品性能参数

型号	通用电气		西门子		三菱重工		安萨尔多		
	9F.05	9HA.02	4000F	8000H	M701F5	M701JAC	AE94.3A	GT26	GT36
简单循环功率（MW）	314	571	329	450	385	448	340	370	538
1×1联合循环功率（MW）	493	838	475	665	566	650	495	540	760
简单循环效率（%）	38.6	44.0	41.0	>41	41.9	44.0	40.3	41.0	42.8
1×1联合循环效率（%）	60.7	64.1	59.7	61.0	62.0	64.0	60.0	61.0	62.6
压气机级数	14	14	15	13	17	15	15	22	15
总压比/平均级压比	18.3/1.230	23.8/1.254	20.1/1.221	21/1.264	21/1.196	25/1.239	19.5/1.219	35/1.176	26/1.243
透平级数	3	4	4	4	4	4	4	1+4	4
透平初温（℃）	>1430	~1630	~1420	~1600	~1520	~1650	>1400	>1300	~1600

　　燃气轮机研发技术难度大、投资大、周期长，美国、德国、日本、法国等发达国家都曾在国家层面制定相关扶持政策和发展计划，组织相关企业、高等院校和科研机构推动燃气轮机技术和产业的发展[14]。例如，美国的先进涡轮系统（Advance Turbine System）、多用途经济可承受的先进涡轮发动机（VAATE）、先进IGCC/H2燃气轮机、先进燃氢透平发展等计划项目，欧共体的先进燃气轮机（EC-ATS）计划，欧盟的高效低排放燃气轮机和联合循环、发展高效富氢燃料燃气轮机等项目，美国和欧洲合作实施的先进燃气轮机合作计划（CAGT，Collaborative Advance Gas Turbine），日本的"新日光计划"、1700℃等级联合循环效率达到65%的燃气轮机装置、燃用氢氧的半闭式燃气轮机、AIGCC（Advanced IGCC）、AHAT（Advanced Humid Air）等计划和项目。发达国家和地区通过上述计划或项目开发了大量先进燃气轮机关键技术，为未来一代燃气轮机的发展奠定了坚实基础，对发达国家在燃气轮机技术领域保持国际领先地位起到了决定性的作用。

1.总体热力系统和先进循环

　　随着性能不断提高，现代重型燃气轮机热力性能分析和总体设计越来越呈现影响因素众多、复杂化的特点。在此背景下，国外开发了较多的燃气轮机静、动态模拟软件和仿真平台，总体性能模型已呈现出定量化、精细化、实用化的趋势[15-17]。另外，围绕产品开发，国外重型燃气轮机制造商建立了各自完整的总体设计体系，并积累了大量的数据和经验。近年来，总体设计技术开始走向一场多学科优化、多目标权衡的变革，不断涌现的各

种现代设计理论、设计方法、设计手段以及高度集成的大型综合软件系统，推动了总体设计技术的进步发展。以仿真技术为基础，结合计算机辅助设计与制造技术，正在围绕无图纸设计、虚拟数字样机等新型设计理念进行技术研发。

在先进循环方面，国外的研究工作主要集中在以下四个方向：先进布雷登燃气轮机循环方面，一类是改进型布雷登循环，如间冷、（化学）回热、再热循环等；一类是布雷登叠加型循环，如燃气－蒸汽联合循环、燃气－卡林娜循环、燃料电池－燃气轮机混合循环等。目前，多种先进布雷登燃气轮机循环技术成果已被应用或将被应用，如原阿尔斯通的GT24/26 再热燃气轮机，日本三菱重工 1700℃等级重型燃气轮机采用的烟气回流燃烧循环形式。湿燃气轮机循环方面，国外相继建设了 600kW、3.6MW 和 40MW 的 HAT 循环原型试验装置[18]，验证了该循环在热力性能及排放方面的优势和潜力，同时压气机入口水的蒸发冷却 / 喷雾冷却和压气机级间喷雾冷却技术等各种湿化技术措施也正在向实用化方向发展。低能耗捕集 CO_2 燃气轮机循环是当前应对气候变化挑战的一个热点研究领域，天然气、煤或煤制气体 / 液体燃料、前捕集氢燃料循环、氧－燃料循环、载氧体燃烧燃气轮机循环、后捕集循环等创新性低能耗捕集 CO_2 燃气轮机循环不断被提出和研究。煤制气燃气轮机循环方面，国外的研究重点包括系统热力及经济性能模拟与分析、汽水系统的集成优化、空分与燃气轮机集成优化，以及中低热值燃料气燃气轮机的性能、通流问题解决方式，代表性的是日本提出了燃气轮机排放热回收与煤热解气化过程集成的 A-IGCC 循环，美国通过氢透平计划持续推进基于 IGCC 技术的先进燃气轮机电站的商业化，开发燃煤制气和纯氢燃气轮机。

2. 压气机及其内流气动

国外重型燃气轮机压气机性能的不断提升得益于完善的通流设计技术、精细化的叶型设计技术和先进的三维流动控制技术。

通流方法是压气机设计方法的核心，由吴仲华先生提出的 S1、S2 流面思想演化而来，在国际上一直受到广泛关注并且被普遍采用。完善的通流设计技术主要取决于完善的性能预测模型[16]，以通用电气公司为例，随着压气机设计思想的发展，通用电气公司持续改进和完善自有的通流设计模型，保证对压气机的气动布局和级间匹配的把控度。

在叶型设计技术方面，德国西门子公司在常规的可控扩散叶型基础上提出了高性能叶型（High Performance Airfoil，HPA）设计，在扩宽工作范围的基础上进一步提高气动效率，该成果已成功应用于西门子最新的 SGT5-9000HL 型燃气轮机压气机上。同时，在二维叶型设计基础上应用三维积叠规律设计，广泛使用叶片弯、扭、掠技术进行三维叶型设计。英国罗罗公司将三维造型技术引入到 Trent500 发动机的压气机中，成功提升了压气机最高效率及通流能力；日本三菱重工使用弯掠叶片成功抑制了 M501H 型燃气轮机高压压气机前面级中的激波损失和中间级的摩擦损失，级效率提升 1% 左右。

在流动控制技术方面，一方面是开发应用高精度的三维流场求解 / 优化程序，国外先进的燃气轮机设计商都拥有成体系的求解程序，如罗罗公司的 HYDRA、西门子的 TRACE 等。同时，美欧等先进航空动力研究机构及公司一直以来坚持开发航空叶轮机优化设计平台，如 NASA 的 OpenMDAO、冯·卡门流体研究所的 CADO、Pratt & Whitney Canada 的 PMDO、德国宇航局的 AutoOpti、罗罗公司的 SOPHY 等。另一方面是发展高负荷压气机主/被动流动控制技术，如可调导/静叶技术、级间放气技术等，目的是实现对压气机扩稳增效的作用。其中可调导叶技术的应用最为广泛，已在西门子、三菱重工、通用电气公司的最先进 H/J 型产品 SGT5-8000H、M701J、9HA.01/02 中得到了应用。

3. 燃烧室及其低排放燃烧

重型燃气轮机燃烧室技术的主要焦点在于不断调和高温升与低排放之间的矛盾[19]。目前，国际重型燃气轮机低 NO_x 燃烧技术途径主要有：①通过分级燃烧（轴向分级与径向分级）技术降低火焰温度；②通过烟气再循环、燃料或空气湿化、燃料再燃等技术降低 N_2 与 O_2 浓度；③减少燃烧反应停留时间。

西门子公司 E 级与 F 级燃气轮机的混合型燃烧器是径向分级燃烧技术的代表。该燃烧器中心部位设有值班扩散火焰，确保任何负荷工况下的火焰稳定；值班火焰的外侧设有角向旋流器，在高负荷工况下供给一定量气体燃料，与空气混合形成均相预混气体，通过控制混合气体的当量比控制火焰的温度，从而能控制热 NO_x 的生成。

通用电气公司燃气轮机的 DLN（Dry Low NO_x）燃烧室是贫预混多喷嘴分级分区燃烧技术的代表。通用电气公司从 E 级机组上就采用了管形多喷嘴 DLN 燃烧室，之后不断进行技术改进升级，从 DLN1.0 发展到了应用于 H 级燃气轮机的 DLN2.6+。DLN2.6+ 燃烧器具有一个单独的中心燃料喷嘴和 5 个外围燃烧喷嘴，将燃料喷射口和旋流叶片结合在燃料喷嘴主体内部，取消了原有的扩散燃料路，整个负荷范围内全部为预混燃烧模式，通过开启不同喷嘴数量来满足不同负荷要求。

原阿尔斯通 GT26/GT24 燃气轮机的再热燃烧室（Reheat combustor）是轴向分级再燃技术的代表。该燃烧室采用环形结构、两级燃烧，第一级涡轮前设置主燃烧室，使用 EV 燃烧器（Environmental burner）组织燃烧 2/3 的燃料。首级涡轮与第二级涡轮之间设置 SEV 再热燃烧室（Sequential environmental burner），燃烧剩余 1/3 的燃料，并可还原主燃烧室排气中的 NO_x。H 级 GT36 燃气轮机燃烧室继承了轴向分级再燃技术，并融合环管型燃烧技术，采用两级燃烧、管型多喷嘴燃烧室结构。第一级为预混燃烧器，采用多喷嘴分级燃烧技术；第二级为再燃燃烧器，由 SEV 燃烧器和燃烧喷射器演变而来，通过多旋流和多点喷射结合的方式改善燃料和空气的混合效果。

湿化燃烧技术通过燃料加湿或空气加湿等方式降低 N_2 与 O_2 浓度，实现降低 NO_x 排放，适应性强。美国联合科技研究中心（UTRC）和美国能源部–联邦能源科技中心开展了湿空气透平燃烧室的实验和数值研究，分析了天然气及柴油的湿化燃烧特性，旨在发展用于湿空气透平循环燃气轮机燃烧室的设计标准，并研究湿度对燃气轮机预混合燃烧排放和稳

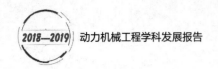

定性的影响。

4. 透平气动及其传热冷却

现阶段，国外主要是欧盟和美国等发达国家和地区有针对性的实施相关重大研究计划，围绕透平复杂气动、传热与冷却问题开展技术研发。

气动设计方面，通用电气、西门子、三菱重工等国际燃气轮机制造企业各自都拥有的一套完备的、成熟的设计体系[20]，建立了考虑冷气影响的一维、S2 计算设计系统，并且经过多年实际工程应用的验证，积累了宝贵的设计经验和修正参数数据库，为产品开发提供了较为成熟的技术支持；在透平全三维流动结构和损失机理、全三维流动优化设计相关的几何造型方法、先进优化设计算法、优化设计平台和体系发展等方面也进行了较为全面、深入的工作。国外部分高校和研究机构基于自行设计的燃烧室出口模拟器，对透平进口热斑现象及其对高压透平气热性能的影响开展了大量的实验与数值研究，一体化燃烧室透平的设计相关研究已经证实可以将燃气轮机整体效率提高 3%。

传热冷却研究方面，国外对冲击冷却、肋片扰流冷却、针肋冷却、凹陷涡发生器等内部冷却方式进行了长期研究[21]，技术成熟并成功应用于燃气轮机高温透平叶片内部冷却，对水雾/空气冷却的可行性及强化换热特性也进行了充分研究。气膜冷却方面的实验方法主要为红外成像、萘升华、压力敏感漆和液晶等，研究内容主要集中在旋转条件下气膜有效度分布与静止状态的对比。目前，国际最先进重型燃气轮机产品的透平进口温度已超过 1600℃，发展新型高效冷却结构和先进冷却设计方法成为研发重点。同时，国际技术强国对燃气轮机高温辐射问题开展的研究，已具备完整可靠的辐射传热技术基础，如通用电气公司等联合开发的专用辐射传热计算模块。

数值模拟方面，针对透平复杂流动，国外在结构网格和非结构网格上的高精度数值算法、混合 RANS/LES、LES 等先进湍流模拟模型等方面[22]开展了研究并形成了多套功能较为完整的透平流动高精度湍流模拟系统。

近年来，国外研发机构和燃气轮机制造商结合透平叶片气固和气热耦合数值分析技术的发展，不断丰富透平叶片气动、传热、强度、振动多学科多目标优化设计体系，并朝气热固多场耦合优化设计的方向发展。

5. 总体结构

国外重型燃气轮机的总体结构已形成较为完善的设计平台，具备了复杂运行工况下保持结构完整性和稳定性及动力传输高效性的技术体系。通用电气、西门子、三菱重工等燃气轮机制造企业当前的燃气轮机产品多采用整体式结构、两轴承支撑方案、压气机端动力输出的结构，但为了适应自身的产品体系，都发展了各具特点的整体结构设计制造技术。通用电气公司 9HA.01/02 燃气轮机透平缸体采用双层设计，所有四级静叶部件都安装在内缸上，检修期间内缸可拆卸，转子保留原位，可缩短检修时间。通用电气公司燃气轮机的压气机和透平转子过去均采用鼓式结构，但从 F 级燃气轮机开始在透平转子上引入轮盘层积结构，用短拉杆将相邻轮盘连接在一起，具有刚性好、变形小的优点。西门子公司 F 级 V94.3A 机组的压气机和透平转子采用通过中心大拉杆和端面 Hirth 齿将各级轮盘连接在一起的鼓式结构，其中端面 Hirth 齿传递叶轮间的扭矩，具有质量小、刚性好、轮盘可自动对中等优点，且适宜于快速启停。西门子公司 H 级 SGT5-8000H 燃气轮机压气机所有 13 级静叶分装在 4 个不同的静叶持环上，透平 4 级静叶全部装在静叶持环上，可实现不起吊转子就更换静叶；机组采用了液压间隙优化技术主动控制动静间隙，实现了间隙瞬态保护，避免磨损退化。三菱重工 F 级 M701F 机组压气机转子扭矩依靠轮盘之间的摩擦力和"扭矩销"传递，透平转子通过其力矩管可用来传递扭矩和输送冷气，外缸配备有内窥镜探头插孔，便于用内窥镜检查动叶、静叶，内缸采用静叶持环结构，具有极高的热响应能力，使静叶易于拆卸和更换。原阿尔斯通的 F 级 GT26 燃气轮机采用其特有的焊接转子，并在单缸和单轴双支点转子结构基础上，高、低压透平之间加入了一个再热燃烧室，实现再热循环。

6. 控制仿真与健康管理

经过 50 多年的发展，国外重型燃气轮机控制系统先后经历了机械液压控制、模拟电子控制和数字电子控制三个阶段，目前已发展为高度复杂、分布式、多冗余、非线性、多功能的集光、机、电、信息、控制为一体的数字电子控制系统。

国际燃气轮机制造公司均为其燃气轮机产品配套研制了控制系统，形成了成熟的系列化工业产品。美国通用电气研制了 SPEEDTRONIC MARK 系列燃气轮机控制系统，其最新一代产品 MARK VIe 可靠性高达 99.982%，采用了多层冗余工业以太网，既适合燃气轮机单机集成控制，也适合联合循环电站分布式控制。德国西门子先后研制了 SIMATIC 系列、TELEPERM 系列以及 SPPA T3000 等通用 DCS 控制产品，形成了涵盖中小型到重型燃气轮机在内的完整控制产品系列。日本三菱重工基于其原有自动化产品研制了 Diasys Netmation，不仅应用于燃气轮机，也广泛应用于蒸汽轮机和风力发电、水力发电设备。此外，法国阿尔斯通的三冗余 ALSPA CONTROGAS 系列、美国 Triconex 公司的 TS3000、ABB 公司的 EGATURN 系列等也是具有代表性的燃气轮机控制系统产品。总体上，国外先进的燃机控制系统产品已基本实现了控制器双 / 三冗余、硬件平台模块化、控制逻辑可自由组态和人机监控界面可图形化编程。

当前，燃气轮机智能控制、故障诊断和健康管理等控制技术是研究热点。通用电气、西门子和三菱重工都开发了远程监控系统，将控制系统与燃气轮机维护维修结合起来，并应用先进测量技术、物联网技术、大数据分析技术等，进行机组在线状态监视、故障诊断、性能分析及预测、寿命管理等，不断提高燃气轮机运行可靠性、经济性等。

7. 试验验证

从 20 世纪中叶开始，国外高校、研究机构和燃气轮机制造企业相继建设起了支撑燃气轮机可持续发展的试验平台。其中，高校以基础研究为主，专注于建设和运行基础性机理研究实验台；国立研究机构以共性关键技术研发和验证为主，承担系统性、前瞻性、通用性大型试验装置的建设和运行；燃气轮机制造企业以产品研制为目标建设和运行了部件级验证考核和整机试验平台。

美国高校建设了数量众多的基础性研究实验台和少量高参数的燃气轮机部件试验台，NASA 拥有数十台套叶轮机械、流动、燃烧、传热研究试验台，为燃气轮机的发展起到了至关重要的作用。通用电气公司则建设有号称世界上最齐备、水平最高，能够支撑燃气轮机产品研制和质量检验的试验验证体系，拥有 F 级全尺寸压气机试验台、一批燃烧室全压试验台、透平高温叶片试验台、重型燃气轮机整机带负荷试验设施以及燃气轮机示范运行电站等。德国汉诺威大学、德累斯顿工业大学等大学建立了多级低速大尺寸亚音压气机实验台、高速压气机实验台、旋转透平气动 / 传热实验台等。英国剑桥大学、牛津大学等也建立了系列基础研究实验台，并与大型燃气轮机企业联合开展基础研究，建立了多个联合实验室或研究中心。德国宇航中心拥有系列高参数燃烧室试验台、高参数旋转透平试验台、双轴多级压气机试验台和一系列叶栅风洞。西门子公司建有多级轴流全尺寸压气机试验台、缩尺透平试验台、高压燃烧试验台和重型燃气轮机整机试验台、试验示范电站等。日本三菱重工自 20 世纪 70 年代起先后建设了数十个中压高温参数等级的压气机、燃烧室试验平台，在 20 世纪 90 年代建设了当时世界领先的压气机、燃烧室、透平部件试验平台，支撑了其 G 级 /H 级燃气轮机的开发，并建设了 F 级和 G 级 /H 级燃气轮机试验电站 K-Point 和 T-Point，以及多个整机试验示范运行电站。

8. 先进材料

由于大中型燃气轮机叶片使用的定向结晶和单晶合金尺寸大、成本高，叶片为空心结构，内部含有复杂的冷却通道，因此制造难度大，铸件（特别是单晶铸件）合格率低。为提高合格率，国外公司在合金研制方面开展了大量工作，如调整合金成分，在提高合金承温能力的同时保证合金相稳定性，避免斑点等铸造缺陷的产生；或在高温合金中添加微量的 B、C、Hf 等元素，避免小角度晶界对合金性能的不利影响[10]。近年来，美国通用电气、德国西门子和日本三菱重工等认为高温合金的耐热温度已经接近极限，未来继续提高出口燃气温度，需要使用陶瓷基复合材料，相继开始研制陶瓷基复合材料。其中连续纤维增强超高温陶瓷基复合材料具有密度小、抗高温氧化、抗蠕变、韧性高和抗损伤能力优良等特点，是新一代发动机涡轮叶片、燃烧室等高温构件最有潜力的候选材料之一。

对于透平轮盘、燃烧室等其他热部件，国际重型燃气轮机制造商的选择基本类似，通用电气公司 F 级重型燃气轮机的透平轮盘采用 IN706 和 IN718 制造，燃烧室采用 Haynes230 或 IN617 合金制造，一些关键的环形件和管形件采用 Haynes230 合金制造，表 27 给出了当前国际重型燃气轮机除透平叶片外的关键热端部件选材。

表27　国际重型燃气轮机部分关键热端部件选材

部件	材料
透平轮盘	IN706、GH4169
燃烧室	Haynes230、IN617
环形件或管形件	Haynes242

　　热障涂层粉体方面，国外在20世纪90年代就已将热障涂层用热喷涂粉末定型，并且形成了多牌号的货架产品，广泛应用于航空航天、燃气轮机等领域，目前正朝着高纯化、组织结构精细化、性能评测多元化的方向发展。在热障涂层制备和喷涂工艺方面，因F级燃气轮机商业化应用已有20余年，其所用热障涂层，无论是粘结层（MCrAlY）与陶瓷层材料（YSZ）、还是涂层喷涂装备都已经商业化。粘结层制备采用低压等离子喷涂（VPS，又称LPPS，即低压等离子喷涂），维修也可采用超音速火焰喷涂（HVOF）；YSZ陶瓷涂层一般采用大气等离子喷涂（APS）制备。出于对燃气轮机核心技术保护及其辐射航空发动机的原因，国外在热障涂层制备工艺上严格对我国技术封锁，并没有公开资料可利用。

9. 先进制造加工

　　先进材料、3D打印、数字化智能化等多项创新技术融入燃气轮机生产过程是当前国际燃气轮机制造技术热点和发展趋势。

　　为了满足未来燃气轮机的要求，国外已开始对有氧化物弥散强化高温合金（ODS）、金属间化合物（IMC）、高熔点合金、陶瓷及其复合材料、金属基复合材料和碳-碳复合材料等新型高温材料展开研究，但是受制于现有技术和材料自身缺点，仅有纤维增韧陶瓷基复合材料（CFR-CMC）成功应用于发电燃气轮机燃烧筒，其他还没有应用于重型燃气轮机制造领域。

　　3D打印技术也被称作增材制造技术，主要用于燃气轮机叶片模型制造、损伤叶片修复和高温空心叶片熔模制造。与传统"减材"制造方式相比，3D打印技术可显著节约生产成本、缩短产品周期、实时调整叶片制造参数、快速适应不同叶片产品的性能要求。西门子公司已将增材制造列作其数字化战略的主要支柱之一，已完成首台完全采用增材制造叶片的燃气轮机全负荷试验。

　　数字化智能化及互联网技术在燃气轮机领域的应用日益广泛，一方面是智能生产系统，对产品全生命周期及其涉及的产品、技术、设备、人力、财物等各要素进行全面数据搜集、分析和管理，实现制造工程管理、生产执行管理、跟踪和反馈及供应商协同等核心功能；另一方面是智能服务系统，应用工业互联网技术对全球燃气轮机机组进行日常运行维护并搜集运行数据、跟踪反馈机组运行性能等，为机组故障诊断、性能提升和技术进步提供技术支持。目前，通用电气、西门子、三菱重工等纷纷进行数字化转型，如通用电气开发了工业互联网平台PreDix，西门子开发了基于云的开放式互联网操作系统

MindSphere，三菱重工将工厂自动化技术和信息技术相结合，开发了"e-Factory"。

（四）国内外重型燃气轮机研究进展比较分析

燃气轮机相关研究投入大、周期长，难度高，从研究成果到产品之间需要大量的研究工作、技术调整和验证。国外通过长期的数据和经验积累，建立了各自完整的燃气轮机性能设计平台，各种现代设计理论、设计/试验/制造方法手段不断涌现，燃气轮机基础研究不断向交叉学科、更深层次发展和应用，推动了燃气轮机研制技术的进步发展。借助于气动热力学、材料冶金、燃烧、传热、计算流体力学、自动控制、冷却技术及制造技术的巨大进步，促进了燃气轮机产品技术及型号升级。

国内燃气轮机技术和产业水平在近年来发展迅速，但是总体上与国外相比还有很大差距，还未具备先进燃气轮机自主开发和制造的能力，总体水平落后20~30年，主要表现是：经验少、数据库缺乏，在原始理论创新、工作领域的宽度和深度方面存在较大不足，在基础性的材料及热处理研究、燃烧学、热物理、转子动力学、设计方法、设计开发工具、技术标准等领域仍存在许多研究空白；基础薄弱，还未突破核心技术，自主研发设计能力和水平还有待提高，不能紧跟当前燃气轮机相关科学技术的发展；对于决定未来燃气轮机产业竞争力、代表未来发展方向的重大先导性、前沿性技术与创新性概念技术储备严重不足，缺乏前瞻性研究。

1. 基础研究与技术研发

总体系统和先进循环：由于缺乏数据支持、验证以及实践不足，我国对燃气轮机总体系统的研究在原始理论创新、研究范围和深度等方面均与国外有较大差距，尚未建立完整的总体设计技术体系，缺乏实用可靠的整机和关键部件性能预测分析技术、经过验证的数据库，如压气机多级抽气、多级导/静叶可调的精确半经验模型，燃烧室效率、总压恢复系数、排放等性能预测模型，冷却透平性能预测模型等。国内对先进循环的研究尚处于起步阶段，需要进一步发展先进燃气轮机循环建模理论和计算方法，全面研究先进燃气轮机循环系统特性、集成匹配规律，开展多种典型先进燃气轮机循环的原型验证，推动先进燃气轮机循环技术的应用。

压气机及其内流气动：国内压气机技术水平总体上依然处于国外20世纪90年代水平，技术短板集中以下几方面：通流设计方面，国内目前采用的S2子午面二维计算程序多直接来自国外，其中落后角模型、损失模型等内部设置背后的数据支撑尚不清晰，直接制约了计算程序的预测精度；叶型设计方面，尚未形成适用于燃气轮机的压气机叶型簇，主要依赖国外NACA65系列、C4系列、BC6系列的公开数据；流场求解/优化设计方面，以国外商业软件为主，如NUMACA、CFX、Fluent、ConceptNREC、iSight、Design3D、Matlab，缺乏自主版权，研究较为零散，尚未形成成熟的设计体系；主/被动流动控制技术方面，以高校、科研院所的研究为主，缺乏对于流动控制机理深层次的挖掘，缺少研究成果在实际产品开发中的应用和验证。

燃烧室及燃烧技术：我国天然气重型燃气轮机燃烧室研发和基础研究同步推进，通过"打捆招标"国产化、国家 863 计划和 973 计划以及自然科学基金项目的实施，取得了一定研究成果，但与国外相比，国内的相关基础研究工作分散、缺乏系统性，与产业需求脱节，应用方向不明确，研究成果鲜少在燃烧室产品设计研发中发挥作用。

透平及其传热冷却：国内重型燃气轮机透平研制正处于从无到有的突破阶段，缺乏工程实践，与国外差距较大，具体表现在：在燃气透平复杂的气动、换热与冷却等方面，没有形成透平流动机理、气动设计、换热冷却的模型和数据积累，与透平相关的研究工作主要围绕透平叶片设计及其气动优化展开且多采用单向耦合技术；缺少对多级透平匹配设计技术、冷气对透平性能的影响规律等问题的系统研究；没有形成成熟的透平设计技术和经过验证的冷却结构分析及设计平台，作为设计基础的各类计算模型存在重要缺失，已有数据和经验关联式精度及适用性没有经过考核；研究工作大多以跟踪国外研究为主，深度不足，缺乏系统性，研究手段以数值模拟分析偏多、实验研究少。

总体结构：我国在总体结构技术领域还没有建立自主知识产权体系，与美国通用电气、德国西门子、日本三菱重工等行业巨头仍有较大差距，具体表现在：理论知识和实验数据积累不足，缺乏对转子、气缸、轴承、密封等结构设计中内在机理的深入认识，缺少相关实验数据、机组实际运行数据和规律分析；研究工作和取得的技术成果较为分散，难以形成一套考虑各部件间因素及其匹配性影响的总体结构整体设计方案；关键部件的设计能力不足，扭矩传递过程中的连接结构设计、动静间隙处的结构控制以及通流部件设计方面均明显落后。

控制系统：与国外通用性强、采用分散式结构的系列化产品相比，我国燃气轮机控制系统还处于个别开发、一机一用、集总结构的阶段，技术水平差距较大，主要表现在：一是缺少成熟的燃气轮机控制系统工业产品，仅少量自主研制的航改燃气轮机上配有部分国产控制系统且可靠性验证不足，国内燃气轮机控制系统市场几乎被国外产品垄断；二是通过"打捆招标"引进了国外重型燃气轮机制造技术和控制系统，但尚未掌握重型燃气轮机控制系统设计和调试技术；三是国内对先进控制算法等控制系统关键技术的研究多处于理论研究、实验室数字仿真阶段，缺乏工程应用验证及其数据。

先进材料：我国对燃气轮机材料长寿命数据积累严重不足，尚未开展关于材料组织和性能在复杂使役环境下的演化、损伤的研究工作，下一代先进燃气轮机用高强定向结晶或单晶合金的研制工作起步较晚。对热障涂层的研究多局限于高校和科研院所实验室，无工业应用经验，对热障涂层实际隔热效果以及服役过程中的结构与性能演变、燃气环境对涂层寿命的影响、失效机理和无损检测研究等关键问题研究不足，缺乏数据与经验积累。

2. 设计与制造

国外重型燃气轮机研制历程表明，一套规范、高效、指导性和可操作性强的产品研发设计体系和技术发展路线是先进企业持续推出成熟产品的必要支撑。与此相对照，我国目前还没有掌握重型燃气轮机核心设计技术，尚未建立重型燃气轮机自主研发设计体系，作为研发设计体系要素的流程、工具、标准、数据库及技术管理方法等存在缺失。具体表现为研发流程的完备性和规范性不足，导致研发结果存在差异性和随机性；研发方法、设计工具和标准指导性与实操性不强，适用条件与限制说明不清晰，可靠性验证不足；研发数据缺乏，收集入库的数据分析与知识提炼不够，未形成能够支撑产品自主研发和持续发展的数据库。

在燃气轮机生产制造方面，国内已具备重型燃气轮机冷端部件制造、总装及设备成套能力，且生产制造水平达到国际水平，但在关键部件精加工能力、热端部件批量化制造、热部件维修方面与国外有较大差距，尚未完全掌握重型燃气轮机热端部件制造、维修以及控制技术，诸如大型复杂高温叶片的精确成型制造、高性能转子轮盘锻件等，实验验证能力尚比较薄弱，而且也尚未形成完善的研发体系，在智能制造和增材制造技术方面缺少实际使用经验和试验验证。

3. 试验验证

我国燃气轮机大型试验设施与发达国家先进水平相比还存在较大的差距，主要表现在：基础性机理研究实验台全面性不够、数量不足；由于燃料、任务性质、驱动功率、试验场地、空气流量等试验能力限制，国内已建的部件和系统性能试验台难以对现代燃气轮机的关键科技问题研究提供有效支撑；在接近真实复杂运行环境的燃气轮机技术研发和验证所必需的关键部件试验装置、整机试验电站等方面多属空白；精细与高精度测试系统技术开发与应用不足。

4. 运行维护与维修

国内燃气轮机服务运维起步较晚，因国内不掌握热部件设计与制造等核心技术，国内主要燃气轮机制造厂家均不具备独立提供燃气轮机 OEM 运维服务的能力，在关键备件供应、热部件维修技术上受制于外方。国内第三方服务市场发展同样较落后，仅能有限地为9E 等成熟机组提供简单的外围运维或检修服务。2014 年上海电气通过与意大利安萨尔多合作，引进了安萨尔多的燃气轮机运维技术，初步形成了包括计划检修、非计划检修、升级改造、备件供应 / 修理、远程诊断、技术支持、运行优化、用户培训等在内的燃气轮机运维服务能力，并在宜兴电厂在役 F 级机组上成功实施。

（五）重型燃气轮机的发展目标与研究方向

1. 国际重型燃气轮机发展趋势和研究方向

目前，燃用天然气的 E 级、F 级重型燃气轮机技术已经成熟，H 级、J 级产品也已经进入市场，基础研究与核心技术研发的目标是下一代更高温度、超低污染的天然气燃气轮机，以及用于 IGCC、多联产、煤化工、未来近零排放的二氧化碳捕获利用系统（CCS）

中的多燃料和低碳燃气轮机，相关的重点研究方向是：

（1）高参数、高效率、运行更灵活的燃气轮机。当前正在研究联合循环效率65%、燃气初温1700℃等级、压气机压比24~35、先进低NO_x燃烧的燃气轮机，同时提高运行灵活性和快速启动性能，在30%~100%负荷范围内污染物达标排放。

（2）大流量、高压比、高效率、宽喘振裕度、结构紧凑的压气机。目前G级/H级/J级重型燃气轮机压气机平均级压比已达到1.25~1.26，为了提高压气机负荷同时保证较高的效率，先进气动布局、高性能叶型（CDA叶型、HPA叶型）、三维叶片设计理念以及多排可调叶片等技术成为研究热点。

（3）高稳定性、低排放以及良好燃料适应性的燃烧技术。随着透平进口温度的提高，同时受到污染物排放的限制，G级/H级/J级重型燃气轮机燃烧室结构呈现一致化的趋势，即燃烧室普遍都采用分管或环管型多喷嘴结构，结合贫预混技术、烟气循环技术、微混喷嘴技术和分级燃烧技术，既提高燃料调节的灵活性以及燃料和空气的掺混效果，保证燃烧的稳定性，也在较宽的工作范围内最大限度地降低污染物排放。

（4）高初温、高膨胀比、高效率、长寿命冷却透平。冷却设计是透平的关键，难点在于透平进口初温、热负荷不断提高，在保证并延长高温叶片寿命的要求下，尽可能控制冷气量、保证并提高透平效率。因此，采用全三维透平叶片气动设计技术，应用冲击冷却、全覆盖气膜冷却技术以及新型气膜冷却孔及复合冷却结构，并探索多孔层板发散冷却、发汗冷却、闭式蒸汽冷却等新型冷却技术是发展趋势。

（5）新一代高温材料。研究新一代超级合金、粉末冶金多孔材料、金属基/陶瓷复合材料，研究单晶合金、超级冷却叶片、热障涂层（TBC）、抗氧化和热蚀的涂层技术，将热障涂层隔热温度从F级30℃~50℃提高到G级/J级的50℃~80℃等级。例如：通用电气公司H级产品第一级透平叶片采用超级合金（CMSX-4）单晶技术，而后三级透平叶片采用超级合金（GTD111）定向结晶铸造技术。德国正在研究的以超级合金为骨架、表面为粉末冶金多孔材料和发散冷却的下一代透平叶片。

（6）多样化燃气轮机和低碳循环。燃气轮机的工质、循环及参数、燃料类型、功率大小和运行环境等正在迅速多样化。一是在相同燃气初温下，发展复杂循环系统，大幅度提高效率，例如增压燃烧循环、部分氧化循环、湿空气透平循环、再热循环以及蒸汽冷却燃气轮机等；二是以各种中低热值燃料、富氢燃料乃至氢和其他特殊气体为燃料，如IGCC发电与多联产、工业系统中余热余能回收、高/焦炉煤气、煤层气、伴生气、炼化尾气等；三是基于燃烧前捕集、氧燃烧、燃烧后捕集等技术路线，研究和发展低碳燃气轮机循环，如富氢/纯氢燃气轮机（前捕集）；$S-CO_2$循环、水/蒸汽循环、Graz循环、AZEP循环等（氧燃烧）；烟气再循环（后捕集）等[23]。

2. 我国重型燃气轮机发展的总体目标和研究方向

围绕国家战略目标，依托国家重大项目实施，基于我国燃气轮机技术和产业发展现状，把握国际燃气轮机发展趋势和研究方向，提出我国燃气轮机发展总体目标和研究方向。

（1）总体目标

在关键技术攻关方面，完成高效压气机、多燃料低污染燃烧室、高温透平叶片、控制系统等关键技术研发和燃气轮机整机试验验证；建立先进燃气轮机高温合金材料体系，完成新一代单晶高温合金等新型高温结构材料研制；形成先进重型燃气轮机设计制造和试验验证技术平台。

在自主产品研制方面，完成具有完全自主知识产权的300MW级F级燃气轮机产品研制，具备燃烧室、透平叶片等热端部件的自主制造和产业化能力，实现批量生产。到2030年，300MW级F级燃气轮机产品形成市场规模，400MW级G级/H级重型燃气轮机样机完成自主设计制造，具备同等产品国际竞争力。

在产业发展方面，充分利用现有重型燃气轮机科研、设计制造和发电产业体系的基础，共同建设燃气轮机基础研究、研发与设计、热端部件制造、试验验证、燃气发电、维修与维护的以及相应的标准规范体系等构成的产业体系，建立燃气轮机技术自主研发创新体系和装备制造业体系。

（2）研究方向

根据我国燃气轮机关键技术研发、产品研制和产业体系建设的需求，针对重型燃气轮机工作温度、压比、流量不断提升带来的一系列科学技术问题，我国燃气轮机相技术发展和研究方向将聚焦到先进热力循环、高雷诺数单轴高负荷压气机、高温升稳定燃烧与污染物生成抑制燃烧器、高通流高热负荷长寿命透平、先进材料及制造工艺等技术领域，具体是：

1）总体与先进热力循环：包括先进重型燃气轮机联合循环总体技术研究、IGCC重型燃气轮机总体技术研究、重型燃气轮机内部复杂物理现象高精度数值仿真和整机多学科一体化技术研究。为实现未来重型燃气轮机技术的可持续发展，进行湿化燃气轮机循环、$S-CO_2$循环、燃料电池 - 重型燃气轮机循环等新型先进循环，以及由此带来的不同工质压气机、透平、燃烧室及材料与制造工艺等领域的探索研究。

2）高雷诺数单轴高负荷轴流压气机：研究压气机通流设计与气动布局方法，叶型、叶片、级与进出口流道的流动机理与优化设计方法，跨音叶片气流激振特性，高性能亚/跨音叶型、级与多级损失机理与模型以及气固耦合振动设计方法等。

3）高温升稳定燃烧与污染物生成抑制燃烧器：开展低排放燃烧室及单元喷嘴结构一维设计和验证方法、贫预混振荡燃烧控制和设计方法、低NO_x燃烧机理和设计方法、富氢中低热值燃料部分预混燃烧/稀释燃烧机理和设计方法、纯氢/富氧/增湿/$S-CO_2$等极端条件下燃烧技术的研究。

4）高通流高热负荷长寿命透平：开展透平高效冷却机理与设计方法研究、气热固耦合通流设计方法研究、主流 / 冷气一体化设计方法和多级匹配设计技术研究、二次空气系统及密封 / 盘腔等单元的热管理研究，发展新型气膜、内部冷却单元、大曲率和强压力梯度环境中的高效冷却单元及双层壁等先进冷却方式等，在高性能内部强化冷却、发汗冷却、超强冷却、空气 / 蒸汽复合冷却等方面开展探索性研究。

5）结构强度与可靠性：开展重型燃气轮机长寿命透平 / 轮盘等高温结构损伤机理、强度和寿命可靠性基础研究及验证，重型燃气轮机服役过程中典型构件故障机理、寿命损耗模型与评估方法研究，重型燃气轮机整机结构及拉杆转子动力学与振动控制研究，研究重点包括叶片强度振动和寿命设计、结构阻尼减振、薄壁结构热屈曲及疲劳、拉杆转子稳定性、结构优化设计（导叶调节、轴向力调节、封严结构、抗疲劳表面完整性）等，同时对转子结构稳定主动控制、未来透平叶片结构新技术进行探索。

6）试验、控制与测试：围绕重型燃气轮机的控制技术优化与可靠性提升、关键参数单一及集成测量技术、重型燃气轮机部件及整机试验技术等，开展重型燃气轮机环境 / 动态 / 等效试验技术研究、重型燃气轮机精细化流场 / 高温 / 旋转条件下测试技术研究、重型燃气轮机控制系统建模仿真、控制系统及其部件设计与验证技术研发。

7）先进材料：包括重型燃气轮机大尺寸单晶 / 定向结晶高温合金透平叶片及涂层材料技术研究、重型燃气轮机大尺寸导向叶片用陶瓷基复合材料技术研究等。重点研究重型燃气轮机高温部件用高温合金材料的组分、结构与性能，高温部件用高性能陶瓷热障涂层材料、连接层材料的组分、结构与性能，形成高温合金、高性能陶瓷材料及其部件制备工艺，建立性能检测、标准规范和数据库，同时开展陶瓷基复合材料及其部件制备工艺、标准规范和数据库的研究。

8）制造工艺：包括重型燃气轮机大尺寸长寿命变截面定向结晶 / 单晶空心高温叶片成形、精密加工及检测技术研究，重型燃气轮机大尺寸百吨盘式拉杆组合转子系统高精密加工叠装装配技术研究，重型燃气轮机制造系统集成及其前沿科学研究。

三、中小型和微小型燃气轮机研究进展与发展趋势

中小型和微小型燃气轮机因其燃料多样、结构紧凑、安装周期短、启停灵活、自动化程度高、运行平稳、可靠性高、寿命长等优点，广泛用于工业驱动、车船驱动、移动或辅助电源、分布式区域供能等领域，具有较大的市场需求量。

（一）中小型和微小型燃气轮机技术进展

中小型燃气轮机功率范围在 5MW 级至 40MW 级，多由航空发动机改型发展而来，主要用于舰船驱动、石化油气行业工业供电以及区域分布式供能等。发达国家已实现中小型燃气轮机研制生产的系列化，代表性公司及其产品有：美国索拉（Solar）公司的

Saturn、Centaur、Taurus、Mercury、Mars、Titan 6 个系列产品，通用电气基于航空发动机改型发展的 LM 系列轻型燃气轮机以及 GE10 系列、MS 系列工业燃气轮机，德国西门子的 SGT400/500/600/700 等 50MW 以内完整中小型燃气轮机产品系列，德国 MAN Turbo 公司的 THM1300 系列工业燃气轮机和 FT8 航改燃气轮机，英国罗罗公司的 MT、RB211 系列航改燃气轮机，乌克兰曙光机械联合体的 UGT 系列燃气轮机。同时，美国、英国和德国都在研制间冷、回热、间冷回热（ICR）、蒸汽回注、化学回热、湿空气透平（HAT）等复杂循环舰船燃气轮机，其中代表性产品为英国罗罗公司的 WR-21-ICR 舰船燃气轮机。长期以来，我国中小型燃气轮机市场基本被国外燃气轮机垄断。20 世纪 70 年代开始，我国基于航空发动机改型生产了少量 WJ-5G、WJ-6G、WP-6G、WZ-6G 等型号的工业燃气轮机，用于油田、石化、邮电等部门。沈阳发动机设计研究所以"太行"航空发动机核心机为母型机发展了小功率档舰用燃气轮机 GT7000、中档功率舰用燃气轮机 QC185[24] 以及大功率档间冷循环 40MW 舰用燃气轮机，正在以 WS15 航空发动机核心机为母型机研制大功率档简单循环 40MW 舰用燃气轮机。

微小型燃气轮机单机功率一般在 5MW 以下，其中微型燃气轮机功率范围在 25kW~500kW，基本技术特征是采用径流式叶轮机械（向心式透平和离心式压气机）以及回热循环。随着高效紧凑型回流换热器、无须润滑系统的空气轴承、燃气轮机直接带动高速交流发电机的一体化设计等技术的发展和应用，微小型燃气轮机机组效率显著提升、尺寸减小、重量减轻，在楼宇分布式供能、移动电源、应急电源、车用动力、管道输送等领域的应用更加广泛。

国外微小型燃气轮机产业发展起步早，技术成熟，已形成一大批企业及其系列化的产品，一类是采用高速气浮轴承和高速永磁发电机，压气机、透平和发电机同轴，回热器和燃烧室一体化，转速高达 90000r/min，典型生产厂家有美国 Capstone 公司；另一类是采用油润滑轴承，转速较低，一般大约 50000r/min，回热器和燃烧室分离，典型的生产厂家有 Turbec、Ingersoll Rand、Elliott Turbomachinery 和日本川崎重工。我国在 20 世纪 60 年代初开始引进微小型燃气轮机发电机组，测绘仿制或自行设计制造过多种机型。如上海汽轮机厂仿制了 BBC 公司 6200kW 列车电站，利用苏联技术设计制造了 R-650-3 型 3000kW 燃气轮机、R-700-6 型 6000kW 燃气轮机；南京汽轮机厂仿制苏联燃气轮机制造了 R-600-1.5 型 1500kW 燃气轮机和 50 马力消防用超小型燃气轮机，自行研制了 R-700-1 型 1000kW 燃气轮机。随着我国航空发动机技术的发展，中国航发南方工业公司、哈尔滨东安发动机公司、沈阳黎明航空发动机公司等航空领域单位在 20 世纪 70~80 年代开始研制并投运了多种具有自主知识产权的新型航改微小型燃气轮机。但是，国内 2MW 以下特别是 1MW 以下微型燃气轮机技术起步较晚，发展相对滞后。国家科技部在"十五"规划、"十一五"规划期间通过 863 计划项目先后组织开展了 100kW 级微小型燃气轮机设计研制和 1MW 级微小型燃气轮机及其供能系统研制。近十年来，地方政府和民间资本在微小型燃气轮机研发和产业化方面积极投入，依托科研院所和行业单位技术力量，进行 2MW 以下微小型燃气轮机的自主研发、验证与产业化，取得了一些进展和成果，代表性的公司及其产品有：深圳智慧能源技术公司的 MT200、上海泛智能源装备公司的 ENN100、上海和兰透平动力技术公司的 ZK1200 和 ZK2000、上海尚实能源科技公司 SSG 系列涡轴发动机衍生的燃气轮机、中科合肥微小型燃气轮机研究院的 ZH100 和 ZH800 等。

总体来说，我国中小型和微小型燃气轮机产业尚处于起步阶段，技术相对落后，还没有市场认可的产品，市场基本被国外燃气轮机产品所垄断。目前，进口的中小微型燃气机产品主要来自通用电气、索拉公司、罗罗公司、川崎重工以及西门子等。由于进口机组成本高，而国产燃气轮机性能差，中小型和微小型燃气轮机的应用一直受到制约。

（二）中小型和微小型燃气轮机技术发展趋势

中小微型燃气轮机在不同应用领域有着不同的发展趋势。在清洁能源利用方面，其发展趋势为高热效率、低排放、长寿命和低维护费用；在移动电源和动力驱动方面，其发展趋势为高热效率、高功率密度、全域适应能力、多燃料、快速启动等。结合上述发展趋势，未来中小型、微小型燃气轮机的重点发展方向包括以下内容：

（1）改进燃气轮机部件设计。通过提高燃气初温、改进部件性能等措施，不断提高机组性能。如研究新型径轴一体式扩压器和回流器、大轮毂比高负荷离心压气机、单 / 双转子双级离心压气机、宽工况高效透平等。

（2）应用高温材料，发展冷却技术。国际上一直在开展以氮化硅和碳化硅等先进陶瓷材料为基础的耐高温陶瓷燃气轮机部件开发，同时针对微小型燃气轮机透平尺寸小的特点，采用先进冷却技术，希望将燃气初温提升到 900℃以上，进而提高微小型燃气轮机效率。

（3）发展高效低排放燃烧技术。美国、英国、德国等国家经过多年研究，先后发展了变几何燃烧室技术、分级燃烧室技术、贫油预混合预蒸发燃烧技术、催化燃烧技术、直接喷射燃烧室技术、可变驻留时间燃烧室技术、富油燃烧快速淬熄贫油燃烧室的燃烧技术。其中，贫油预混合预蒸发燃烧技术、富油燃烧快速淬熄贫油燃烧室燃烧技术以及可变驻留时间燃烧室技术，有可能成为下一代高效低污染燃烧技术。

（4）采用先进复杂循环。通过回热循环、间冷 – 回热循环等方式，或发展燃料电池 – 燃气轮机联合循环，提高燃气轮机发电系统性能。例如 WR-21 船用燃气轮机采用间冷循环，额定工况下效率达 42% 且在 30% 负荷工况下效率超过 36%；西门子公司研制的首套加压型固体氧化物燃料电池 – 微型燃气轮机（SOFC-MGT）联合循环发电系统发电效率高达 61%，NO_x 排放低于 5ppm。

（5）采用一机多用，系列化发展。由于燃气轮机研发费用高、周期较长，因此在设计上力求一机多用，系列化发展，通过局部的设计改动，满足船用、工业驱动和发电等不同

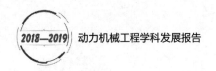

应用领域的要求。

（6）采用燃气轮机－高速永磁电机起发一体技术，减小系统复杂度，提高机组紧凑性。相关技术包括：燃气轮机－高速电机同轴一体化总体设计技术、超长轴系转子动力学与整机稳定性技术、高速永磁电机转子构型和制造工艺、高频低阻抗永磁电机无位置传感器控制技术、高极对数的高频高速电机系统等。

参考文献

［1］ 徐震，路源，肖云汉. 微型湿空气透平循环性能实验研究［J］. 中国电机工程学报，2012, 32（35）: 1-5.

［2］ Li Bo, Gu Chunwei, Li Xiaotang, et al. Development and application of a throughflow method for high-loaded axial flow compressors［J］. Science China Technological Sciences, 2016, 59（1）: 93-108.

［3］ Li Jichao, Lin Feng, Tong Zhiting, et al. The dual mechanisms and implementations of stability enhancement with discrete tip injection in axial flow compressor［J］. ASME Journal of Turbomachinery, 2015, 137（3）: 031010.

［4］ Sun Dakun, Liu Xiaohua, Sun Xiaofeng. An evaluation approach for the stall margin enhancement with stall precursor-suppressed casing treatment［J］. ASME Journal of Fluids Engineering, 2015, 137（8）: 081102.

［5］ 吴云，张海灯，于贤君，等. 轴流压气机等离子体流动控制［J］. 工程热物理学报，2017, 38（7）: 1396-1414.

［6］ 马姗，楚武利，张皓光，等. 涡流发生器和附面层抽吸相结合对于低速压气机叶栅性能的影响［J］. 推进技术，2019, 40（3）: 515-524.

［7］ Sun J J, Elder R L. Numerical optimization of a stator vane setting in multistage axial-flow compressors［J］. IMechE Proceedings, Journal of Power and Energy, 1998, 212（A4）: 247-259.

［8］ 唐豪杰，朱鼎. 燃气轮机燃烧振荡问题及防治技术开发［J］. 东方电气评论，2016, 30（120）: 74-84.

［9］ 张健，楼琅洪，李辉. 重型燃气轮机定向结晶叶片的材料与制造工艺［J］. 中国材料进展，2013, 32: 12-23.

［10］ Shah D M, Cetel A. Evaluation of PWA1483 for Large Single Crystal IGT Blade Applications. Superalloys［J］. 2000, 295-304.

［11］ 杨立山，郑培英，聂海刚，等. 航改大功率、高效率舰船燃气轮机的技术发展途径探讨［J］. 航空发动机，2013, 39（6）: 74-78.

［12］ Shepard S B, Bowen T L, Chiprich J M. Design and Development of the WR-21 Intercooled Recuperated（ICR）Marine Gas Turbine［J］. ASME Journal of Engineering for Gas Turbines and Power, 1994, 117（3）.

［13］ Kvamsdal H M, Jordal K, Bolland O. A quantitative comparison of gas turbine cycles with CO_2 capture［J］. Energy, 2007, 32（1）: 10-24.

［14］ 蒋洪德，任静，李雪英，等. 重型燃气轮机现状与发展趋势［J］. 中国电机工程学报，2014, 34（29）: 5096-5102.

［15］ Sellers J F, Daniele C J. DYNGEN——a program for calculating steady-state and transient performance of turbojet and turbofan engines［R］. 1975, NASA TN D-7901.

［16］ Panel（AVT）Task Group. Performance prediction and simulation of gas turbine engine operation for aircraft, marine, vehicular, and power generation［R］. 2007, RTO-TR-AVT-036.

［17］ Kurzke J. GasTurb 12 user's manual: Design and off-design performance of gas turbines［M］. 2012,

Friedrichshafen：MTU Company.

［18］Manabu Yagi, Hidefumi Araki, Hisato Tagawa, et al. Progress of the 40 MW-Class Advanced Humid Air Turbine Tests［J］. ASME Journal of Engineering for Gas Turbines and Power, 2013, 135（11）: 112002.

［19］葛冰，田寅申，袁用文，等 . 重型燃气轮机先进低 NO$_x$ 燃烧技术分析［J］. 热力透平，2014，42（4）：251–259.

［20］Denton J D. Multall-An Open Source, Computational Fluid Dynamics Based, Turbomachinery Design System［J］. ASME Journal of Turbomachinery, 2017, 139（12）: 1–12.

［21］Han J C, Dutta S, Ekkad S. Gas Turbine Heat Transfer and Cooling Technology［M］. CRC Press, 2012: 329–536.

［22］Jeffrey S, Khodadoust A, Alonso J, et al. CFD vision 2030 study: A path to revolutionary computational aerosciences ［J］. NASA/CR, 2014, 218178: 1–51.

［23］刘尚明，何皑，蒋洪德 . 重型燃气轮机控制发展趋势及未来关键技术［J］. 热力透平，2013，42（4）：217–224.

［24］张玫宝，余锐，杨玉骏 . F 级重型燃气轮机中冷却空气对透平气动性能的影响研究［J］. 上海电气技术，2018，11（3）：25–32.

水轮机技术发展研究

一、引言

水轮机是利用水能转换为机械能的一种流体机械。水泵水轮机是具备水泵功能的水轮机，即，水泵水轮机既可以将水能转变为旋转机械能，也可以把旋转机械能转变为水能。水泵水轮机可以认为是一种特殊的水轮机，相比常规水轮机而言，水泵水轮机功能多，技术含量高，难度大。

潮流能是天体引力引起的运动水体中包含的动能，从潮流中捕获能量并将其转换成机械能的装置称为潮流能水轮机，水轮机搭载在载体上和潮流流动复杂性，使得对其性能预报更加困难。

水轮机按水流作用原理分为两类：同时利用水流动能和势能的水轮机称为反击式水轮机，仅利用水流动能的水轮机称为冲击式水轮机。反击式水轮机可分混流式、轴流式、斜流式、贯流式等，冲击式可分为水斗式、双击式、斜击式等。水泵水轮机的分类与常规水轮机反击式分类基本相同，没有冲击式分类。潮流能水轮机分类主要分为水平轴式、垂直轴式和浮板式。

水轮机的主要性能包括水轮机的能量性能、空化性能、稳定性、安全性和可靠性。对于多泥沙河流电站，水轮机的抗泥沙磨蚀性能也列为主要性能。对于环保有特殊要求的电站，水轮机的主要性能还包括安全过鱼和减少或消除污染物排放等。

水轮机产品研究包括水力研究和机械研究。水力研究通常包括水力设计、CFD（Computational Fluid Dynamics）分析、模型设计和制造、模型试验及其测试技术，水力研究决定水轮机的水力性能，水力性能对水轮机的主要性能起决定性作用，模型特性反映了水轮机主要性能，原型水轮机的水力性能是通过与模型流道全模拟（即原型流道尺寸为模型流道尺寸的等比例换算）来得以保证，故水力研究又称模型研究。CFD 技术和模型试验技术是获得良好水力性能的基础和关键技术，是水轮机技术水平的重要标志。机械研究包括原型机设计、工艺设计、产品制造、设备现场安装控制调试运行等，三维设计已在工程中逐步推广。

水轮机模型研究是水轮机研究的核心，水轮机制造厂商是通过模型性能来评价水力性能高低的。我国模型研究现已进入完全自主"量体裁衣"阶段。现在水轮机模型的最高效率有些已超过 95.0%。[1]

我国水轮机产品研制与水电机组同步进行，从 1951 年生产国内首台单机容量 0.8MW 的下硐水轮发电机组开始到研制已投运的世界最大单机容量的 800MW 向家坝水轮发电机组，直至目前在建的 1000MW 白鹤滩水轮发电机组，经历了从无到有、从弱到强的艰辛历程，大体上可以分为中华人民共和国成立初期阶段、全面学习苏联阶段、自力更生阶段、改革开放至今四个阶段。尤其是改革开放 40 多年来，通过技贸结合、联合设计、合作生产等多种途径国内厂家得到了多次与国外著名企业进行联合设计、合作生产和技术转让的机会。特别是与 ALSTOM、KEN、ABB 公司、VOITH、SIEMENS、GE Hydro 公司合作生产三峡左岸电站机组并引进机组核心技术；通过打捆招标，与法国 ALSTOM 公司合作生产宝泉、惠州、白莲河等抽水蓄能机组并全面引进技术，使我国在水轮机产品开发、设计、制造等技术得到全面提升。国外水轮机发展有 100 多年的历史，我国只有 70 年。通过 70 年的发展，特别是最近 20 年的快速发展，我国水轮机技术总体上已达到目前国际先进水平，在一些领域已经达到国际领先水平。

根据最新统计，我国水能资源可开发装机容量约 6.6 亿千瓦，未来几年重点开发金沙江雅砻江大渡河等流域如白鹤滩、龙盘、岗托、茨哈峡等常规水电站达 6000 万千瓦，抽水蓄能河北抚宁、浙江宁海、辽宁清原等抽水蓄能电站达 6000 万千瓦。预计 2025 年全国水电装机容量达到 4.7 亿千瓦，其中常规水电 3.8 亿千瓦，抽水蓄能约 9000 万千瓦，年发电量 1.4 万亿千瓦时。

水轮机技术的主要学科基础是流体力学，具体分为计算流体力学和实验流体力学。水轮机的 CFD 技术基于计算流体力学，水轮机的模型试验技术、现场试验技术等基于实验流体力学。计算和试验交替互相推动，使水轮机技术得到了快速发展。

水轮机技术的另一个学科基础是机械学。水轮机是机械的一种，水轮机的总体设计技术、结构设计技术、工艺制造技术、材料技术等都是基于机械学，现代制造技术推动了水轮机技术的快速发展。

二、水轮机技术的最新研究进展

（一）混流式水轮机产品技术的最新研究进展

混流式水轮机转轮由上冠、下环和叶片组成，叶片数一般为 11~19 个，高水头有时采用长短叶片,叶片数常用的有 15 长 +15 短等。一般用于 20m~700m 水头,适用于水头和流量变幅均较大的电站,是适用范围最广泛的机型。

由于叶片固定,使得混流式水轮机偏离设计工况时会产生叶片进口头部脱流和在叶片出口产生出流环量,导致局部空化和水力脉动的产生,使得混流式水轮机的稳定运行负荷和水头范围受到一定限制。中低水头大容量的混流式水轮机,部分负荷压力脉动较大,转速低,尺寸大,要注意大部件的加工、运输及结构刚度问题。高水头混流式水轮机有时空化、磨蚀、振动等问题比较突出。

为改进设计,一些转轮设计方法得到应用,比如:叶片环量分布模型;转轮叶片厚度分布数学模型;转轮叶片积叠成型技术等。

我国目前已能独立设计制造和安装直径超过 10m 的三峡右岸和单机容量为 800MW 向家坝混流式水轮机。单机容量 1000MW 的白鹤滩水轮机也已进入制造安装阶段。

在三峡右岸转轮的开发中,通过对引进技术的消化吸收,采用新的设计理念和方法,加大创新力度,开发出了性能全面超过左岸进口机组的新转轮。不仅效率高于左岸,特别是在稳定性方面有了很大的突破,在整个运行区域内消除了左岸机组出现的高部分负荷压力脉动,解决了困扰水电行业的世界性技术难题。三峡右岸转轮是我国在大型水电设备研制上具有自主知识产权的核心技术,是引进技术消化吸收再创新的典范。

混流式水轮机的模型最高效率情况如下:低水头的在 94.0% 以上,中高水头的基本上都在 94.5% 以上,2003 年我国自行研制的构皮滩电站水轮机模型最高效率已达 95.17%。突破了国外公司的围堵,哈电获得了向家坝(4×800MW)、溪洛渡(6×770MW)水电站 10 台机组制造合同。东电获得了 9 台溪洛渡(9×770MW)水轮发电机组合同。2013 年国产的溪洛渡 770MW 机组以及向家坝 800MW 机组继投入商业运行,机组各项指标优异。标志着我国水轮机制造能力和水平已经走在了世界前列,在大型混流式水轮机研制方面处于世界先进水平。

在机组技术不断进步的同时,2008 年,以金沙江白鹤滩和乌东德两座电站为依托,国家科学技术部批复国家科技支撑计划项目《1000MW 水力发电机组研究》,由哈电和国家水力发电设备工程技术研究中心共同承担研究。通过"产、学、研、用"的合作模式,哈电联合大电机研究所、中国科学院电工所、哈尔滨工业大学、清华大学、华北电力大学、华中自控公司等国内知名研究院、所、高等院校和企业,组成项目组,深入开展1000MW 水轮发电机组的技术研究,历时四年,2012 年圆满完成了"1000MW 水力发电机组研究"项目任务书规定的内容和各项技术指标,并通过国家科技部组织的项目验收,在此期间哈电和东电还接受三峡总公司的委托分三个阶段开展了关于白鹤滩、乌东德项目1000MW 水轮发电机组专项技术的研究,为白鹤滩、乌东德电站的开发奠定了技术基础,同时也使我国在大型混流式机组研究方面处于世界前列。2015 年哈电和东电一举获得了白鹤滩项目各 8 台 1000MW 水轮发电机组的制造合同,标志着"百万水电"正式进入工程化研制阶段。

我国混流式机组技术自三峡右岸机组以来，在容量等级上稳步提升，从三峡机组到溪洛渡、向家坝，直至正在制造安装的白鹤滩百万机组，这些机组在投运当时皆创造了投运机组容量之最，除此之外，在高转速、高水头混流式机组研发上也取得了突破，哈电继1999 年研制的转速达到 1000r/min 的大七孔项目后，2009 年又研制了金汉拉扎机组，其额定水头近 400m，转速达到了 750r/min，不仅是当年国内水头最高的，也是国内高转速机组中单机容量最大的混流式水轮机。

（二）轴流式水轮机产品技术的最新研究进展

轴流式水轮机转轮由轮毂和桨叶组成，叶片数一般为 3~8 个。叶片几何参数通常用包角、叶栅稠密度、叶片空间挠度等描述。叶片空间挠度越大，叶片正背面压差越大，对空化性能越是不利；翼型弦长越短，叶片受力面积和叶栅稠密减小，缩小了水轮机的运行范围，且使得高效率区向大流量，小转速的工况移动；叶栅稠密度过大，流道间的排挤增大，水轮机损失增大，高效区范围也缩小。桨叶相对轮毂可以转动，虽然轴流式水轮机分为轴流转桨式和轴流定桨式，但通常以转桨式水轮机作为轴流式水轮机的代表。一般用于3m~80m 水头。适用水头较低，通常用于 60m 以下。

轴流式水轮机的过流能力一般大于混流式，由于桨叶相对轮毂可以转动，轴流式水轮机可以根据需要调节叶片角度，从而使其相对于混流式水轮机具有更为宽广的工况适应性和稳定性，同时也由于轮毂内部结构复杂，受强度和桨叶密封等因素的影响，其最高使用水头受到限制。

我国在轴流式水轮机的研制方面经过几十年的努力，全面掌握了关键技术并有所发展。20 世纪 80 年代，独立研制了以葛洲坝为代表的轴流式水轮机，一个单机出力 125MW机型获得国家金奖，另一个单机出力 170MW 机型，转轮直径 11.7m，是世界上直径最大的轴流转桨式水轮机，曾荣获国家科技进步奖特等奖。20 世纪 90 年代，与国外合作，研制了以水口电站为代表的高水头轴流式水轮机，其转轮直径 8m，单机出力 200MW，为世界上单机出力最大的轴流转桨式水轮机。之后，在三峡左岸引进技术基础上，对引进技术进行了二次开发，拓宽了其应用的范围，轴流式机组在此背景下技术发展取得了很大的进步，先后开发了单机容量 153MW 乐滩、112MW 山图迪斯 II、153MW 桐子林、200MW 大藤峡、115MW 万安、142MW 里底、107MW 迪斯林、193MW 安谷轴流式水轮机，这些产品皆处于国际先进水平。

（三）贯流式水轮机产品技术的最新研究进展

贯流式水轮机的转轮结构与轴流式完全相同，而与之不同的是：贯流式一般横轴或接近横轴布置，没有蜗壳，导叶为空间导叶，尾水管为直锥管。贯流式水轮机的叶片数通常

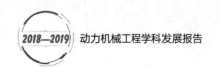

为 1~5 个，使用水头一般小于 25m，过流能力更大，在特低水头下较轴流式有优越性。

贯流式水轮机可分轴伸贯流水轮机、竖井贯流水轮机和灯泡贯流水轮机。前两者通常应用于低水头小型水电站，而大型灯泡贯流式为应用最广泛的机型，贯流式水轮机通常指灯泡贯流水轮机。贯流式机组与常规的立式轴流机组相比，可节省电站建设投资 10% 左右，每年尚可多发电 3% 左右，电站淹没少，可靠近城镇（例如航运枢纽工程中的贯流机组），因此，灯泡贯流式机组前景看好，具有很强的竞争力。

我国从 20 世纪 60 年代开始了贯流式水轮机的研究和应用，到 20 世纪 80 年代，贯流机组技术及其应用取得突破性的进展，1983 年引进的第一座大型灯泡贯流机组湖南马迹塘水电站建成，1984 年我国自主开发的广东白垢电站单机容量 10MW（转轮直径 5.5m）灯泡贯流水轮机投运，1998 年自行设计制造的广东江口电站 20MW（转轮直径 6.4m）灯泡贯流水轮机投运。

通过与日本日立、奥地利安德里兹等国外厂商合作，对技术的引进消化吸收再创新，我国已具备大型贯流式水轮机批量生产能力。其中洪江水电站最大工作水头 27.3m，单机容量 45MW，是目前世界上应用水头最高的灯泡贯流机组；广西桥巩电站 8 台 57MW，单机容量世界排名第二；广西长洲电站机组水头 3m~16m，单机 40MW，转轮直径达到 7.5m，已达世界一流水平。世界最大容量的贯流式水轮机是日本的只见电站，单机容量为 65MW。2009 年，我国东电中标为巴西杰瑞电站开发的贯流机组容量已达 75MW，直径达到 7.9m，为该电站提供 22 台世界单机容量最大灯泡贯流式机组。

模型开发方面，随着国内试验台的建设，使模型水力试验能力得到迅速提升，在新研制的模型装置上开展了自主的水力开发工作，转轮模型最优效率已超过 94%，只用了短短的数年时间，其水力性能已经和世界水平相当。自主开发了马里共和国费卢水电项目，模型转轮的最高效率达到了 93.77%。2001 年，国内自行研制的国内首台 30MW 大型灯泡贯流式水轮发电机组在四川红岩子电站成功投运，填补了我国大型灯泡贯流式机组自主研制的空白。在贯流式水轮机水力设计方面已储备包括 3、4、5 叶片转轮的成果，水头涵盖 6m~26m 范围，为今后的贯流式水轮机的开发研究及市场竞争提供了非常有利的条件。

（四）冲击式水轮机产品技术的最新研究进展

我国大多数省区都蕴藏有丰富的高水头水力资源，尤其在西南地区，有大批水头在 300m~1500m 的高水头资源，仅雅鲁藏布江下游可供开发的水力资源就有 70000MW 以上，主要梯级以冲击式水轮机组为主，装机规模在 10000MW~20000MW 左右。

冲击式水轮机由喷嘴和转轮组成，根据转轮结构可分为水斗式、斜击式和双击式等机型。斜击式和双击式一般用于小型水轮机。水斗式水轮机在冲击式水轮机中应用最为广泛，故冲击式水轮机通常指水斗式水轮机，一般用于 300m~1700m 水头，单喷嘴比转速为 10~35m-kW，水斗数为 20 个左右。

冲击式水轮机具备以下特点：结构简单，尾水在大气中，安装高程较高，厂房不需要很大的开挖量；采用折向器、喷针双重调节；负荷变化时效率曲线平坦；适用于高水头、小流量的电站。

我国先后自主研制了一大批以东川、磨房沟、以礼河、天湖、羊湖等为代表的冲击式水轮机，其中水头最高的为广西天湖水电站，设计水头 1022.4m，相应的单机容量 15MW，额定转速 750r/min，立轴双喷嘴。

通过与国外合作，我国生产了吉牛、大发、金窝、仁宗海等容量超过 120MW 的冲击式水轮机，其中金窝单机最大功率为 160MW，6 喷嘴，21 个水斗，最大水头 619.8m，额定转速 375r/min，为目前我国制造的最大功率冲击式水轮机。我国已投运的水头最高为 1209m 的苏巴姑电站冲击式水轮机。

水斗裂纹和断斗问题（疲劳强度）是冲击式水轮机的关键问题，为解决该问题，采用了把单个水斗装配在一个特殊设计的环形框架内、数控微焊（微铸）和数控加工相结合的技术、对整体锻件进行数控加工技术。

喷针、喷嘴磨蚀也是高水头冲击式水轮机面临的关键问题。国内有在 00Cr13Ni4Mo 不锈钢表面渗氮或碳钢表面镀硬铬，使其表面硬度 HRC ≥ 50，可达到 5~10 年不拆修。

模型开发方面，2013 年国内满足 IEC 标准的高精度冲击式试验台的投运，实现在实验室内对各不同设计改进的反复验证；对射流的测试研究，使冲击式水轮机技术水平不断提升，完全自主研发了米纳斯（最大水头 506.73m，功率 90MW，直径 2.46m）转轮。从模型开发到设计制造，国内已经掌握单机容量 200MW 以下冲击式水轮机设计的关键技术，为未来开发雅鲁藏布江单机容量 500MW 及以上级机组打下坚实的技术基础。冲击式水轮机模型最高效率目前已超过 91.5%。

（五）水泵水轮机产品技术的最新研究进展

抽水蓄能机组是一种特殊的水电设备，已有 130 多年历史。水泵水轮机是将水泵与水轮机功能集于一体的特殊水力机械，是抽水蓄能机组的重要组成部分。水泵水轮机既可以正向旋转时作为水轮机使用，也可以反向旋转时作为水泵使用，是抽水蓄能电站的动力设备。在电力系统负荷低谷时水泵水轮机作水泵运行，从下水库向上水库抽水，将电能以水的势能方式存储起来；在电力系统负荷高峰时作水轮机运行，从上水库向下水库放水发电，将水的势能转换为电能，整个能量的转换效率核心是水泵水轮机。水泵水轮机的能量转换效率高，最新研制的水泵水轮机在抽水工况和发电工况的最优效率均能达到 90% 以上，由于水泵水轮机高水平的能量转换能力和整个抽水蓄能机组高效、经济、清洁的运行方式，使得抽水蓄能电站成为目前世界上运用最广的大规模储能装置，是世界公认的运行灵活可靠的调节电源，可承担电网的调峰、填谷、调频、调相和事故备用任务，为电网经济高效、安全稳定运行提供保障。

抽水蓄能机组有多种型式，与反击式水轮机类似，水泵水轮机也有混流式、轴流式、斜流式、贯流式。由于混流式水泵水轮机应用水头范围宽广，可以覆盖30m~1400m水头段，单机容量目前已达450MW，结构简洁，布置便利，具有明显经济技术综合优势，代表了大型抽水蓄能机组的发展方向，成为应用最为广泛、技术最为成熟的机型。抽水蓄能机组设备技术含量高，制造难度大，大型抽水蓄能机组被公认为发电设备领域的高端设备。

混流式水泵水轮机转轮由上冠、叶片和下环组成。与混流式水轮机相比，混流式水泵水轮机叶片数少（一般为7~11个；也有长短叶片转轮，5长叶片+5短叶片，6长叶片+6短叶片等），叶片包角大，一般在100°以上，转轮形状更接近于水泵。

我国抽水蓄能机组技术的开发起步较晚，20世纪已陆续建成的大型抽水蓄能电站机组全部为进口设备，从1980年左右到20世纪90年代初，我国有关企业、科研院所和大学等单位进行了开发性研究，并没有形成产业化。2000年通过与国外公司的合作，国内企业设计制造了响洪甸2台40MW和2台60MW回龙抽水蓄能机组；2002年国内企业承担了2台150MW白山抽水蓄能机组的供货合同，白山转轮直径5.22m，还承接了2台300MW韩国青松水泵水轮机供货。

2003年4月，国家发展和改革委员会指示："为了提高我国机电装备工业的水平，促进我国抽水蓄能电站建设的健康发展，经研究，现决定以河南宝泉和广东惠州两座抽水蓄能电站（后增补了白莲河）为依托工程，通过统一招标和技贸结合的方式，引进抽水蓄能电站机组设备设计和制造技术，逐步实现我国抽水蓄能电站机组设备制造的自主化。"

2004年8月20日，在国家的支持下，中电技和法国阿尔斯通公司承办的《宝泉/惠州/白莲河抽水蓄能电站统一招标项目设备采购合同暨技术转让合同和设备分包合同》签字仪式在北京钓鱼台国宾馆顺利举行。根据合同法国ALSTOM公司获得宝泉、惠州、白莲河三个电站16台机组制造的承包权，并向哈电和东电全面转让大型抽水蓄能机组研发所需的关键核心技术，同时为了实际应用和深化理解所引进的技术以及相关设计规范和标准，提升国内公司的设计水平，获得相应的制造资质，两厂分包制造宝泉、惠州、白莲河三个电站的第四台整机。2009年年末，随着哈电和东电分包制造的宝泉、白莲河、惠州电站机组相继正式发电，标志国内厂家顺利完成大型抽水蓄能机组国产化技术引进阶段的任务。

2006年5月8日，国家发展和改革委员会又指示："为了支持技术转让接受方哈电和东电全面掌握、吸收和应用已经引进的技术，巩固技术引进的成果，实现抽水蓄能电站机组设备国产化目标，经研究，决定将辽宁蒲石河、桓仁、广东深圳、内蒙古呼和浩特、福建仙游和湖南黑麋峰抽水蓄能电站作为抽水蓄能电站机组设备国产化后续工作的依托项目，机组设备采用招议标方式在哈电和东电之间进行采购。"

由哈电负责蒲石河项目，东电负责呼和浩特和黑麋峰项目，由ALSTOM公司负责技术支持，进行技术优化联合设计，使国内厂家对引进技术得到进一步消化吸收，2011 年 1 月蒲石河项目 1# 机正式投入商业运行。2012 年 10 月最后一台机组投入商业运行。设备性能满足合同技术规范要求，整体运行情况良好。标志着哈电抽水蓄能电站机组设备国产化进程中的第二阶段——消化吸收阶段的任务顺利率先完成。从 2014 年 10 月至 2015 年 6 月，呼和浩特抽水蓄能机组四台机一次性启动成功，并顺利投入商业运行，标志着东电也完成了国产化进程中的第二阶段技术优化、联合设计任务。

为保证全面掌握、消化吸收引进技术，并进一步巩固、提高，国内厂家又在国家支持下，哈电依托安徽响水涧（4×250MW）抽水蓄能机组。东电依托仙游（4×300MW）抽水蓄能机组，进行了主机及相关辅机系统的设计、制造和成套工作，响水涧首台机于 2011 年年底投入商业运行，2012 年完成全部机组并网发电。设备性能满足合同技术规范的要求，机组运行稳定、良好。仙游首台机于 2012 年年底投入商业运行，至此国内企业都完成了引进技术后首个完全国产化项目。标志着我国已具备大型抽水蓄能电站机组设备的生产能力，打破了国外的技术壁垒，填补了我国在这一技术领域的空白，国内厂家已全面掌握抽水蓄能电站机组设备的核心技术。

为进一步提高核心竞争力，2011 年国家科技部批复了国家科技支撑计划项目《大型抽水蓄能成套设备研制》，其中《大型抽水蓄能机组水泵水轮机研制》课题采取了产、学、研、用相结合合作模式，以哈电为主体，依托哈动国家水力发电设备工程技术研究中心有限公司、哈尔滨大电机研究所为技术单位，联合清华大学、哈尔滨工业大学、华中科技大学、兰州理工大学等为技术支持单位，吸纳高校优秀人才和应用前沿理论科研成果。课题研究经历了四年时间（2011—2014 年）。课题的研究解决了大型抽水蓄能机组开发过程中的若干技术瓶颈—水泵水轮机水力设计与试验技术，建立了 PIV 实验台；水泵水轮机刚强度及可靠性；水泵水轮机密封材料和结构；大型高压球阀关键技术；大型抽水蓄能机组轴系稳定性；水泵水轮机工况转换与过渡过程。尤其在"S"区特性、驼峰区安全裕度等方面取得重大技术突破，并在后续的项目中全部采用了同步导叶，简化了机组在启动、飞逸和工况转换中导叶运动控制流程，提高了机组安全性和可靠性。

基于科技支撑计划，在水泵水轮机流动方面理论和数值预测方法得到了提升：基于近壁区湍流的各向异性特征，考虑局部压力和应变率影响等，发展了非线性湍流模型；通过暂态非定常涡动力学等分析手段对计算结果进行分析，建立了瞬态过程中涡动力学与宏观动力学特征量的演化规律；探讨了各种典型工况下的内部流动机理。这些为较准确预测水泵水轮机瞬态过程、不同开度下模型和真机水泵水轮机的 S 特性、水轮机启动暂态过程的非稳定流以及空载开度下的水轮机飞逸过程的非稳定流奠定了基础。

上述理论和技术实践为我国更好地开发利用水电提供了坚实的技术基础。此间响水涧和仙游水泵水轮机模型通过了瑞士洛桑中立试验台的试验验证，达到了世界先进水平。

之后我国抽水蓄能机组技术发展全面开花，完全自主知识产权又相继承制了溧阳、深圳、仙居、丰宁、敦化、文登、周宁、绩溪、敦化、长龙山、丰宁二期、沂蒙、永泰、阳江等水泵水轮机。其中长龙山项目最高扬程高达 756m，阳江水轮机单机额定功率达 406.1MW。已投入运行的完全自主研制的水电站机组参数见表 28。

表 28 我国投入运行的完全自主研制的水电站机组参数

电站名称	电站地点	装机容量（MW）	转速（r/min）	水头范围 Htmax/Htr/Htmin（m）	叶片数（个）	球阀直径（mm）	首台投运（年）
响水涧	安徽芜湖	4×250	250	219.3/190/172.1	9	3300	2011
仙游	福建仙游	4×300	428.6	471.41/430/412.3	9	2300	2013
溧阳	江苏溧阳	6×250	300	290/259/227	7	3050	2015
仙居	浙江仙居	4×375	375	492.27/447/420.96	9	2600	2015
深蓄	广东深圳	4×300	428.6	465.19/419/409.31	9	2300	2017

（六）老电站水轮机的改造

老电站改造问题其实是一个再制造问题。我国有一大批电站役龄已有 30~50 年，国外发达国家的老电站役龄更长。与现在相比，早期研制机组的能量指标和空化性能都比较差，且经过多年的运行和检修，已经老化，效率指标和空化指标显著下降，机组的停机率上升，运行维护成本增加。只要花少量经费，用现代技术对老电站水轮机进行局部改造，就可以提高能量转化率，达到节能的效果，经济效益明显。近年改造的一些电站功率可提高 10%~20%，个别中小电站功率提高甚至超过 25%，同时采用新技术水轮机效率也能提高 3%~5%。我国新的一轮水轮机改造已陆续进行，一些水电站为了更好配合风光等新能源，对改造提出了新的更高的要求，比如稳定运行区的扩展要求：李家峡电站改造甚至要求 5%~100% 负荷稳定运行，大大突破了混流式水轮机国家标准 45%~100% 稳定运行负荷限制。水轮机的改造大多集中在活动导叶和转轮以及顶盖等易于装拆的部件。这也是水轮机的一个重要研究方向，国际电工委员会水轮机专业委员会十分重视，成立第 26 工作组，现已完成老电站改造的 IEC 62256：2017 Ed2.0 水轮机、蓄能泵和水泵水轮机更新改造和性能改善导则的制定，该导则可用来协助鉴别、评价和实施水轮机、蓄能泵和水泵水轮机的改造和性能改善工程工作。

我国的刘家峡、新安江、新丰江、枫树坝、乌江渡、三门峡、渔子溪、青铜峡、八盘峡等老电站，通过改造取得了很好的综合效益。李家峡、柘溪、凤滩、天生桥一级、天生桥二级和目前最大的水光互补电站龙羊峡等水电站在陆续改造。

还要重点关注中小型水电站。相较于大型水电站完善的设备及管理，中小型水电站存在巨大的差距。运行效率低下，机电设备老旧，水力资源浪费较大，是部分中小型水电站所面临的问题。因此，针对中小型水电站进行增效扩容改造是势在必行的。

在中小型水电站中存在的主要问题包括：①水轮机选型问题。由于部分水电站建设较早，水轮机技术欠缺，可供选择的水轮机型号不足，工程技术人员及管理人员对于水轮机技术不甚了解，对于设计参数是否符合当地水电站实际情况也不关心，从而导致水轮机型号与实际水文条件相去甚远。②水轮机与发电设备不匹配。部分小型水电站发电机功率小于水轮机出力，限制了水轮机组的出力，严重影响了水轮机和机电设备的使用寿命。③泥沙磨损及空蚀严重。

我国大型水电站约 130 余座，中型约 400 座，小型 4.7 万座。每 20~30 年就要进行改造，未来与其他能源的互补作用越来越突出，对水轮机提出了有待攻关的新课题，结合新技术、新结构、新材料等应用，会成为水轮机发展的驱动力之一。

（七）水轮机空蚀的最新研究进展

在液体中，当压力降低到一定程度时，液体内部将发生体积破坏，产生空泡或空穴，这一物理现象称为空化。水轮机转轮在能量转换过程中，会出现局部低压力区，当该局部低压力区的压力低于当地饱和蒸汽压力时，该区域的水将变成气泡，这就是水轮机的空化现象。

当气泡随水流流到水压高于饱和蒸汽压的区域时，气泡则发生溃灭，如果溃灭发生在水轮机固体表面，将对固体表面产生强烈冲击，导致材料损失，这种现象称为水轮机的空蚀。

由此可见，水轮机空化性能关系到水轮机的使用寿命。为避免出现水轮机空蚀破坏，具体工程措施有：①在电站安装高程一定的条件下，采用空化性能好的水轮机来防止空化；②在水轮机空化性能一定的条件下，通过降低电站安装高程来防止水轮机空化；③采用抗空蚀性能好的材料；④改进水力设计，预防局部空化。

通过对部分电站的调研发现，有些电站水轮机转轮空蚀发生在上冠和下环以及出水边上，应引起关注。对叶片绕流的尾迹等进行深入的研究。

水轮机的空化研究主要有以下几个方面：①水轮机空化和空蚀的机理研究。尽管水轮机空蚀问题基本上得到了解决，但空化和空蚀的机理仍不是十分清楚，仍有必要进行深入研究。而且，水轮机时常出现局部烧蓝的痕迹和不明原因的局部锈斑，可能与空蚀相关。②水轮机空化对噪声及稳定性的影响。试验表明，水轮机空化不仅与噪声相伴，而且与水轮机的压力脉动密切相关。③对于轴流式和贯流式水轮机而言，空蚀仍然是限制其过流能力进一步提高的限制条件。提高其空化性能，仍然是水轮机水力设计不可忽视的要求。尤其间隙空化和局部空化所引起的空蚀，客观要求对转轮局部几何形状更精细化设计。④冲击式水轮机也要注意空蚀的防止。一般认为冲击式水轮机不会发生空蚀，实际上，国内外的冲击式水轮机已经发生了空蚀，有的还非常严重，如果不及时科学有效地处理，水斗将会在非常短的时间内被空蚀穿孔。近年来，通过 CFD 数值仿真发现，水斗空蚀可能是由于射流质量和流动干涉引起水斗局部压力急剧降低而发生空化引起的。⑤对于水泵水轮机，试验研究表明空化对于驼峰特性变化有直接关系，其试验结果指出，随着空化系数的降低，驼峰区的特性曲线发生了明显的变化，即水泵水轮机的空化现象对驼峰区有着显著的影响，驼峰特性在较大导叶开度下，其影响规律与离心泵相似，即随着空化系数的降低，驼峰特性有所削弱；而在中等开度，空化无论对驼峰的位置还是强弱基本没有影响；在小开度下，空化对于驼峰的影响主要表现驼峰区域随着空化系数的降低向高流量区域偏移。认为空化能够影响驼峰的根本原因首先在于空化影响叶轮叶片进口的流态，进而通过影响叶轮内的流动对旋转失速的产生和发展造成影响。引入空化模型的数值模拟预估空化对驼峰特性影响也取得进展[2]。

（八）水轮机稳定性的最新研究进展

水轮机稳定性是指水轮机的运行状态，关系到水轮发电机组的安全正常运行，是水轮机的关键技术。在一定程度上也关系到水轮机的可靠性。水轮机稳定性可以分为水力稳定性、机械稳定性。

水力稳定性是指水流状态随时间变化的情况，水轮机水力稳定性是指水轮机流道中水流的压力脉动，通常与水轮发电机组的振动联系在一起。水力稳定性目前认为与涡带、翼形尾迹导致的卡门涡、叶片和导叶交错运动产生的压力波、转轮止漏环间隙不均匀或产生了自激振动、转轮叶片进水边空化形成叶道涡及叶片形状不对称引起的不对称流场等因素有关。这些现象的发生，会使压力脉动的幅值增加，有些频率成分还可能与厂房或设备固有频率发生共振。

机械稳定性一般认为与轴系、水力振源、轴承、机组刚度、机组动静平衡等因素有关。

1. 尾水管涡带引起的振动

混流式或轴流定桨式水轮机偏离最优工况运行时，往往在尾水管内出现涡带，工况不同会产生正向或反向旋转涡带，运行工况偏离最优工况越远，情况越严重。它急剧摆动撞击尾水管壁，并对转轮施加周期性的径向力和轴向力。涡带的频率 f 约为（$1/2 \sim 1/5$）fn（fn 为转轮的转动频率）。对于高比速混流式水轮机，有时还出现高部分负荷压力脉动带。

一般以尾水管锥管边壁水流压力波动全幅值（ΔH）与其运行水头（H）之比值 $\Delta H/H$ 作为涡带强度的度量。它的允许值与水轮机比转速有关，也有研究表明 ΔH 在水轮机运行范围内一般小于 $10m$ 水柱。

大型机组某些部件的固有频率与涡带频率接近时，会引起共振，如果与电力系统固有频率接近，则会导致功率摆动。

关于涡带形成的原因，也存在不同的观点。主流的观点认为：①由于尾水管中的流动是旋转流动，所以轴向和周向流速的不均匀，会导致回流，回流区随着轴向和周向速度比值的变化，变为不稳定的螺旋状，也就是涡带。②当水轮机运行在偏工况下，转轮出口存在环量，在尾水管中心出现强制涡，此涡在蜗壳—导叶—转轮水流不对称的情况下将发生偏心，涡流的偏心会引起涡流的螺旋状运动，形成通常所说的螺旋状涡带。它与圆管中旋转流形成的漩涡是不同的，两者所引起的压力脉动幅值与频率特性以及流态等也各不相同。同时很多学者对涡带的发展也做了研究，其中涡理论通过分析涡带的发展来预测其稳定性。当涡带处于绝对不稳定区域，该工况尾水管涡带有裂变成涡丝的现象和趋势，整个尾水管压力脉动较大。

依涡带形成机理的观点，消除或减小由于涡带引起的压力脉动可以从下述三个方面着手：①改变水流的旋转状况，如在尾水管中装十字架或三角架。②控制涡带的偏心矩。③引入适当的阻尼，如采用各种补气的方法。所以，目前改善尾水管内部不稳定流动状态的方法，主要包括优化转轮泄水锥形状、优化转轮流道、优化尾水管、尾水管中心补气及改变水轮机的装置空化系数等。不同的方法对某些工况下是有效的，而其他一些工况可能效果又不明显，具体实施要综合考虑电站的经济稳定运行。在研究手段上，采用数值模拟和实验验证或两者相结合的方法。在实验手段上，越来越多地采用高速摄影以及 PIV 等一系列先进测试技术来分析尾水管涡带的形成机理。而在数值模拟研究中，主要的工作包括对不同流域的选取，对不同模型的对比，且呈现出网格划分越来越细致的趋势，以便可以观察和获得更多的流动细节。

2. 卡门涡列引起的振动

卡门涡在结构物的后缘后发展，其脱落频率与流速和特征长度有关。水流通过平板等障碍物后，尾流中有时出现卡门涡列，对障碍物产生交变的侧向力，引起振动，其频率为：

$$f = Sr \frac{v}{d} \text{（Hz）}$$

式中，v 为绕流体流速（m/s）；d 为脱流尾迹处最大厚度（m）；Sr 为斯特劳哈尔数，约为 0.2。

在转轮叶片，固定导叶出水边尾流中常出现卡门涡列，伴随有啸叫声，在其干扰频率与叶片或固定导叶固有频率接近时，会出现剧烈振动现象，加速疲劳裂纹出现。通过改变叶片出水边形状改变卡门涡频率，或采取某些结构措施改变叶片固有频率等以避免共振。

3. 止漏环水流引起的振动

混流式水轮机由于止漏环间隙不对称或结构不合理等原因出现自激振动。减小止漏环间隙可以减小容积损失，但是间隙小到一定程度时，即使主轴只有很小的偏心运动，也会引起转轮背压与止漏环间隙中压力的显著变化。应避免径向力和偏心摆动间隙出现放大加强的结构设计，应尽可能使主轴径向力和摆动间隙之间不出现自激振动，如果出现放大加强情况，可通过采用均压措施来解决这个问题。实践证明，适当增加外止漏环间隙是一有效措施。

4. 动静干涉引起的振动

动静干涉的频率一般接近转轮的固有频率。对于中高水头混流式水轮机，与动静干涉相关的频率及其振幅是很重要的。动静干涉作用频率下的高振幅压力脉动会引起叶片的循环疲劳，有时还会造成灾难性的损坏。在额定工况下的混流式水轮机应力测量表明，在高水头水轮机中约 80% 的总应力与动静相互作用有关。在低水头水轮机中叶片和导叶之间的足够距离可以降低应力幅值。

影响转轮固有频率的主要参数是模态形状、转轮上冠和下环的相对变形、和附近表面的接近程度、叶片外形、叶片数量以及叶片尾缘的振动。在水轮机中，可以利用现有的数值技术，在设计阶段预测稳定运行条件下的水轮机转轮固有频率范围。然而，在启动－停止等瞬态运行条件下，附加质量效应是完全未知的。一般认为，瞬态条件下的固有频率比稳态条件下的固有频率高。

在转轮转动时，叶片和导叶尾部压力场的相对位置出现周期性变化，因而在水流中出现频率 $f = nz_0$ 的压力波。在某些情况下（例如 $z_0 - z_1 = \pm 1$ 时，z_0 为转轮叶片数，z_1 为活动导叶数），易出现各个叶片与导叶相错产生的压力波叠加的情况，其合成波的频率与压力钢管、转轮以致厂房的固有频率接近时，会引起强烈振动。导叶和转轮叶片构成 $nz_0 \pm K = mz_1$（其中 m、n 为整数，K 为模态阶数），易导致转轮本体出现振动，叶片产生较大动应力，引起疲劳破坏。

5. 转轮叶片进水边初生空化引起的振动

当水轮机在高水头运行时，如果选型或设计不当，有可能进入叶片进水边背面初生空化区运行。同样当水轮机在低水头运行时，有可能进入叶片进水边工作面初生空化区运行。由此可以导致水轮机的振动，严重时还可导致裂纹的产生。

6. 水斗式水轮机常见的振动源

水斗式水轮机振源主要有：①水斗式水轮机的尾水位与转轮应保持一定距离，以免机壳内尾水上升，排流飞溅，造成效率下降和振动。通过增加补气量或加大尾水渠断面，可以解决这一问题。②由于水斗数过少或缺口形状不好，在大负荷时，部分射流可能自缺口逸出，撞击到下一喷管的挡水帽和折向器，引起频率为 $f = nz_1/60$ 的振动。改进水斗缺口形状，增加水斗数或减小射流直径等措施，可以使振动有所改善。③由于安装或运行中出现射流中心与水斗分水刃偏差引起的振动。

7. 叶片颤振

颤振是指由非定常水动力引起的叶片不稳定自激振动。叶片位移幅值呈指数增长或达到极限循环振荡，导致高循环疲劳和最终失效。这是一种重要的动力失稳类型，值得重视。影响叶片颤振的四个重要因素是：振型、固有频率降低、水流速度和声学共振。在水轮机研究中，目前还不确定转轮在共振过程中是否会经历叶片的颤振。

8. 水泵水轮机典型不稳定区域（驼峰区和 S 区）研究进展

（1）驼峰不稳定特性研究进展

到目前为止，国内外对水泵水轮机的驼峰不稳定性流动机理研究较少，主要是采用试验手段去验证驼峰特性的存在，在试验的基础上采用理论和数值模拟相结合的方法研究不稳定特性形成的原因[3]，目前主要集中在驼峰特性形成机理研究和空化特性对驼峰特性的影响。在实际工程上通常是水泵正常运行的最高扬程与不稳定区域最小扬程留有一定的安全裕度，通常大于 2%。水泵水轮机的驼峰区裕度是蓄能机组一个重要参数，不仅关系到蓄能机组的安全稳定运行，同时对水泵水轮机效率、空化甚至过渡过程瞬态特性有重要影响[4]。国外研究学者认为水泵水轮机水泵工况的驼峰特性的形成主要是由尾水管出口转轮入口预旋和不良流动、转轮内部的流动分离和旋转失速、转轮出口的回流、活动导叶入口的旋涡以及扩压叶栅中的旋涡和旋转失速导致的，同时发现驼峰特性与空化之间存在一定的关系。

近年来，有学者发现，驼峰特性常常伴随迟滞效应。当进行水泵能量试验时，运行工况点从大流量到小流量所获得的能量特性曲线与从小流量到大流量在驼峰区域出现明显的差异，驼峰特性谷峰值出现偏移。

（2）S 区不稳定特性研究进展

目前，国内外绝大多数投产运行的混流可逆式机组在运行水头范围内均存在比较明显的 S 特性，解决并网问题均是采用导叶非同步开启方式。

活动导叶与转轮间的水环对转轮惯性力的影响起到了遏制作用，其流道内存在的严重涡流造成了流道的堵塞，是影响水泵水轮机 S 特性的关键因素。另外，转轮进口脱流造成的流道拥塞也是影响 S 特性的重要因素。为减小或避免 S 特性对机组运行的危害，一是要尽量避开 S 区域。一般都采用预先开启部分导叶（即导叶非同步开启方式），但这种方式带来的典型副作用是造成机组部件的振动、大轴摆度以及内部压力脉动的加剧，影响机组的安全稳定运行，这是由于导叶非同步开启造成活动导叶出流和转轮入流不均衡引起的，所以预开导叶的方法在实际应用中仍然有待改善；二是要消除水泵水轮机全特性曲线上的 S 区域，即在水力设计和模型试验时设法改变流道内的流态[5]，这才是解决此问题的根本方法。

近年来，当进行四象限实验时，在一四象限进行 S 区特性实验时，运行工况从水轮机工况起，流量系数从大到逐渐减小直至反水泵工况的特性曲线，与从反水泵工况起，逐渐增大直到水轮机工况的特性曲线存在明显差异，形成迟滞环，产生迟滞效应，然而 S 区迟滞效应的产生机理和发展规律研究极少，未见改善或消除迟滞效应的研究。

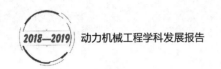

（九）水轮机非定常特性分析方法研究进展

非定常分析方法是水力机械不稳定特性分析过程中一个必不可少的手段。在旋转机械如水泵水轮机、离心泵中，不仅存在与转轮旋转转速相关的受迫不稳定流动，同时存在与转轮旋转转速无关的非受迫流动。在离心泵中，由于受迫流动（叶片旋转频率以及其谐波频率）和非受迫流动（旋转失速、尾水管涡带等）相互之间的非线性叠加产生一系列非线性特征频率。在水泵水轮机中同样存在线性和非线性特征频率，如何辨识两者之间的关系也水轮机领域未来一个研究重点。

同时为了获得特征频率随着时间的变化，越来越多的学者采用时频分析的方法。时频分析是现代信号处理的一个热点，是一种新兴的处理方法，其能够提供时间域与频率域的联合分布信息，清楚地描述了信号频率随着时间的变化关系。通常的时频分析方法有短时傅里叶变换（STFT）、连续小波变换（Wavelet Transform）、Wigner-Ville 分布和希尔伯特黄变化（HHT）。越来越多地采用 STFT 方法分析了水轮机工况旋转失速等特征频率随着时间的变化规律，只有采用合理宽的窗函数方可获得较好的时间和频率之间的关系。也有学者采用连续小波分析方法对水泵水轮机、水泵内特征频率进行分析，获得较好的时间域与频率域的关系。要想获得更加全面准确的非定常流动信息，还有待进一步完善和发展相关的时频分析方法。

（十）水轮机水力损失研究进展

近年来，水轮机中水力损失由个部件损失大小发展为可以给出损失分布，便于性能优化中精确定位，例如，熵产理论在水轮机损失分析中应用。

越来越多的研究表明，流动过程中的能量损失可以与熵产联系起来。熵产是由于过程中存在不可逆因素引起的耗散效应，使损失的机械能转化成内能，是不可避免的。根据热力学第二定律，在一个实际的流体系统中总是伴随着熵增。在水轮机流动过程中，假设该过程温度恒定，靠近固体表面的边界层内的粘性力会使流体的动能和压力能转化为内能而耗散，引起熵产的增加；高雷诺数区的各种不良流动（旋涡、回流）引起的湍流脉动导致水力损失增加，同时伴随着熵产的增加。采用流动熵产理论应用于水轮机水力损失分析中，研究结果表明采用熵产分析可以精确定位高损失位置，为水力优化提供了理论基础[6]，近几年来，越来越多的学者采用熵产方法去分析和评估损失分布。

（十一）水轮机的泥沙磨蚀的最新研究进展

我国许多河流含有较大数量的泥沙，泥沙通过水轮机造成严重的磨蚀破坏，因此抗泥沙磨蚀成为水轮机的一个重要研究方向。为减轻泥沙磨蚀，应从水土保持、枢纽电站设计、水轮机水力研究、磨蚀机理、结构工艺、抗磨蚀材料、机组运行维护、变速电机等方面采取综合措施才能取得成果。目前，国际电工委员会水轮机专业委员会对此也十分重视，已完成水力机械–轴流式、混流式和冲击式水轮机泥沙磨损导则。

泥沙磨损是泥沙河流电站一个突出问题，成为影响机组可靠性的主要因素，给电站带来一系列问题，如效率下降、机组停机、检修周期缩短而时间增加、电量损失。因此，泥沙磨损是水轮机研发不得不面对的世界性难题。

我国对泥沙磨损问题的研究处于国际先进水平。

1. 影响材料表面磨损的主要因素

水轮机泥沙磨损的机理十分复杂，影响材料表面磨损的主要因素有：①泥沙特性。水流的含沙量、沙粒粒径、硬度、形状对磨损有较大影响。一般来说，大于金属材料硬度的泥沙才会起磨损作用，石类沙所占比例越大，则磨损越严重，而小于金属材料硬度的泥沙则不产生磨损或磨损轻微。沙粒形状对磨损的影响也十分明显，试验表明，泥沙颗粒形状的磨损系数大致为：圆形 1，棱形 2，尖角 3。②泥沙运行条件。流速是影响磨损的最主要因素，试验表明，磨损大致与流速的 3 次方成正比。一般沙粒与金属表面的冲角在 20°~45° 时磨损最为严重。③水轮机制造材料特性。金属材料存在一个临界硬度，低于该硬度，材料表面硬度越高越耐磨；金相组织结构中，马氏体抗磨性能最好。非金属材料，如超高分子量聚乙、聚氨酯等，存在一个溃裂流速，当泥沙流速小于溃裂流速时，则表现出"以柔克刚"的特性，抗磨损性能一般优于普通金属材料数倍。材料表面粗糙度越大，材料磨损越严重。④磨损随运行时间的增加而加剧，所以及时维修非常重要。

2. 泥沙磨损的现场观测

（1）泥沙磨损特征

泥沙磨损的特征为：磨损的坑穴高差较小，坑穴较浅，对于波纹状的磨损，波深与波长之比通常为 1%~3%，真机叶片测量时一般 <5%；磨损具有明显的方向性，与水流方向一致；上游头部相对较深，之后逐渐变浅，类似一个弯勺。

破坏程度的特征为：轻微时，磨损处有较集中的沿水流方向的划痕；严重时，出现"鱼鳞坑"；强烈时，出现穿孔，崩落等。

（2）磨损类型

在含沙水流中工作的水轮机，过流部件磨损类型可以分为以下 4 种：直线流道磨损、离心流动磨损、缝隙流动磨损、局部阻力扰流磨损。

（3）水轮机磨损的评价方法

磨损强度常定义为单位时间内材料被磨损的体积。其他方法还有：失重量或失重率、磨损面积、磨损深度等。

（4）水轮机各部件磨损的特点

水轮机各个部件的磨损特点各异。蜗壳和固定导叶区域流速较低，流动平顺，磨损较轻。活动导叶区域破坏的部位有导叶出水边、导叶上下导轴承及其轴套、导叶的上下护环

（顶盖和底环）。混流式转轮严重的部位有叶片进水边上下两端、下环内表面、叶片出水边工作面、转轮的上冠下环外侧、上下止漏环等。轴流式转轮较严重的部位有叶片外缘、转轮室壁、叶片吊装孔等。尾水管相对较轻，如果安装了十字架补气装置，补气装置的磨损较严重。冲击式水轮机喷嘴喷针最为严重，水斗的分水刃处常磨出缺口[7]。

3. 叶片的绘形与修型

水轮机几何准确性与泥沙磨损密切相关。数控加工设备和先进测量设备的应用，使水轮机的几何尺寸和表面质量得到了很好的保证，叶片的绘形与修型已不再是问题。

4. 泥沙磨损的防护

泥沙磨损的防护方法可分为母材的表面、抗磨复层和局部结构处理。

母材的表面处理方法有热处理方法和扩散渗镀方法。热处理方法主要是淬火回火热处理。扩散渗镀法可分为合金元素渗镀法、渗碳法、氮化法、渗碳氮化法和氰化法等。

抗磨复层材料可分为金属复层和非金属复层。金属复层包括各种耐磨和高硬合金复层；非金属复层包括陶瓷复层、环氧树脂复层、合成橡胶弹性复层和粉末塑料复层等。抗磨复层制备方法可以分为涂层法、电镀法、蒸汽镀法、粘接法、热喷镀法、焊接法等。

局部结构处理措施要有：加大易磨损部位的厚度，如加大导叶轴颈圆盘直径、叶片与上冠和下环的连接处用大圆弧过渡、叶片出水边适当加厚等；分拆易磨损部件，如活动导叶区的顶盖和底环与抗磨板采用复合结构等。

5. 泥沙磨损的综合治理措施

为了尽可能地减缓水轮机的磨蚀破坏，延长水轮机的大修周期和使用寿命，应从以下方面进行综合治理：①水电站枢纽设计时，必须要设置沉沙、排沙设施，以减少泥沙过机；②水轮机选型应特别注意抗磨损性能；③水轮机水力设计采取适当降低参数、降低流速、降低初生空化数等；④水轮机结构设计采取易磨蚀部件易拆装更换、流道平顺光滑设计等；⑤优选抗磨蚀材料；⑥水轮机加工制造中要提高型线精度和表面粗糙度；⑦水库应采用"蓄清排浑"方式，合理调度，正确处理调电、调水与调沙三者之间的关系，避开沙峰，减少泥沙过机，在电网可能条件下，机组可短时间停运。

（十二）CFD 技术的最新研究进展

从近年来 CFD 技术在水轮机行业中的应用现状和发展趋势来看，主要有两大方向：一是水轮机过流部件内部流场的定常计算，它主要用于分析内部各流道的流态，研究各部分水力损失、叶片表面的压力分布以及优化设计；二是水轮机内部流场的非定常计算，主要用于分析各流道内的瞬时流态，并研究各种流道内不稳定因素引起的水力振动和压力脉动，如导叶和转轮叶片尾部的卡门涡列、静叶和动叶之间的动静干涉和尾水管内螺旋涡带等不稳定因素对于水轮机稳定性的影响。

随着计算机软硬件的发展，水轮机内部流动的 CFD 技术的研究已进入全三维、粘性从定常流动到非定常流动阶段；从单一液体到气、液、固三相流，近年在偏离最优工况、过渡工况以及考虑系统多参数相互作用等方面取得进展。

1. 水轮机内部定常流动数值模拟

在水轮机水力设计和性能预测中采用全流道建模模拟，最新 CFD 技术能较好地预测水轮机内部的定常流动，预测精度较高。CFD 软件可以用来分析水轮机流道在不同工况包括偏离最优工况时的流量、效率和功率等特性，从而获得所设计流道的综合特性图，预测其运行特性。近年，对 y+ 和湍流模型等的认识和应用更加深入，提高了不同工况计算的数值模拟精度。目前，CFD 技术应用于水轮机的优化水力设计及性能预估已成为水轮机水力设计重要手段之一[8]。

2. 水力机械内部固液两相流及磨损预估研究

水力机械在含沙水流中运行，其流动本质是固、液两相流（在冲击式水轮机甚至固、液、汽三相流），其中固体颗粒的浓度分布、颗粒的运动轨迹、流体的速度场分布都会不同程度地影响固体颗粒的冲蚀磨损作用的过程和程度。为了详细了解固、液两相流中固体颗粒对过流部件的冲蚀磨损作用，建立可靠完整的固、液两相流冲蚀磨损模型，对不同工况下的冲蚀磨损能给出合理的预测，必须研究固、液两相流的流场。进入 20 世纪 90 年代后，随着计算机技术的发展和各种湍流模型的建立，以计算流体力学（CFD）为基础的数值模拟方法日益受到人们的重视，并得到了很大的发展。

（1）两相流模型与方法

两相流是非常复杂的，要找到一个能适用于所有情况的模型几乎是不可能的，不得不把实际问题分成若干情况，对于每一种情况使用一种最为适合的方法来处理。目前国内外研究多相流的理论和方法主要有三种：基于微观运动的波尔兹曼方法、基于宏观运动的欧拉 – 拉格朗日方法和基于宏观运动的欧拉 – 欧拉（即多相流的多流体模型）法。在欧拉—欧拉法两流体理论中，连续（液）相运动用欧拉型方法描述。假设分散（颗粒）相为拟流体，其运动也用欧拉型方程描述。可以在欧拉坐标系下用统一的方法处理颗粒项和流体相。近年来在两相流或多相流的数值模拟中，双流体模型正在得到越来越多的应用。

（2）水力机械固液两相流模拟及泥沙磨损预估

近年来，计算机无论在容量和速度上都有了很大的提高，这为数值模拟比较复杂的水力机械固、液两相流提供了条件，目前研究人员已经从定常单相流研究转向非定常流和多相流研究上来，并取得了许多成果。含沙水流在冲击式水轮机中的流动为非定常三相流动，水、气、泥沙颗粒与过流部件之间的作用错综复杂，其内部复杂的射流干涉也成为水力机械学科研究的热点与难点之一，但在对其内部三相流动的数值模拟方面的应用还很不成熟。

连续相选用标准湍流模型进行计算，再选用离散模型进行固液两相流耦合计算，最终

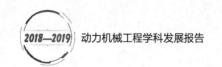

得到泥沙颗粒在水流场中的运动特性，重力作用影响相当关键。

对连续相使用欧拉方程进行计算，达到收敛后再选用拉格朗日方程对离散相－泥沙颗粒进行固液耦合计算。冲蚀模型采用由 Grant 和 Tabakoff 所提出的单位质量粒子撞击固壁所产生的质量磨损率的经验表达式。

应用基于计算多相流动力学理论中欧拉－欧拉方法的代数滑移混合多相流模型，采用多面体网格技术、标准湍流模型和压力速度耦合的 SIMPLEC 算法，转动区域应用多重参考系模型，分析水轮机流道内泥沙磨损的特征规律，对揭示泥沙颗粒与水相互作用的固液两相湍流场诱发水轮机振动的影响机理及解决工程实际问题具有一定的意义。

利用了欧拉－拉格朗日多相流模型对冲击式水轮机喷嘴内的不稳定气－固－液三相流进行模拟。由于含有水和沉积物的射流以高速注入自由空气中，因此采用 VOF 模型预测水流和空气流量。将沉积物简化为圆形固体颗粒，采用离散颗粒模型（DPM）预测喷针磨蚀特性。对沙粒轨迹进行分析以解释喷针表面上的侵蚀机理等。

3. 水轮机中空化流动模拟

水轮机的空化问题本身是复杂的水汽两相流问题，气泡和水体之间有着非常复杂的动量和能量交换关系，对其机理的认识和空化模型的建立等在理论上都还有待探讨。目前，对于空化流动的研究主要采用空化试验和数值预测两种方法。空化试验的费用高，且对于大型机组的空化性能试验，由于空化现象的比尺效应及众多因素的影响在试验台上尚无法有效地控制，使得试验结果难以完全真实反映真机的空化性能。近年来，随着 CFD 技术的飞速发展，国内外学者已采用数值模拟的方法对空化现象进行了大量的研究[9]。

目前，空化数值模拟研究大体上向着两个方向发展：从空泡的角度研究空化发生与发展的机理或从宏观的角度分析空穴的存在对流场的影响。

基于时均 N–S 方程的三维粘性流和给定实验边界条件下预测临界空化系数的精度得到提高，可以作为工程上的空化性能预测。

4. 水轮机尾水管涡带模拟及压力脉动预测

水轮机尾水管涡带或压力脉动的数值仿真是非定常计算，当前国内外数值模拟工作大都围绕以下几个方面进行：不同计算流域的选取（部分流域和全流道）；不同湍流模型的选取；单相流和多相流的计算，包括单相数值模拟、两相补气及两相空化计算等。通过数值模拟，获得了很多理论和实验都无法获取的重要信息，对于进一步完善理论和指导实验提供了帮助。而且随着计算机的能力突飞猛进，越来越多采用大涡模拟手段来模拟尾水管中的涡带。对于涡带边界的确定有基于等压的，也有基于体积分数的。

近年来，尾水管内非定常流动数值模拟取得了较大进展[10]。

尾水管压力脉动 CFD 预估的数值模拟方法在一定程度上也可以预报振动的频率与幅值大小，其预测振动幅值和频率与真机的差别正在减小，离工程实用越来越近，从以下几个方面来提高 CFD 的预估精度：计算域的选择、网格大小、湍流模型研究与选择、计算时间。由于尾水管内流动是强三维、非定常、非线性的粘性流动，进出口的边界条件也不好精确给定，当涡核在尾水管内形成空化空腔时，它还是两相流。同时尾水管涡带的形成机理也不完全清楚，涡带的边界物性还有待进一步研究，因此要对尾水管内的流态进行准确的数值模拟十分困难，还有很多的工作要做。

5. 水轮机过渡过程数值模拟策略发展

对于水电站过渡过程瞬变流的数值计算，实际工程中主要采用传统的一维计算方法。由于传统的一维计算方法主要着眼于整个输水系统的水力计算，对于系统中各元件的数学模型简化过多，因而计算结果不是十分准确，尤其是无法给出水轮机和调压室等关键过流元件中的流动细节。以水泵水轮机为例，过渡过程中关键过流部件中流动往往非常复杂，其中存在着大量的漩涡和回流以及空化复杂流动现象，这些复杂流动现象与输水系统的水锤相互作用，甚至会引发水柱分离，断流弥合水锤和反水锤等不稳定流动现象的发生。这些流动三维特征明显，应该采用三维数值模拟方法来模拟[11]。

为了模拟过渡过程抽水蓄能电站水力系统中的空化和水锤的相互作用以及调压室对水锤压力的缓冲调节作用，需要采用多相流模型来分别对空化和自由液面波动进行模拟。但对于整个输水系统的全三维计算而言，受计算成本的限制，计算域离散网格分布不能足够细密。而且同等条件下多相流计算的收敛性一般远不如单相流计算的收敛性好，从而导致计算的准确性降低，因此在对整个输水系统进行全三维数值模拟时，不能简单地对整个输水系统都采用同样的多相流模型进行计算。而应该根据实际的流动状况，采用 MC-SP-VOF 分区域耦合计算的方法来合理地利用有限的计算资源准确地对其进行模拟。具体而言就是很可能发生空化的水泵水轮机流域采用混合物空化模型（mixture cavitation）进行计算，对存在气液相互作用的调压室流域采用 VOF 模型进行计算，对于只存在单相水流的其他输水管道计算域，采用考虑压缩性的单相流（single phase）模型进行三维水锤计算。上述三种不同的计算域流动分别在三种不同的求解器代码中独立同步求解，三种不同的计算域之间通过共享数据的 Interface 交界面进行两两交互。

另外，对于过渡过程中水泵水轮机活动导叶和阀门开关的模拟属于计算流体动力学中的动边界问题。针对动边界问题的流动模拟，主要有四种解决办法，分别是动网格方法、重叠网格方法、网格外部重构方法和浸没边界法。

为了给水泵水轮机过渡过程流动数值计算问题提供准确的非定常边界条件，可以通过扩大计算域，对整个输水系统进行全三维流动数值模拟，从而将水轮机进出口非定常边界条件的确定问题转化为输水管道上下游进出口的近似定常边界条件问题。但受计算成本的限制，长输水管道系统内的离散网格尺寸会较大，这在一定程度上影响全三维流动计算的准确性。但若是纯一维计算方法对整个输水系统进行瞬态计算，然后再将纯一维计算的结果作为机组段流域过渡过程流动计算的边界条件，虽然计算成本大大降低，但由于纯一维计算方法中内特性解析法对水泵水轮机简化过多，依靠模型外特性试验数据插值的方法在小开度时误差较大，都会造成水泵水轮机机组段的瞬态流动计算误差较大。综合考虑抽水蓄能发电系统过渡过程全三维流动计算方法和纯一维流动计算方法的优缺点，可以采用一三维联合仿真的方法来对抽水蓄能发电系统过渡过程瞬态流动进行 1–3D–C–VOF 分区域耦合仿真。具体来说，就是对输水管路采用一维特征线法和 DVCM 分离空泡空腔模型（discrete vapor cavity model）进行液柱分离和断流弥合水锤计算；对水泵水轮机机组段采用混合物空化模型进行空化汽液两相流动计算；对于调压室采用 VOF 模型进行气液两相流动计算。

（十三）水轮机试验技术的最新研究进展

水轮机试验技术包括模型试验技术和原型试验技术。相对原型试验技术而言，模型技术试验范围广、试验条件好、试验周期短、试验精度高、易于测量等优势而得以优先发展。水轮机试验技术的研究进展方向大致如下：试验对象，从模型试验到原型试验，再从原型试验到模型试验，相互补充和印证；试验工况，从常规的水轮机工况、飞逸工况，到包括水轮机工况、飞逸工况、水轮机制动工况、反水泵工况、水泵工况、水泵制动工况在内的所有四象限工况；试验内容，由常规的能量试验、空化试验、压力脉动试验、蜗壳压差试验、轴向径向水推力、导叶桨叶水力矩、过渡过程试验等外特性试验，到空泡识别、流态成像、叶片应力试验、流场测试等内特性实验；测试手段，全部采用传感器测试系统和自动数据采集系统；试验状态，从稳态到暂态，从静态到动态；模型装置，全面数控加工；试验管理，全面采用国际规程试验。

1. 模型试验技术

试验台是模型试验的基础。国外著名公司都有多个自己的试验台，日本为水泵水轮机还建设了真水头试验台和过渡过程试验台。国内哈电、东电、中国水利水电科学研究院等都有国际先进或领先水平的现代化的试验台。武汉大学、长江水科院等单位还有水轮机模型过渡过程试验台。国内还有一些厂家、大学、科研院所拥有一些科研用的试验台。

模型试验进步有：水轮机流态观察高清成像系统和高速摄像机的应用，可观察水轮机转轮内部流动状态，可发现叶道涡、叶片头部的工作面初生空化和背面初生空化以及尾水涡带形成过程等；以压力脉动为测量参数的水力稳定性测试覆盖从零到超发负荷为水轮机稳定性取得突破性进展奠定了基础，关于混流式水轮机压力脉动中国作为工作组组长从2013 年起组织起草一项国际标准 IEC62882；叶片应力测试技术不断进步，为了解和解决叶片裂纹提供依据；PIV 流速测试，它将为水轮机流动给出实测流速分布，可以为标定、修正、验证 CFD 的计算结果提供依据和证明；过渡工况的测试将验证过渡过程计算结果，为电站设计和运行提供依据。

2. 现场试验技术的最新研究进展

故障发现和诊断，状态检修。打造数字水轮机、数字水电站。

现场监测：上下游水位水头监测、振动摆度温升监测、开度功率监测。

现场专业试验：蜗壳打压试验、导叶动作试验、开机试验、过速试验、甩负荷试验、空转空载试验、带负荷试验、断水轴承温升试验、稳定性试验、相对效率试验、绝对效率试验，力特性试验、应力测试、空化监测等。

用户远程监控：现场数据集中送到远程控制中心，如三峡集团所有电站的监控数据送到北京集控中心进行监控和后处理分析。

厂家远程监控：现场数据集中送到主机制造厂商远程控制中心，由厂商对用户进行远程监控分析服务。这是水轮机后服务的延伸。2016年哈电被工信部授予发电设备远程运维服务智能制造试点示范，加快了我国智能电厂建设步伐。

（十四）水轮机产品技术的最新研究进展

水轮机产品技术包括从模型到真机产品的所有相关技术。主要包括水轮机的设计、工艺、制造技术等。

1. 水轮机产品设计技术的最新研究进展

（1）水轮机产品设计的总体技术

设计计算方面，普遍采用国际通用商业软件、自主研制开发的专用软件等，构筑完善的计算分析功能，全方位支持产品研发设计。开发的水轮机方案设计系统包括了初步设计分系统、结构设计分系统、投标方案图设计支持分系统和投标技术文件自动产生分系统；建立了投标方案工程数据库；与现有的 PDM 系统及其他相关系统进行集成的投标软件进行前期论证和投标设计，以标准计算和统计分析确定机组性能参数及部件重量。施工设计中，采用商业绘图软件进行二维、三维相结合的结构设计和动作分析，可做到预检装配尺寸，避免动作干涉，精确计算复合曲面面积及相应体积，及时调整运输、吊装方案；采用商业软件，进行关键部件刚强度分析和局部应力集中分析；采用引进转化的计算软件进行自平衡静压主轴密封性能计算。在轴系稳定计算方面，在考虑支撑刚度、轴承油膜刚度、电磁拉力、陀螺效应和剪切变形等因素的基础上，开发编制了水轮发电机组轴系振动分析程序，不仅可以进行正常工况临界转速计算，更能进行网机耦合计算，确保电网处于非正常干扰时的轴系稳定。转轮在水中的固有频率考虑间隙和不同工况流态对计算结果产生影响；转轮的动应力计算也可以充分考虑在过渡过程极端状态下的工况。

（2）水轮机选型设计

通过技术经济比较选择出水轮机主要参数和技术经济指标，对水电站的投资、建设速度、发电量及预想出力的多少以及对整个运转期间水能资源利用的程度和水电站运转的经济性、灵活性都有很大的影响。

通过开发了具有自动化、智能化的水轮机选型设计专家系统，在归纳和总结已建电站的设计经验和设计思想的基础上建立了候选知识库，该系统支持设计知识、设计经验、设计模型的保存和利用以及规范化设计思想的实施，其中融入了各公司的产品设计方案、设计思想和成功的设计经验。根据每个电站的具体条件，快速做出多个方案的比选工作，自动生成选型、投标和施工设计各个阶段的水轮机模型和原型的特性曲线、关键尺寸和参数，对各个方案的参数进行比较、分析和修正即可快速地得出理想的方案参数。

在过渡过程计算方面，开展了管路系统布置方式比较复杂和一管多机电站的计算分析。通过独立设计白山、回龙、响水涧、仙游、溧阳和仙居等抽水蓄能电站机组，解决了抽水蓄能电站水泵水轮机过渡过程、压水调相、工况转换、变频启动等关键技术问题。水泵水轮机"S"特性对过渡过程计算结果的影响有了深刻的认识。

（3）水轮机结构设计

结构设计采用三维设计。

主轴与转轮采用高强度螺栓连接，可选用销钉、销螺栓、销套、方键、摩擦力等多种方式传递扭矩。

主轴密封。近年根据水头高低、机组尺寸、运行工况、泥沙含量等因素，设计了多种成熟的密封形式，包括轴向自平衡密封、轴向水压密封、径向间隙密封、径向弹性环水压补偿密封等。能够对密封间隙、漏水量、补偿力等性能参数之间的关系给出定量数据，保证密封质量。

对于转桨式转轮，叶片与枢轴之间采用合理的过渡方式，转轮室与叶片之间的间隙减小至转轮直径的 0.5‰甚至更小，叶片外缘加裙边已考虑避免局部空化位置，轴瓦采用具有高承载能力的新型材料等。

2. 水轮机工艺制造技术

为保证叶片毛坯质量，采用模压技术，叶片材料选用 VOD/AOD 精炼铸件，1000MW 白鹤滩水轮机转轮叶片哈电已采用电渣熔铸模压叶片。叶片普遍采用数控加工。叶片的材料选用具有良好抗空蚀、磨蚀性能的马氏体不锈钢 ZG00OCr13Ni4Mo。

哈电开发了三支点压力传感器静平衡新技术，压力传感器静平衡工艺技术，精度高、成本低，该技术已推广应用于多项大型轴流、混流转轮静平衡；完成了 800MW 级水轮发电机组主要部件的厂内加工制造等；研究并改进了大型座环工地加工设备；先后在溪洛渡、糯扎渡、向家坝等项目进行座环的厂内及工地加工，取得了新的技术突破；研究和开发了筒阀工地加工专机设备，解决了大型整体筒阀的工地制造难题，并在溪洛渡项目中成功应用，填补国内大型筒阀整体工地制造设备技术空白，成功解决了大型部件运输难题；开发了混流式水轮机整体转轮工地制造技术，完成了龙开口、溪洛渡、糯扎渡、岩滩等 21 台份转轮工地制造。

东电开展了转轮高精度平衡技术的系列化和通用化技术研究，不但提高了平衡精度和生产效率，而且大大降低了工装成本和管理成本；开发了混流式水轮机整体转轮工地制造技术，目前已完成官地、金安桥、溪洛渡等多个电站数十台转轮的工地制造，该技术解决了大型混流式整体转轮在工地制造的技术难题；开展了大型不可拆卸整体球阀装配技术研究，解决了大型不可拆卸整体球阀装配难题；开发出适用于深孔和窄间隙轴孔内零部件的装配方法，解决了深孔和窄间隙操作空间内零件的装配难题；开发出新型装配工艺，解决了大压紧量组合密封的装配难题；开展了基于逆向工程的大型冲击式整体转轮修复制造技术研究，可大大缩短冲击式转轮的修复制造周期。

哈电进行了焊缝超声冲击技术的研究及应用，攻克了亚激光瞬间熔技术修复金属精加工表面缺陷技术，解决了电机大轴、水轮机过流部件等精加工件在加工过程中表面缺陷处理疑难问题；完成仙居钢岔管的焊接，填补公司80公斤级焊接技术空白。

东电开展了发电设备机器人智能化焊接研究与应用，将弧焊机器人技术和公司产品有效结合；开发出空间曲面结构件的工件标定及路径补偿技术，异形曲面的快速成型及定量堆焊技术，实现复杂曲面定量堆焊，大厚板多层多道焊接，非开放内部空间产品焊接；随着水轮机、发电机主轴重量、尺寸都非常大，整锻供货难度极大，进行了水轮机、水轮发电机主轴锻焊结构制造技术开发应用，成为国内同行业首家。

哈电建立了两套大型整体移动式喷漆间，具有10个工位，可分别在不同工位进行喷漆作业，喷漆间采用上送风下排风干式漆雾过滤活性炭吸附废气方式，同时具有烘干功能，极大提高喷漆作业环境质量，确保喷漆工艺参数要求，使产品喷漆质量上一个新的台阶；开展了潮汐电站叶片材料性能及防海水腐蚀的研究，解决海水潮汐电站海水腐蚀问题；开展超音速喷涂技术在水轮机过水表面耐磨抗蚀涂层上应用的工艺试验研究并得到应用；开展了海上运输产品防锈包装技术研究，提高海上运输防锈、防腐能力；开展水轮机过流部件软喷涂抗泥沙磨损涂层技术研究，积累抗泥沙磨损涂层经验，使抗泥沙磨损涂层技术多元化；制定产品零部件涂漆及防锈系统选择新标准，涵盖了企业全部产品的涂漆及防护系统，具有很强的通用性、适用性和指导性，提高了产品的涂漆防护质量。

东电为提高金属表面防护水平，编制了与国际标准接轨的专用涂饰规范，完善了各类产品的防护规范及表面处理工艺。通过在零部件表面上采用环氧系列防腐及装饰涂料，提高了金属表面的防护能力。在喷漆设备上引进空气辅助式喷漆设备，提高了涂漆表面质量和效率，节约材料，减少环境污染。创新性解决了大件喷漆的漆雾治理问题，解决了公司产品表面喷漆施工中的环境污染问题。还开发了大型潮汐发电设备海水阴极保护等新工艺。

（十五）水轮机远程运维

随着现代化生产和设备的不断进步与翻新，设备和系统的结构更加复杂，运行更加智能，自动化程度越来越高。水电机组中水轮机被要求能够及时、正确地对各种异常状态或者故障状态做出评估、诊断甚至预测，对设备的运行进行正确的指导和必要的预警，将大幅度提高设备的运行可靠性；与此同时，将远程运行维护用于云平台，也将带来新的故障诊断模式，降低人力成本，提高系统安全性。水电机组智能远程运维系统基于工业大数据平台，整合设备制造厂专家知识库，利用数据库技术及多维全信息智能诊断技术，构建基于服务总线的软件集成平台，实现对发电设备的智能故障诊断和远程运维服务，保障发电设备的安全稳定运行必将发挥积极作用。

目前在起步阶段，已在丰满水电站、丰宁抽水蓄能电站以及荒沟抽水蓄能电站实施探索。

三、国内外典型水轮机产品研制现状综述

（一）混流式水轮机产品技术的国内外研究进展

通过三峡技术引进消化吸收再创新，我国在混流式水轮机的研究、制造方面上已达到国际先进水平，具备与国外最先进的水轮机制造厂商同台竞争的水平，在溪洛渡和向家坝两个项目国际竞标中，国内厂家赢得了 26 台中的 19 台。综合水平达到了国际领先水平。完全独立自主研制中国白鹤滩水电站水轮机单机容量 1000MW 在陆续生产，先期机组已进入安装阶段。其技术研究的复杂性和技术难度远大于世界上已有机组，被称为世界水电行业的"珠穆朗玛"。由于我国应用很少，300m 以上和 50m 以下混流式水轮机的模型转轮性能还略低于国外先进水平，但已具备相当的研发能力。

（二）轴流式水轮机产品技术的国内外研究进展

真机技术达到国际先进水平，一些产品还达到了国际领先水平。中国已投运的世界最大单机容量 200MW 水电机组是位于福建闽清县的水口水电站，由于下游水位的变化带来的水轮机转轮空化问题已得到解决，并完成了一台机组的改造，空化性能达到国际先进水平。中国自主研发另一个世界最大单机容量 200MW——广西大藤峡一期电站轴流式水轮机进入安装阶段。

在转轮叶片局部空化性能方面与国际先进水平比有一定差距。国外开始研究轴流式水轮机的过鱼技术。

（三）贯流式水轮机产品技术的国内外研究进展

我国灯泡贯流式水轮机真机的制造已经达到国际先进水平。但在轴伸贯流式水轮机、竖井贯流式水轮机和全贯流式水轮机，我国与国外还有差距，国外已运行的轴伸贯流式水轮机转轮直径达 8.6m，单机容量达到 31.5MW，最大使用水头达到 38m。我国轴伸贯流式水轮机的技术开发起步较晚，已运行的轴伸贯流式水轮机多采用定桨式转轮，最大转轮直径 2.75m，单机容量 3.5MW，最大使用水头 22m；我国在竖井贯流式和全贯流式机组技术开发程度较低，应用很少。

我国在模型研制方面取得了长足的进步，具备了自主研发的能力。

中国制造世界上单机容量最大贯流式机组 – 巴西杰瑞电站，单机容量为 7.5 万千瓦的贯流式机组全部投运。

（四）冲击式水轮机产品技术的国内外研究进展

2013 年国内建成一座满足国际标准的高精度冲击式试验台，其中喷针同步装置控制系统控制精度国际领先，可以进行模型开发，由于大型项目较少，目前模型不够丰富，最高效率略低于国际领先水平。

巨型冲击式水轮机业绩少，最高水头和最大容量与国外有相当差距。

（五）混流式水泵水轮机产品技术的国内外研究进展

我国抽水蓄能机组虽然起步较晚，由于项目多，国家支持力度大，近几年取得了长足的进步，已具备完全自主研制能力，并在"S 区"和"驼峰区"的稳定性达到了世界领先水平。

我国在单机容量和最高水头 / 扬程已接近国际最高水平，尤其我国目前主流产品500m 水头左右、300MW 左右整体水平达国际先进水平。但在 200m 及以下由于项目少，低水头水泵水轮机模型性能与国外尚有较大差距，但完全具备开发能力。

（六）CFD 技术的国内外研究进展

CFD 技术在水轮机中应用与国际知名公司达到同步水平，核心求解器大多采用商业软件。但国外通常会主动探索使用新的 CFD 商业软件，甚至与商业软件开发商合作进行某一方向功能升级。而我国企业主要被动跟随国外企业的选择。近年来，我国 CFD 技术本身的基础理论研究进步较快，但产学研的结合不够紧密，仍然不能形成强大的合力来开发新的 CFD 软件，与国外比软件的自主化能力还有相当差距。

（七）水轮机试验技术的国内外研究进展

我国有十几座高水头试验台，通过一些项目的中立台试验，国内外试验台的互校，试验能力、精度等水轮机试验水平达到国际先进水平；国内还没有真水头水泵水轮机试验台，对一些参数的验证需要在真机运行中实现；另外模型试验装置关键技术，如模型装置制造，尤其带上冠和下环转轮在上冠或下环与叶片连接处工艺上、静压轴承或扭矩仪测功等仍与国外有些许差距；国外已开展较多的流场测试，国内也已开展，但较少，需要在产学研结合上探索新的模式。

（八）与水轮机相关的国际、国家标准及对比

1. 国家标准
水轮机国家标准修订情况见表 29。

表 29　水轮机国家标准制修订情况

序号	编号	名称	备注
1	GB/T 11805–2008	水轮发电机组自动化元件（装置）及其系统基本技术条件	已修订，2018 年报批
2	GB/T 19184–2003	水斗式水轮机空蚀评定	现行有效
3	GB/T 20043–2005	水轮机、蓄能泵和水泵水轮机水力性能现场验收试验规程	现行有效
4	GB/T 15468–2006	水轮机基本技术条件	已修订，于 2018 年年底通过审查，将于 2019 年报批
5	GB/T 2900.45–2006	电工术语　水电站水力机械设备	现行有效
6	GB/T 9652.1–2007	水轮机控制系统技术条件	已修订，2018 年报批
7	GB/T 9652.2–2007	水轮机控制系统试验	已修订，2018 年报批
8	GB/T 17189–2017	水力机械（水轮机、蓄能泵和水泵水轮机）振动和脉动现场测试规程	现行有效
9	GB/T 15613 .1–2008	水轮机、蓄能泵和水泵水轮机模型验收试验　第 1 部分：通用规定	现行有效
10	GB/T 15613.2–2008	水轮机、蓄能泵和水泵水轮机模型验收试验　第 2 部分：常规水力性能试验	现行有效
11	GB/T 15613.3–2008	水轮机、蓄能泵和水泵水轮机模型验收试验　第 3 部分：辅助性能试验	现行有效
12	GB/T 15469.1–2008	水轮机、蓄能泵和水泵水轮机空蚀评定　第 1 部分：反击式水轮机的空蚀评定	现行有效
13	GB/T 15469.2–2007	水轮机、蓄能泵和水泵水轮机空蚀评定　第 2 部分：蓄能泵和水泵水轮机的空蚀评定	现行有效
14	GB/T 10969–2008	水轮机、蓄能泵和水泵水轮机通流部件技术条件	现行有效
15	GB/T 22581–2008	混流式水泵水轮机基本技术条件	现行有效
16	GB/T 28545–2012	水轮机、蓄能泵和水泵水轮机更新改造和性能改善导则	现行有效
17	GB/T 28546–2012	大中型水电机组包装、运输和保管规范	现行有效
18	GB/T 28528–2012	水轮机、蓄能泵和水泵水轮机型号编制方法	现行有效
19	GB/T 28572–2012	大中型水轮机进水阀门系列	现行有效
20	GB/T 14478–2012	大中型水轮机进水阀门基本技术条件	现行有效
21	GB/T 30141–2013	水轮机筒形阀基本技术条件	现行有效
22	GB/T 31066–2014	电工术语　水轮机控制系统	现行有效
23	GB/T 32584–2016	水力发电厂和蓄能泵站机组振动的评定	现行有效
24	GB/T 32585–2016	1000MW 级混流式水轮机技术导则	现行有效
25	GB/T 32583–2016	1000MW 级混流式水轮机模型验收试验导则	现行有效
26	GB/Z 35717–2017	水轮机、蓄能泵和水泵水轮机流量的测量超声传播时间法	现行有效

2. 国际标准及转化情况

中国专家参加了全部国际电工委员会 / 水轮机技术委员会（IEC/TC4）工作组的工作。自 2013 年起，中国牵头制定了 IEC 62882 Ed1 混流式水轮机从模型到原型压力脉动换算导则、IEC 63111 Ed1 水轮机、蓄能泵和水泵水轮机瞬态计算和设计和 IEC/IEEE 63198–2775 智能水电厂技术导则三项国际标准。全国水轮机标准化技术委员会（SAC/TC175）组织我国专家积极参与国际标准的制定，充分利用在国际标准制定中的话语权，使国际标准充分体现我国的要求和意见，逐步实现水轮机国内标准与国际标准一体化（表 30）。

表 30　水轮机国际标准及转化情况

序号	国际标准编号	国际标准名称	转化为国家标准情况
1	IEC 60041 Ed.3：1991	水轮机、蓄能泵和水泵水轮机现场验收试验规程	已转化
2	IEC 60193 Ed.2：1999	水轮机、蓄能泵和水泵水轮机模型验收试验规程	已转化
3	IEC 60308 Ed.2：2005	水轮机调速系统试验国际规程	已转化
4	IEC 60545：1976	水轮机交付使用、运行和维护导则	正在修订，出版后转化
5	IEC 60609–1：2004	水轮机、蓄能泵和水泵水轮机空蚀评定　第1部分：反击式水轮机的评定	已转化
6	IEC 60609–2：1997	水轮机、蓄能泵和水泵水轮机空蚀评定　第2部分：水斗式水轮机的评定	已转化
7	IEC 60805：1985	蓄能泵和作为水泵运行的水泵水轮机的交付使用、运行和维护导则	正在修订，出版后转化
8	IEC 60994：1991	水力机械振动与脉动现场测量导则	已转化
9	IEC 61116：2001	小水电站机电设备安装导则	已转化
10	IEC 61362 Ed1：1998 IEC 61362 Ed2：2012	水轮机控制系统规范导则	已转化
11	IEC/TR 61364：1999	水电站机械术语	已转化
12	IEC/TR3 61366–1：1998	水轮机、蓄能泵和水泵水轮机招标文件　第1部分：总则和附录	不转化
13	IEC/TR3 61366–2：1998	水轮机、蓄能泵和水泵水轮机招标文件　第2部分：混流式水轮机技术规范导	已转化
14	IEC/TR3 61366–3：1998	水轮机、蓄能泵和水泵水轮机招标文件　第3部分：水斗式水轮机技术规范导则	已转化
15	IEC/TR3 61366–4：1998	水轮机、蓄能泵和水泵水轮机招标文件　第4部分：轴流转桨式和轴流定桨式水轮机技术规范导则	已转化

序号	国际标准编号	国际标准名称	转化为国家标准情况
16	IEC/TR3 61366-5：1998	水轮机、蓄能泵和水泵水轮机招标文件　第5部分　贯流式水轮机技术规范导则	已转化
17	IEC/TR3 61366-6：1998	水轮机、蓄能泵和水泵水轮机招标文件　第6部分　水泵水轮机技术规范导则	已转化
18	IEC/TR3 61366-7：1998	水轮机、蓄能泵和水泵水轮机招标文件　第7部分　蓄能泵技术规范导则	已转化
19	IEC62256-2008 IEC62256-2017	水轮机、蓄能泵水泵水轮机更新改造和性能改善	已转化
20	IEC 62270：2004	水电站自动化 – 计算机控制系统导则	待修订后再转化
21	IEC 62097：2009 Ed1.0	水力机械，径流和轴流式水力机械——从模型到原型的性能换算方法	不转化
22	IEC 62006：2010	小型水轮机现场验收试验规程	已转化
23	IEC 62364Ed1.0：2013	水力机械 – 轴流式、混流式和冲击式水轮机泥沙磨损导则	已转化

四、未来水轮机及其拓展

（一）生态环保型水轮机

在近百年的水力发电技术开发和利用中发现，为水力发电所修建的拦河大坝对河流生态、水生生命可能有一定影响。现有水轮机结构如转动部件及操作机构所作用的油脂泄漏造成对下游河流的污染，部分鱼类不能顺利过往高速旋转的水轮机转轮等现象。需要发明新型水轮机，使其向友善于生态和环保的方向发展是人类社会努力的必然要求。国外在20世纪90年代就已开展工作，我国也已开始在实验室的研究。主要集中在以下几个方面：

（1）鱼类在水轮机中流过时的损害机理研究，十分困难的研究项目是涉及多学科的问题。

（2）满足过鱼空间的流道要求。叶片数及转速，下游水压要求等。目前已有建议性的标准，若新标准一旦确定会对水轮机设计生产及运行有很大影响。目前的水轮机都不能满足建议性的标准。

（3）对已运行水轮机运行限制范围研究，即就对当前运行的水轮机中确定对鱼类损伤程度最小的运行条件。

（4）新型环境—友善型水轮机的研究。

最新的水轮机设计趋向于减少水下部件所需的润滑，而现代润滑剂对环境的损害作用较小。可是，对水轮机的润滑而言，某些可生物降解的油比其他润滑剂性能差。目前，水轮机中已有部分驱动采用电驱动或水等环保介质替代润滑剂。通过这些环境保护上的努力，继续大力进行水电开发[12]。

阿尔登水轮机和福伊特（Voith）最小间隙转轮（MGR）水轮机就是两组亲鱼型水轮机的典范。

（二）传统水轮机发展趋势

1. 混流式水轮机

混流式水轮机依然是水轮机应用最为广泛的机型，通常是水轮机研究、设计、制造水平的标志和代表。

大容量、高效率的混流式水轮机是当前水轮机发展的主要方向。溪洛渡单机容量为770MW，向家坝单机容量为800MW，均已投入运行，应针对溪洛渡和向家坝电站运行情况开展跟踪研究，为超大容量水电机组积累经验。白鹤滩单机容量为1000MW的混流式水轮机已完成部分转轮、蜗壳等部件的加工，在电站工地陆续安装，应对此关注。混流式水轮机在向大容量、高效率发展的同时，对水轮机的稳定性、可靠性、安全性等综合性能提出了更高的要求，为此应开展水轮机的优化研究。首先是系统和总体优化，把水轮机放在整个水电机组系统中甚至水电站系统中进行系统优化，既考虑水情和水流条件，还要考虑发电机和输变用电，考虑厂房布置和运输条件，水轮机的优化要满足系统的优化；其次是水轮机自身优化研究，水轮机自身的优化要通过最新CFD技术在水轮机水力设计中的应用，结合模型试验的经验，分析和了解水轮机转轮及通流部件的内部水流状态，对部件几何型线进行优化，全面提高水轮机的各项性能。在不断提高混流式水轮机容量、效率的同时，应加强机组稳定性研究，要不断推进转轮的空化、水力稳定性、可靠性、安全性等方面的改善，开发出具有更为宽广的稳定运行范围、宽水头变幅、高能量特性和大出力、大尺寸、高可靠性和安全性的混流式水轮机。

对于大型混流式水轮机，我国在50m~300m水头段上均有性能优秀的国际一流水平的基础成果，对于具体项目参数，在较短时间内可以完成有针对性的个性化设计。对于50m以下水头和300m以上水头的混流式水轮机的研究，跟踪国内外依托项目，提前开展创新攻关研究，以获得优秀的基础转轮。对于中小型混流式水轮机，可以通过建立型谱的方式，受诸多因素影响，此类工作进展相当缓慢，在理顺知识产权的条件下进行快速推广应用。

目前受诸多条件的限制，按国家标准，水电机组（80%以上为混流式水轮机）只能运行在负荷范围45%~100%，45%以下负荷禁止运行，有些大型电站甚至禁止运行在60%以下负荷。为了提高水电机组在电网中的调控能力和灵活性，尤其是更好地与未来容量不断增加的风光能互补，需拓展水电机组水轮机稳定运行范围，进行全天候运行的混流式水

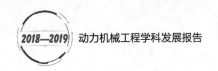

轮机的研究，涉及流体动力学、新结构和新材料等一系列问题。

2. 轴流式水轮机

轴流式水轮机的应用广泛程度仅次于混流式水轮机，大型轴流式水轮机大多是转桨式，由于转轮的轮毂和叶片是装配式的，故轴流式水轮机的尺寸在同样运输条件下可以做得更大。而轴流式水轮机产品技术的发展目标是向高水头、大容量、环境友好方向发展。

应开展 60m 水头段以及上的轴流式水轮机研究，在提高效率和过流能力的同时，重点解决强度问题和空化问题；应开发功率 250MW 级的轴流式水轮机，解决运输、强度、空化及其他相关问题；轴流式水轮机的桨叶漏油是一个环境问题，研究可靠的密封措施或新液压油（无污染介质）驱动替代方案，以杜绝桨叶漏油；应继续开展好转轮局部空化研究，延长转轮叶片检修周期。

3. 贯流式水轮机

贯流式水轮机在 20m 水头以下有着广泛的应用前景，在以改善航运为目的低水头电站也有着广泛的应用，同时也是海洋潮汐电站水轮机的不二选择。

世界单机容量最大的 75MW 贯流式水轮机已投入运行，跟踪研究使其成为成熟产品，逐步实现贯流式水轮机标准化，以降低成本，实现互换和批量生产。而实现标准化的基础是需要有性能优异的模型转轮。

国内已建立贯流模型试验台及相应的模型试验装置，可以全面开展贯流式水轮机关键技术研究，试验台和试验装置还需进一步完善，重点开发 3 叶片、4 叶片、5 叶片的贯流式水轮机模型；针对超低水头电站，对 2 叶片及 1 叶片贯流式水轮机转轮要继续深入开展工作，率先在此机型实现鱼友好型设计的突破。应注意开展潮汐发电的贯流式水轮机的研发和贯流式水轮机的过渡过程以及功率波动研究等。针对用于潮汐电站的贯流式水轮机开发，应进一步开展针对海洋海水条件下的结构和材料研究，如防腐、防盐、防海生物等。

4. 冲击式（水斗式）水轮机

冲击式水轮机在高水头电站有着广泛的应用，过去主要应用在中小水轮机，随着水电的深入开发，大型冲击式水轮机的市场需求会逐步增加，国内规划的雅鲁藏布江大峡谷等西部电站需要这种机型，国外也有大量的需求。

冲击式水轮机的发展目标是向高水头、多喷嘴、巨型化的方向发展，重点研究水头1000m 级，单机容量 1000MW 级机型。其研究方向是：高速射流状态下水动力学特性；提高效率，研究新斗型，提高水力性能；研究多喷嘴，提高比转速，同时防止射流干扰；研究水斗的疲劳强度，防止水斗裂纹，提高可靠性；研究水斗的最佳加工制造技术，以提高转轮的内在和外在质量，延长其寿命。

5. 混流式水泵水轮机

关于抽水蓄能机组，我国现阶段主流产品 500m 水头左右、300MW 左右整体水平达国际先进水平，由于完全国产化时间还不长，需要对这类产品的运行情况密切跟踪，积累数据，使其逐渐成为成熟产品。在国家有关部门的支持下，在 600m~800m 水头段，单机容量 30MW~400MW 级，选定了几个项目作为依托工程，利用自主试验台架和设备，完成了高性能、高稳定性的高水头水泵水轮机模型转轮的开发，完成了大容量等级水泵水轮机的设计，完成了水泵水轮机的结构刚强度和机组动态特性研究以及制造。由于水泵水轮机运行工况转换频繁、工况复杂，针对高水头大容量继续开展动态特性研究，实现国内自主研发的大型水泵水轮机的技术性能达到或超过国外同等水平。开展 200m 及以下水头段水泵水轮机研究。

在已取得成果的基础上，研发应进一步解决以下主要技术难点和问题：

（1）水泵与水轮机匹配关系。抽水蓄能机组需要正反两方向旋转，水泵水轮机的设计，要考虑水轮机和水泵两个工况的匹配问题，设计难度大。

（2）水泵水轮机稳定性与可靠性。由于水泵水轮机的水头和转速均较高，且水泵水轮机启动和停机频繁、过渡过程复杂、各种振动因素引起的动态应力较大。由于水泵水轮机的各个部件都要经受严重的交变应力，故其疲劳破坏时有发生。因此必须把水泵水轮机的稳定性与可靠性放在首位，特别关注承压连接件的疲劳问题及制造质量。

（3）水泵工况的"驼峰"区与水轮机启动并网工况附近的"S"区的控制。通过试验已经发现水泵水轮机较普遍地存在这种现象，这种现象会导致机组产生巨大的不稳定性，给水泵水轮机的选型和实际运行带来非常大的影响和限制。为此，通过 CFD 计算和 PIV 流场测试、导叶和转轮之间的动静耦合分析等手段，以了解其机理，加深认识，达到能控制这两个区域，进一步采取有效措施，使其得到有效避免和改善，进一步阐明能量特性、空化特性、压力脉动特性、"驼峰"以及"S"间的相互影响关系。

（4）由于水泵水轮机中的水流有两个方向，水泵水轮机的转向也有两个方向，为此应继续开展水泵水轮机密封材料结构研究和大型高压球阀关键技术研究。

此外，开展高水头两级可调节水泵水轮机的研制，把水泵水轮机的应用水头提得更高。丰宁二期部分机组应用变速技术，还没有运行。应继续研究抽水蓄能机组中的变速技术的发展，研究与之匹配的水泵水轮机。

6. 老电站水轮机的改造

用再制造的理念开展老电站的改造，一方面对我国老型谱电站机组改造开展研究，另一方面对早期建设的型谱外的电站机组改造开展研究，采用新技术提高功率、效率、空化、稳定性、自动化的同时，要注意机组的安全性、更宽广的稳定区以及环境友好设计理念。2009 年 8 月 17 日，俄罗斯萨彦舒申斯克水电站 2 号机水轮机在运行中水轮机顶盖紧固螺栓断裂，高压水喷出，水淹厂房，造成重大人员伤亡和财产损失。电站事故给我们敲响了警钟，老电站不仅要及时改造，还要应用再制造的理念，使改造后的机组不仅性能要优于原来，自动化程度要提高，风、光、水电互补性更好，尤其安全性应有大幅度提高。电站改造往往提高功率，可能面临调保计算的不通过情况，增设减压阀等方案有待进一步研究。

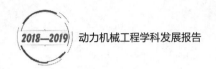

（三）基础研究方面

1. 水轮机空蚀

水轮机的空蚀缘于水轮机空化引起的材料破坏。解决空蚀的根本办法是避免空化的发生。如果对空化的研究取得突破，还将可能提高水轮机的过流能力，水轮机的比转速可以进一步提高。

空化的研究方向主要有：空化机理研究，研究空化产生的机理、破坏机理；研究轴流、贯流的空化产生原因，研究提高其空化性能的措施；研究水泵水轮机水泵工况初生空化产生的原因，研究提高其空化性能的措施；母材和表面抗空蚀材料的研究和使用；过流表面的处理工艺方法和效果对水轮机空化性能的影响研究等。尤其关注局部空化和制造质量上。

未来需要进一步完善空化和多相流动的数值计算和实验的进展，并能对导致水轮机在空化和多相流动工况下性能的准确预测。

2. 水轮机稳定性

水轮机稳定性的发展目标是使水轮机在更大范围内以更好的稳定性运行。水轮机稳定性的提高，可以使水电机组具备更加宽广的稳定运行范围，以满足电网调节的需求。水轮机稳定性的研究方向主要有：

（1）加强水轮机过渡过程的暂态稳定性研究

特别应针对水泵水轮机稳定性研究；继续开展"驼峰"区和"S"区机理与稳定性的研究；开展水泵水轮机工况转换稳定性、可靠性、安全性和转换速度优化的研究。

（2）压力脉动方面

精确预估压力脉动的脉动频率和振幅；避免诱发水力机械、水工建筑物、引水系统及电力系统共振；模型水轮机与原型水轮机压力的脉动频率幅值的换算关系；压力脉动幅值取值的方法，标准以及更有效的减小压力脉动的措施等，有待深入研究解决。

3. 水轮机泥沙磨蚀

近年来，水轮机的泥沙磨蚀问题得到了明显改善，但问题依然存在，有时还会变得非常严重。泥沙磨蚀的研究对于我国多泥沙河流电站的水轮机具有十分重要的意义。

泥沙磨蚀的研究方向主要有：泥沙磨蚀机理的研究，在经验的基础上，针对特定河流泥沙条件下开展试验和理论研究，在定量的基础上，研究泥沙磨蚀的规律，靶向定位磨损部位以便进行局部的涂层或工艺处理，延长和预测水轮机在泥沙磨蚀条件下的寿命；泥沙磨蚀措施的研究，在总结我国丰富的泥沙磨蚀经验的基础上，参与国际 IEC 标准制定泥沙磨蚀导则，以指导泥沙磨蚀电站水轮机的设计；研究含沙水流的流体水动力特性，优化流道型线，减少沙接触流道的面积。

4. CFD 技术的发展目标、前景及研究方向

目前，基于水轮机全流道的三维、非稳态、多相流的精细模拟成为研究的热点。由于

流体流动的复杂性，采用 CFD 技术模拟水轮机内部流动中做了许多假设。在预测水轮机性能中，CFD 技术本身的进步和对水轮机研究的经验积累基础上，预估精度不断提高。已成为水轮机研究的不可或缺的手段之一。

在消化国外商业软件的基础上，通过产学研结合，研发出基于产品和最新研究成果的具有中国特色的专用 CFD 软件，已达到国际同类水平。今后要提高自主源代码的比重。其具体研究方向仍然是提高以下这些方面的计算精度：水轮机非最优小波动工况的 CFD 计算研究；水轮机过渡过程大波动工况的 CFD 计算研究；三维过渡过程 CFD 计算研究；水轮机涡带汽液两相流的 CFD 计算研究；含沙水流中的固液两相流的 CFD 计算研究；考虑叶片变形对流场影响与相互作用的流固耦合 CFD 计算研究；水轮机间隙流动的 CFD 计算研究；冲击式自由水面的 CFD 计算研究；水泵水轮机"S"区和"驼峰"区的 CFD 计算研究；等等，尤其加强考虑水电设备系统对水轮机性能影响的数值模拟。

5. 水轮机试验技术

水轮机的试验技术是水轮机发展的基础，其发展目标是更加全面、更加深入、更加准确、更加可靠、更加快捷。不仅如此，水轮机的试验本身也逐渐成为水轮机产品的一个不可缺少的部分。

水轮机的模型试验技术是水轮机试验技术的重点，其研究方向是：应增加试验设施，国内外企业纷纷建设新的模型试验台，现在的试验设施已经不能满足水轮机发展的要求；应研究把现代测试系统广泛应用于水轮机模型试验，以提高测量的正确性、精度、可靠性、自动化程度等；应开展依法试验的研究，逐步推进实验室认可；常规测试增加且更加完善，压力脉动测点大幅度增加，力特性试验项目逐渐常态化；测试由外特性向内特性深入，研究流态观察成像系统，研究 PIV 流场数字化测量，研究叶片动应力测试；除常规稳态试验工况外，应开展过渡工况的试验研究。

如具备条件，应建设水泵水轮机真水头试验台，开展真水头试验研究；应开展水轮机真机性能、力特性、动应力等测试技术研究；水轮机的状态检测的远程监控也逐渐成为水轮机后续服务的一部分。

6. 水轮机产品技术

水轮机产品技术的发展目标是大型化、精细化、简约化、专业化、现代化。水轮机产品技术是在保证产品安全稳定可靠的基础上，保证产品性能的实现，并加强环境友好型设计。

（1）水轮机结构大型化，为满足水轮机单机容量不断增加的要求，水轮机的尺寸变得越来越大，为此，对重大毛坯的制备、加工设备的尺寸和承重限制、工件的运输和安装等提出了更高的要求，为此应针对水轮机大型化开展研究，以解决大型化带来的问题和提出各种水轮机的极限尺寸限制。

（2）精细化研究，主要是提高设计质量（全面实现三维设计）、毛坯质量、焊接质量和加工质量，实现水轮机产品的精品目标。

（3）简约化研究是以安全可靠为目标，简化环节，实现标准化和规范化设计，以提高机组的可靠性和降低成本。

（4）现代化研究是把现代技术，如计算机计算、测试技术、数控技术、监控技术、故障诊断技术等与水轮机产品技术结合在一起，实现数字化机组和数字化电站。

（5）环境友好型设计，包括控制噪声等级、增加操作机构等环保设计以及生物友好设计等。

水电是清洁能源，是我国能源结构的重要组成部分，也是能源结构转型的重要力量，应大力发展水电。另外，随着国家核电建设步伐加快和风电快速发展，区域性电网运行中峰谷差日益加大，除充分利用水电调节灵活的作用外，应继续加快推进抽水蓄能电站的建设以发挥其削峰填谷、保障安全运行的重要作用，发达国家抽蓄电站装机比例在 5%~10%，我国目前仅为 1.6% 左右，存在巨大的发展空间。对水轮机学科的发展战略提出以下建议：

（1）以世界单机容量最大的混流式水轮机白鹤滩 1000MW 在制巨型产品为依托，开展跟踪和配套研究，使其安全顺利投运，巩固国内企业在国际水电领域的先进地位。

（2）以接近世界最高扬程的长龙山（扬程 756m，功率 357MW）和接近世界最大功率的阳江（扬程 698.7m，功率 406.1MW）抽水蓄能机组在制产品为依托，开展相关研究，尤其在高水头大容量蓄能机组过渡过程流动机理和控制策略以及动应力预测等方面加大研究力度，确保占领世界水电发展的制高点。

（3）开展水泵水轮机的研究，进一步阐明能量特性、空化特性、压力脉动特性、"驼峰"以及"S"特性间的相互影响关系。并与可变速发电电动机结合，形成新背景下水泵水轮机的设计理念。针对 300m 以下水头段的水泵水轮机进行攻关，扩大水泵水轮机产品应用范围。

（4）集中力量，大力开展拓宽水轮机运行范围的研究，进一步加强在能源结构调整中的作用。对于中小型电站，逐步建立新的型谱，在保证知识产权的条件下推广应用，提高中小水电水轮机能量转化率，最大化实现节能减排。开展局部空化研究，进一步提高水轮机产品质量。

（5）进一步提升各类水轮机产品性能和质量，填补空白或加强薄弱领域的研发。对于大型混流式水轮机产品，开展 50m 水头以下和 300m 水头以上混流式水轮机的研究，拓展混流式水轮机应用范围，满足国内外市场需求；对于轴流式水轮机产品，在开展高水头轴流式研究的同时，推进已有各水头段水轮机的效率、过流能力等综合性能。

（6）对于贯流式水轮机产品，实现关键技术的全面自主化。逐步推进海洋潮汐贯流式水轮机的研究，以满足海洋潮汐能开发的要求。研究开发一两个叶片的贯流式水轮机转轮，提高对极低水头和过鱼能力的认识，推进其工程化；对于冲击式水轮机产品，充分利用试验台大力开展多喷嘴、新斗型的水轮机模型研究，推进高水头大容量产品的应用，把我国冲击式水轮机推进到 1000MW 级，为巨型冲击式水轮机的开发做好技术准备。

（7）对于老电站改造，不是简单地恢复其功能，而是要用再制造的思想，应用现代技术，对老电站进行有针对性的研究，使其功能和安全可靠性得到提升，在能量转化率和拓宽运行范围也会大大提升，使老电站机组得到新生而不是简单恢复。对增容改造中调保进一步提出新思路，并进行产学研结合研究。跟踪白山、柘溪、凤滩、李家峡等目前已改或在改造的项目，为现代改造打好基础。国内外有很多电站都进入"老龄化"，开展此项研究具有较为广阔的市场前景。

（8）继续大力推进现代 CFD 计算手段和现代测试手段在水轮机研制中的应用。鼓励和加强自主开发 CFD 软件，逐步应用和推广。

（9）加大结构设计的创新和优化，以提高机组的安全性、可靠性、稳定性、维护性、经济性；保证进一步提高毛坯质量，更广泛采用 VOD/AOD 精炼技术、电渣重熔技术、厚钢板技术，保证毛坯质量的持续稳定；采用自动焊接技术等现代焊接工艺和热处理工艺，提高焊接质量，减少焊接有害的残余应力和变形；精细加工过程，提高水轮机产品的加工质量。

（10）大力推进我国水轮机的标准化建设，通过研究、攻关和产品研发，在参与、参考国际标准的基础上，建立具有中国特色的中国水轮机标准和国际水轮机标准。加强主导或参与国际标准的制修订，进一步增强国际话语权。

（四）智能水轮机

智能电网以及数字化水电站是我国电力工业未来的发展方向，它的建设将集国内外的先进技术之大成，引领世界水电厂智能化的标准建设和发展方向。而水轮机调速器作为机组核心控制设备，对调节电厂机组负荷、稳定频率，保证电网的供电品质和质量极其重要。然而目前国内已经投产和正在设计的调速器产品，大都没有意识到当前电网智能化环境的特殊要求，如在 TCP/IP 网络接口、GPS 对时、现场总线、仿真与测试接口方面大多没有充分考虑。

智能化水电厂是以通信网络为基础，水力联系和电力联系为纽带、能源转换控制设备为载体、安全经济运行为目标，融合仿真、控制和信息三位一体技术实现水电站的运行控制和管理，这就要求相应地调速系统具有高速可靠的通信网络，通过配置先进的传感和测量技术、冗余可靠的设计、高级的控制策略以及方便灵活的仿真测试接口，实现发电厂机组的可靠、安全、经济运行。

水轮机调节系统是一个时变且非线性的非最小相位系统，其控制性能指标与稳定性一直是人们所关注的问题。随着控制技术的发展，水轮机调节系统的控制规律也在不断地发展和完善。从定参数 PI、PID 到变参数 PID，水轮机调节系统的性能得到了不断提高。此外，自适应控制、变结构时变参数自完善控制、模型参考多变量最优控制等基于现代控制理论的控制模型和控制方法也被提出并进行了大量的理论研究。近年来，随着智能控制技术的出现，基于模糊逻辑和神经网络及遗传算法的水轮机调速器智能控制律也被提了出来。这些研究对水轮机调速器的发展起到了积极的推动作用，它们给出了提高调节系统的鲁棒性和适应性的方法与途径[13]。然而，或由于需要被控对象的精确数学模型，或由于存在静态误差，或由于收敛速度较慢等局限性，对水轮机调节系统这样一个时变且存在随机扰动而又相对快速的控制系统，上述方法未能得到很好的实际应用，今后需加强应用并寻求新的仿人智能控制算法。

（五）变转速机组开发研究

变速抽水蓄能机组具有更好的稳定性和变速恒频发电能力、更优的调节性能、更广的调节范围等优势。从发达国家的产品研发和电站建设来看，变速蓄能机组的各项技术发展已日趋成熟，且在国际上也逐步形成较为成熟的变速机组的建设、运行和维护经验。

1. 变速机组的优势

具有良好的稳定性。与定速机组采用 SFC 泵工况启动相比，变速机组采用交流励磁系统能够实现自启动。由于机组启动时，交流励磁系统的输出频率逐渐变化，故能实现平滑启动，能使其在最利于出力的转速下运行。这样，无论在抽水或发电工况均可减少对电网的冲击，从根本上解决以往采用改变电机极数所带来的技术上的麻烦以及谐波等对电机运行性能的影响。同时，变速机组具有一定程度的异步运行能力，即可通过直接采用变频器控制。①调节范围更大。变速蓄能机组可在较大范围内调节，可配合电力系统频率自动控制；②调节性能更好。变速机组在响应时间、调节速度方面明显优于定速机组；③具有较好的调节系统无功和深度吸收系统无功的功能。

2. 调速机组的发展趋势

当今世界抽水蓄能电站的发展趋势是机组大容量化、高水头化、高转速化和调速化。

3. 变速机组优缺点

变速机组与传统的固定转速机组比较具有如下优点：①亚同步水轮机和超同步水泵运行时，都可以使混流式水泵水轮机的最高效率得到充分发挥；②通过控制转速，可以补偿静压头的变化，从而获得最高效率；③在不同抽水模式下的用电量可以通过控制转速进行合理分配；④在泵模式下允许电机变频调速；⑤传统的抽水蓄能机组仅能在固定的能量条件下运行，而可变速抽水蓄能机组则可以调节自身消耗的能量，从而即使在较低的能量水平下也可以连续运行。因此，可变速抽水蓄能机组在保证水库稳定蓄水的同时也为电网的稳定做出了贡献。可见，变速机组具有传统的固定转速机组所无法比拟的优点。

4. 变速机组发展建议

变速抽水蓄能电站机组通过提高自身调节性能，不仅提高了机组自身的运行稳定性、延长了机组使用寿命，还有利于促进坚强智能电网的建设，提高特高压输电系统的安全稳定性，并可有效降低电站机组启停对局部电网的冲击性，通过提高与可再生能源电源的契合度来提高资源利用率。尽管变速机组的静态投资比定速机组高出 20%~50%，但抽水蓄能电站如能够合理纳入电网调节性能补偿，每年由于机组性能提高等优势可获取补偿效益也是较为突出的。建议结合电网结构、需求及水泵水轮机特性等，深入开展变速机组转速范围参数选取相关研究，为变速抽水蓄能更好地适应电网需求提供技术依据[14]。

（六）多级抽水蓄能机组开发研究

我国抽水蓄能机组的成熟应用主要集中在 300MW、500m 以下的单级机组，许多高水头大容量站址资源未得到有效开发利用，需加强多级抽水蓄能机组的研发力度，尤其在大容量、高水头、高转速参数下转轮叶型设计、压力脉动、空化余量、过渡过程分析计算等技术难度较大的方面。同时积极开展高水头下多级水泵水轮机在水力研发、水泵水轮机转轮可靠性分析、通流部件可靠性分析、水泵水轮机密封的设计计算、工况转换与过渡过程分析计、球阀的刚强度分析、水泵水轮机组轴系稳定性计算分析等技术的科研工作。

（七）水轮机或其原理在其他领域的应用

1. 管道式水轮机在高层建筑中应用与研究

随着城市化进程的不断加速，高层及超高层建筑数量与日俱增。二次供水作为该类建筑最主要的供水方式，常常使用减压阀来避免因供水压力过高而产生的管道泄漏与破坏，这种单纯的节流装置导致了水头的浪费。因此，提出一种新型垂直轴管道式水轮机系统用于回收供水管道内的余压。针对管道内多余水头，设计优化了一种垂直轴阻力型水轮机。只需连接 T 型管，水轮机便能直接嵌入管道内，替代减压阀，利用多余压力进行发电，结构简单，安装方便。

2. 水轮机在循环水系统中的应用

水轮机是通过利用循环水的压力回水，有压水流通过水轮机进水流道作用在转轮叶片上，驱动转轮旋转，并通过主轴将顶部的风机带动，产生冷却效果。在此过程中，水轮机在不增加水泵负荷的前提下，充分利用水泵出水的富余动能，转化成旋转机械能，从而代替电机转动风机，最大限度节约凉水塔风机电耗，达到节能降耗的目的。

3. 水轮机在合成氨循环水冷却塔节能改造中的应用

每个循环水系统中一定存在富裕能量，冷却塔用水轮机就是利用这些富裕能量来带动风机运转，以取代风机电机，实现冷却塔节能的目的。以宁夏宁东发电厂为例，在维持系统管网压力、流量不变的条件下，对比冷却塔改造前后的水泵电流、风机转速等参数，测试水轮机的应用对循环水系统的影响。结果表明，水轮机可充分利用管网中的富裕能量带动风机旋转，不增加循环水系统新的能耗，且水轮机风机的降温效果与电动风机相当，可替代电动风机运行。采用水轮机驱动风机，可减少冷却塔的维护保养费用，减少冷却塔的

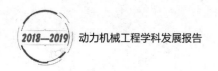

瓢水，经济效益较好，具有推广价值。

（八）水电在未来能源结构中的作用

1. 新能源发展下的抽水蓄能电站

结合新能源发展背景，对抽水蓄能电站联合运营机制进行设计。通过联合运营的方法可有效增大发电负荷峰谷差，解决电力系统建设和运行过程中用电负荷不足和能源消耗过大的问题。充分满足了当前电力资源产业发展的实际供电需求。因此可以说新能源与抽水蓄能电站的联合运营有效保障了电力系统的运行机制的安全性和稳定性，利用新能源进行联合运营可有效降低发电成本，提高电站运行的核心竞争力，大幅度提高了电站运行过程中的经济效益和能源利用度，降低经营风险。在抽水蓄能电站负荷达到最高点和最低点时为调峰填谷的最佳时刻，在此情况下可通过对能源进行归一化处理的方法对抽水蓄能电站群短期调度进行优化。抽水蓄能电站的电能来自新能源处理过剩产生的主网供电。在电站机运行过程中，其功率受机组运行情况约束较大，为了大幅度提高在抽水蓄能电站运行过程中对绿色新能源的应用，可通过改善电网结构等措施将风蓄联合系统输出功率极限进行处理，分析抽水蓄能电站负荷在极限条件下新能源的最优入网规模，以提高抽水蓄能电站运行效果[15]。

2. 水电的未来发展

我国面临的不仅是一个能否达到能源平衡的问题，还有一个以何种能源资源为主的能源结构调整的问题。从我国能源资源现状、能源科技发展状况与存在问题、能源消费结构发展趋势来看，水电是当之无愧的最优选择。我国水能资源蕴藏丰富，特别是西部地区水能资源的开发利用率还比较低，优先发展水电有利于改善人类的生存环境，有利于促进我国水资源综合利用水平的提高，有利于保障我国能源供应安全有利于实行区域经济协调发展战略。此外，可以为我国的现代化建设增加能源供应、优化能源结构、保障能源安全，可以更好地保护环境、应对全球变暖等气候变化的趋势。发展水电应该作为我国当今能源策略的优先选择，加快其建设步伐。

参考文献

［1］中国科协技术协会主编，中国动力工程学会编著. 2010-2011动力机械工程学科发展报告［M］. 北京：中国科学技术出版社，2011.

［2］刘德民，赵永智. 抽水蓄能机组空化特性研究［J］. 水电站机电技术，2015，38（2）：37-40.

［3］王焕茂. 混流式水泵水轮机驼峰区数值模拟及试验研究［D］. 武汉：华中科技大学硕士学位论文，2009.

［4］覃大清，张乐福. 关于水泵水轮机最高扬程驼峰区安全裕度选取的建议［J］. 大电机技术，2006（4）：46-48.

［5］ 尹俊连. 水泵水轮机 "S" 区内流机理及优化设计研究［D］. 杭州：浙江大学博士学位论文，2012.

［6］ 王洪杰. 熵产理论在水轮机流动分析中的应用［C］. 第十九次中国水电设备学术讨论会论文集，2013：8.

［7］ 曹永，宋文武，符杰，等. 泥沙颗粒在冲击式水轮机斗叶内壁面的冲蚀磨损研究［J］. 水力发电，2014，40（7）：75-78.

［8］ 魏显著，刘毅杰，吴限明. 混流式水轮机转轮内全三维粘性流动的数值分析［J］. 大电机技术，1999（4）：44-49.

［9］ 季斌，程怀玉，黄彪，等. 空化水动力学非定常特性研究进展及展望［J］. 力学进展，2019，49：428-479.

［10］ 桂中华. 水轮机内部流动数值模拟新进展［C］. 第十七次中国水电设备学术讨论会论文集，2009：5.

［11］ Li D, Fu X, Zuo Z, et al. Investigation methods for analysis of transient phenomena concerning design and operation of hydraulic-machine systems—A review［J］. Renewable and Sustainable Energy Reviews，2019，101：26-46.

［12］ 霍根T，付梦颖，双湘. 环境友好型水轮机研发的新进展［J］. 水利水电快报，2013，34（11）：31-33.

［13］ 周铁龙. 水轮机调节系统建模及神经元控制研究［D］. 重庆：重庆大学硕士学位论文，2006.

［14］ 赵杰君，栾凤奎，杨霄霄. 抽水蓄能变速机组前期规划策略初探［J］. 水力发电，2018，44（4）：57-59.

［15］ 中国电气工程大典，第5卷，水力发电工程，第2篇，水轮机［M］. 北京：中国电力出版社，2010.

风电技术发展研究

一、引言

能源一直以来都是人类社会生存和发展的基础和原动力。在过去的几百年中，以传统能源为主的能源体系，如石油、煤炭等，在一定时期内推动了社会的进步和发展。但传统能源日渐匮乏，同时又带来了环境污染，人类开始寻求绿色、清洁、可持续、可再生的能源。在众多的可再生能源中，风能是被人类利用最早的可再生能源之一。风能储量极其巨大，据统计，全球风能储量1300亿千瓦，可利用风能是200亿千瓦，为可开发利用清洁能源水能的10倍左右。中国风能储量约32.26亿千瓦，其中陆上可开发和利用的风能2.53亿千瓦，近海可开发和利用的风能7.5亿千瓦，合计约10亿千瓦。人类利用风能的历史悠久，可以追溯到公元前2世纪的波斯，那时人们利用风能提水或碾米，但是直到风力发电（以下简称风电）机组的出现，才使得风能被规模化利用[1]。

风电机组，是将捕获的风能转换为电能的机械装置的总称。世界上第一台风电机组诞生于19世纪晚期的美国，当时Brush研制了一台12kW的直流风电机组[1]。虽然在19世纪晚期就诞生了风电机组，但是在整个20世纪，风电机组并未得到规模化的商业应用，这期间实现了很多关键技术的突破，使得风电机组在21世纪规模化商业应用成为可能。虽然世界范围内的风力发电技术可以追溯到19世纪晚期，但是我国风电技术的起步较晚，我国针对风电机组的应用研究始于20世纪50年代，主要研究对象是离网小型风电机组，真正针对商用的并网型风电机组的研究始于20世纪70年代末期。我国风电机组的发展大致经历三个发展时期。2005年以前为发展早期，1986年，中国第一个商业化并网风电场——马兰风电场在山东荣成运行，但此后的较长一段时间内我国的并网风电一直处于示范、培育阶段，发展比较缓慢。2005—2010年为爆发式增长期，2005年2月28日，全国人大通过了《中华人民共和国可再生能源法》，并于2006年1

月 1 日起施行，同时颁布了《风电场接入电力系统技术规定》（GB/Z 19963-2005），规范了风电场接入电力系统的技术要求，上述举措极大地促进了风电的快速发展。2011 年至今为平稳增长时期[2, 3]。根据世界风能协会（WWEA）的统计，到 2018 年年底，全球风电总装机容量为 6 亿千瓦，我国累计装机容量为 2.21 亿千瓦，占 37%，稳居世界第一。全球前 10 名风电机组供应商中，中国占 5 名且中国风电机组已经出口到 34 个国家。经历了大约 40 多年的发展，我国在风电产业方面的发展日趋成熟，正在逐渐从"中国制造"走向"高质量的中国创造"，我们已经能够自主研发风电机组并实现产业化。当前困扰风电发展的消纳困难和补贴不足的问题，正在逐步通过电网建设和可再生能源电力配额制度的推出进行化解。2018 年风电平均利用小时数 2095h，全国平均弃风率下降至 7% 左右，同比下降 5.3%，特别是内蒙古、新疆、吉林、甘肃一带，已经实现弃风电量和弃风率的双降。

由于风电产品的国产化以及供应链的日益成熟，经过十几年的发展，风电产品价格不断走低，风电作为主力电源距离平价上网的目标不断接近。2015 年以来，风电标杆电价加速下降，2021 年以后将步入平价上网时代，即 2020 年年底前核准的陆上风电项目，2021 年年底前仍未完成并网的，国家不再补贴，2021 年 1 月 1 日开始，新核准的陆上风电项目全面实现平价上网，国家不再补贴。2009 年，陆上风电 I 类风区标杆电价为每千瓦时 0.51 元，II 类风区标杆电价为每千瓦时 0.54 元，III 类风区标杆电价为每千瓦时 0.58 元，IV 类风区标杆电价为每千瓦时 0.61 元。2019 年 5 月 21 日，国家发改委下发的《关于完善风电上网电价政策的通知》进一步下调了风电上网电价，2019 年 I ~ IV 类新核准陆上风电指导价分别为每千瓦时 0.34 元、0.39 元、0.43 元、0.52 元；2020 年陆上风电上网电价进一步下调，I ~ IV 类风区统一再降 0.05 元，分别为每千瓦时 0.29 元、0.34 元、0.38 元和 0.47 元；近海风电项目，2019 年新核准近海风电指导价调整为每千瓦时 0.8 元，较之前的标杆电价下调了 0.05 元，2020 年进一步下调 0.05 元，调整为每千瓦时 0.75 元。2018 年燃煤标杆电价为 0.37 元 / 千瓦时，2019 年相较于 2009 年的陆上风电标杆电价平均下降 26% 左右。上网电价的不断走低主要取决于风电技术的不断进步。风电竞价上网已开始实行，在新的形势下，风电的发展既要面临与其他能源，包括煤电在电力市场上的竞争，又要面临与光伏在可再生能源领域内的竞争，平价上网和竞价上网工作的不断推进也促进了风电技术的进步。

我国风电技术的发展是与电网消纳需求紧密结合的，主要分成三个阶段。第一阶段三北地区的大规模装机推动了适应高风速地区的兆瓦级（1.5MW~2MW）风电机组研发。第二阶段随着三北地区送出困难的显现，风电机组的应用开始由北方的高风速区域转向南方的低风速区域、山地区域以及距离负荷中心较近的海上区域，随之出现了适应低风速地区的长叶片技术、适应中原地区大风切变的高塔筒技术、适应海上区域的大功率机组技术和抗台风技术、适应小规模开发就地消纳的分散式风电技术等，就地开发、就地消纳的概念为低风速风资源地区探索出一条很好的发展途径。第三阶段随着特高压项目的建设，三北地区送出问题得以缓解，大功率陆上机组开始应用（4MW 等级及以上），海上和海外项目开始大规模开发，越来越多的企业开始走出国门，风电机组出口稳定增长[2]。

沿海地区为我国用电负荷中心，且海上机组的上网电价比陆上机组高，2019 年之前核准的近海风电项目标杆上网电价为每千瓦时 0.85 元，潮间带风电项目标杆上网电价为每千瓦时 0.75 元，在年利用小时数 2500h~2700h 的情况下，海上风电场运营的内部收益率可达到 8%~18%，与陆上风场收益相近或略高，具备大规模开发的经济性，经济导向造成海上风电建设明显提速，并在 2021 年前我国海上风电开发或将形成一波建设高峰。海上机组带来的系列技术课题有海上机组防腐技术、抗台风技术、载荷一体化设计技术、风机高可靠性设计技术、防叶尖腐蚀技术、机组基础设计技术、碳纤维应用工艺技术、机组通风散热技术、海上安装维护技术、智能智慧技术等。

风力发电技术是一种利用空气的流动使风电机组叶片旋转从而将动能转化为机械能和电能的技术。

按照风电机组转轴的方向区分，风电机组可分为水平轴风电机组和垂直轴风电机组[1, 4]。水平轴风电机组由于具有发电效率高、转轴短、启停及转速控制方便等优点，目前在研制和运行的风电机组大多为水平轴风电机组，特别是大功率风电机组。已投运功率最大的水平轴风电机组为三菱－维斯塔斯制造的 9.5MW 海上风机，目前世界各大制造商正在研制 10MW~12MW 海上风机。垂直轴风电机组的额定功率较小，一般为 300W~50kW，丹麦 AWP 公司已研制出 750kW 可变桨距的垂直轴并网型风电机组。国内曾尝试研制 MW 级垂直轴并网型风电机组，但是至今未实现产业化，AWP 公司正在研制 2MW 垂直轴风机。

水平轴风电机组按照传动链形式的不同，可分为"有齿轮箱型风电机组（以高速型和中速半直驱型为主）"和"无齿轮箱型风电机组（以直驱型为主）"。

根据传动链形式和电机类型的不同，主要有高速双馈式风电机组、高速永磁式风电机组、高速鼠笼式风电机组、中速双馈式风电机组、中速永磁式风电机组、低速电励磁式风电机组和低速永磁式风电机组等。

目前市场上销售的风电机组以及已在风电场运行的风电机组设备，主要有双馈型风电机组、永磁型风电机组、鼠笼式风电机组、直驱型风电机组和半直驱型风电机组。

《风电技术发展研究》全面介绍了目前陆上和海上风电机组的技术研究情况，包括高速双馈、永磁、鼠笼式风电技术，中速双馈、永磁式风电技术，低速电励磁和永磁式风电机组技术的研究等，介绍和对比了国内外风电技术研究进展情况，同时按照目前行业的技术发展状况，预测了未来风电技术的发展方向和前景，该报告是对中国风电发展和中国风电技术发展的一个回顾，同时也是对中国风电技术发展的一个展望，对从事风电技术工作的人员有一定的指导意义。

二、风电技术的最新研究进展

（一）总体概述

风电产业的迅猛发展，有赖于风电基础技术和专项技术研究的不断突破和创新，风电技术从早年 kW 级到如今的 10MW 级，从失速调节到变桨调节，再到目前的双驱变桨技术、柔塔技术、混塔技术、超长叶片技术、增功降载技术、分散式风电技术、漂浮式风电技术、深海风电技术等，通过风电技术的不断进步和风电技术研究的不断深入，风电机组的可靠性和效率也在不断提升，从某种程度上讲，风电技术发展促进风电产业发展，加速了风电制造业的发展。

（二）陆上风电技术的最新研究进展

1. 双馈型

（1）基本原理简介

双馈发电技术是一种先进的变速恒频发电技术（图 28），该技术采用三相交流励磁，通过变流器改变发电机的励磁电流频率，从而调整输出电能的频率，最终实现变速运行、恒频输出，该技术要求控制精度高，反应速度快，是近年来比较成熟的风电技术模式之一。

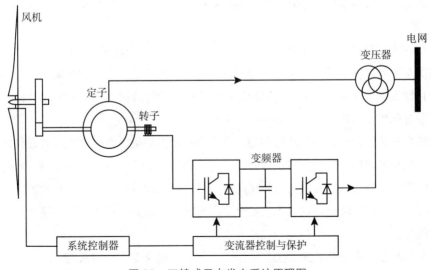

图 28　双馈式风力发电系统原理图

双馈异步发电机的定子绕组直接与电网相连，转子绕组通过变流器与电网连接，通过变流器控制定、转子绕组电源的频率、电压和相位与电网同步，机组可以在不同的转速下实现恒频发电，满足用电负载和并网的要求。"双馈"的含义是定子和转子都可以与电网进行功率交换。在超同步状态功率从转子通过变流器馈入电网，在欠同步状态功率反方向传送，在同步状态转子与电网没有功率交换。在所有情况下，定子都向电网馈电。

（2）国内外主要生产厂家

双馈机型目前在国内外无论是生产模式还是运行经验，都是一种比较成熟和完善的风电机组技术路线，因此目前可量产双馈机型的国内外厂家众多。

国内可生产双馈型机组的厂家主要有远景能源、明阳智能、国电联合动力、上海电气、中国海装、东方风电、浙江运达、华锐风电、中车株洲电力机车研究所有限公司（以下简称南车）、山东中车风电有限公司（以下简称北车）、三一重能有限公司等。

国外可生产双馈型机组的厂家主要有 GE 公司、Vestas（维斯塔斯）公司、SGRE（西门子歌美飒）公司、Nordex 公司、Senvion 公司等。

（3）机组主要部件

风轮由叶片、轮毂、变桨系统（变桨轴承及变桨驱动装置）、变桨控制器、润滑系统、备用电源、导流罩等组成。

风轮在一定转速范围内进行变速运行带动主轴旋转，通过变速和变桨距系统控制，可提供最大可能的能量捕获，为传动系统提供充足的动力，同时最大限度地满足噪声和电网兼容性要求。

叶片按照空气动力学特性设计，高精度制造，直接用螺栓连接在变桨轴承上。轮毂通过变桨轴承及轮毂预留接口分别与叶片和传动链系统连接。变桨控制和变桨驱动安装在轮毂内。

双馈风电机组传动链主要由风轮、主轴、主轴轴承、齿轮箱、联轴器、安全制动器、冷却润滑系统等部件组成。主轴风轮侧的轴承通过轴承座直接安装在机架上，齿轮箱通过两侧的弹性支承安装在机架上，齿轮箱通过一个收缩套或连接法兰与主轴相连接，齿轮箱的载荷通过弹性支承转移到机架上。

联轴器安装在齿轮箱和发电机之间，可有效补偿齿轮箱和发电机之间的位移，该位移是由于齿轮箱的弹性悬置和安装误差而产生的。联轴器上安装有安全制动器，如果遇到紧急停机情况，该制动器拥有较大的制动能力，可以紧急停机。此外，在联轴器上还装有一个安全离合器，用于防止在发电机突发短路的情况下瞬时力矩传递到齿轮箱上，保护齿轮箱不受损坏。

变桨系统主要由变桨轴承、变桨齿轮箱、变桨电机及变桨控制系统组成，变桨系统根据风速大小调整叶片角度，确保风电机组可以在一定的风速范围内有最佳的风能利用率。

变桨系统分为电动变桨系统和液压变桨系统两种，主要用于有效调节气动功率，在额定风速以下最大吸收风能，在额定风速以上将风力发电系统的功率输出稳定于额定值附近，避免其过载运行，同时减少叶片承受的载荷，保证风电机组不受损坏。

偏航系统是风电机组特有的伺服系统，主要由偏航驱动装置、偏航制动器、偏航计数器、解缆和扭缆保护装置等组成。

偏航系统的主要作用是驱动机舱旋转，使风轮扫掠面与风向始终保持垂直，并处于迎风状态，以保证风电机组具有最大的发电能力，同时提供锁紧力矩，使机舱定位，保证风电机组安全运行。

风电机组制动系统由风轮变桨距气动刹车、高速轴刹车系统和偏航刹车系统组成。气动刹车主要依靠变桨实现。

高速轴刹车系统采用钳盘式制动器，通过卡钳作用在高速轴刹车盘上来实现制动，刹车卡钳安装在齿轮箱壳体上。高速轴刹车系统具有手动制动功能。

偏航刹车系统由偏航刹车盘与偏航制动器组成，主要作用是保证风轮与风向角度偏差低于设定值时的机舱定位以及偏航过程中机舱的运动平稳性。

双馈异步发电机使风电机组在可变的转速下工作，却不需要大功率变流器将全部功率变频后上网，具有启动风速低、高效率、低噪声的优点，特别是可以改善低风速性能和供电特性，发电机采用完全封闭式设计可保护其不受环境的影响。

变流器采用最新的 IGBT 模块并通过脉冲宽度调制电子微处理器来控制，上网电能质量接近于火力发电，最大程度消除闪变，可实现无功功率调节和抑制谐波含量。

控制系统是整个风电机组的大脑中枢，通过各种传感器，对风电机组的各个子系统运行状态进行监控，通过先进的控制算法，实现风电机组的启停、发电运行及安全保护控制。

风电机组控制系统由传感器，执行机构和处理器组成，其中处理器系统负责处理传感器输入信号，并发出输出信号控制执行机构的动作。

风电机组控制系统主要有两大功能：监测与控制。监测即监控各风电机组子系统，如发电机、变流器、变桨系统、冷却系统等的运行状态；控制即对风电机组的待机、启动、停机、并网运行进行控制，同时必须满足当严重故障发生时，风电机组能够顺利停机。

塔筒是风电机组的支撑结构，同时提供工作人员由塔底至塔顶的通道，塔筒大多采用锥形钢筒结构形式，塔筒与基础、塔筒段与段之间及塔筒与机舱的连接采用高强度螺栓连接。塔筒内安装有爬梯，配有助爬器、防跌落保护装置、灭火器、导电轨/电缆、光纤缆和安全控制信号缆等辅助设备。塔筒每段设置一个检修平台，各平台都有照明和应急照明装置及配电箱，塔筒通过多层喷涂来达到最佳的防腐蚀效果，所有的金属板和焊缝都通过超声波和 X 射线探伤检验。

（4）主要生产厂家的主要产品及特点

远景能源目前陆上双馈机型有 2.2MW-121、2.2MW-131、2.5MW-121、2.5MW-141、3MW-141、3.6MW-141 等，其机组控制水平和智能化程度非常高，配备多种高度、定制化的钢塔，产品竞争力强。全钢柔性高塔筒技术是远景风电产品的特色，2013 年开始研发高塔筒技术，2016 年 5 月中国第一台 120m 高塔筒低风速风机在广灵风电场并网，之后 120m 高塔筒批量应用。2017 年 5 月中国第一台 140m 高塔筒在兰考并网。2018 年 10 月 150m 高塔筒的 2.5MW-141 超低风速机组在河北馆陶吊装。

联合动力目前陆上双馈机型有 1.5MW、2MW、3MW 系列化机组等，机组性能优越，适用于各种环境和工况。

上海电气目前陆上双馈机型有 W2000-99、W2000-105、W2000-111、W2000-116、W2100-126、W2100-135、W2500-135、W2500-146、W3200-146、W3200-155、W4000-146、W4500-155、W5000-155 等，是国内最早掌握双馈风电机组设计的整机厂家之一，其产品门类齐全、稳定可靠，适用于不同风区、不同环境、不同海拔高度。

中国海装目前陆上双馈机型有 H87-2MW、H93-2MW、H111-2MW、H136-2.2MW、H146-3.4MW 以及 H160-3.2MW 等，其凭借精确的机组性能仿真和领先的控制技术，机组安全性和出力得到有效保证，机型适用于低风速、复杂环境。

东方风电目前陆上双馈机型有 2MW-FD108C、2MW-FD127、2.3MW-FD116C 等，其产品在设计过程中强调创新性，更加注重结构设计优化，增加机组适用性、经济性设计，采用模块结构设计以达到产品系列持续改进，适用于低风速、高海拔等各种恶劣环境。

浙江运达目前陆上双馈机型有 WD131-2200、WD140-2500、WD147-2500、4.XMW 平台系列机组 3.4MW~4.2MW，风轮直径在 147m~155m 等，适应三北中高风速、华中和华东南分散式风电项目以及部分低风速区域。

南车目前陆上双馈机型有 WT2500-131/141/146、WT3000-141/146/155、WT3600-141/146 等，机组结构紧凑、模块化设计，机组性能优越。

Vestas 目前陆上双馈机型有 V100-1.8MW、V116-2.2 MW、V120-2.2MW、V100-2.6MW、V155-3.3MW、V136-3.45MW、V136-4.2 MW、V150-4.2 MW 等。V150-4.2 MW 机型在巴西投资生产线，已获订单 1.5 GW。V155-3.3MW 机型是 Vestas 新推出的一款低风速型风机，风轮直径 155m，叶片长 76m，适应风速 6.0~7.0m/s 及低温环境，传动链为两级行星加一级螺旋齿的齿轮箱，采用液压变桨和 162m 全钢高塔筒方案，适用于中国中东南部平原地区，2020 年 6 月产出，该风机可能成为低风速平原地形的一匹"黑马"。

GE 目前陆上双馈机型有 2MW、2.5MW、3MW 系列机组等，适用于不同环境，性能优越。2017 年推出了 4.8MW-158 机组，并于 2018 年推出"Cypress"平台机型 5.3MW-158 机组，此机型采用 4.8MW-158 机组架构，同时采用两段式碳纤维叶片设计，使叶片运输难度降低。5.3MW-158 样机 2019 年 3 月在荷兰的 Wieringermeer 风电场运行。

2017 年，SIEMENS 与歌美飒合并，合并后，在 2018 年发布的 3 年战略增长计划中明确，陆上将全部推行双馈齿轮箱技术路线。至此，国际风机三大制造商（维斯塔斯、西门子歌美飒、GE）陆上风机全部采用双馈齿轮箱技术路线以应对不断降低的度电成本。西门子歌美飒目前陆上双馈机型有 SG 2.1MW-114、SG2.1MW-122、SG2.6MW-114、

SG2.9MW–129、SG3.4MW–132、SG4.5MW–132、SG5MW–145、SG5.8MW–155、SG5.8MW–170等。

德国 Nordex 公司（恩德公司）专注于低风速风机的开发，目前主要陆上机型有 N117/2400、N117/3X00、N131/3X00 和全新的 Delta 4000/5000 N149 系列机型。2018 年 8 月，N149–4.5MW 首台风机在德国汉堡南部的 Wennerstorf 2 风电场安装，叶片长度约 73 米。

Senvion 公司的前身为 REpower 公司，目前陆上机型主要有 3.4M104、3.2M114。3.4M104 风机传动链为三级行星 / 正齿轮，适应 IEC Ⅰ B/ Ⅱ A 风电场，叶片长度 50.8 m。3.2M114 风机专为低风速风电场设计，传动链为三级行星 / 正齿轮，适应风场类型最大 IEC Ⅲ A，叶片长度 55.8 m。

2. 高速永磁型

（1）基本原理简介及国内主要生产厂家

高速永磁型风电机组（图 29）是通过增速齿轮箱与永磁电机连接，采用全功率变流器，风电机组输出电压的频率不受电机转速的影响。

国内生产高速永磁风电机组的厂家有东方风电、南车、中国海装等。

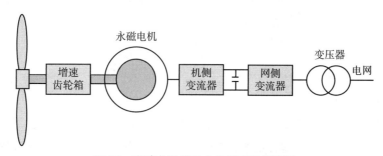

图 29　高速永磁型风电机组系统原理图

（2）高速永磁电机、变流器介绍

高速永磁电机由定子、永磁转子、位置传感器、电子换向开关等组成，与传统电机相比，高速永磁电机效率高、可靠性高、维护成本低、电网兼容性好、噪声低，其特殊的转子结构形式具有发热少、电机散热好、损耗小的优点。

高速永磁风电机组需使用全功率变流器，全功率变流器可采用双机并联方案，系统结构简洁、成熟、稳定，双机并联方案可以提高系统可靠性和冗余度，即系统在出现单机故障的情况，可自动切除故障变流器，保证另一台变流器正常运行，从而使得风力发电机组可利用率大大提高。

变流器具备监控和智能运维接口功能，可方便接入远程监控和智能运维相关产品，具备通过智能终端手机 App 远程获取故障数据及辅助诊断功能及场站级独立组网能力和远程生成大数据的能力。可以系统监控实时运行数据、故障警告、事件记录、趋势图等信息，实时掌控设备运行状态；支持多场站、单场站、设备综合监控。

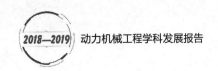

（3）主要生产厂家的主要产品及特点介绍

南车高速永磁风电机组有 WT2500 等机组，该机组采用紧凑型、模块化设计，机组效率高。

3. 直驱型（含半直驱）

（1）基本原理简介

直驱型风电机组一般方案为：轮毂＋低速永磁同步发电机＋全功率变流器。半直驱结构与直驱相比增加了中速齿轮箱。

永磁直驱型发电技术是先进的变速恒频发电技术，风轮与发电机直接连接驱动，采用永磁材料建立旋转磁场，通过全功率变流器调整输出电力的频率，实现变速运行、恒频输出，要求控制精度高，反应速度快，控制计算较复杂。系统图见图 30。

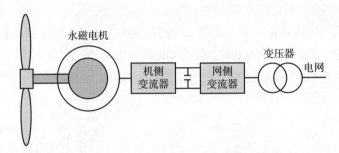

图 30　永磁直驱型风电机组系统原理图

（2）直驱电机研究介绍

直驱电机按电机励磁形式可分为电励磁发电机组和直驱永磁发电机组。

电励磁需要提供额外的励磁电源，它的效率比永磁电机低，而且电机体积较大，重量较重，因此行业内直驱风电机组一般采用永磁发电机。永磁发电机无励磁绕组，不需要额外电源，发电效率高。

永磁发电机由永磁体提供旋转的主磁场，其磁极普遍采用高磁性能烧结钕铁硼永磁材料，其具有剩磁 Br 高，矫顽力 HCB 大，磁能积 BH 大等优点。利用永磁体磁钢作为电机磁极提供励磁，无须集电环和刷架，不但提高了电机气隙磁通密度和功率密度，还具有结构紧凑、体积小、重量轻、运行平稳、效率高、易安装、维护方便等特点。

（3）国内外主要生产厂家介绍

国内目前生产直驱型机组的厂家主要有金风科技、东方风电、湘电风能等，国外生产直驱型机组的厂家主要有 GE、SIEMENS、ENERCON 等，生产半直驱的有三菱－维斯塔斯、明阳智能。除 ENERCON 公司直驱风机用于陆上外，其他国外公司直驱型、半直驱型风机主要应用于海上。

（4）国内外主要生产厂家的主要产品及特点介绍

金风科技以直驱机型为主，目前陆上机型主要有 GW116-2.X MW、GW140-2.5MW、

GW155-3.3 MW、GW155-4.5MW 等，机型主打直驱永磁技术路线，适应各种环境和工况，发电性能优越。GW155-4.5MW 机型于 2019 年 6 月并网发电，适应中高风速。

东方风电陆上直驱机型主要有 DEW-D2500、DEW-D3000、DEW-D4000、DEW-D4200 等，直驱技术成熟，涵盖陆上、低温环境，发电性能优，可靠性高。

湘电风能陆上直驱机型主要有 XE82-2000、XE87-2000、XE93-2000 等，发电性能优，可靠性高。

明阳智能为更好地迎接平价上网和竞价上网时代的到来，针对三北地区和低风速地区推出了 MySE 3.6MW-135、MySE 4MW-145 和 MySE 4MW-156 等机型。My SE4MW-156 机型配备的风轮直径达到 156m，为了解决运输难题，采用分段叶片技术。

德国 ENERCON 公司主要生产陆上直驱型风机，其风机特点为采用同步电励磁发电机、"蛋型"机舱和高效叶片翼型。主要产品有 2MW、3MW、4.5MW 和 7.5MW 风机。

2MW 系列风机功率 2MW、2.3MW，适应 IEC-ⅡA 风区，风轮直径 82m。

3MW 系列风机风轮直径 82m、101m，适应 IEC-ⅠA、IEC-ⅡA 风区。

E-112 风机功率 4.5MW，风轮直径 114m，首台 2002 年安装。

E-126 风机功率 7.5MW，适应 IEC-ⅠA 风区，额定风速 16m/s，风轮直径 126m，轮毂中心高度 135m，采用预制混凝土塔筒。采用两段式叶片，靠近叶根的较短部分由金属制成，外延部分由玻璃钢增强纤维制成，采用双列螺栓连接。2011 年 6 月 18 日，比利时瓦隆 Estinnes 风电场安装 11 台 E-126 风机。

（三）海上风电技术的最新研究进展

到 2018 年年底全球海上风电累计装机规模已经达到 23GW，大约占全球总装机规模的 4%。2018 年新增装机容量 4.5GW，占 2018 年风电新增装机的 8%。2018 年海上风力发电市场按份额西门子歌美飒全球排名第一，约占 50%；三菱-维斯塔斯位列第二，市场份额约为 25%；上海电气全球排名第三。海上风电的发展首先来自亚洲市场的拉动，继而来自北美市场，全球海上风电预期将会以 6GW 或以上的年增长规模持续发展。到 2025 年，预期海上风电可以占到全球风电总装机的 10%，总装机容量达到 100GW。

2013 年以后，英国、德国和我国的海上风电项目开始加速建设。欧洲主要风电机组制造商加快了大型海上风电机组的研制。2014 年维斯塔斯-三菱重工合资成立了三菱-维斯塔斯海上风电合资公司，合资公司的主营业务是设计、制造、安装与服务海上风电机组。2015 年以后，西门子公司研制的永磁直驱 6MW 海上风电机组已经在欧洲海上风电场投入并网运行，2018 年 9 月，其 8MW 永磁直驱试验风机在丹麦 Østerild 测试风电场投运。2016 年，三菱-维斯塔斯合资公司研制的 V164-8MW 永磁半直驱海上风电机组成功投运，2018 年 6 月功率提升后的 V164-9.5MW 永磁半直驱海上风机样机也投运，欧洲海上风电设备已经进入 9MW 时代。西门子歌美飒在 2019 年推出 10MW 直驱海上风机，并已成功中标由瑞典大瀑布集团投资建设在荷兰的 76 台海上风机，项目在 2023 年建成。GE 公司 2019 年将在荷兰安装 12 MW 首台样机。欧洲海上风电场多为近海风电场，2017 年英国和德国开始逐步向深海风电场发展。

2007 年 11 月，中国首台海上风电机组投运，为中国海油投资建设、安装的金风科技 1.5MW 直驱永磁风机，风电场为离岸 70km 的渤海绥中 36-1 油田。中国首个海上风电场为 2010 年 7 月投运的东海大桥风电场，总装机 102MW，安装华锐风电 34 台 3MW 风电机组。2018 年我国的海上风电加速发展，新增装机 436 台，新增装机容量 1655MW，与 2017 年相比增长 42.7%。到 2018 年年底，我国海上风电总装机 4445MW。随着我国海上风电场规划规模的不断扩大，各整机制造商都积极投入到大功率海上风电机组的研制中。华锐风电率先在上海东大桥批量投运 3MW 海上风电机组。金风科技在江苏省盐城市大丰区海上风电研发基地研发的 2.5MW 风电机组已在潮间带风场批量应用，其 6MW 海上风电机组也已安装运行，8MW 海上风机已在福建装备制造基地下线。湘电风能研发的 5MW 海上永磁直驱式风电机组已在福建莆田平海湾海上风电场批量运行。中国海装的 5MW 高速永磁式风电机组在江苏海上风电场批量运行。联合动力研制的 6MW 双馈型海上风电机组已安装并试运行。远景能源研制的 4MW 鼠笼异步型海上风电机组已在江苏海上风电场并网运行。上海电气 2010 年研制了当时亚洲最大的 3.6MW 海上风电机组，并且安装了近百台，后期研制的 4MW 海上风电机组是目前国内 4MW 级装机容量最多的机型，从西门子引进的 6.25MW 直驱型机组相继投运，直驱型 8MW 机组也于 2019 年 8 月在汕头制造基地下线。明阳智能研发的半直驱 7.25MW 机组也于 2019 年 2 月成功吊装。东方风电研发的 5MW 高速永磁机组已经批量投运，10MW 海上直驱机组已于 2019 年 9 月在福建基地下线[5]。

1. 海上风电机组的工作环境及设计特点

海上风电机组的运行环境比较复杂，需要考虑风况、海洋条件和其他海上特定环境条件。一般情况下，应考虑下列环境条件且需要在设计文件中说明相应的应对措施。根据国内外海上风电机组标准对环境条件的要求，并参考国内外环境条件标准对各种环境参数组的分类分级方法，可将我国风电机组的海上特殊环境条件分为六类，如表 31 所示[6, 7]。

表 31　影响海上风电的环境因素

环境条件类型	环境因素
气候条件	空气温度、湿度、空气压力、太阳辐照强度、降水强度、海浪、风速、凝露、冰雹、结冰、结霜、雷暴
生物条件	微生物、动物、海洋生物
化学活性物质条件	盐雾
机械活性物质条件	沙、尘
水文条件	海水表面层温度、海水表层最大盐度、最大潮差、波浪、流水速率、海水表层速度、海冰厚度
机械条件	振动、冲击、摇摆、倾斜

　　风力发电设备在海上特殊环境条件下运行时，容易发生部件故障停机、控制失灵、短路等问题，影响整个风力发电设备的正常稳定运行。通过资料搜集并结合环境适应性的研究经验，得出各种环境因素对海上风力发电设备的主要影响分析（表32）。国内企业应对海上风电机组各种运行环境因素的主要防护措施如表33所示。

表32　环境条件对风电设备的主要影响

环境条件类型	环境因素	对风力发电设备的影响
气候条件	温度	低温会引起零件及材料发生龟裂、脆化、可动部卡死、特性改变；高温会引起零件及材料发生软化、性能降低、特性改变、潜在破坏、氧化
	湿度	在湿度的作用下，可能会对结构件造成腐蚀，影响结构性能；湿度导致电气部件的绝缘材料电阻和热性能降低
	空气压力	低气压引起电器部件外绝缘强度降低、发生电弧或电晕放电造成设备失灵或工作不稳定
	太阳辐射	加速设备的老化
	风速	风速过大时风电设备不能正常运行，大风导致风电机组倒塌事件
	结冰和结霜	叶片结冰会导致风电设备无法正常运行
	雷暴	雷暴会造成叶片或机身损坏、发电机绝缘击穿、控制元器件烧毁
生物条件	鼠类	鼠类咬坏电线/电缆，引起停电、短路或通信故障等问题
化学活性物质条件	盐雾	盐雾导致风电机组发生腐蚀，严重时会导致电气设备等毁坏
机械活性物质条件	砂、尘	砂尘会导致叶片、轴承、齿轮等机械部件的加速磨损
机械条件	振动、冲击	振动会导致叶片断裂、发电机和齿轮箱发生故障等问题

表33　海上风电机组防护措施汇总表

环境因素	防护措施
低温	采用自动投切的加热装置和使用低温材料等
高温	采用强制散热、安装空冷和水冷装置、局部地方采用隔热材料等
湿热	采用防潮，采用适当的加热去湿措施等
太阳辐射	采用耐紫外线老化的材料、外壳，采用适当的涂层等
结冰和结晶	设置自动投切的加热装置等
盐雾	采取涂料保护或热喷涂金属保护、增加腐蚀裕量、阴极保护等
振动	采用特殊的减振设计、对设备进行绑扎紧固、设备采用弹簧或橡胶等较好隔震防振措施
雷电	等电位连接和屏蔽，协调配合的SPD防护等
台风	考虑台风和特殊的阵风、极端风向变化和湍流等，从设计的角度解决台风环境下的安全问题

2. 双馈型（含全功率鼠笼异步）

　　采用双馈技术开发海上风电机组，是海上机组早期开发的主要技术方向，采用该结构的国内厂家主要包括上海电气、联合动力、华锐风电，国外 Senvion 等厂家。采用全功率鼠笼异步技术开发海上风电机组的国内厂家有上海电气、远景能源、浙江运达以及国外西门子公司等。

上海电气双馈型海上风电机组主要包括 3.6MW 功率等级的机型以及 4.0MW 鼠笼异步风电机组。其中 3.6MW 机组配有 116m、122m、136m 和 146m 风轮直径，轮毂高度可达 80m、90m 和 100m，可适应不同的风资源区域和环境条件。其采用紧凑型驱动链形式，加之冗余设计技术的使用，使其能够更好地适应海上风电的特点，设计使用寿命达到 25 年。

联合动力双馈型海上风电机组主要包括 3MW 和 6MW 两个功率等级的机型。其中 6MW 机组采用 6 级双馈异步发电机技术，叶片采用钝尾缘、推力削减以及被动冗余等技术，机组安全可靠。

远景能源全功率鼠笼异步型海上风电机组主要包括 3.6MW、4MW、4.5MW 功率等级的机型，2019 年还将推出 5.2MW 机型。其 4MW 机组采用可靠传动链技术和激光雷达测风技术，配备智能化控制技术，设计寿命不低于 25 年，风轮直径达到 130m 和 136m，可适应不同的风资源条件。其正在研制的 3.6MW 机组，采用局部变桨技术和碳纤维主梁帽技术，能够有效应对台风风况。

浙江运达全功率鼠笼异步海上风电机组主要包括 5MW 型风电机组，该机组风轮直径可达 130m 和 139m，可适应不同的风资源条件。

华锐风电双馈型海上风电机组主要包括 3MW、5MW 和 6MW 三个功率等级的机型。其 6MW 机组配有 128m 和 155m 风轮直径，轮毂高度可达 128m 和 155m，能够适应不同的风资源条件。同时采用其成熟的发电机技术和齿轮箱传动技术，保证风电机组的可靠性和经济性。

Siemens 全功率鼠笼异步海上风电机组主要包括 3.6MW 和 4MW 两个功率等级的机型。其 4MW 机组风轮直径达 130m，发电机组采用无滑环鼠笼型转子，叶片采用其特有的整体制造技术，避免了胶结处的薄弱问题。采用独立变桨系统，可在任何运行工况下进行变桨动作。

Senvion 双馈型海上风电机组主要包括 5MW 和 6.xMW 系列机型。沿用了其成熟的双馈技术，并且依靠其强大的齿轮箱技术，使得其机组在风轮转速极低的情况下仍然能够正常发电。

3. 高速永磁型

海上风电机组采用高速永磁技术路线的较少，主要代表有国内的东方风电和中国海装，且都是 5MW 机型，国外厂家有 Vestas。

东方风电 5MW 海上高速永磁机组，风轮直径 140m。叶片采用钝尾缘技术，大幅提升了风轮利用效率，Cp 可达 0.49。传动链采用纯扭矩输入模式，可大幅提升主齿轮箱的可靠性，变流器采用双并联技术，可在低风情况下实现单变流器运行和带电维护单变流器，从而降低因变流器维护造成的发电损失。所有大部件均可在机舱内更换，在提升整机经济性的同时也可更好满足海上机组运维的要求。电控系统完全自主研制，确保了机组的可靠性，全封闭式机舱内循环冷却系统，有效避免外部盐雾空气对机舱内部零件的腐蚀。

中国海装 5MW 高速永磁海上风电机组，其风轮直径有 128m、151m 和 171m，可适应不同的风资源条件。其 171m 风轮直径机组，单位千瓦扫风面积高达 4.59m²，在 6.7m/s 风速下即可达到年等效利用小时数 3000h 的目标。同时，其传动链采用大轴承技术，机舱整体布局紧凑，可维护性好。机舱采用外置冷却器，依靠自然风进行热交换，可大幅降低自用电量。变桨控制采用参数整定和变参数控制技术。中国海装最近还推出了 H152-6.2MW 机组，用于适应Ⅰ类风区抗台风。

Vestas 采用高速永磁技术的海上机组是 3MW 机组，风轮直径 112m，叶片长度 54.65 m，额定风速 12.5 m/s，风力等级 IEC61400-3 Ⅰ B，采用液压变桨，传动链采用四级行星齿轮、斜齿轮齿轮箱，高速永磁电机，全功率变流器。

4. 直驱型（含半直驱）

直驱技术是目前海上大功率风电机组普遍采用的技术路线，其中国内主要生产厂家有金风科技、上海电气、湘电风能以及东方风电，国外有 GE、西门子歌美飒。明阳智能、三菱 - 维斯塔斯海上风电采用半直驱技术路线。

金风科技是一家以直驱路线为主的风电整机厂，其主要的海上风电产品包括 2.5MW、3MW 和 6.x 系列等。其 6.x 系列目前推出机型为 GW171-6.45MW、GW154-6.7MW，功率等级为 6.45MW 和 6.7MW，风轮直径 171m、154m，作为金风科技目前的海上主力机型，6.x 系列机组具备结构紧凑，运输和吊装方便，转速低，噪声小等特点，该款机组配备自动润滑系统，维护量小，同时配备免维护无碳刷集电环发电机。GW154-6.7MW 机型 2018 年 4 月在福建三峡兴化湾海上试验风电场投运，2019 年 8 月获得鉴衡及 DNV GL 两家权威机构认证。GW171-6.45MW 机型 2019 年 1 月在三峡新能源大连庄河项目并网发电。金风科技 GW168-8MW 海上风电机组已于 2019 年 9 月下线，功率等级 8MW，风轮直径 168m，适用于 IEC Ⅰ类风区。

上海电气采用直驱技术的海上风电机组主要有 6MW、6.25MW、7MW 和 8MW，风轮直径有 154m、167m 和 172m 三款，分别适用于低风速、高风速、台风等风况，其 172m 风轮叶片在全球首次使玻纤叶片长度突破了 80m 达到 84m。

湘电风能采用直驱技术的海上风电机组主要为 5MW 机组，主要有两种机型 XE128-5000、XE140-5000。为适应海上环境，采用全封闭设计，配备内循环冷却系统和内置的除盐雾设备，风轮直径达 128m、140m。XE128-5000 机型适用 IEC Ⅰ B 等级风速，2016 年 1 月在福建莆田平海湾并网发电。XE140-5000 样机 2018 年 6 月在三峡福建兴化湾样机试验风电场安装。2015 年即开始启动研究 8MW 海上风机，叶轮直径 170~180m，于 2019 年产出样机。

明阳智能海上风电采用半直驱技术，主要为 6MW 产品平台，该平台包含了 5.5MW-

155、6.45MW-180、6.45MW-19X 和 7.25MW-158 机型。5.5MW-155、6.45MW-180 适用低风速、有台风的海上风电场。7.25MW-158 适用高风速、有台风地区。6.45MW-19X 适用低风速、无台风海上风电。该平台机组采用成熟可靠的超紧凑结构设计，有效降低载荷的同时也便于机组的运输和吊装。基于模型的控制策略、暴风软切出控制策略和抗阵风的控制技术，台风工况下能够主动对风，从而降低机组载荷，同时可根据大数据平台跟踪台风实测数据，制定先进的抗台风策略，从而保证台风情况下机组安全可靠运行。

三菱 – 维斯塔斯 V164 平台是 Vestas 2011 年 5 月发布的，从基本款 7.0MW 海上风机，发展到目前的 V164-8.0MW、V164-8.3MW、V164-8.8MW、V164-9.5MW、V164-10MW 等系列机型。

V164 平台海上风机风轮直径 164m，叶片长度 80m，叶片重量 35t，传动链采用中速（Medium-speed）齿轮箱，永磁发电机，全功率变流，电压等级 33~35kV 和 66kV。

V164-8.0MW 机型，2016 年完成首台吊装。V164-8.3MW 风机在 Horns Rev 3 海上风电场安装 49 台，总容量达 407MW，2019 年 8 月举行了启用剪彩仪式，丹麦王储及首相参加了剪彩仪式。V164-8.8MW 风机在苏格兰 Aberdeen（阿伯丁）海上风场安装 2 台。V164-9.5MW 风机样机 2018 年 6 月投运并通过型式认证，成为目前世界上单机容量最大的商用风机。目前在英国和德国已经安装超过 100 台 V164 系列风机。V164-9.5MW 风机订单量已超过 400 台。

三菱 – 维斯塔斯 10MW 风机凭借超过 100 台 V164 的装机业绩，通过技术创新，将此平台从 8MW 提升至 10MW。该机组采用了加强版齿轮箱，对部分机械部件进行了升级，并通过对设计的调整，增强了机组的气动性和提高了变流器的冷却能力，首台商用风机将于 2021 年安装，该机组可以在 10m/s 的平均风速下运行 25 年。

最近，三菱 – 维斯塔斯推出了 V164 的升级版 V174-9.5MW 风机。

西门子歌美飒海上风电机组采用直驱技术，机型主要有 SWT-4.3-130、SWT-6.0-120、SWT-7.0-154、SG 8.0-167 DD。

SWT-4.3-130 风机为荷兰 Ijsselmeer 人工湖 "湖上风电场" ——383MW 的 Windpark Fryslan 风电项目设计，预计将安装 89 台该机型。SWT-6.0-120 是西门子新开发的海上专用机型，2011 年 6 月投运。SWT-7.0-154 机型适用 IEC I B 风区，2019 年 2 月首台机组在英国北海的 Hornsea 1 海上风电场并网发电。SG 8.0-167 DD 机型适用 IEC I B 风区，叶片长度 81.5m，2018 年 9 月在丹麦 Østerild 测试风电场安装并调试了第一台试验风机。

SWT-7.0-154、SG 8.0-167 被评为 2018 年度全球十佳海上风电机组。

正在研制 SG 10.0-193 DD 机型，功率 10MW，适用 IEC I A 风区，首批 76 台风机将安装荷兰 Hollandse Kust Zuid 1&2 风电场，2023 年建成投产。

GE 已投运的海上风机有 3.6MW 双馈系列、4.0MW 及 6.0MW 直驱系列风机。

3.6MW-104 风机适应 IEC I B 高风速地区，风轮直径 104m，采用三级行星圆柱齿轮传动链、双馈异步发电机。

4.0MW-110、4.1MW-113 系列风机适应 IEC Ⅰ B 风电场，直驱、全功率变频器、永磁发电机。

Haliade 6MW-150 风机风轮直径为 150m，叶片长度为 73.5m，直驱永磁全功率变流，2018 年在德国投运。

GE 目前正在研制的海上风电机组为 Haliade-X。该机型采用 12MW 直驱发电机，Haliade-X 的年发电量将比目前其他海上风电机组超出 45%。GE 将在未来 3~5 年内投资超过 4 亿美元用于开发和部署 Haliade-X 机型。Haliade-X 12MW 机型轮毂最高可达 260m，风轮直径 220m，配备由 LM 设计和制造的 107m 长叶片。

107m 长的叶片是目前世界最长叶片，在 LM 位于法国瑟堡的工厂中生产，2019 年 4 月在工厂完成脱模，2019 年 6 月叶片离开瑟堡的 OEM 工厂，运至鹿特丹港的准海上工厂组装原型机。第一台 Haliade-X 12MW 风机样机将于 2019 年安装在鹿特丹 Maasvlakte 港。风机将首先安装在陆地上，GE 将对样机进行测试，为 2020 年的型式认证和 2021 年的商业化生产收集足够的数据。

东方风电 10MW 风机采用直驱永磁＋全功率变频技术路线，搭配 185m 风轮直径，叶片长度 90m，适用风速 8.5~10m/s。风机 2018 年获得 IEC 设计认证证书，叶片 2019 年 7 月完成生产，永磁直驱电机 2019 年 8 月完成生产，整机 2019 年 9 月在福建基地完成组装，首台样将安装在福建兴化湾风电场。

5. 海上风电机组抗台风技术研究

（1）台风对海上风电机组的影响

台风对海上风电场的影响有利有弊，由于海风遮挡少，使海上风电比陆上风电发电量更高，低等级热带气旋乃至强度不大的台风可带来海上风电更多的发电效益，需防范的是极强台风对海上风电机组的损毁性影响。气象部门研究数据显示，登陆中国热带气旋中，平均每年能为风电场带来发电效益的效益型台风有 6.58 个（占 55.5%）、进行适当防御后不会造成损失的登陆热带气旋有 1.78 个（占 15.0%）、可能对风电场造成较大破坏的登陆台风有 3.49 个（占 29.4%）。

台风造成机组各部件损坏的原因为：叶片损毁主要原因是靠近叶片根部应力过大导致折断；塔筒破坏主要原因是风轮推力产生弯矩及风电机组重力载荷叠加所产生的压弯组合载荷致使塔筒筒壁局部应力过大；整体倾覆主要原因是风电机组基础结构形式不合理、结构尺寸及埋深过小，难以承受较大风力[8]。

（2）风电机组抗台风设计

1）抗整体倾覆设计

抗台风设计应避免整体倾覆这种颠覆性破坏。为有效规避这种颠覆性破坏，应进行结构抗台风设计，依据场地实测台风风速进行结构随机动力响应分析，获取较为准确的动力放大系数。同时可考虑台风风速的强非平稳性，提出适合台风风速的动力放大系数确定方法，通过提高支撑结构（塔筒与基础）的安全系数，降低塔筒破坏、整体倾覆的概率，避免倾覆性破坏带来的巨大损失。

2）瞬变风速响应设计

风向瞬时变化对风电机组安全性有重要的影响。当台风经过时，通常风速较大，大风有利于海上风电机组的发电运行，但风向大范围变化给海上风电机组的安全运行带来隐患。因此，设计海上风电机组时，应结合风电机组的运行状态，考虑风向、湍流和变桨、偏航等控制参数，进行综合分析，及时响应台风的变化。

3）叶片优化设计

在风电机组设计时，叶片刚度比塔筒刚度和基础刚度小，且结构比较复杂，柔性较大，失效模式多样，其中以叶根折断发生频率较高。为减少台风对风电机组尤其是对叶片造成的损伤，可以采取以下措施进行优化设计：针对主梁与壳体之间粘结强度不够问题，采取对叶片后翼连接加设铆固装置等，对叶片局部构造改进；在叶片生产过程中，进一步加强叶片局部缺陷的检测力度，以增强叶片的抗台风能力；改进叶片材料，提高其抗极限强度和抗疲劳强度能力。

4）智能偏航控制装置开发

在机组停机状态时通过智能偏航控制装置对机舱进行偏航对风，用来减少机组所承受的载荷。智能偏航控制装置可使强风来临时叶片和塔筒负载分别降低 25% 和 30%。该装置需配备可靠的、足够容量的后备电源。

6. 海上风电机组防腐技术研究

海上风电机组运行环境恶劣、复杂，如盐雾高、湿度高、温度高、日照长等。这种环境加速了风电机组金属构件被腐蚀的速度，如连接螺栓、钢结构构件等，同时暴露在外的设备组件也受到不同程度的腐蚀。海上风电机组因其特殊的运行环境，维修费用高，因此海上风电机组的防腐设计至关重要。

根据海上盐雾浓度不同，腐蚀度控制区域可划分为不同的级别，可分为：海洋大气区、飞溅区、潮差区、全浸区和海泥区，详见表 34。

表 34　海洋环境中风电机组腐蚀区域划分

区域	划分标准
海洋大气区	设计高水位加 1.5m 以上的区域
飞溅区	设计高水位加 1.5m 以下的区域到设计高水位减 1.0m 之间区域
潮差区	设计高水位减 1.0m 至设计低水位减 1.5m 之间的区域
全浸区	设计低水位减 1.5m 以下海水淹没的区域
海泥区	在全浸区内被海泥覆盖的区域

飞溅区的腐蚀除了受海盐含量、相对湿度、温度等影响外，还要受海浪飞溅的影响，在飞溅区的下部还受海水短时浸泡的影响，因此腐蚀最严重的部位就是在平均高潮位以上的飞溅区。飞溅区的海盐粒子含量要远高于海洋大气区，由于海水浸润时间长，干湿交替频繁，碳钢在飞溅区的腐蚀速率要远高于其他区域。且在这一区域，含氧量比其他区域高，氧元素的去极化作用也促进了碳钢的腐蚀。同时，飞溅的浪花冲击也有力地破坏了碳钢表面的保护膜或覆盖层，所以钢表面的保护层在这一区域剥落更快，多种原因促使腐蚀速度加快。

风电设备的防腐设计，应按照机组不同部位所处腐蚀环境的不同采取有针对性的防腐方案。海上风电机组防腐蚀是一个系统问题。对于机组的每一部分，在设计上、材料上、密闭性上都应考虑防腐蚀问题，各腐蚀区防腐措施如下：

（1）海洋大气区

海上风电所处的海洋大气区与海上石油平台所处腐蚀环境类似，且海上石油平台选用的涂层系统已经过二三十年海上实际应用案例验证，充分证实了海上石油平台涂层系统防腐性能的可靠性。国外很多海上风电厂家已经采用海上石油平台防腐涂层系统作为他们选择涂层体系的重要参考，其标准依据也主要采用海上石油平台防腐涂料的现行标准。

（2）飞溅区和潮差区

在浪花飞溅区，如果采用常规的涂料防腐，在海水冲击下容易发生鼓泡和剥落，局部腐蚀十分严重。目前在钢结构的浪花飞溅区，广泛采用热喷涂金属保护或复层包覆防蚀技术（PTC）等。

（3）全浸区

NB/T 31006-2011《海上风电场钢结构防腐蚀技术标准》中指出，全浸区应采用阴极保护或阴极保护与涂料联合保护进行防腐。采用阴极保护与涂料联合保护时，海泥面以下3m可不采取涂料保护。

海上风电设备的防腐措施如下：

（1）叶片防腐

JB/T 10194-2000中指出，设计和制造叶片时要考虑环境因素的影响，应进行耐环境设计。叶片在一定程度上暴露在腐蚀性环境条件下且不容易接近。由于运行条件的原因不可能重做防腐层，因此在叶片设计时，叶片材料选择和防腐保护措施特别重要。

（2）发电机、齿轮箱防腐

双馈型风电机组因其转速较高，发电机都采用常规的密闭冷却散热系统，内部构造无须考虑防腐，只需利用结构件防腐方法解决外表防腐问题。

永磁直驱型风电机组一般将铁芯设计为防腐蚀材料，转子线包则采用真空浸漆工艺配合氟硅橡胶材料加强防腐。

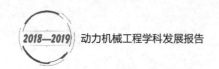

（3）机架、轮毂、轴承防腐

一般采用与塔筒内壁相同的防腐涂料体系。

（4）机舱罩、整流罩防腐

一般采用风电机组叶片涂料体系。

（5）变压器防腐

海上风电机组的箱式变压器一般为落地箱式，需要采用塔筒外防护涂料体系，同时需要用绝缘树脂浇注变压器铁芯实现防腐蚀。

（6）控制柜、开关柜防腐

配电箱、电器柜等钣金结构件目前一般使用粉末涂料，主要是采用提高防护等级隔绝空气来实现整体防腐蚀。

7. 海上风电机组安装及维护技术

（1）海上风电机组安装

海上风电机组与陆上风电机组相比，因其特殊的安装场地和安装环境，需要考虑海上的海浪、风、潮流等因素，因此海上风电机组的安装难度和风险比陆上风电机组大，而且安装成本巨大。

目前海上安装方案主要有两种：

1）整机式安装

整机式安装是将风电机组的塔筒、机舱、叶片在岸边完成组装，再用起重船运输至安装海域进行安装。

这种安装方式效率较高，但对起重运输船要求比较高，同时对在海上进行吊装、安装的操作要求也较高，我国东海大桥风电场就是按照这种安装方式进行的吊装。

2）分体式安装

分体式安装是将风电机组的零部件预装成风轮、机舱、塔架等大组件后运送至指定海域，之后再用海上专用吊装船及设备进行风电机组吊装。

这种安装方式周期较长，且易受海上环境影响，特别是高空海风的影响，且对在高空对接要求较高，国内目前采用该种方式进行安装居多。

海上风电机组在安装时，安装方式的选择需要评估安装场地条件、项目本身运输能力、吊装设备能力，同时综合评估安装公司的安装技术水平。目前海上风电机组安装的主要设备除一些特殊的工装外，主要依靠海上安装运输船，海上安装运输船的能力直接决定海上风电机组的安装方案和周期，从早期的自航式起重船，到自航安装船，再到带有桩腿的自航式安装船，再到安装平台，还有自航自升式安装船，国内众多船舶制造企业也在不断推出新产品和平台以适应海上风电的发展。

（2）海上风电机组维护

海上风电大规模快速发展，风电制造企业除了需要面对如何提升海上风电机组的可利用率、可靠性外，还需要面对海上风电机组的维护问题。海上风电机组不同于陆上风电机组，海上环境恶劣、不可控性因素多，海上风电机组的维护有很多问题需要解决。

海上风电机组维护成本高、耗时长、风险高。海上高盐雾浓度环境对风电机组电气设备运行有一定的影响，一旦停机，损失巨大。同时海况的复杂性，例如海浪、风、洋流等，对风电机组的正常运行也是一个极大的考验，因此风电机组制造商必须保证其海上风电机组产品的可靠性，同时需要实现快速维护以节约运维成本。

据统计，海上运维成本占整个海上风电项目的 20% 左右，因此如何经济快速维护已成为目前全世界风电机组制造商关注的问题。目前海上风电机组的维护模式基本上还是以往的传统维护模式，即定期维护、状态监测、故障处理和修复。如何在快速增长的海上风电市场环境下优化运维策略，建立健全有效的海上风电机组状态监测系统、提高电气部件和机械部件可靠性、研发适用于海上风电的出海工具、借鉴国外海上风电运维管理经验，最终达到降低运维成本，保证机组可靠运行，探索走向深海的运维技术，是目前亟待解决的问题[9]。

8. 海上风电机组基础研究

海上风电机组基础与陆上风电机组基础相比，海上基础受到海域环境中洋流、浪涌、海冰等环境的影响，海上基础的设计和施工更加复杂，对海上风电机组基础的安全性要求也更高。

目前海上风电机组基础形式较多，近海主要用固定式基础，远海采用漂浮式基础。固定式基础有重力式基础、单桩式基础、群（多）桩式基础、三角架基础等。漂浮式基础主要有半潜式、SPAR 式、张力腿式、驳船（阻尼池）式等[10]。海上风电机组基础形式的选择主要取决于拟建海上风电场的土层、水深、海床稳定性、海域气候以及安装设备能力等，同时还与投资造价有关。固定式基础有以下几种类型。

（1）重力式基础

重力式基础（图 31）结构比较简单、造价低、适用于浅海，一般不超过 10m 水深，在安装时首先在陆上对基础进行浇筑，浇筑完成后运输至指定安装海域进行下沉安装，整个安装比较方便。缺点为体积和重量比较大，安装和拆除困难，另海床必须被平整甚至被加固。

（2）单桩式基础

单桩式基础（图 32）安装比较简单，适用于浅水及中等水深，一般不超过 30m 水深，工期短，是常用的海上风电机组支撑结构形式，在安装时首先将单根桩体由液压锤或振动锤贯入海床，也可以在海床上钻孔，然后将风电机组塔筒通过过渡段与桩体连接。单桩式基础适合海床较为坚硬的水域，尤其是在浅水水域更能体现其经济价值。对海床有岩石的情况就不适合采用此类基础。

图31 重力式基础

图32 单桩式基础

（3）群桩式基础

群桩式基础（图33）一般在陆上预制，水下灌浆，一般适用于 20m~40m 水深，结构刚度较大，整体稳定性好。

（4）三角架式基础

三角架式基础（图34）安装比较复杂，稳定性较好，一般用于 20m~50m 水深，三角架式基础由三根圆柱钢管支撑制成，三角架通过过渡段与塔筒连接。缺点为成本较高，检修船难以靠近。

图33 群桩式基础

图34 三角架式基础

（5）导管架式基础

导管架式基础（图35）下部结构采用桁架式结构，导管架上端为套筒结构，桁架结构设计复杂，建设和维护费用高。适用于 20m~50m 水深，基础刚度大，稳定性好。

（6）吸力筒式基础

吸力筒式基础（图36）由筒体和外伸段两部分组成，筒体为底部开口顶部密封的筒状型，外伸段为直径沿着曲线变化的渐变筒体，适用60m以内水深的海域，此基础造价低、施工速度快，但对施工精度要求较高。在苏格兰阿伯丁的海岸外，由三菱－维斯塔斯制造的8.4MW V164风机就采用此型式基础。

图35　导管架式基础

图36　吸力筒式基础

上述基础结构形式基本上都是从国外借鉴的，近几年我国海上风电迅速发展，迫切需要研究适用于我国海域地质环境的海上风电基础形式。

针对水深超过50m深海区域，如采用固定式基础结构，造价将大幅增加，且目前技术难以实现，主要采用漂浮式基础。漂浮式基础结构机动性好、易拆卸，服役期满可进行回收再利用。漂浮式基础如下所示：

（1）单立柱式（Spar）

单立柱式基础如图37所示，由立柱、系泊线、锚固基础组成。其受力原理为重心低于浮心，结构倾斜后浮力对重心产生恢复力矩。优点为结构构造简单、垂向波浪激励力小、稳定性较好。缺点是立柱长度过大导致安装难度大。单立柱式基础适用超深水海域（100m以上）。

（2）半潜式（Semi-sub）

半潜式基础如图38所示，由中央短立柱、边缘短立柱、横梁、斜撑、压水板、系泊线、锚固基础组成。其受力原理为当结构倾斜后，一侧边缘的短立柱浮力增大，对重心产生恢复力矩。此基础的优点为适用水深范围广、安装难度小。其缺点为，稳定性低于单立柱式基础结构。

（3）张力腿式（TLP）

张力腿式基础如图39所示。该基础由中央立柱、张力筋、锚固基础组成。其受力原理为当结构倾斜后，一侧张力筋的张力增大，对结构重心产生恢复力矩。此基础的优点为，稳定性较好、结构自重轻。缺点为张力系泊系统安装工艺复杂、费用高，预张力受风

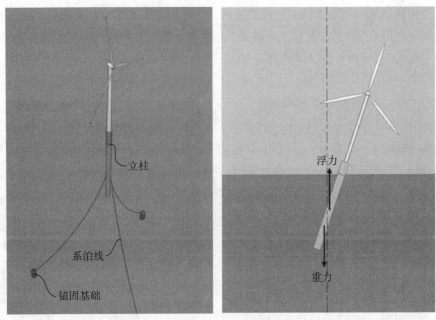

图 37　单立柱式基础

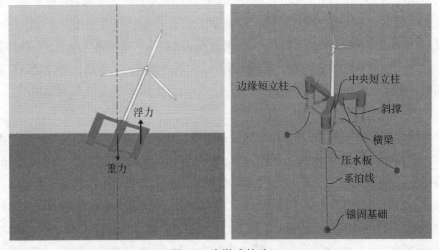

图 38　半潜式基础

浪影响大。

（4）驳船（阻尼池）式基础

利用大平面的重力扶正力矩使整个平台保持稳定，其原理与一般船舶稳定性相同，如图 40 所示。

目前全球已有 9 座浮式风电机组样机或商业化风电场运行。6 座位于欧洲（挪威、葡萄牙、瑞典、英国、西班牙、法国各 1 个），3 座位于日本。

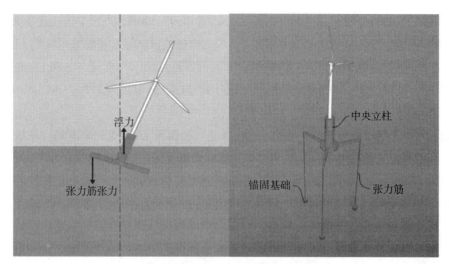

图 39 张力腿式基础

图 40 驳船（阻尼池）式基础

2009 年，世界第一台浮式风机在挪威海域出现。基础结构形式采用单立柱式，单台风机容量 2.3MW，地址在离岸 10km 的挪威北海，水深约 200m。

2012 年，葡萄牙 Wind Float 海上浮式风电场投入运转。风电场离岸距离 7.5km，水深 50m，采用半潜式浮式基础，3 个浮箱正三角形布置，基础高度 22.2m，总重量约 6000t。风机为 Vestas V80 型 2.0MW 风电机组，风轮直径 80m，轮毂高度 67m。累计运行 5 年，发电 1700 万度，2016 年 7 月拆除。该基础经受住了最大浪高 17m，最大风速 31m/s 严峻的海洋环境考验，风机拆除后对浮式基础进行检查，未发现任何损伤。

2013 年，日本福岛海上浮式风力发电场投入运转。采用半潜式基础，风电场位于福岛县楢叶町近海约 20km，单台风机容量 2MW，风轮直径 80m，水深约 120m。

2017 年年底，世界首座商用浮式风电场——英国 Hywind 海上浮式风电场投入运转，标志着大型浮式风电场时代的到来。该风电场安装 5 台 6MW 西门子风电机组，风轮直径

154m，总高度 258m。在苏格兰东北海岸 25km，水深 95~120m，采用单立柱式基础。

2018 年 8 月，日本在 Hibiki Nada Sea 海域建成浮式风电场，基础采用驳船（阻尼池）漂浮式，风机容量 3.2MW，两叶片风机，水深约 55m。2018 年 9 月，法国 Floatgen 浮式风电场并网发电，也采用驳船（阻尼池）漂浮式基础，风电场距离 LeCroisic 海岸 22km，风机 2MW。

目前单机功率最大漂浮式的海上风电项目是葡萄牙 WindFloat 风电场，场址水深约 100m，采用三柱半潜式基础，风机为三菱－维斯塔斯 V164-8.4MW。

欧洲在 2018 年安装的基础中，采用最多的类型是单桩式，占 66%；其次是导管架式基础，共新增 162 个，占 33%；没有新安装三脚架式和三桩式基础；漂浮式基础在增加。

从累计安装数量来看，欧洲单桩式占比高达 81.9%，三脚架式和三桩式基础累计占比分别为 2.8%、1.8%，导管架式基础占比 6.6%。

（四）共性技术研究进展情况

1. 载荷计算技术

风电机组在复杂的环境中运行，风电机组设备所受的外部载荷种类较多，有风载、重力载荷、惯性载荷、操作载荷、结冰载荷、波浪载荷等。在风电机组设计时，必须对风电机组所受的所有载荷进行精确仿真分析。最终为风电机组零部件的强度校核、结构设计、动力学计算分析以及疲劳寿命计算分析提供可靠依据，以确保风电机组在既定边界条件下的运行安全。风电机组载荷仿真计算是风电机组设计中最为基础的工作，同时也是最重要的工作，其意义重大。

风电机组在载荷计算时需要设定大量的模型参数、工况条件，如果是海上风电机组，还需要考虑海上工况、水动力学载荷，同时结合设计规范，对各个工况进行仿真计算。

目前风电机组载荷计算所使用的软件有 Bladed、Flex、Fast、HAWC2 等，其中 Bladed 软件用户最多，它适用于海上和陆上风电机组载荷计算，同时具有 Windows 图形化操作软件界面，是目前覆盖面较广、功能较强大的一款载荷计算软件。

风电机组载荷计算可分为静态模拟计算和动态模拟计算。静态模拟计算指风电机组处于静止状态或受定常风作用下的载荷计算。动态模拟计算是指风电机组在运行过程中可能遇到的各种工况下所承受的载荷计算，如风电机组启动、运行、停机、紧急刹车等工况。

随着海上风电的发展，海上风电机组的载荷计算技术是未来重点的研究方向。我国的海上风电基础目前以近海固定式基础形式为主，随着深海、远海风电技术的发展，未来海上风电基础形式会逐步向漂浮式基础发展，漂浮式基础风电机组载荷计算软件目前还未广泛推广，漂浮式基础海上风电机组在设计时需要考虑气动－水动－锚链的耦合作用，对海上机组载荷一体化设计要求更高。

随着低风速风电机组、柔塔型风电机组、海上风电机组市场的发展，风电产品的价格不断下滑，需要不断通过技术手段降低机组载荷，以满足市场的要求。市场推动载荷计算技术的不断发展，各企业通过优化控制策略不断降低设计载荷，载荷的降低为风电机组供应商降低成本和新产品的推出奠定了基础。

2. 安全、监视（SCADA）及控制技术

（1）风电机组安全、监视技术

风电机组安全、监视系统目前主要包括监视控制和数据采集系统（SCADA）、状态监测系统（CMS）、音视频监控系统和风功率预测系统等。

风电机组的控制系统作为风电机组安全运行的中枢，实现了在本地对风电机组的自动监测、控制和保护功能。但对于整个风电场而言，还需对风电场所有风电机组进行集中监控，风电机组监视控制和数据采集系统（SCADA）就提供了此功能。监视控制和数据采集系统是以计算机为基础的集过程控制与自动化调度为一体的综合系统，主要实现对现场风电机组设备的监视和控制，具有数据采集、设备控制、参数调节以及信号报警等功能。它作为风电场各项监测数据的共享、交换和传输平台，为运营商、制造商以及技术研发单位提供分布式综合远程监控。

风电机组状态监测系统通过对风电机组传动链上旋转部件（如主轴承、齿轮箱、发电机等部件）的振动状态，机舱和塔筒晃度状态，塔筒倾角状态，齿轮箱油液金属颗粒含量等进行在线监测和记录，以分析判断风电机组的健康状态，达到发现风电机组设备早期缺陷，以及在故障发生后确定设备故障类型及具体部位，最终实现计划性维修、降低维护成本、提高风电机组可利用率以及降低大部件下架率的目的。状态监测系统可细分为传动链振动监测、塔筒晃度监测、塔筒倾覆监测、齿轮箱油液监测等。

状态监测系统由数据采集设备和数据分析平台组成。数据采集设备安装于每台风电机组内，数据分析平台安装于风电场集控室内，数据采集设备和数据分析平台通过风电场远程控制系统通信网络进行通信。

风电机组音视频监控系统是风电机组的安全防范和报警系统，主要通过安装在风电机组内部（机舱和塔筒）和外部的音频和视频采集设备，监控风电机组运行时可能出现的安全隐患。

风电场风功率预测系统是风电场风能预测的辅助系统，主要由风能监测设备、通信传输设备、分析预测设备三部分以及相关软件组成，该系统通过监测的气象参数，可以分析预测风电场的风力、天气等情况，以达到风电场功率管理的目标。

为提高风电机组的安全可靠性，风电机组监控技术未来不能仅依靠单独的特征量来监测风电机组健康状态，需寻求一种能充分利用多类特征量监测信息的风电机组健康状态评估方法，基于多信息融合的风电机组实时健康状态监测评估系统，这种系统才是风电机组监控技术的发展方向。

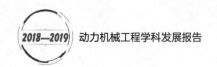

（2）风电机组控制技术

风电机组控制系统由转矩控制系统、变桨控制系统、安全保护系统组成。其中转矩控制系统包括机组在不同风速情况下的转矩给定以及利用转矩控制提高机组传动链阻尼的传动链加阻；变桨控制系统包括统一变桨、独立变桨和利用变桨手段减小塔筒振动的抑振控制；安全保护系统包括主动保护和被动保护系统，在机组发生超常振动、过速、电网异常、出现极限风速等故障时保护机组。

不确定和不稳定性风波动会影响发电机输出功率，进而影响电网频率波动，同时还会引起电压闪变，通过对机组输出功率的有效控制可以使风电机组输出稳定的功率。

3. 变桨控制技术（包括独立变桨技术）

变桨控制技术是通过对叶片桨距角的控制实现风轮转速和风电机组输出功率的控制。当风速低时，通过变桨控制使风机最大能力捕获能量。当风速高时，通过变桨控制稳定机组功率，避免发生事故。风电机组的变桨系统按照动力来源可分为液压变桨和电动变桨，液压变桨响应快，力量大，稳定、可靠，但液压传动结构复杂，对液压器件可靠性要求高，存在泄漏、渗油的隐患，且液压油受温度影响大，因此电动变桨距技术应用更加普遍。

电动变桨距技术按照伺服电机类型又可分为直流伺服电机驱动和交流伺服电机驱动两种方式，系统主要由变桨控制器、变桨电机、变桨齿轮箱、后备电源等组成。其中后备电源有铅酸蓄电池和超级电容两种，目前主要使用超级电容作为后备电源。电动变桨系统在主控系统的程序控制下，变桨电机带动减速器小齿轮旋转，小齿轮带动变桨轴承，进而带动叶片一起旋转，最终实现叶片改变桨距角的目的。

变桨控制技术按照控制方式可分为统一变桨控制和独立变桨控制。统一变桨控制，即控制系统对三套变桨执行机构执行同一桨角指令，也是目前机组使用最多的控制方式。随着风电机组单机容量的增加，风轮直径越来越大，叶片越来越长，风湍流、风切变、塔影效应、偏航偏差等因素使得整个风轮面受力的不均衡度随之增强，附加载荷也越来越大，对风电机组变桨技术要求在不断提高，独立变桨技术随即出现。独立变桨控制技术给每支叶片叠加一个独立桨角信号，来降低附加的不平衡载荷，以提高机组运行可靠性和稳定性。

独立变桨控制技术可有效解决由于风切效应、塔影效应等不可避免干扰因素引起的桨叶和塔筒等部件载荷不均衡问题，从而减少疲劳损伤，保证机组寿命。但是独立变桨控制提高了变桨执行机构的动作频率，会引起变桨执行机构的磨损和发热等问题。

目前独立变桨技术是基于多叶片协调变换的标量控制方法。这种基于单输入单输出系统控制方法忽略了各信号之间的耦合作用，当叶片旋转频率接近耦合的固有频率时会出现共振现象，直接影响风电机组的性能和稳定性，因此消除独立变桨的这种耦合影响是风电机组变桨控制技术未来需要解决的问题之一。

4. 叶片设计及制造技术

为控制叶片大型化带来的载荷快速增大，以先进传感、传动与控制技术、自适应降载荷技术为代表的智能叶片技术成为研究的热点。与叶片细长化、智能化及新材料、新技术应用伴随而来的就是叶片的轻量化。以 2.5MW 风电机组为例，前期长度 59.5m 叶片的重量为 15t，近期某厂家该型号的叶片重量已下降为 12t 以下，长度 64m、68.5m 的叶片重量也仅有 13t~14t。此外，随着高原山地、低风速、低温高寒、海上等不同地域和气候特征的各类风电场大规模开发，叶片面临的风电场环境日益复杂，给叶片设计提出新的要求，如我国三北地区的低温、高风沙，沿海地区的高温、多台风，南亚地区的高温，山地风电场的复杂气流，高原风电场的低空气密度问题。因此叶片大型化、细长化、轻量化、智能化、运行环境复杂化以及低载荷、低成本是风电发展的必然趋势，如何解决由此带来的各类技术问题是风电叶片发展的关键。

叶片设计制造关键技术发展趋势分析包括：

（1）叶片气动外形与结构一体化优化设计

叶片设计主要分为气动设计和结构设计两个阶段，这两个阶段不是独立的，而是一个迭代的过程。在目前的设计流程中，外形设计和结构设计经常是单独进行、手工迭代的，并未充分考虑外形与结构之间的相互作用，外形和结构之间的数据传递也往往是手动传输而不是自动传递，造成叶片气动性能、载荷、结构和重量等之间未能达到最佳的性能匹配。

（2）大厚度、钝尾缘、高性能翼型开发

在叶片大型化、细长化的发展趋势下，如果采用常规的小厚度、尖尾缘翼型，叶片的刚度、强度及尾缘的强度将会很难达到要求，除非使用更多的材料。由于叶片的刚度与叶片厚度成二次方关系，采用大厚度、钝尾缘的翼型，可以显著提高叶片刚度、强度及尾缘的强度，对叶片提效降本将会具有很大的推动作用。

（3）高性能、低成本材料及其应用技术

当前大型风电叶片的主要材料为纤维、树脂及夹芯材料，其中纤维材料的模量及强度对叶片强度、刚度、重量及成本最为关键。随着叶片的大型化、细长化，对高模量、高强度、低成本的纤维材料的需要十分迫切。

（4）叶片成型工艺及无损检测技术

叶片成型普遍采用真空灌注工艺，但也有部分厂家采用一体灌注工艺、预浸料工艺。

真空灌注工艺具备操作简单、环境污染小等特点，其缺点是容易产生褶皱，并且难以保证壳体之间以及壳体与腹板之间的粘接质量。

一体灌注工艺本质上是真空灌注工艺，在采用该工艺时，叶片壳体间无须粘接剂进行粘接，直接将壳体作为一个整体进行灌注。其优点是节约了粘接剂的用量，避免了粘接缺陷带来的质量隐患，并降低叶片重量。但这种工艺及其模具较为复杂，工艺成本和模具成本较高、灌注工艺的质量风险高。

复合材料风电叶片的生产是一个细节控制的过程，诸如纤维布及芯材的铺放、树脂的灌注固化、叶片粘接面的清理以及粘接剂的刮涂等，常会因操作不当或质量监督不严出现各种质量问题。目前叶片厂家大都采用超声波无损检测方法来检测叶片质量，但叶片结构十分复杂，每个位置的材料、厚度等都不同，叶片后缘等复杂位置有些缺陷还无法利用超声波完全检测出来，叶片复合材料结构的无损检测仍有许多技术问题需要解决。

（5）叶片分段技术

当前陆上风电叶片的长度已经达到 70 多米，叶片的运输逐步成为陆上风电发展的瓶颈，叶片分段技术是解决长叶片运输困难的手段之一。当前的叶片分段技术是在分段处特殊设计并增强叶片，然后采用螺栓连接。其缺点是叶片成本增加较多（根据有些厂家的经验，会增重 15% 左右），叶片的实际运输成本并不一定明显降低（分段后需要两台车辆进行运输），同时叶片的维护周期及难度增加，安全可靠性是一个潜在的问题，连接段的可靠性较低，质量风险较大。

（6）叶片降载技术

一般来讲，叶片载荷与叶片长度近似成平方关系，但为了控制风电机组的成本，叶片的载荷却不能随叶片长度的平方增加。除了将叶片设计得更细长之外，采用其他措施控制载荷也十分必要，如后缘微型阻力板（Microtab）、可动尾缘、弯扭耦合、掠 - 扭耦合、叶尖小翼、仿生学叶片外形等诸多叶片降载技术，这些都是叶片智能化、轻量化、低载荷化需要重点研究的关键技术。

（7）碳纤维材料的应用

碳纤维是一种力学性能优异的新材料，具有强抗拉力和可加工性两大特征。碳纤维拉伸强度一般都在 3500MPa 以上，是钢的 7~9 倍，拉伸模量在 200~700GPa，同样高于钢，而其密度只有钢的 1/4，比强度是钢的 20 倍，所以碳纤维构件制品具有强度高、重量轻、模量高、刚度大的特性，具有良好的可塑性。碳纤维还具有良好的耐疲劳性、耐腐蚀性、X 射线穿透性、导电性及导热性等优越的性能。

随着叶片长度的增加，对增强材料的强度和刚度等性能提出了新的要求，玻璃纤维材料（GFRP）在大型复合材料叶片制造中逐渐显现出性能方面的不足。为了保证在极端风载下叶尖不碰塔架，叶片必须具有足够的刚度。减轻叶片的质量，又要满足强度与刚度要求，有效的办法是采用碳纤维增强复合材料（CFRP）。

早期碳纤维一直没能得到很好的推广，主要是因为价格高、制品工艺复杂。由于碳纤维价格比较高，考虑到叶片的制造成本，碳纤维只应用到叶片的一些关键部位。

目前，碳纤维在风电叶片中最主要的应用部位是主梁帽，碳纤维增强复合材料主梁帽在提高叶片刚度的同时，大幅减轻了叶片的质量；蒙皮表面整体使用碳纤维，可以降低作用在内支撑梁上的受力和扭矩，通过设计可以实现"材料诱导式"的叶片受载弯扭耦合；碳纤维应用于叶片根部时，不仅可以提高根部材料的断裂强度和承载强度，使施加在螺栓上的动态载荷减少，还可以增加根部法兰处的螺栓数量，从而增加叶片和轮毂连接处的静态强度和疲劳强度；碳纤维用于叶片的前后缘，除了能提高叶片刚度和降低叶片质量外，通过特殊的设计，还可以有效地避免雷击对叶片的损伤；靠近叶尖部分，在靠近叶尖部分占整个叶片长度 25%~50% 的位置采用碳纤维增强复合材料，刚度较大的叶尖部分可以减小由于叶片偏振太厉害以致叶片尖部击打塔杆的危险。

当前陆上风机向分散式、弱风型风机及海上风机向大型化方向发展，势必需要更长的叶片，采用碳纤维已成为必然的选择。

5. 变流器设计及制造技术

变流器是风电机组能量转换的中枢系统，其技术水平伴随着风电整机技术的发展而发展，同时变流器的技术进步也会促进风电整机技术的发展。

变流器可分为部分功率（双馈）变流器和全功率变流器，其主要区别在于变流器电气连接结构和能量变换方式的不同，但是单从变流器硬件设计和制造技术上来看，整体区别不大，变流器主回路电气拓扑都是背靠背（双 PWM 模组）结构，控制系统的硬件也基本可以通用。

风电机组应用场景（市场）主要分为陆上和海上，随着对度电成本的要求，陆上和海上风电机组容量不断提升，变流器自身的容量也随之增大，变流器设计和制造技术也在不断地发展，主要体现在核心功率组件和电气拓扑结构的技术进步，如当前的主流核心功率器件 IGBT、IEGT、IGCT 等，主流的电气拓扑结构两电平拓扑（含级联方式）和三电平拓扑等。

陆上风电变流器主要采用低压技术方案，核心功率器件选用额定电压 1700V 的 IGBT、系统拓扑是 690V 电压的两电平拓扑（含级联方式），极少采用如 3kV 电压等级的三电平拓扑。

海上风电变流器主要采用中压技术方案，以 ABB、禾望等公司为例，采用 3kV 电压等级的三电平拓扑，直流母线电压不低于 5kV，核心功率器件选用额定电压 4.5kV~6.5kV 的 IGBT、IEGT、IGCT。3KV 电压等级的三电平拓扑方案未来趋势将以 IEGT、IGCT 方案为主，如表 35 所示。

表 35　方案优缺点比较

方案	高压 IGBT	IEGT/IGCT
优点	电压高，工程方便（电缆少） 冷却简单，普通水冷	无须并联可以达到 10MVA 电压高，工程方便（电缆少），功率密度高 强大过流能力，器件数量少，可靠性高
缺点	功率密度较低，单机最大功率 2.5~3MW 大功率需要多机并联，器件数量多，可靠性不高	冷却复杂，需要去离子水冷却

随着陆上风电的不断开发，特别是优质平原风资源的减少，风电资源开发的重心开始从陆上转向高原、山地和海上，风电场并网管理模式出现以集中式为主、分散式为辅，这些应用场景的变化促使风电变流器朝着电网友好型和智慧型方向发展。

电网友好型变流器不仅需要具备优秀的电网适应性技术，如高压／低压穿越技术、次同步谐振技术和孤岛运行技术，还需具备协助电网稳定技术，如调频调压技术。

智慧型变流器需具备远程控制、无人值守和智能诊断技术，通过大数据（云计算）不断积累故障诊断的技术数据，正向迭代优化变流器设计、制造和运维。

6. 试验及验证技术

试验及验证技术是风电机组及部件开发设计的重要环节，试验验证是验证风电机组及部件是否达到预期设计目标的主要技术手段。风电机组的试验可分为并网检测试验和型式认证试验两类。型式认证试验又分为风电机组整机的型式认证试验和子部件的型式认证试验。

风电机组并网试验是国家能源局为保障风电安全并网运行而提出的并网检测要求，主要包括风电机组的低电压穿越能力、电能质量测试、有功功率／无功功率调节能力、电网适应性能力和风电机组电气模型验证。风电机组型式认证试验是确认整机及子部套是否符合设计要求和相关技术标准而做的验证试验，主要包括风电机组载荷测试、功率特性测试、噪声测试和行为测试等。子部套试验主要涉及叶片、齿轮箱、发电机、变流器、主控系统以及变桨系统等主要部件的性能试验。

（1）风电机组故障电压穿越试验

风电机组低电压穿越测试主要检测风电机组在不同电网故障类型、不同功率状态以及不同跌落深度情况下的低电压穿越能力。

近年来，电网对风电机组的故障电压穿越能力开始提出新要求，包括高电压穿越、低电压穿越和故障电压连锁穿越。

（2）风电机组电能质量、功率调节及电网适应性试验

风电机组电能质量及功率调节能力测试的目的是通过现场测试风电机组的电能质量和功率特性，确保风电机组安全可靠并网运行。测试内容主要有闪变系数、闪变阶跃系数、电压变动系数、电流谐波、电流间谐波、电流高频分量、最大测量有功功率、有功功率升速限制能力、有功功率设定值控制能力、无功功率能力、无功功率设定值控制能力、电网保护。风电机组电网适应性测试是检测风电机组在电网极限运行工况下的运行情况和响应特性。测试内容主要有电压适应性、频率适应性、三相电压不平衡适应性、电压波动和闪变适应性、谐波适应性。

（3）风电机组电气模型验证

在风电机组仿真模型验证研究方面，目前主要应用 Matlab、BPA、DIGSILENT 等仿真软件对风电机组的并网特性进行研究，可进行风电机组低电压穿越能力评估、风电场仿真

的电气模型验证。

（4）风电机组整机型式试验

风电机组的型式试验是检验风电机组的机械性能和发电能力是否满足设计要求的主要技术手段，需要开展的试验内容主要包括功率特性测试、机械载荷测试、噪声测试以及安全与功能测试四项测试内容。

风电机组功率特性测试是通过建立测风塔安装气象传感器对风电机组的出口功率进行采集，形成标准可靠的功率曲线，将测试数据与设计文件中的数据进行比对，为风电机组的改进设计提供依据。机械载荷测试是通过对不同工况下风电机组叶片、主轴、塔筒的机械载荷的测量，为风电机组的疲劳分析和寿命估计提供原始数据，同时也为风电机组优化设计提供参考。噪声测试通过对机组运行过程中产生的噪声测量和分析，以评估风电机组的设计是否满足相关标准要求。安全与功能测试内容主要包括安全系统测试、制动系统测试、自动运行测试、倒闸操作测试、固有频率测量。其中机械载荷测试对于优化机组经济性和可靠性设计最为关键。

为了确保载荷测试结果的一致性，国际电工标准委员会和国家标准化管理委员会分别发布了相应的测试标准《IEC 61400-13：2015 Wind turbines-Part 13：Measurement of mechanical loads》和《GBT 37257-2018 风力发电机组机械载荷测量》[11, 12]，标准中对风电机组载荷测试过程中需要重点测试的载荷量和机组运行状态参数进行了详细规定。

（5）风电机组子部件型式试验

风电机组子部件的型式试验主要有叶片型式试验、电机型式试验、齿轮箱型式试验等，以下简要介绍叶片型式试验。

叶片作为风电机组捕获风能的关键部件，其设计是否安全可靠直接关系到整个风电机组的安全性，叶片型式试验是为了验证风电机组叶片设计是否合理，以及在极限载荷和疲劳载荷下的可靠性、使用寿命和承载能力而开展的样片试验项目。

为了规范风电机组叶片试验，保证试验的一致性，国际电工标准委员会针对风电机组叶片试验推出了测试标准《IEC 614000-23 2014：Wind turbines-Part 23：Full-scale structural testing of rotor blades》，该标准规定了新型叶片在正式投入商业应用之前应当开展的主要试验内容和试验标准。这些试验内容主要包括静力试验、疲劳试验以及疲劳试验后静力试验。

1）静力试验

通过在静力试验台上分别对叶片挥舞正负和摆振正负共计四个方向上分别加载至叶片设计极限载荷的 1.1 倍的方式，检验叶片的强度、刚度和稳定性。

2）疲劳试验

叶片疲劳试验是通过对叶片施加等幅疲劳试验载荷的方式，验证叶片的损伤、累积损伤及其演变过程是否满足叶片所要求的使用寿命，试验过程中需要对循环次数、控制信号

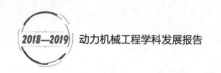

如应变、位移、加速度等参数进行记录。

3）疲劳试验后静力试验

叶片疲劳试验后静力试验是在完成叶片疲劳试验以后开展的静力试验，试验方法与叶片的静力试验一致，但是在这次试验过程中不再要求加载的最大载荷达到设计载荷的 1.1 倍，一般只需要达到设计载荷极值即可。

风电机组叶片试验除了上述主要试验内容外，通常还需开展质心测定试验、固有频率、振型、质量分布、刚度分布以及蠕变测量等其他试验内容。

三、风电机组技术国内外研究进展比较

（一）总体研究进展比较

目前，国外整机制造商已经完成 8 MW 级风电机组的产业化，10 MW 级的风电机组样机在制造中，欧美整机设计公司均进入到 10MW~12MW 级整机设计及制造阶段，15MW~20MW 风机已在规划及概念设计中。2018 年 9 月三菱 – 维斯塔斯公司（MHI-Vestas）发布开发 V164 型 10MW 风机，2019 年初西门子歌美飒可再生能源（SGRE）股份公司发布开发 SG10.0-193 DD 型 10MW 海上风电机型，2018 年美国通用电气公司宣布将在 3 年内完成 12 MW 海上风电机组的开发。

在市场需求和竞争的推动下，中国大型风电机组开发技术升级和国际化进程不断加快。当前我国风机制造商 1.5MW~4MW 风电机组已形成充足的供应能力，主要风机制造商 5MW~6MW 海上风电机组样机已投运，形成批量供货能力，上海电气、金风科技 8MW 海上风机样机已下线，东方风电 10MW 海上风机样机也已于 2019 年 9 月下线。

2018 年，欧洲新吊装海上风电机组的平均单机容量为 6.8MW，比 2017 年增加 15%。中国 2018 年海上风电新增装机 436 台 1655MW，平均功率 3.8MW，上海电气 4MW 风机装机最多，为 180 台，占 43.5%。由此可见，中国新安装海上风机平均功率与欧洲相比还有较大差距。在海上风电机组基础方面，欧洲具备了单桩、多桩、重力桩、导管架、漂浮式等多种样式基础的设计、制造能力。在海上风电业务领域，技术、资金和工程经验的壁垒比陆上风电更为显著，西门子歌美飒、三菱 – 维斯塔斯、GE 公司在海上风电是目前世界前三强，在该领域已经形成了巨大的领先优势。

到 2018 年年底，全球风电总装机容量为 6 亿千瓦，我国为 2.21 亿千瓦，占世界总装机容量 37%，稳居世界第一；全球海上风电累计装机规模达到 23000MW，我国为 4445MW，占总装机容量的 19.3%。2018 年，我国新增陆上装机 21140MW、新增海上装机 1655MW，陆上及海上风电新增装机容量均达到世界第一。

总体来看，我国在风能开发利用、装备研制等方面已经取得显著成绩，整体发展势头良好，产业和利用规模世界第一，技术创新能力及水平不断提升，在大容量机组

研发、高塔架应用技术方面处于国际先进水平[13]，低风速风电机组开发处于国际领先水平。

与国际先进国家相比，我国风能技术水平存在如下不足：①基础研究和共性技术研究方面相对不足、原创性成果较少，风电机组设计软件及载荷评估软件绝大部分为欧洲公司产品，设计标准方面基本全部按照 GL 及 IEC 标准的要求进行，未完全考虑到我国陆上及海上不同风场的差异性，没有形成与产业规模相匹配的具有世界影响力的国家级公共平台；②风资源评估及风况模型、风电机组现场测试、传动链平台测试、风电并网仿真等公共试验平台开发及建设不足；③ 2018 年，欧洲处于施工期的海上风电场的平均水深为27.1m，平均离岸距离为 33km，而我国海上风电大多处于潮间带和近海区域，基础多以单桩、重力式等形式为主，基础设计能力较弱，特别是漂浮式基础设计方面差距较大；④风电轴承、变流器核心 IGBT 元件、主控系统 PLC 硬件大多还需要进口，核心控制策略未完全掌握。

（二）陆上风电机组研究比较

国外陆上投运的最大风机为 Enercon 公司的 E-126，额定功率 7.5MW，国内投运陆上最大风机金风科技 GW155，额定功率 4.5MW。2019 年 8 月，西门子歌美飒首台 SG4.5-145 陆上风机在天津下线，其额定功率可在 4.2MW~5.0 MW 之间调节，最大可达 5MW。三菱 - 维斯塔斯推出 V150-5.6MW、V162-5.6MW 陆上风机，西门子歌美飒推出了 SG 5.8-155 和 SG 5.8-170 陆上风机。西门子歌美飒推出的 170m 转轮直径是目前全球陆上最大风轮直径。

近年来，在技术进步及市场竞争的推动下，我国陆上风电产业技术基本和欧美国家保持同步，风电机组整机设计从许可证生产、与国外公司联合设计到目前已实现完全自主设计，低风速风机开发处于国际领先水平。

1. 双馈异步发电技术

从目前来看，双馈异步变速恒频风电机组是世界上技术最成熟的变速恒频风电机组。欧美多家领先的风电机组制造商，如三菱 - 维斯塔斯、GE、西门子歌美飒、德国 Nodex、德国 Senvion 公司等都将此类风电机组作为陆上主要生产机型。

我国风电机组制造企业中，如远景能源、国电联合动力、中国海装、东方风电、浙江运达、华锐风电等都在生产双馈异步变速恒频风电机组。2016 年我国新增的风电机组中，双馈异步变速恒频风电机组占比约为 61%。目前，我国 2MW、2.5MW、3MW 双馈异步变速恒频风电机组的技术已经非常成熟，并已成为主流机型。预计到 2020 年，我国新增风电机组中，双馈异步变速恒频风电机组的占比仍将超过 50%。双馈异步型风机，我国的设计及制造水平总体与国际先进水平相当，但机组的质量及可靠性与国外企业相比还有差距，尤其是高速齿轮箱、发电机、轴承等故障率较高。

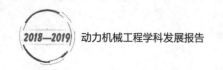

2. 永磁直驱风电机组技术

除德国 Enercon 公司外，欧美主要风电机组制造商从成本考虑，陆上风机仍以双馈异步风机为主，海上逐步转向研制大型永磁直驱风电机组。金风科技生产的 1.5MW 永磁直驱风电机组已有 1 万多台安装在风电场，该公司研制的 2MW 和 2.5MW 永磁直驱风电机组也已大量投放国内外市场。适应中高风速，额定功率 4.5MW 的 GW155 型陆上直驱风机 2019 年 6 月并网发电，意向订单已超过 640 台。湘电公司的 2MW 永磁直驱风电机组已在风电场大批量运行。

2016 年，我国新增大型风电机组中，永磁直驱式风电机组的占比达 34% 以上。由于永磁直驱风电机组技术的不断成熟和发展，其市场占有率逐年上升。预计到 2020 年，我国新增风电机组中，此类风电机组将占到 45% 以上的市场份额。

总体上，陆地永磁直驱风电机组我国投运的机组多，设计、制造、运行经验丰富，总体水平处于国际领先。

3. 直驱励磁式风电机组技术

德国 Enercon 公司在 21 世纪初开发了直驱励磁式全功率变流风电机组，功率涵盖 1.5MW~7.5MW，在欧洲陆上风电场得到了广泛应用。该公司近年来研制的新一代 E-126 大型直驱励磁式风电机组的风轮直径为 127m，轮毂高度为 198m，单机容量为 7.5MW。新一代 7.5MW 及其前身 6MW 直驱励磁式风电机组已在欧洲陆上风电场批量安装，并网发电。

我国航天万源公司生产的直驱励磁式风电机组也已在陆上风电场得到应用。

（三）海上风电机组研究比较

2013 年以后，英国、德国和中国的海上风电场建设项目开始加速，欧洲主要风电机组制造商加速了大型海上风电机组的研制。2015 年，西门子公司研制的永磁直驱 6MW 海上风电机组在欧洲海上风电场并网运行；2018 年 7 月额定功率 7MW 直驱永磁风机在英国苏格兰 Beatrice 海上风电场并网发电；2018 年 9 月，额定功率 8MW 直驱永磁风机在丹麦 Østerild 测试风电场运行。2016 年，三菱 - 维斯塔斯公司研制的 8MW 半直驱永磁海上风电机组及其支撑基础取得成功；2018 年 6 月 9.5MW 永磁半直驱海上风机样机投运。2018 年在德国 Merkur 海上风电场，GE 公司的 6MW 直驱风机投运。到 2017 年，欧洲海上风电场投入运行的最大海上风电机组单机容量已达到 8MW，欧洲海上风电设备进入 8MW 时代。海上专用运输吊装船只和专用运行维护设备的研究也取得了重大进展。

在我国，随着海上风电场规划规模的不断扩大，风电机组整机制造厂都积极投入到大功率海上风电机组的研制工作中。华锐风电率先推出 3MW 双馈型海上风电机组，并在上海东海大桥海上风电场批量投运。金风科技 GW154-6.7MW 永磁直驱式海上风电机组于 2018 年 4 月在福建三峡兴化湾海上试验风电场投运，8MW 海上风机 2019 年 9 月下线。

2016 年 7 月底，10 台由湘电公司研发的 5MW 海上永磁直驱风电机组已在福建莆田平海湾海上风电场成功并网发电。中国海装完成了风轮直径 128m、151m、171m 5MW 系列海上高速永磁风电机组的运行。国电联合动力研制的 6MW 双馈型海上风电机组也已安装并试运行。远景能源研制的 4 MW 海上风电机组已在江苏海上风电场并网运行。上海电气 3.6MW、4MW 海上风电机组已批量应用于海上风电场，且 4MW 风机是 2018 年海上新增装机最多的风机；上海电气从西门子引进的 6MW 永磁直驱海上风电机组 2018 年在福建三峡兴化湾海水试验风电场投运；2019 年 5 月上海电气 6.25MW 永磁直驱风机在上海临港完成吊装，该风机采用了目前世界上最长的 84m 全玻纤叶片；2019 年 8 月，首台 8MW 海上风机在汕头制造基地下线。东方风电研制的 5.0 MW 高速永磁风电机组也已在如东和兴化湾风场投运；10MW 海上风机样机 2019 年 9 月下线。广东明阳研制的半直驱 7.25MW 机组也于 2019 年 2 月成功吊装。

未来风电技术发展的驱动力主要来自海上风电场建设，海上风电机组将继续向 10MW 以上的大型化机组发展，并且风机基础将从固定式走向漂浮式；海上风电场的规模也将继续向大型化发展，并且海上风电场将从近海走向远海，从浅海走向深海。

1. 双馈型（含全功率鼠笼异步）海上风电机组技术

陆上风机使用双馈技术较多，故沿用陆地双馈技术开发海上风电机组是海上机组早期开发的主要技术方向，采用该结构形式的国内厂家主要有上海电气、国电联合动力、远景能源、浙江运达以及华锐风电等厂家，国外厂家有西门子、德国 Senvion 等厂家。

国内联合动力、华锐风电和德国 Senvion 公司海上风电一直采用双馈技术；上海电气在功率等级 3.6MW 海上风机采用双馈技术，在 4MW 海上风机采用全功率变流鼠笼异步技术，更大功率采用直驱技术；西门子在功率等级 3.6MW 、4MW 海上风机采用全功率变流鼠笼异步技术，更大功率采用直驱技术；远景能源、浙江运达海上风机采用全功率变流鼠笼异步技术。

在大功率双馈型海上风电机组技术方面，Senvion 公司 5MW、6MW 投运较早，与我国风机制造商相比具有更丰富的设计及运行经验，在全功率鼠笼异步海上风机方面，西门子亦如此。

由于双馈型海上风机采用高速齿轮箱易产生故障，另外部分变流电能品质亦受影响，故国内外部分厂商转向采用直驱或半直驱。全功率鼠笼异步风电机组也采用高速齿轮箱，同样齿轮箱易产生故障。

2. 高速永磁型海上风电机组技术

早期，国外厂家 Vestas、国内东方风电在海上风电机组采用高速永磁技术路线，东方风电在 5MW 风电机组，Vestas 在 3MW 风电机组，而海装的海上风机一直采用高速永磁技术路线。

高速永磁式全功率变流风电技术克服了双馈型风机电能品质及刷架故障率高的缺点，

电机效率高于鼠笼异步式，但仍存在高速齿轮箱易产生故障的不足。我国高速永磁式海上风机技术在世界处于先进水平。

3. 直驱型永磁海上风电机组技术

欧美主要风电机组制造商从安全可靠性等方面考虑，海上风机逐步转向研制大型直驱永磁风电机组，如西门子歌美飒、GE 公司，中国如东方风电。

目前，国外风机制造商投运的直驱永磁型风机最大功率为 8MW，我国为 6.7MW；国外厂商正在制造功率最大的样机为 12MW，我国为 10MW。总体看我国投运及正在制造的直驱永磁型风机功率略小，技术处于国际先进水平。

4. 半直驱永磁海上风电机组技术

法 – 德合资的 Areva Multibrid 公司研制的半直驱永磁 5MW 风电机组已在海上风电场批量投入运行，机组额定功率为 5MW，风轮直径为 116m，采用集成化设计，将风电机组的主轴、齿轮箱、高速轴和发电机集成一体，以减少重量，从而降低成本。

三菱 – 维斯塔斯在 V164 平台上推出了 8MW~10MW 系列风机，最近又推出了 V164 的升级版 V174–9.5MW 风机，这些海上风机全部采用半直驱技术，即中速齿轮箱、永磁发电机和全功率变流器。

国内明阳海上风电采用超紧凑半直驱永磁技术，液压独立变桨。SCD6.5MW 机组采用双叶片风轮，7.25MW 采用三叶片。机组附加防盐雾、抗雷击、抗台风等设计，具有高发电量、高可靠性、低度电成本的特点。

与传统的风力发电技术相比，半直驱永磁风电机组的关键技术和优势主要体现在超紧凑的传动链、轻量化结构、集成化液压系统、全密封设计四个方面。半直驱永磁风电机组无论功率等级、投运业绩、设计及制造技术三菱 – 维斯塔斯均处于国际领先水平。

（四）低风速风电机组

以 1.5MW 风电机组为例，在国内提供 1.5MW 风电机组的 30 余家企业之中，已有 10 多家具备了直径 90m 以上风轮直径机型的供应能力。在 2MW 等级机型中，东方风电、上海电气、远景能源、联合动力、明阳智能、金风科技、中国海装等公司的 2MW 低风速风电机组的风轮直径已达到 121m 以上，多家已达到 131m，中国海装推出了风轮直径 136m、浙江运达推出了风轮直径 140m 风机。3MW 等级低风速风电机组中，多家风轮直径已达到 140m 以上，金风科技、上海电气推出了风轮直径 155m，中国海装推出了风轮直径 160m 的风机。这些低风速风电机组在我国中、南部省份的风电场建设运行中发挥了重要作用，同时使我国的陆上低风速风机处于国际领先水平。

维斯塔斯针对低风速与超低风速场址也发布了新的机型 V155–3.3MW，叶片长 76m，风轮直径 155m，此新机型将提升单机发电量超过 50%，进一步降低在低风速和超低风速条件下的风能度电成本。

（五）试验与科研平台

英国、丹麦、德国和美国均对海上风电场在建设和运行期间对水文、电网、气象、生物等影响开展多项检测研究活动，并且开发出一系列专用测试设备。目前我国针对上述风电应用环境，系统性的专业检测技术能力尚未形成，亟须加强相关检测能力建设。

国外著名风电实验室大多覆盖风能资源评估、风电机组现场测试、传动链平台测试、全尺寸叶片测试、风电并网仿真等领域。如美国国家可再生能源实验室（NREL）建立了不同时间尺度的风能资源预测模型、7MVA多功能电网扰动模拟装置，具有国际先进水平的风电/光伏发电设备及零部件的试验研发能力。美国、德国、英国建设的传动链地面测试系统功率等级高达10MW~15MW。丹麦国家可再生能源实验室（DTU/RISØ）在风能领域的研究包括风能资源评估与微观选址、风电功率预测、风电并网与控制、海上风电、空气动力学研究和设计、结构设计和可靠性、遥感和试验、边界层气象与湍流、材料等，开发了世界首套风电功率预测系统Prediktor和风能资源评估软件WAsP。由丹麦政府出资，支持丹麦Lindø海上可再生能源中心（LORC）搭建16MW海上风机机舱测试平台。在风电系统空气动力学实验技术方面，世界上低速风洞大多分布在美国、俄罗斯、欧洲等发达国家和地区。

我国风电领域国家级重点研究平台建设起步相对较晚，2010年至今，国家针对风电领域批准建设的国家重点试验室如表36所示。

表36 风电领域国家级重点试验室

	研究机构名称	依托单位
科技部批准设立	风电设备及控制国家重点试验室	联合动力
	海上风力发电技术与检测国家重点试验室	湘电集团
	国家海上风电工程技术研究中心	中国海装
	新能源电力系统国家重点实验室	华北电力大学
	新能源与储能运行控制国家重点实验室	中国电科院
国家能源局批准设立	国家能源风电叶片研发（试验）中心	中国科学院工程热物理研究所
	国家能源海上风电技术装备研发中心	华锐风电、上海交通大学
	国家能源大型风电并网系统研发（试验）中心	国家电网公司
	国家能源风力发电机研发中心	湘电股份湘潭牵引电气所
	国家能源风电运营技术研发中心	国电集团、龙源电力
	国家能源风能太阳能仿真与检测认证技术重点试验室	鉴衡认证中心

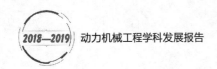

（1）风电设备及控制国家重点实验室

2010年1月6日获科技部批准进行建设，依托联合动力。实验室以风电设备及控制技术研发为中心，基础研究和应用技术研究并重，主要有四个研究方向：整机设计及仿真系统技术研究；传动链抗疲劳设计及先进制造技术研究；风轮叶片翼型及气动结构设计技术研究；风电机组控制系统及并网技术研究。

实验室先后承担了3个国家973计划项目、2项国家863计划项目以及河北省科技厅项目等课题40余项；自主研发的2MW-130和3MW-146两款全球同平台捕风效率最优机型，陆续获得国家科技进步奖二等奖、国家能源科技进步奖一等奖、中国电力科学技术进步奖一等奖、中国电力创新一等奖等。

该实验室联合中国科学院相关科研单位，共同承担了科技部863项目，开展了高效翼型的研究，通过建立高雷诺数风力机专用翼型气动数据库，并对原有气动力数据进行修正，完成大尺度叶片气动外形设计与优化，提高叶片的强度与刚度，降低叶片的重量，并且提出了叶片分段分离面的连接创新方案，所设计的叶轮最大气动功率系数达到0.506，整机最大风能利用系数达到0.48以上，达到国际领先水平。

由该实验室承担的科技部"超大型超导式海上风电机组设计技术研究"863研究项目，是国内首次涉及10MW级以上风电机组设计的项目，属于科技部"十二五"规划期间重点科技项目，考虑目标机组12MW超大容量的特点，项目采用了超导式直驱发电机的技术路线，发电机的设计效率达到96%，重量比同容量永磁同步发电机减重30%以上。

该实验室针对低风速、高海拔、防冰冻等特定自然环境展开关键技术问题攻关，对风机降载技术进行了深入研究，以2MW115机型为例，使得风机的支撑结构塔筒的重量比初步设计减少了30t。重点实验室在风电机组整体设计、风轮叶片气动性能和新材料应用研究、风电机组控制系统及并网技术、机组降载优化等方面做了大量基础研究，为我国风电产业实现从"技术引进"到"技术引领"的跨越奠定了坚实基础。

（2）海上风力发电技术与检测国家重点实验室

2010年12月获国家科技部批准建设，2015年通过验收，依托湘电集团，是全国第二批依托转制院所和企业建设的56个企业国家重点实验室之一。实验室以海上风力发电技术与检测为主题，紧密围绕海上风力发电的共性、关键技术开展研究，形成了适合海上及近海风电场的"大型风力发电机组关键技术，风力发电机关键技术，大型风力发电机组叶片技术，机组控制、变流、并网、安装关键技术"四个研究方向。实验室可以为3.3kV/8MW中压永磁风力发电机、风电变流器、并网变压器等提供型式试验和出厂试验。

实验室率先在国内完成了5MW系列直驱永磁海上风电机组样机研发、多海域多型号扩展、样机型式认证、样机并网认证、海洋环境适应性研究及批量海上运行。

实验室承担973计划项目2项、863计划项目1项、科技支撑计划项目3项、国际合作项目 1 项、国家重点研发计划 1 项、省重大科技专项 1 项。

（3）国家海上风力发电工程技术研究中心

以下简称"工程中心"，于 2009 年由国家科技部批准成立，系海上风电装备技术研究、系统设计、集成制造及其海上风电场工程技术研究的专业化技术研发机构，目标是形成海上风电整机核心技术体系，实现海上风电核心技术领域技术创新，达到国内领先、国际先进水平。工程中心以中船重工（重庆）海装风电设备有限公司为依托。

工程技术研究中心具有以下试验研究平台：5MW~10MW 风力发电机全功率测试平台；5MW 海上风力发电机组测试平台；海上风电装备载荷计算与仿真分析平台；海上风电装备系统控制分析与测试平台；海洋风电装备防腐研究实验室。

工程中心凝聚了一批国家工程院士、国内外知名专家教授等顶层科研人才，承担了多项国家科技支撑计划和国际科技合作项目。完成了科技部 5MW 双馈式变速恒频近海风电机组整机设计、集成及示范、科技部近海 5MW 风电机组设计关键技术研究、科技部海上风力发电机组设计关键技术合作研究、国家能源局 5MW 近海风电机组研制及产业化等项目研究。

（4）国家能源风能太阳能仿真与检测认证技术重点试验室

依托国家能源重点实验室，鉴衡认证中心建设了叶片测试实验室，设计测试能力为 100m 长叶片，承担了我国 50% 以上风电叶片的型式测试和研发型测试工作，但随着叶片材料性能提升和强度提高，该实验室已难以满足目前长叶片的测试需求。2018 年，鉴衡认证中心在广东阳江"国家海上风电装备质量监督检验中心"建设了全球最大，具备 150m 风轮叶片测试能力的试验系统，并采用先进的双自由度疲劳测试系统、基于智能控制技术的多点协同静力测试系统等软硬件系统。该试验台的建成投产将有效解决海上风机长叶片测试验证的问题。

2019 年 7 月，鉴衡认证中心叶片测试实验室正式通过国际电工委员会可再生能源设备认证互认体系（IECRE）评审，成为国内首家获得 IECRE 认可的本土风电叶片测试机构（RETL）。

在科技部、国家能源局的支持下，依托国内风电企业、高校建立了一批国家级风电技术研究中心和企业国家重点实验室，试验能力有了很大提高，部分处于国际领先水平，如鉴衡的长叶片测试试验台。同时国家也资助开展了大量 973 计划、863 计划、科技支撑计划、国家重点研发计划等理论、应用基础的研究，极大促进了风电产业的发展。

但是我国的实验室测试功能相对单一，非第三方的实验室不具备公共性和独立性；还没有大功率风电机组传动链地面公共试验测试系统，各厂商大多根据自身的经验、认识和产品开发的侧重点来开展研究性试验，开放交流显著不足；在海上风电检测方面，针对环境、机组、电网的专业检测技术能力尚未形成，亟须加强相关检测能力建设。

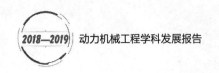

四、风电的发展目标、前景及研究方向

（一）陆上风电机组

1. 智慧型风电机组

智慧型风电机组旨在以智能感知、智能分析、智能决策、自适应智能控制及集群协同相结合，达到风电机组设备的高可靠性、安全性、环境适应性及最大化发电能力目标，并有效推动智能预测性运维。

基于多点自感知补偿，以系统一体化设计的智慧型风电机组，将高精度多点数据融合，为智能算法提供了更多特征数据选择，能有效提升智能算法并直接反馈至风电机组实现闭环控制，针对在制造、安装、调试过程中出现的设计指标偏差，风电机组会根据环境和自身情况智能寻优调整至最佳状态，实现发电最大化。智能状态监测从风电机组运行机理出发，通过更精确的感知获取机组大部件的详细状况信息，对风电机组运行中部件出现的细微损伤进行精准诊断，对风电机组大部件进行全生命周期健康监测与保护，使运维人员能及时采取手段，避免部件衰退或损坏引起的安全事故，提高风电机组全生命周期的安全性与稳定性。通过对运行过程中多源数据的 AI 算法建模和预测分析，实现对风电装备预测性诊断，以预测性维护机制取代事后维修的运维策略，能够降低服务难度和风电机组整个生命周期的成本，呈现满意的可利用率和机组性能。在对设备状态精确评估、环境状态精确预测和任务状态精确推演的基础上，智能运维、无人值班少人值守将取代现有模式。

智慧型风电机组是未来风电行业发展的趋势和方向，智慧系统也将推动商业模式的创新。智慧型风电机组发展方向大致如下：

（1）深度智能感知

应用各种先进传感器对风电机组所处环境、状态、行为全方位、深层次的感知，通过精准定位，为智慧型风电机组的管理和控制提供准确、有效的数据输入，应对不同应用场景需求。

智慧型风电机组采用具备智能感知技术的终端传感器，通过丰富的感知手段获取机组所处环境、运行情况、电网状态信息，积累原始、可识别的结构化数据。后端应用对数据进行更高层次的交互、分析和利用，保证用于分析和判断的信息更为丰富，实现更准确地控制策略。包括环境状态如风况、地理、电网等风电机组外部环境特征信息，机组状态如机组关键系统或关键部件健康状态、寿命情况、故障状态等，机组行为如机组运行状态和动作的定位、跟踪等。

（2）智能分析决策

机组能够根据对自身行为、状态、所处环境的洞察和理解，对自身特征进行分析评估，并以此作为决策依据，实现自学习、自适应和智能控制。

通过智能分析决策，风电机组能实现环境自适应、逻辑自适应、智能启停控制、环境友好性、电网友好性及高可靠性高安全性运行。风电机组可根据自身状况及所处环境，对自身运行参数及运行逻辑精准决策，提升在各种外部环境的适应能力，提高发电量；风电机组可实现噪声管理及光影控制，提升对周边环境的友好性；风电机组可适应更高的电压及频率运行范围，并对电网波动及电网故障情况进行积极响应，具有良好的电网友好性；风电机组配置多项前置感知传感器，基于高频数据的智能诊断预警实现最优健康度控制，提升机组寿命和出力，为决策闭环提供有力支撑。

（3）智能协同决策

智慧型风电机组在整场运行过程中，通过数据信息的共享，加强自我认知的广度和深度，合理化、自动化配置控制参数，避免在不同情景下的相互影响，利用全场的控制联动实现有功无功电压频率的精准响应，并可通过尾流协调控制等提升整场发电量；通过"风电机组对话"和数据关联等高级算法，让每台机组成为独立的智慧个体，并可通过群体运行数据进行学习，在机组部分元器件或设备故障后，通过数据关联和自动学习获得相关参数，维持机组报警或降级运行，给运维人员留出充分的维修准备时间，协同智慧化风功率预测系统，既保证了机组发电量，又做到真正的计划维修。

2. 超长叶片

近几年来，随着风电机组功率的不断提升以及低风速、超低风速区域的逐步开发，风电叶片长度不断增加，近十年叶片长度已从约40m增加到100m以上，如表37所示。2018年上海电气自主研发出了84m全球最长玻纤风机叶片，用于额定功率6MW~6.25MW的海上风机。2019年7月，东方电气风电有限公司在天津生产出了长90m叶片，用于IEC Ⅰ类风区10MW风机；2019年9月，又生产出91m长叶片，配套7MW等级海上风机。2019年6月GE公司的LM工厂生产出了目前世界长度最长的107m叶片，配套12MW海上风机。

表37　不同功率风电机组叶片长度的对比（单位：m）

长度 功率	2006年	2008年	2010年	2012年	2014年	2016年	2018年	2020年 （预计）
1.5MW	34~37.5	40.3	43.5	45.3	47.5	—	—	
2MW	40	45.3	50	52.5	59.5	62.5	66.3	
2.5MW	44	50	52.5	59.5	62.5	64	72	
3MW	—	—	56	59	68.5	72.5	76	78
5MW	—	—	62	68	84	—		
8MW	—	—	—	75	80	90	100	
10MW							80~95	110
12MW							107	120
20MW								140

我国 7.5m/s 以下的低风速资源约占全部风资源的 68%，大部分位于人口稠密，经济发达的地区，且三北地区的弃风限电也加速了弱风地区的风电项目开发。加长叶片长度是风电机组适应低风速地区最有效的办法之一。

若按比例模化设计，叶片载荷及重量与叶片长度的 2 次方及 3 次方成正比，叶片长度的快速增长将导致整机和叶片成本快速增加，因此，既增加叶片长度又不使风电机组载荷和成本大幅增加成为目前叶片设计技术的主要研究目标。风电叶片大型化带来的问题主要如下：

①风电机组及叶片载荷迅速增大，进而重量及成本迅速增大；

②叶片的变形巨大，叶尖与塔筒间的距离成为影响叶片设计的重要因素；

③大长度叶片柔性增大使叶片经常处于大攻角分离区，致使发电功效降低并引发叶片振动、失速；

④碳纤维材料的应用及叶片制造的灌注、合模、粘接等制造难度不断增大，对产品质量的要求更加严苛；

⑤叶片运输、吊装难度加大，成本增大；

⑥叶片噪声和气弹不稳定的风险加大。

按传统设计方法，叶片弦长与叶片长度基本成比例增大，进而导致载荷近似成平方增大。为了控制风电机组载荷的增长，进而控制成本，与叶片大型化发展趋势相反，叶片细长化发展趋势也十分明显。以东方风电 2MW 叶片为例，45.3m 叶片最大弦长为 3.7m，56.5m 叶片为 3.6m，62.5m 叶片为 3.24m，如图 41 所示。

图 41　叶片细长化趋势图

随着风电机组大型化趋势的不断发展，大型叶片带来的高叶尖速度会使得雨滴的影响特别严重。雨滴侵蚀的损坏作用会对未受保护的风电机组叶片造成严重的不利影响，因为这种影响会在随着时间发展降低叶片的空气动力学性能，从而影响机组的发电能力。为提高叶片设计质量和耐用性，三菱－维斯塔斯、西门子歌美飒和其他风电行业企业正在合作研究雨滴的高速冲击对风电机组叶片前缘造成的损害。2020 年中期将发布保护叶片免受雨水侵蚀的"推荐做法"指南。

3. 塔筒加高

由于风电并网消纳的问题，国内陆上风电中东部和南部的开发成为热点。这些区域风速较低，但是接近负荷中心，电能无须远距离输送，不存在弃风问题。低风速区域中河南等地区风切变较大，风切变是近地风的一项重要特征，反映了风速随高度变化的规律。

河南平原地区风切变相对较高。在高切变条件下，随着高度的增加，风速的提升非常明显。也就是说，在风切变较大的地区，可以通过增加塔筒高度，捕获更多的风能，从而更加有效地提高机组的发电量，提升机组的经济指标。

目前世界最高钢制塔筒是芬兰 Viinamäki 风电项目，采用 175m 高的"斜拉式"风机塔架，安装 Vestas 公司 5 台 V150-4.2MW 风机。目前世界上最高混合塔筒由位于德国斯图加特 Gaildorf 的 Max Bögl 风电场创造，风电场安装 4 台 GE 3.4MW-137 风机，轮毂高度 178m，上部是钢制塔筒，下部是 40m 高的抽水蓄能混凝土基础。中国目前最高塔筒在江苏扬州，轮毂高度为 152m，风机为 Vestas 公司 V120-2.2 MW 机组，相比于行业内常见的 120m 塔筒高度，152m 塔筒在该风场 0.3 风切变的条件下可提高年发电量约 16%。

表 38 列出了某 2MW 机组在不同风切变不同塔筒高度下的发电量提升情况，数据显示，风切变越大、塔筒高度越高，发电量增量越大。以 0.3 风切变的某风电场为例，塔筒高度从 80m 增加到 120m，年平均风速将从 5.0m/s 增加到 5.647m/s，年等效满发小时数提升了 26.36%。

表 38　不同风切变不同塔筒高度下的发电量提升

发电量提升		风切变				
		0.1	0.15	0.2	0.25	0.3
塔筒高度（m）	80	0.00%	0.00%	0.00%	0.00%	0.00%
	100	5.66%	7.93%	10.24%	12.56%	14.87%
	120	9.40%	13.62%	17.82%	22.07%	26.36%

随着对中东部低风速区域风资源特性的深入认知，开发该类地区的风资源，高塔筒的风电机组已成为一种趋势。虽然通过提升塔筒高度可以很好提升风电场收益，但随着塔筒高度的增加，对塔筒的设计也提出了更高的要求，塔筒的设计需要保证具备足够的刚度和强度，以确保风电机组的正常运行。目前高塔筒有两种技术方案：柔性塔筒和混合塔筒。

传统刚性塔筒为了避免出现共振，应保证塔筒的一阶固有频率介于风轮转速 1 阶频率和 3 阶频率之间，但随着塔筒高度的增加势必会导致塔筒整体刚度减小，系统固有频率降低。为了增加塔筒刚度，提高系统的频率，需要增加塔筒的重量，随之塔筒的制造成本也将大幅增加。

为了解决这一矛盾，风电设计中出现了一种轻量化的高塔筒技术，即柔性塔筒。柔性塔筒设计需要关注叶轮载荷、发电机扭矩、叶尖速度和塔筒频率之间的平衡。柔性塔筒设计有以下技术特点：①与常规刚性塔筒完全一致的制造技术要求，可以使用常规刚性塔筒成熟的产业链，商业化推出速度快，风险小；②轻量化的塔筒设计，考虑到塔筒基础刚度、基本结构和质量分布等因素，通过对系统频率成分进行详细分析计算，进一步优化塔筒的直径、壁厚、法兰等结构，优化后的塔筒重量明显降低，制造成本大幅下降；③更低的道路运输成本，在塔筒运输方面，塔筒底部直径可以设计成不超过公路运输的高度限制，并通过控制塔筒节数及重量，最大限度地降低运输成本；④更安全经济的吊装方案，在施工过程中，根据现场实际情况及吊装条件，针对具体项目制定出最合理、最经济的吊装方案，通过采用领先的工程技术方法，有效抑制高塔筒吊装过程中产生涡激振动，确保吊装稳定性；⑤优化升级机组控制策略，为解决柔性塔筒一阶固有频率和风轮转速频率相交、塔筒的共振问题，进一步优化机组的控制策略。

如图 42 所示，当机组运行转速接近共振转速时，共振穿越策略会让机组快速地穿越到其他转速，使机组避免在共振转速附近运行，从而有效避开塔筒共振问题。

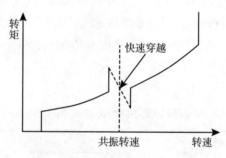

图 42　柔性塔筒共振穿越策略

同时，由于高塔筒摆幅相对较大，通常采用塔筒加阻来降低振动幅度和载荷。为了增加塔筒前后阻尼以便降低塔筒谐振载荷，在变桨 PI 控制器上增加一个机舱加速度反馈控制器，通过测量机舱前后加速度来修正最终的变桨命令信号。

还有一种技术路线是混合塔筒，即将钢管塔筒安装在预制的混凝土基础上的混合式塔筒，此种技术方案在欧洲和南美洲广泛应用，技术成熟可靠。具有高频率低振幅、无运输限制、使用寿命长等优势。

典型的混合塔筒上半部分是标准钢筒，下半部分是优质的预制混凝土塔筒。混凝土部分每段高度可以调整，由多片预制板材拼合而成。为增加混凝土段的抗拉性能，混凝土段会通过预应力钢缆与地基相固定。混凝土部分的顶端通过一个接合器连接上半部分的钢筒。混合塔筒由于采用不同的材料制造，塔筒振动频率可以更加灵活地调整，以避开塔筒一阶固有频率，避免控制机组穿越固有频率带来的风险。混凝土段的分块设计，也防止了运输的超限。

虽然混合塔筒和柔性塔筒都是提升塔筒高度的方式，但是两种方案存在一定的差异，两种方式的特点对比如表 39 所示。

表39　混合塔筒和柔性塔筒特点对比

对比项	混合塔筒	柔性塔筒
固有频率	1P <f<3P，频率与传统刚性塔筒相当	f<1P，频率小于风轮额定转速对应频率
控制策略要求	对控制无特殊要求，传统控制即可	对控制要求较高，必须具备风轮运行转速快速通过塔筒共振频率和避开塔筒共振频率运行的功能
机组振动	相对较小，基本和传统刚性塔筒相当	振动相对较大
发电量	发电量无损失	由于风轮转速要避开共振点，这时不是最佳追踪最大风能利用系数，发电量有少量损失
材料性能要求	对混凝土、钢筋和预应力锚索及锚具性能要求高	基本和传统钢制塔筒相同
施工安装要求	对混凝土段塔筒施工要求较高，特别是对混凝土浇筑质量的控制	基本和传统钢制塔筒相同
施工周期	采用现场浇筑方式，施工周期要长于钢制塔筒；如果采用预制装配方式，基本和传统钢制塔筒相当	基本和传统钢制塔筒相同
塔筒高度	根据要求可以设计不同高度，现有技术最高可以做到200m左右，国外应用现在基本在170m以下，国内基本在140m以下，现在设计120m较多	目前主要是120m

（二）海上风电机组

1. 向远海、深海发展

在我国由于海洋、渔业、军事、海事、居民生活环境等利益相关方的影响，可用于风电开发的近海资源日益紧张。相对于近海资源，深海海域风功率密度更大，平均风速更高，风速更稳定，有着非常广阔的开发空间。从国际发展看，国外众多机构已经将海上风电的研究转向深海、远海。英国、丹麦、德国、葡萄牙、挪威、美国及日本均已在研究相关技术，且已有部分试验样机成功投运。

当深海水深超过50m，离岸距离超过70km，面临的工程环境将更加恶劣，技术难度更大。深海风电主要面临以下问题：工况更加复杂，海水、盐雾腐蚀，雷击、台风等不利自然条件影响更大。同时还存在海上远距离输电问题、漂浮式基础设计问题、漂浮式风电机组控制问题以及远海工程施工问题等。

由于传统的固定式基础应用在深海成本非常高，这就要求深海风电机组必须应用漂浮式基础，漂浮式基础平台设计概念主要有4类：驳船式、半潜式、SPAR式、张力腿式。挪威2009年完成世界首台2.5MW漂浮式风电机组示范工程。英国2017年建成世界上首个商业化漂浮式风电场，由5台6MW漂浮式风电机组组成。漂浮式基础技术的发展为海

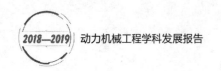

上风电向远海、深海发展奠定了良好的基础。

深海、远海远距离输电主要存在如下不确定性：远距离交直流输电经济性的不确定性，远距离深海输电线路敷设的不确定性，接入系统能否与海上风电场和海上公共升压站配套的不确定性。

深海风电机组的基础部分在海浪的作用下始终处于运动状态，海浪与风电机组的耦合效果更加明显，如何通过机组的有效控制来抑制深海机组的俯仰摇摆、移动升降和旋转偏航，是风电机组控制新的研究方向。

深海风电机组离岸距离较远，运维将更加困难，这就对风电机组的可靠性提出了更高的要求。考虑机组的运维窗口期很短，风电机组的智能和智慧系统必须得到充分运用，以实现机组的故障预测、故障应对性运行、预防性检修等。

2. 抗台风设计

台风问题是中国海上风电发展必须面对的问题。在中国近两万千米的海岸线上，每年都有强度不同的台风来袭。台风一旦正面登陆，其对风电机组的破坏是巨大的、颠覆性的，但有关台风对风电机组的破坏记录和报道较少，下面是台风"威马逊"对风电机组破坏的情况记录。

2014年09号超强台风"威马逊"于7月18日15时30分前后在海南省文昌市翁田镇沿海地区登陆，"威马逊"是41年来登陆华南最强台风，是历史上有记录以来登陆广东省的最强台风。徐闻风电场33台机组中，有13台被吹倒，5台叶片被损坏，其余受损机组有的叶片折断损毁，有的齿轮箱、发电机与机舱分离，有的机舱罩与机架分离，损失惨重。台风中未损坏的机组，则无明显的损坏表现，可见台风的破坏性在小尺度范围内差别巨大。

要设计适合于台风地区的风电机组，首要任务是要研究台风，分析它的特性，但由于技术和统计原因，到目前为止风电行业对台风特性的了解还不够充分，更缺少台风原始数据的测量。虽然建筑、桥梁上很早就开始了对台风的研究，也有一些测量的原始数据，但由于风力发电领域所关心的台风特性与建筑、桥梁所关心的台风特性截然不同，因此可以借鉴的内容不多。

从目前台风对风电机组破坏的统计来看，台风中机组最容易被损坏的零部件有叶片、塔筒、机舱罩、导流罩和基础。这些零部件中，叶片的损坏原因研究是最难的，截至目前还未找到叶片真正的破坏原因，而其他零部件只要增加其强度就可保证其安全性，设计上比较容易解决。

为了抵抗台风极大风速和剧烈不稳定风的影响，作为初步的探索，我们主要从主动抗台风方面出发来降低台风对风电机组的破坏。其主要目的是使风电机组能适应台风的风特性，尽可能降低风电机组所承受的载荷。基于这样的思路可采取如下措施：

（1）偏航控制方面，当台风登陆时电网一般处于断电状态，一些使用外部电源的零部件将不能工作，如偏航驱动。台风的风向变化非常大，由于不能偏航，风电机组将需要承受非常大的载荷。对于 IEC 标准型风电机组，虽然也考虑了在极大风速时风向可能从360°的任何方向吹过来，但对台风，情况会变得更加复杂，因为相比于 IEC 标准型风电机组，其极大风速可能还要大，并且可能还需考虑高湍流及快速变化的风向，这些不需要叠加考虑的风况在台风时则很可能需要叠加考虑。基于这样的情况，可以考虑在台风时让其自由偏航主动对风，但偏航刹车不能完全松开，此时也需考虑叶尖与塔筒的净距离。

（2）变桨控制方面，不管什么形式的风电机组，其载荷绝大部分都来自叶片，若叶片相对于风向能时刻处于顺桨状态，则载荷能降低较多。变桨系统有 90° 的变桨空间，所以可通过改变桨距角的方式来使叶片处于相对顺桨状态。

（3）外部电源方面，在台风期间电网断电的情况下，使用独立的外部电源（如柴油发电机等）给偏航系统或变桨系统供电，使其能主动地进行偏航或变桨，从而降低风电机组的载荷。

（4）加强设计方面，台风袭击时往往载荷比正常的风况要大，因此，为了能抵御台风的袭击，可以采取加强设计的方式，提高风电机组的抵抗极限载荷的能力。

另外，不管使用以上的哪种方法，都应该深入研究风电机组在台风这种复杂风况下偏航或变桨时的动态特性，否则在偏航或变桨过程中风电机组有可能非常容易损毁。

（三）分散式风电

分散式风电位于用电负荷中心附近，所产生的电力可就近接入电网并进行就近消纳。

2011 年 7 月 20 日，国家能源局印发《关于分散式接入风电开发的通知》（国能新能〔2011〕226 号），指出："随着我国风电产业迅速发展，技术水平不断提高，建设成本不断降低，风能资源技术经济可开发范围不断拓展。根据我国风能资源和电力系统运行的特点，借鉴国际先进经验，在规模化集中开发大型风电场的同时，因地制宜、积极稳妥地探索分散式接入风电的开发模式，对于我国风电产业的可持续发展意义重大。"该文件首次对分散式风电项目提出了开发思路和边界条件，主要有：①分散式多点接入低压配电系统；②宜采用分地区或分县域打捆开发的方式，初期适当限制投资方数量，确保项目开发的有序进行和电力系统的运行安全；③初期阶段仅考虑在 110kV（东北地区 66kV）、35kV 和 10kV 这 3 个电压等级已运行的配电系统设施就近布置，接入风电机组，不考虑新建输、变电系统，装机容量原则上不高于接入变电站的最小负荷水平；④电网企业对分散式多点接入系统的风电发电量应认真计量、全额收购。

2011 年 11 月 17 日国家能源局发布《关于印发分散式接入风电项目开发建设指导意见的通知》（国能新能〔2011〕374 号），进一步强调了分散式风电项目的接入条件和边界，即"原则上不新建高压送出线路和 110kV、66kV 变电站，接入当地电力系统 110kV 或者66kV 降压变及以下电压等级的配电变压器"。另外，该文件对分散式风电项目的装机容量限制首次作出了明确，即"统筹考虑各电压等级的接入总容量，鼓励多点接入，单个项目不超过 5 万千瓦"。

2017 年，国家能源局印发《关于加快推进分散式接入风电项目建设有关要求的通知》（国能发新能〔2017〕3 号）。〔2017〕3 号文中指出："各省级能源主管部门按照有关技术要求和并网规定，结合前期区域内风能资源勘察的成果，在认真梳理区域内电网接入条件和负荷水平的基础上，严格按照'就近接入、在配电网内消纳'的原则，制定本省（区、市）'十三五'时期的分散式风电发展方案。各省级能源主管部门应结合实际情况及时对规划进行滚动修编，分散式接入风电项目不受年度指导规模的限制。已批复规划内的分散式风电项目，鼓励各省级能源主管部门研究制定简化项目核准程序的措施。红色预警地区应着力解决存量风电项目的消纳问题，暂缓建设新增分散式风电项目。"〔2017〕3 号文对加快推动分散式风电开发、规范建设标准、加强规划管理、有序推进项目建设、加强并网管理、加强监督工作六个方面提出具体要求，明确要按照"统筹规划、分步实施、本地平衡、就近消纳"的总体原则推进分散式接入风电项目开发建设，项目不受年度指导规模的限制。

2018 年 4 月 3 日，国家能源局发布《分散式风电项目开发建设暂行管理办法》（国能发新能〔2018〕30 号），根据文件中第二条"分散式风电项目是指所产生电力可自用，也可上网且在配电系统平衡调节的风电项目"，分散式风电项目建设应满足：①接入电压等级应为 110kV 及以下，并在 110kV 及以下电压等级内消纳，不向 110kV 的上一级电压等级电网反送电；② 35kV 及 35kV 以下电压等级接入的分散式风电项目，应充分利用电网现有变电站和配电系统设施，优先以 T 或者 π 接的方式接入电网；③ 110kV（东北地区 66kV）电压等级接入的分散式风电项目只能有 1 个并网点，且总容量不应超过 50MW；④在一个并网点接入的风电容量上限以不影响电网安全运行为前提，统筹考虑各电压等级的接入总容量。

分析分散式风电的政策，与传统的集中式风电相比，其政策特点及优势主要体现在：①分散式风电如果在政策上实行备案制，项目核准流程和时间将大大缩减；同时在土地、贷款方面明确给以支持；就地消纳，弃风限电率低；不受风电项目开发指标管理，分散式风电开发规模理论上没有上限（以电网接入点、本地负荷为上限）；②随着"三北"地区风电资源圈占的推进，风电开发布局向中东部和南部转移，这是目前开发商的主战场和新阵地。受中东部和南方地区风资源、土地资源的限制，分散式风电则是这些地区风资源开发的主流方式。但同时需要注意的是，分散式风电项目既有资源分布范围广、并网接入容易等天然优势，同时其位置分散、容量小，项目建设对修路、架桥等基础设施建设要求高；由于其接入点是低压电网，项目规划选址应该以本地负荷、接入点资源作为上限，一味一哄而上对行业发展有弊无利；③ 2017 年，国家电网采取多重手段提升新能源并网消纳能力，包括有序放开发用电计划、压减煤电出力、加快火电灵活性改造，为新能源腾空间。按照国家电网公司安排，甘肃、青海、新疆已取消火电机组计划电量，山东、辽宁、吉林、黑龙江等省减少年度计划电量950亿千瓦时。同时，积极推动新能源跨省跨区交易。按照国家电网公司承诺，2020年实现弃风弃光控制在5%以内，届时风电、光伏电站将具有稳定的收益，新能源电站在电力系统中的价值将大幅提升。分散式风电因具有极强的就地消纳属性，消纳更是板上钉钉的事情；④在当前的工程造价、电价水平和利用小时数下，分散式风电成本收回周期均在5~8年，内部投资收益率在10%以上。分散式风电投资成本高（8000元/千瓦左右），意味着分散式风电必须依托优质运营商、专业企业才能得到发展；但其成长的起点高，项目规划布局以市、县为单位，单体容量远超户用光伏，同样具有扶贫价值。

分散式风电的发展，受约于目前的技术发展不成熟或不完善，必须要加强科研投入，分散式风电的发展方向主要体现在以下几个方面：

1. 分散式风电的远程监控技术和功率预测技术

多点接入的分散式风电对配电网产生的影响很大，要保证风电接入配电网的运行可靠性，达到降低网损、优化电压分布的目的，必须集中监测、协调控制。

功率预测是协调控制的基础。由于分散式风电规模较小、靠近负荷中心，建筑物会对自然风能的分布产生影响，同时因其具有分布式的特点，每个风电场无法像大型风电场那样建立测风塔，因而需要有能综合多源测风数据、融合不同物理类数据的风电功率预测方法，提高预测的精度。分散式风电的有功统一调度管理和无功协调控制对于克服风电的随机、波动性对系统稳定和电能质量的影响，保证配电网的安全、经济、可靠运行有着非常重要的作用。监控及通信系统是实现这一切的基础。

2. 分散式风电接入规划优化和分布式优化控制技术

分散式风电接入对配电网电压分布、网络损耗和稳定性的影响与风电接入位置和容量、负荷大小和分布、网络结构有关。在风电多点接入的情况下，配电网的潮流分布情况将更复杂。规划优化技术解决的是静态负荷分布和确定风电接入量的问题。在实际运行中，两者都是变化的，尤其是风电随机变化的幅度较大，还可能退出运行，变化的规律可能与负荷相反。因此，在风电功率波动情况下，以电网电压波动限制为约束条件，网损最小、风电接入量最大为优化目标的优化控制技术是保证系统运行安全、可靠、经济的关键技术之一。

3. 分散式风电并网运行的无功协调控制技术

电压波动是分散式风电并网的主要问题之一，配电网的电压波动还可能引发风电机组脱网。因此，分散式风电接入后配电网的无功电压协调控制是一项保证风电接入运行的关键技术。

4. 分散式风电恒电压控制技术、保护整定和孤岛检测技术

分散式风电机组采用恒电压控制模式时，为保证并网点电压恒定，机组需调节相应的

无功功率补偿有功波动引起的电压变化，机组实行电压控制的结果有可能出现孤岛现象，分散式风电机组必须带有孤岛检测功能。防孤岛保护与电网侧线路重合闸、备自投等自动装置的整定配合也是很重要的。

5. 分散式风电机组的模块化和定制化技术

分散式风电所处电网和地域存在相当大的差别，即使在同一开发区域，地形、植被、建筑物、道路、风资源等外部条件也不尽相同，故分散式风电单台风电机组也存在着差异化，所以制造商提供的风电设备也应该朝着模块化和定制化的方向发展，根据现场的机位和功能搭配机组的配置，以实现产品性能的最大化。

6. 分散式风电运维一体化和智能化技术

分散式风电由于其规模比较小，按照国家相关文件规定不大于 50MW，但实际很多分散式风电项目规模仅仅在 10MW~30MW，而且机位的布置也相差较大，故传统的集中式运维已经不合时宜。必须研究分散式风电运维的一体化和风电机组的智慧化，做到少人值守，甚至无人值守。

7. 风电机组部件研究的场址适应性和定制化

低风速复杂地形地区则通常为山地，同时也是风资源较为集中的区域，所以也便于集中开发；受中东部和南方地区风资源、土地资源的限制，分散式风电则是这些地区风资源开发的主流方式。因此，风电机组的开发必须考虑实际的地形地理特点，风电部件必须满足当地的环境要求，高塔筒、柔性塔筒、混合型塔筒、长叶片、高 Cp 值叶片、高效率翼型叶片、除冰技术、防雷技术等研究成为风电机组技术的发展趋势。

8. 分散式风电的环境友好性

由于分散式风电实行"就地消纳"策略，多半处于负荷集中区，而负荷集中区又是人类与动物活动的密集地区，因此分散式风电必须处理好与人类、动植物和环境的协调，同时必须考虑风电机组对人类视觉、听觉、电磁干扰的影响，对动植物的生存环境影响，对水土环境的影响。

（四）其他技术

1. 叶片防冰冻技术

我国西南低风速地区和国外部分高风速地区，普遍存在着冬季凝冻、结冰问题。叶片作为风电机组关键部件之一，其结冰问题尤为突出，当风电机组叶片表面覆冰后，将会改变叶片的气动外型，叶片的气动效率降低，造成风电机组的功率输出不稳定，严重的会迫使风电机组停机，导致风电机组发电量严重损失。叶片结冰还会造成叶片质量和气动载荷的不平衡，促使风电机组发生振动，严重影响风电机组运行的稳定性和安全性。

另外，叶片结冰还会造成风电机组风轮在运行过程中将大块冰块甩出，危及周边居民人身财产安全，影响相邻机组的稳定安全运行。

叶片除冰技术主要有四项关键技术：叶片结冰监测技术、叶片结冰预防技术、叶片除冰控制策略技术、叶片加热除冰技术。

叶片结冰监测可以采用结冰传感器、视频监控、功率曲线监控等手段实现。机组在设计过程中应充分考虑结冰工况，叶片在结冰过程中会产生不平衡质量矩以及不平衡气动载荷，会增加机组的振动，风电机组的振动传感器所反映的振动量增加可以反映叶片的结冰状态。叶片结冰后，机组发电量减少明显影响机组功率曲线，功率曲线异常变化也可作为探测叶片结冰的方法。

叶片结冰预防可以采用防结冰疏水或疏水涂层和预加热技术。在叶片表面喷涂疏水性涂层可使水蒸气或水滴不容易在叶片表面停留和润湿（例如荷叶表面的疏水效应），同时可显著降低冰与叶片表面的结合力，与普通叶片涂层相比，可在一定程度上减缓叶片表面结冰和提前使冰层从叶片表面脱落，但这种方法不能完全防止叶片结冰。另外还可以通过在叶片表面安装加热膜，当环境温度和湿度接近结冰临界点时，便提前开启叶片加热系统，提升叶片表面温度，可达到较好地防止叶片表面结冰的目的。将疏水性涂层和预加热技术结合使用可达到很好的防结冰效果。

叶片除冰控制策略需要在风电机组控制系统中增加相关的控制来实现叶片除冰系统启停。当叶片结冰监测系统通过环境气候条件、结冰监测器信号、机组功率曲线异常等信号分析发出叶片结冰预警信号后，除冰控制系统便开启加热功能，不断提升叶片表面温度，当叶片表面温度升高使覆冰脱落后，加热系统便停止加热。通常在叶片表面的加热区域预先安装一定数量的温度传感器，通过对温度信号的同步监测，控制除冰加热系统的启停。除冰控制系统通过最优启停参数设计以及保护策略可确保除冰系统高效可靠稳定地运行。

叶片加热除冰技术目前主要有电加热除冰技术、循环热空气加热除冰技术等。其中电加热除冰技术应用推广较为广泛，通过在叶片前缘表面结冰严重的区域安装电加热膜，通电发热后快速提升叶片表面温度以实现叶片除冰，同时可根据叶片表面不同区域覆冰的严重程度铺设相应加热功率密度的加热膜，最大限度地降低除冰能耗，以达到更好的除冰效果，实现最佳的除冰收益；循环热空气加热除冰技术由于热量是从叶片内部向外传递，其传热效率低，需要的加热功率大，而且除冰的效率也相对较低，针对结冰不太严重的风电场具有一定的推广应用前景。

2. 变桨技术

变桨系统作为大型风电机组核心控制系统之一，对机组安全、稳定、高效运行具有十分重要的作用。稳定成熟的变桨控制系统是目前大型风电机组控制技术研究的热点和难点之一。变桨距控制方式一般可以分为两种，一种是电机执行机构（电动变桨），另一种是液压执行机构（液压变桨）。

电动变桨系统早期主要是直流蓄电池变桨系统，但是由于直流变桨系统所采用的直流电机碳刷结构需要定期维护，加之其采用的铅酸蓄电池的寿命短、可靠性差等缺陷，因此

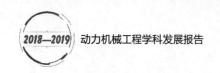

目前主要采用的是免维护、可靠性更高的交流超级电容变桨系统。

交流超级电容变桨系统根据驱动器母线电压等级区分可分为高压超级电容和低压超级电容变桨系统，高压超级电容根据驱动器集成度不同主要分为普通高压变桨系统和集成式高压变桨系统。

低压变桨系统国内早期有部分主机厂家使用，目前均已放弃低压变桨系统技术路线，转而采用高压变桨方案。高压变桨系统目前国内主要以 KEB、LUST、LENZE 等为主。随着国内整机厂商自主开发能力的提升，现目前国内各大主机厂商均已掌握变桨系统的核心技术并可完全自主开发。

随着风电技术的不断进步，国内变桨系统技术的发展呈现如下趋势：

（1）核心部件加速国产化。受中美贸易战以及风火同价的内外政策性影响，风电整机厂必须通过进一步创新设计和国产化，在保证机组安全可靠的前提下进一步降低风电机组整机总体成本。目前国内已经逐渐涌现出深圳汇川、禾望、众城卓越、桂林星辰等一大批国产驱动器厂家进入风电变桨行业。

（2）新型变桨系统形式不断涌现。依托于通用伺服以及新能源汽车行业的快速发展，未来变桨系统可能会出现伺服驱动一体式结构，可进一步缩小柜体体积，变桨系统后备电源可能会出现磷酸铁锂电池（具备超级电容的大功率密度和极强的环境耐受能力，价格比超级电容更便宜）取代超级电容。

（3）海上风电机组电动和液压平分秋色。国外传统整机厂，如三菱 - 维斯塔斯、西门子歌美飒等，其海上机组会继续使用液压变桨系统方案，而国内因液压变桨配套商较少以及液压人才的相对短缺，同时电动变桨系统发展比较成熟，因此大多数国内整机厂会继续采用电动变桨系统。对于超大功率海上风电机组，由于叶片超长，每只叶片采用两套驱动装置进行变桨，双驱电动变桨系统可以和液压变桨系统相匹敌，而且电动变桨基本可免维护，从这一角度分析，在海上风电机组高维护成本的情况下，电动变桨更适合应用于海上风电，当前国内明阳、海装、国电联合动力、东方风电等正在进行双驱电动变桨系统的研制工作。

3. 高温超导电机

海上型高温超导风力发电机是近年来超导电机应用研究的主要方向。随着海上风力资源的加速开发，海上型风力发电机单机容量越来越大，风电机组的离岸化和大型化趋势日益明显。特别是 2010 年以后，各大风电机组制造企业纷纷推出了大功率海上型风电机组。

随着海上风电机组的单机容量进一步提高，其体积重量也在不断增加，利用超导技术的海上大容量风电机组在体积重量方面的优势更为明显。以 1.5MW 单机为例，1.5MW 容量的超导风电机组的体积、重量与永磁直驱机型相当，但当容量增加到 10MW 时，超导电机的体积、重量只有永磁直驱电机的 50% 左右。

传统电机因为受机电性能的限制，其容量扩大必然导致其体积与重量的成倍增加，沉重且体积庞大的电机将增加吊装的技术难度和成本，而超导电机因为其强大的载流能力，可以使得电机体积与重量成倍降低，解决了目前风电机组扩容所面临的技术难题；同时随着超导带材价格下降，超导电机潜在的成本优势也逐渐明显。自2008年以来，国际上超导带材的价格性能比（每米单价／载流能力）已经显著下降。

目前世界各国都在相继开展关于海上型超导风电机组的研发，美国2009年即由可再生能源实验室（NREL）和美国超导公司、东元西屋电机公司等签署协议，联合开发大容量风电用超导发电机，欧洲众多厂商也纷纷介入这一领域。2012年欧盟筹资500万欧元开展项目名为Suprapower的10MW海上超导风电机组研发项目。项目由西班牙Tecnalia能源公司和德国Karisruhe技术研究所联合主导。美国通用电气公司、美国超导公司、德国西门子股份公司、日本川崎重工业株式会社等都已进行了兆瓦级超导发电机的试制和测试。

2015年远景能源获得大约1380万欧元的资助，开始开展海上型超导风电机组的研究，项目计划在其现有3MW传统风力发电机机型的基础上，开发一款大功率机型并进行示范发电，2018年12月该机型完成了并网试验，目前正在进行挂网测试。中船重工712所也在积极开展超导风电机组的研究工作，目前712所已研制出1MW高温超导电机，正在进行更大功率等级的超导电机研究。超导风力发电机体积小，重量轻的优势在大功率海上风电的应用中，有着很好的前景。

4. 控制技术

风电机组大致可以分为四种运行模式：定速定桨、变速定桨、定速变桨、变速变桨，目前商业运行产品基本为变速变桨风电机组。

在低风速B1-C1阶段，风机保持最佳桨距角。机组处于吸收能量欠饱和状态，机组的控制目标是尽可能多利用风能。在中等风速C1-E阶段，机组达到额定转速，转矩PI控制器根据发电机转速改变转矩，使发电机转速稳定在额定值的一定范围内，以实现转速对转矩和功率的软响应。高风速阶段处于吸收能量过饱和阶段，需限制功率输入拟制功率波动。在高风速阶段，转矩控制和变桨控制器有可能耦合在E点，为使两者解耦，风机的转矩控制曲线由AB1C1E修正为ABCDE运行。变速变桨运行曲线见图43。

随着国内风电市场价格持续走低，平价上网已基本成为业内共识，2018年GE发布《2025中国风电度电成本白皮书》，2025年度电成本将降到0.19元，通过技术进步来降低机组成本已迫在眉睫。

目前前沿的控制技术主要有：

（1）激光雷达控制。激光测风雷达在风电机组上的应用，国内外研究主要集中在两个方面，一是研究激光测风雷达准确性、可靠性的数据处理方法以及现场试验测试方法，二是研究基于精确风速测量的控制算法以及测量不准确度对控制的影响。

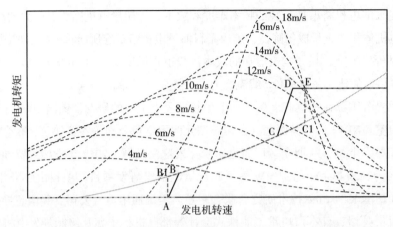

图 43 变速变桨运行曲线

Vestas 在 2009 年已开始激光雷达辅助控制研究工作。2017 年北京风展，金风科技发布了基于激光测风雷达的 E-Farm 控制技术，能够降低关键部位疲劳和极限载荷 5%~10%，可提升发电量 2%~10%。

（2）载荷控制算法。该算法能够有效降低叶片、轮毂、塔筒的不平衡疲劳载荷，国内外研究机构、整机厂家均做了大量理论和试验研究。但分析其设计理论，并不能保证降低关键部件的极限载荷。需要将现有独立变桨控制算法优化为基于载荷控制的优化算法。

（3）智能控制。风电机组通常是在野外批量运行，而且许多优化工作只能通过现场人员手动完成，例如：风向标对中、叶片零刻度盘对齐、最优增益 K_{opt} 调整等。由于制造、安装造成的设计与实际机组的偏差，或机组运行一段时间后，物理参数的偏移等，使得机组实际的运行效率并不能处于最佳运行状态，从而带来发电量损失甚至带来附加载荷，增加了机组运行风险，降低了机组发电量和使用寿命。可通过对机组运行历史数据进行分析，采用聚类或者概率统计的方法，对机组运行参数进行动态调整，提高机组运行效率。

5. 回转轴承技术

作为风电机组的主要连接部件，偏航、变桨轴承技术是近年来爆发质量问题最多的部件之一，在大功率机组的研发上，回转轴承已经逐步成为制约机组研发的关键因素。

经过 20 余年的不断发展，风电机组回转轴承已实现国产化、自主化生产，为我国的风电行业发展做出了巨大贡献。但国内厂家的质量技术水平需要进一步完善和提高，5MW~10MW 大功率偏航、变桨轴承关键技术尚需进一步探索与验证。

目前，国内偏航、变桨轴承主要开展了以下几方面的关键技术研发：

（1）设计开发技术研究

运用 ISO/TS16281 和 VDI2230 的计算方法，对滚动体的负荷分布和螺栓受力等进行详细分析计算。实现了转盘轴承从经验 / 模仿式设计向理论设计和仿真设计的跨越。

广泛开展有限元分析方法，采用滚动体实体接触、螺栓施加预紧等实体建模方式对套圈、滚道、螺栓进行分析计算。分析滚动体接触角度的变化、滚动体的负荷分布、滚道的应力分布、滚道寿命、套圈疲劳损伤、套圈刚度（变形量）、螺栓的疲劳损伤、螺栓的极限强度等内容。

（2）抗疲劳、长寿命制造技术研究

滚动轴承的失效一般为疲劳破坏导致。疲劳失效的形式有多种，主要有疲劳断裂、塑性变形、疲劳剥落。针对轴承不同的失效原因，通过控形和控性技术、化学热处理技术、特殊机械加工技术可改善轴承的应力分布，减少轴承的疲劳损伤扩张，提高轴承极限强度和疲劳强度。

轴承的高可靠性及长寿命要求决定了轴承材料必须具备洁净度高，组织细密均质等特点。目前国内钢材冶炼技术已经能够实现材料的化学成分窄成分控制、脆性夹杂物控制、铸态组织控制等，材料性能可达到国际水平。

目前国内偏航、变桨轴承常用材料为42CrMo。经过对其调质处理以及滚道表面淬火处理后，可以提高材料的机械性能和抗冲击性能、轴承滚道的淬透性和淬硬性。通过对加工工序的优化，增加热处理稳定工序，可消除加工应力达到设计指标，实现轴承的长寿命、高可靠性运转。

变桨轴承保持架与挡边的滑动摩擦不可避免，过度的磨损会降低保持架强度，同时脱落的磨粒会污染滚道，造成轴承早期失效。国内目前一般采用保持架表面氮化处理等表面强化技术来提高保持架的表面硬度和耐磨性。

（3）检测与试验技术

为确保轴承的高可靠性与长寿命要求，需开展广泛的轴承试验来模拟轴承运转情况，验证设计的正确性。目前国内建造的风电偏航、变桨轴承试验台能够模拟风电机组的运转，可在试验台上进行加载试验，并对轴承进行振动测量和变形测量等检测。

（4）轴承在线监控技术

开展在线监控技术研究，可以实现轴承在线隐患排查、运行温升、异响、磨损等在线状态检测，并针对性地提出解决方案。

随着陆上和海上风电的发展，以及风轮直径的逐渐加大，海上机组功率可到10MW及10MW以上，叶轮直径可达200m及200m以上，陆上机组功率可达5MW及5MW以上，叶轮直径可达150m及150m以上，机组载荷随之增大，这对机组回转支撑轴承的可靠性要求越来越高，风电领域传统使用的两排球轴承将不能满足要求，因为传统的两排球轴承需要更大的钢球才能承受高的载荷，轴承尺寸也更大，轴承和钢球的热处理加工设备以及检测设备无法满足，因此回转支撑已凸显出如下趋势：

（1）三排柱结构变桨轴承

目前国外Vestas基本所有机型轴承都已采用三排柱变桨轴承（图44），该型轴承有以下优点：

在相同的机组载荷下，轴承尺寸可以较两排球轴承小，可以承受更高载荷。同时，可以在接口尺寸不变的情况下，适应更大的风轮直径。三排柱轴承疲劳寿命是两排球轴承的5~6倍，可适用于独立变桨风电机组，独立变桨技术可给投资方带来更大的经济效益。

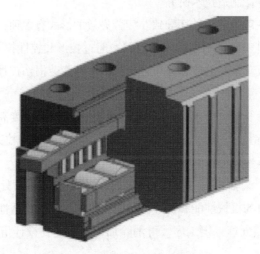

图 44　三排柱变桨轴承截面

三排柱轴承承受径向力的滚子为零游隙，承受轴向力的滚子为正的小游隙，这使得三排柱轴承相比两排球轴承具有更小的启动力矩，更有利于变桨电机的选型。

（2）滑动轴承型偏航轴承

目前国外风机制造企业西门子、Vestas 基本已使用该类型轴承，该轴承的启动力矩稍大，但经济性好。且对于大兆瓦机组来说，由于该类型轴承没有滚动体，轴承运行更安全可靠。

（3）保持架喷塑耐磨处理新技术

传统渗氮工艺会增加保持架表面的脆性，一般渗层深度在 $12\mu m$~$18\mu m$，而喷塑工艺可增加保持架的弯曲性能，渗层深度可达 $300\mu m$。

（4）轴承材料的增强和改型

轴承如使用 50CrMnMo 材料，或在 42CrMo4 材料成分中增加 Ni 元素，可使轴承具有更深的淬硬层深度，提高轴承的承载能力，增加轴承的安全性。

6. 漂浮式基础

根据我国海上风资源统计数据，我国近海 10m 水深海域范围内的风能资源约有 1 亿千瓦，20m 水深海域范围内的风能资源约有 3 亿千瓦，30m 水深海域范围内的风能资源约有 5 亿千瓦；50m 以上的深远海风能资源大于 12.68 亿千瓦，其开发潜能是 10m 水深资源总量的 12 倍以上。现阶段我国海上风电规划大都位于水深 < 50m 的区域内，但个别项目已经达到了固定式基础和漂浮式基础经济性的临界点。如广东省已核准的近海风电场项目

有的水深已超过 40m，漂浮式基础在水深 40m 以上已呈现较好的经济性，因此深海项目离我们并不遥远，且福建、广东、辽宁等省海域岩层埋深较浅，风机基础如需要嵌岩施工，会大大增加了固定式基础的施工难度和施工成本。可以预见，未来我国海上风电漂浮式基础并不遥远。

7. 虚拟同步机技术

在大力发展新能源之前，火电占据了绝对主力电源的位置，火电最大的优势是可以按需发电，可以很好保障电网稳定。风电机组的出力受制于不稳定的风速，很难实现受控调度。通过提高风功率预测的精度能部分解决电网供需平衡，但是风的随机性决定风电出力的步调很难与大电网保持一致，这是其大规模安全并网的主要障碍。在不改造电网的情况下，通过技术进步使风电机组呈现同步机特性，是解决风电大规模并网的重要手段。

虚拟同步机技术是风电机组通过模拟同步发电机组的机电暂态特性，使风电电源具有同步发电机组的惯量、阻尼、一次调频、无功调压等并网运行特性的技术。

风电机组实现虚拟同步功能可通过保留有功备用、配置储能元件、利用相应的控制系统来实现。惯量方面当系统频率偏差值大于 ±0.03Hz，虚拟同步发电机的有功出力大于额定功率的 20% 时，虚拟同步发电机应具有惯量特性，响应于快速频率变化，增加/降低其有功功率输出，参与电网一次调频。具体要求如下：

①当系统频率下降时，虚拟同步发电机应根据一次调频曲线增加有功输出，当有功调节量达到额定功率的 10% 时可不再继续增加；

②当系统频率上升时，虚拟同步发电机应根据一次调频曲线减少有功输出，当有功调节量达到额定功率的 20% 时可不再继续减小；

③有功调频系数 Kf 应在 5~20 范围内，推荐为 20；

④一次调频的启动时间应不大于 3s，响应时间应不大于 12s，调节时间应不大于 30s，有功功率调节控制误差应控制在额定功率 ±2% 范围内。

参考文献

［1］王建录，等. 风能与风力发电技术（第三版）［M］. 北京：化学工业出版社，2015，31-34.
［2］中投产业研究院. 2019—2023 年中国风力发电行业深度调研及投资前景预测报告［A］. 深圳市中投顾问股份有限公司，2019.
［3］秦海岩. 风电中国 30 年［M］. 北京：中央文献出版社，2010，9-31.
［4］［美］曼韦尔（Manwell，J.F.），等著. 风能利用：理论、设计和应用（第二版）［M］. 袁奇，等译. 西安：西安交通大学出版社，2013，6-18.
［5］邱英宁，李晔，等. 海上风电场开发概述［M］. 北京：中国电力出版社，2018，6-18，98-113.
［6］许雪冬，黄开云. 我国海上风力发电设备环境条件与环境技术要求分析［J］. 装备环境工程，2013，10：36-41.

［7］陈小海，张新刚，等. 海上风力发电机设计开发［M］. 北京：中国电力出版社，2018，108-132.

［8］谭茂强，杨源，等. 海上风力发电机组抗台风技术研究［J］. 中国电力，2018，3：51-57.

［9］于永纯，等. 海上风力发电机组调试与维护［M］. 北京：中国电力出版社，2017，60-63.

［10］周绪红. 风电结构研究新进展［A］. 北京：国家海上风力发电工程技术研究中心，2019.

［11］IEC 61400-13：2015，Wind turbines-Part 13：Measurement of mechanical loads［S］. 2015.

［12］GBT 37257-2018，风力发电机组机械载荷测量［S］. 2018.

［13］秦海岩. 2018 年风电产业实现高质量发展［J］. 风能，2018，（12）：1-1.

ABSTRACTS

Comprehensive Report

Advances in Power Machinery Engineering

With the ever-increasing demand for energy in recent decades, energy shortages and ecological environment issues (including global warming and environmental pollution) are becoming more and more serious, and the world is facing urgent requirements for energy transition. This situation poses new challenges to the development of Power Machinery Engineering Discipline, which mainly focuses on the efficient, clean, and reliable conversion of energy into electricity and power, that determines the modern advanced power machinery equipment or devices need to have significant characteristics of high performance, low pollution, low emissions, and long working life, and also pushes the power generation units' vigorous development towards ultra-high parameter, large power/capacity, environmental protection and intelligence. In addition, with the rise of new energy power generation, energy storage technologies and multi-energy complementary technologies have also become new research and development hotspots, thus continuously promoting the innovative development of the discipline.

During the period of "13th Five-Year Plan", the Power Machinery Engineering Discipline in China, guided by the demand to promote the energy production and consumption revolution, build a clean, low-carbon, safe, and efficient modern energy system, and adhere to the energy technology revolution as the core, with the goal of improving energy independent innovation capabilities, emphasizing on breakthroughs in major energy key technologies, and relying

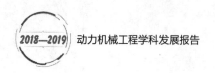

on the demonstration and pilot projects for new energy technologies, new equipment, new industries, and new engineering developments, has focused on innovative researches such as clean and efficient coal utilization technology, high-efficiency gas turbine technology, high-efficiency solar energy utilization technology, large-scale wind power technology, advanced energy storage technology, energy saving and energy efficiency improvement technologies, etc. And a series of progress has been made, which has provided strong scientific and technological support and engineering demonstrations for the promotion of China's energy transition, structural optimization, energy conservation and emission reduction, and has made positive contributions to China's strategic transformation from a large energy production and consumption country to a strong energy technology country.

This comprehensive report will review the recent research and development progress in the disciplines of Power Machinery Engineering in advanced energy and power technologies and their development trends, such as boilers, steam turbines, gas turbines, water turbines and wind turbines, as well as nuclear energy, solar thermal, supercritical carbon dioxide coal power, energy storage, high temperature materials, etc.

1. Major breakthrough in steam boiler technology with independent innovation

Coal is China's main energy resource and also an important industrial raw material. In promoting the clean and efficient use of coal, the development of boiler technology is the main subject and mainstream technology for realizing the revolution in the consumption of coal resources. In recent years, China's boiler innovation technology has reached a new height.

In terms of coal combustion technology, research focus has shifted to advanced combustion technology and special coal combustion technology. In recent years, mild combustion, chemical chain combustion and semi-coke combustion technologies are in the stage of theoretical exploration, laboratory investigation and small trials; oxygen-rich combustion technology has completed pilot test and $35MW_{th}$ engineering demonstrations; supercritical water coal gasification and high-alkali coal combustion technologies have both research intrests, theoretical depth, and breadth of application; pulverized coal combustion technologies for large-capacity power plants such as W flame combustion, swirl opposed combustion, quadrangular tangential combustion, coal water slurry combustion, and circulating fluidized bed complete technical transformation and engineering applications; lignite-fired unit integrates flue gas and steam drying processes to pre-dry lignite can greatly improve the unit efficiency.

In the area of power plant boiler technology, Harbin Electric, Shanghai Electric, and Dongfang Electric Groups increased the main steam pressure to 29.4MPa and the single reheat steam temperature from 605℃ to 623℃ or 623℃ , on the premise of applying the existing ultra-supercritical boiler high-temperature heat-resistant steel, thus developed a more efficient ultra-supercritical boiler; and based on this progress independently developed 660MW and 1000MW, 32.0MPa/605℃ /623℃ /623℃ ultra supercritical double reheat boiler. The measured efficiency of the boiler reached 94.78%, and the actual coal consumption of the unit was reduced to 269.89g/(kW·h) . The series of achievements won the Asian Power Award — Gold Award for Coal-fired Power Generation Project of 2018.

In the area of circulating fluidized bed boilers (CFB) , a project team composed of Tsinghua University, Dongfang Electric Group, Shenhua Group, etc., has established a supercritical CFB boiler design theory and key technical system after many years of research, and built the world's first 600MW supercritical boiler. The demonstration project has achieved a 600MW supercritical CFB technology breakthrough, and its operating indicators are comprehensively superior to those units of foreign countries. "The Research, Development, and Engineering Demonstration of 600MW Supercritical Circulating Fluidized Bed Boiler Technology" won the first prize of State Scientific and Technological Progress Award in 2017.

In terms of research and development of new heat-resistant steels and alloys, the three major boiler enterprises in China cooperated with other departments to independently complete the welding process assessment of new high-temperature heat-resistant steels and alloys. These new materials include G115, SP2215, CN617, C-HRA-3, HT700, GH984G, GH750, etc., and some heat-resistant materials have been used in the construction of Datang Yuncheng Power Plant 1000MW, 35MPa/ 615℃ /633℃ /633℃ ultra supercritical double reheat boiler.

In terms of engineering verification, on December 30, 2015, a component verification test platform with designed steam flow rate of 10.8 and steam parameter 26.8MPa/725℃ for China's project of "700℃ Ultra-supercritical Coal-fired Power Plant Key Equipment Research, Development and Application Demonstration", organized by the Huaneng Group Clean Energy Research Institute, was successfully put into operation at Huaneng Nanjing Power Plant and achieved stable operation at 700℃ .

With regard to the ultra-low emissions of coal-fired power plant boilers, a project team composed of Zhejiang University, Zhejiang Energy Group, etc. established a new method for enhanced coordination and control of multiple pollutant removal processes, and built the first 1,000MW

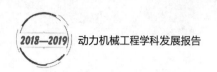

coal-fired power plant ultra-low emission project in China. The project was awarded the "National Demonstration of Coal Power Plant for Energy Saving and Emission Reduction" by the National Energy Commission, and the "R & D and Application of Key Technologies for Ultra-Low Emissions of Coal-Fired Units" won the first prize of State Technological Invention in 2017.

With regard to the flexibility of power plant boilers, in order to solve the problems of abandoning the electricity generated by wind, solar and water, the three major boiler companies in China have successfully reached the goal of flexibility transformation under the conditions of 20% ~ 25% BMCR load of the boiler, and achieved the unit's rapid peak regulation ability under the premise of ensuring that environmental protection emissions were met.

Facing the future, developing efficient and clean combustion technologies, designing coal-fired ultra-supercritical boilers with higher steam parameters of 633 ℃ /650 ℃ , and conducting research on supercritical carbon dioxide boilers will be an important way to increase efficiency and reduce emissions of coal-fired units. At the same time, on the basis of coal-fired generating units, the development of multi-energy complementarity, especially the comprehensive complementary utilization with renewable energy sources, should be achieved in order to obtain the most reasonable energy utilization benefits. In addition, the future power plant is developing in the direction of intelligence. The remote diagnosis system and smart power plant technology system that has basically formed at present have laid the foundation for the development of smart power plants.

2. Outstanding achievements in steam turbine technology with continuous innovation and development

China's thermal power steam turbines, nuclear power steam turbines and industrial steam turbines have all witnessed new developments in recent years. Harbin Electric, Shanghai Electric and Dongfang Electric Group's steam turbine companies have formed the capability of independent design, domestic manufacturing and mass production of large power thermal and nuclear steam turbines and industrial steam turbines. Outstanding achievements have been obtained at the international advanced level in the areas of the maximum thermal power of single-axis steam turbines unit of 1,240MW, the double-reheat unit with 31MPa/600℃/620℃/620℃, the high parameter unit with 35MPa/615℃/630℃/630℃, the maximum power of dual-shaft with high and low position layout unit of 1,350MW, the regenerative steam extraction cycle and cogeneration unit of 1,000MW with 28MPa/600℃/620℃, and the super-long shaft unit with six-cylinder, six-exhaust steam and ultra-low back pressure of 2.9kPa, etc.

The 1,250MW half-speed saturated steam turbine used in pressurized water reactor nuclear power plant of the third-generation nuclear power technology and the world's largest 1,755MW half-speed saturated steam turbine are the first to be put into operation in China. The high-temperature gas-cooled reactor nuclear power plant of the fourth-generation nuclear technology adopted a 211MW steam turbine with 13.24MPa/566℃ has been installed on site.

The world's largest 90MW industrial steam turbine used in a 1.5 million tons/year ultra-large ethylene plant to drive ethylene three units has been shipped. The newly developed single reheat 25MW~135MW series of power generation steam turbines used in the chemical industry, are also widely applied in biomass power generation, waste power generation, solar thermal power generation, steel plant gas waste heat power generation and other fields, thus improving power generation efficiency and energy utilization.

The world's longest final stage blades of 1,100mm used in air-cooled steam turbines have been put into operation. The titanium alloy 1,450mm final stage long blades of full-speed thermal power steam turbines and the 1,710mm, 1,800mm, 1,828mm and 1,905mm final stage long blades of half-speed nuclear power steam turbines have been completed the frequency modulation tests, among which the 1,905mm final stage long blades are the longest ones manufactured all over the world.

New progress has been made in the research and development of steam turbine components. The research and promotion of the advanced technologies, such as full three-dimensional optimized design and the flow passage transformation technology, seal technology, structural strength and life, shaft dynamic characteristics and support, welded rotors, steam turbine materials, system's one-button start-stop of steam turbine control, and thermal stress monitoring, etc., ensures the economics, safety and flexibility of the domestic steam turbines.

The future development trends of steam turbine technology will focus on the following aspects: thermal power steam turbines with a power generation efficiency of more than 50%, nuclear power steam turbines from 1,900MW to 2,200MW, long blades of 1,400mm to 1,550mm at full speed and of 2,200mm to 2,300mm at half speeds, deep-peak shaving and wide-load performance optimization of the coal power units, and intelligent technology for steam turbines.

3. Fast development of gas turbine technology with significant progress

During the "13th Five-Year Plan" period, with the demonstration and implementation of the National Science and Technology Major Project "Aero Engine and Gas Turbine" ("Two Engines" Project) , and the implementation of the National Science and Technology Infrastructure Project

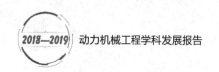

"High Efficiency and Low Carbon Gas Turbine Test Device", the independent innovation technology and industry of gas turbines in China have entered the rapid development stage based on the foundation and accumulation of independent development for many years, and have continuously achieved new results and reached new heights.

China United Gas Turbine Technology Co., Ltd. (UGTC) , as the main unit for the implementation of the "Two Engines" Project's heavy-duty gas turbine task, cooperates with Harbin Electric, Dongfang Electric, Shanghai Electric Groups and related supply chain enterprises, scientific research institutions and universities, and coordinates the research and development of 300MW F Class heavy-duty gas turbine products, and is responsible for the specific implementation.

As of June 2019, UGTC has completed the concept design of the 300MW F Class heavy-duty gas turbine and the pre-review of the concept design transition. UGTC has conducted and finished the compressor inlet multi-stage test, the combustion chamber nozzle's low-pressure performance and flow characteristics tests, the combustion chamber flame tube cooling performance verification and cooling unit performance test, the turbine first stage nozzle's cooling efficiency test under medium temperature/pressure condition, and the turbine film cooling unit, impingement cooling unit and sealing unit tests, etc., thus supporting 300MW F Class gas turbine's concept design. During the implementation process of the special project, the construction and improvement of the design system were simultaneously set up, and a design system and material system capable of supporting the conceptual design of 300MW F Class turbine have been initially established, involving the areas of aerodynamics, combustion, cooling, strength/vibration, and thermal cycling, etc. With regard to the development of core thermal components, under the organization of UGTC, the Institute of Metals of Chinese Academy of Sciences and Jiangsu Yonghan Co. Ltd. respectively conducted the trial production of the first stage nozzle of 300MW F Class turbine, and successively passed the first-piece manufacturing appraisal on June 19and August 14, 2019. The first-stage blade trial production of 300MW F Class turbine was completed by the Institute of Metals of the Chinese Academy of Sciences, and the first-piece manufacturing appraisal was passed on August 14, 2019, marking a significant breakthrough in the independent design, independent smelting, and independent casting of the gas turbine core hot-end components in China, which has laid a solid foundation for the design of the first-stage nozzle and blade shaping and mass production of 300MW F Class heavy-duty gas turbines.

Dongfang Electric Group has implemented an independent 50MW heavy-duty gas turbine R & D project since 2009. Through ten years of efforts, it has established an independent heavy gas turbine material system and mastered the key design of the aerodynamic, cooling and secondary air systems related to its three major components. Technology reliability design and evaluation criteria has formed for structure, strength, vibration, etc., and complete self-matching of high-temperature components for 50MW gas turbines has achieved. In the past two years, the complete no-load and full-load test benches of the gas turbine have been built, a complete gas turbine R & D test platform has been established, and 50MW gas turbine prototype has been developed, designed, manufactured, assembled, and connected and debugged to the whole test system. On September 27, 2019, the 50MW gas turbine prototype was successfully ignited in the no-load test, and new achievements were made in the development of independent innovation technology. The whole gas turbine test is currently underway as planned.

With the continuous optimization of China's energy structure and environmental pollution, and the implementation of various national support policies, the position of gas turbines in China's energy and power industries has been further enhanced, thus providing broad development prospects for gas turbine sales, operation, and maintenance markets in China.

4. Significant developments in hydro turbine technology with independent innovation

In recent years, China's hydro turbines have made significant progress in giant mixed-flow turbines and pump turbines, as well as better meeting renewable energy of wind, light, and hydro power complementarities, and expanding the stable operating range of hydro turbines.

In the area of giant mixed-flow turbines, the Xiangjiaba Hydropower Station in operation has the largest single-unit capacity in the world, with a total installed capacity of 7,750MW, including 8 units (determined by each bidder through a model comparison test at the Beijing Academy of Hydro Sciences through the same platform: 4 units on left bank are designed and manufactured by Harbin Electric Machinery Factory Co., Ltd., China, and 4 units on the right bank by Alstom, France) 800MW giant Francis turbines and 3 units 450MW large-scale turbines. The installation elevation of the unit on left bank is 3m higher than that of the right bank. The 8 mega-turbine units have been put into operation since July 2014, and have been running well after various water head tests. This highlights the advantages of China's self-developed units in reducing engineering costs due to their small cavitation coefficient. The results have been used in the design of hydro turbines for multiple power stations. Sixteen 1,000MW mixed-flow turbines at Baihetan Hydropower Station were confirmed after the neutral platform model test in 2014, all of which were designed and manufactured by China, and are currently in the manufacturing stage.

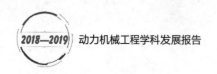

In the area of pump turbines, the first Xianju single-unit 375MW (the world's most is 400MW) pump turbine was put into operation in June 2016. It has the largest single-unit capacity in China for pumped storage power stations, the advanced performance indicators in its efficiency, cavitation, and pressure pulsation, etc. and the better operation result than the similar imported units. The pump turbines of Changlong Mountain Station with a highest lift of 756m and the single-units capacity of 400MW in Yangjiang Pumped Storage Power Station under production, which have completely independent property rights, have reached or approached the world's highest in terms of lift and capacity. Pumped storage power stations have become the most important force for frequency and peak regulation of the power grid, and will be vigorously developed in the future.

Regarding the expansion of the stable operating range of hydro turbines, from 2015 to 2019, five units of the Baishan Hydropower Station have been retrofitted and put into operation, and No.1 turbine of the Fengman Reconstruction Hydropower Station has been put into operation in 2019, and their stable operating ranges have exceeded the national standard requirements. The stable operation under the smaller load area has strengthened the power grid regulation and the complementary capabilities of wind, light, and hydropower, and from now on has become an important development trend for new power stations and power station reconstruction.

In the future, research and development efforts will be strengthened in the following areas: hydro turbine considering environmentally friendly to reduce noise, over fish, and reduce oil pollution discharge; impact hydro turbines with 1,000m head section, and single-unit capacity 1,000MW; hydro turbine remote operation, maintenance services, and intelligent manufacturing.

5. Rapid development in wind turbine technology with part of internationally leading products

At the end of 2018, the cumulative installed capacity of wind power worldwide reached 600 million kW, the cumulative installed capacity of wind power in China (excluding Hong Kong, Macao, and Taiwan) was 210 million kW, and the grid-connected capacity was 184 million kW, ranking first in the world. In 2018, China achieved 366 billion kW·h of wind power, up to 20% year-on-year, and its power generation remained the third largest power source in the country, accounting for 5.2% of the total power generation.

At present, the industrialized wind turbines are mainly horizontal axis wind turbines, and the leading models are high-speed double-fed wind turbines, medium-speed permanent magnet wind turbines, and low-speed permanent magnet wind turbines. The largest horizontal-axis onshore wind turbine that has been put into operation worldwide is Enercon's E-126 with a rated power of 7.5MW, and the largest offshore wind turbine that has been put into operation is a 9.5MW manufactured by Mitsubishi-Vestas.

China's largest onshore wind turbine has been commissioned by Goldwind Technology GW155, with a rated power of 4.5MW, and was connected to the grid for power generation on June 25, 2019. In the development of low-wind turbines, the rotor diameters of many 1.5MW wind turbines have reached more than 90m, the rotor diameters of many 2MW wind turbines have reached more than 131m, and the rotor diameters of many 3MW wind turbines have reached more than 140m. The overall technical level of onshore wind turbines in China has basically kept pace with that of European and American countries, and the development of low-speed wind turbines is at the leading level.

In terms of offshore wind turbine development, foreign OEMs have completed the industrialization of 8MW class wind turbines, 10MW~12MW wind turbines are under manufacturing, and 15MW~20MW wind turbines are already in planning and conceptual design. The 5MW~6MW offshore wind turbine prototypes of major wind turbine manufacturers in China have been put into operation, forming a batch supply capacity. The 8MW offshore wind turbine prototypes by Shanghai Electric and Goldwind Technology have been rolled out. The 10MW offshore wind turbine prototypes by Dongfang Wind Power have also been launched in September 2019, and also several manufacturers are developing 10MW wind turbines. China has strong capabilities in the development of large-power offshore wind turbines.

On the whole, China has made remarkable achievements in wind energy development and utilization, equipment development and other aspects. The overall development momentum is good, and the industry and utilization scale are the largest in the world. The technological innovation capability and level have been continuously improved. The research and development of large-capacity units and high tower application technology is at the international advanced level, and the development of low wind speed wind turbines is at the international leading level.

In the future, the wind turbines will be mainly focused on the onshore centralized, decentralized, and offshore. Onshore decentralized and offshore wind turbines will gradually become the main force of development. The overall performance of the wind turbines is developing in a intellegent and grid-friendly direction. The onshore wind turbines are moving towards power capacity above 4MW, weak wind type (long blade) , and high tower development. The offshore wind turbines are moving towards high power above 10MW, deep sea, open sea, anti-typhoon, and floating

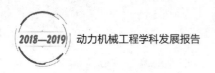

foundation.

6. Various advanced energy power technologies achieve new breakthroughs

(1) Nuclear power technology

In recent years, major breakthroughs have been made in China's nuclear power equipment technology. Currently, China has the ability to independently design and manufacture the third-generations of nuclear power technology, and has developed "Hualong No.1" and "Guohe No.1" (CAP1400) with independent intellectual property rights.

Hualong No.1 independent third-generation technology is a combination of two technologies, China General Nuclear Power Croup (CGN) 's ACPR1000+ and China National Nuclear Corporation (CNNC) 's ACP1000, with complete independent intellectual property rights. The patents and software copyrights obtained cover the fields of design technology, special design software, fuel technology, operation and maintenance technology, etc., and meet the requirements of "going global" strategy for China's nuclear power.

Guohe No.1 (CAP1400) also has completely independent intellectual property rights, which can shorten the construction period to 56 months. It has good economics and is another important option for China's nuclear power "going global" strategy.

China's fourth-generation advanced nuclear technology, represented by high-temperature gas-cooled reactors (HTGR) , has also made positive progress.

(2) Concentrating Solar Power (CSP) technology

In recent years, CSP technology has developed rapidly in China as a clean power generation technology. There are mainly Zhongkong Delingha 10MW and 50MW tower CSP stations, Shouhang Energy-saving Dunhuang 10MW and 100MW tower CSP stations, and CGN New Energy Delingha 50MW parabolic trough CSP project, Luneng Haixi 50MW tower CSP station and Gonghe 50MW tower CSP station.

At present, China's CSP industry has a relatively short development time, a weak industrial foundation, and the core technology and industrialization bottlenecks have not yet been completely broken through. It is in the initial and development stage, and its core links are equipment manufacturing, system integration design, and power station EPC.

(3) Supercritical carbon dioxide (S-CO_2) coal-fired power generation technology

In recent years, with the support of national key research and development plans, a research team composed of North China Electric Power University, Xi'an Jiaotong University, Huazhong University of Science and Technology, and the Institute of Engineering Thermophysics of the Chinese Academy of Sciences has studied the construction of the thermal cycle of the S-CO_2 coal-fired power generation system, the S-CO_2 heat transfer characteristics, the S-CO_2 key component conceptual design such as boilers and turbines etc., and made an important progress. This system solution has two important innovations: one is the efficient use of boiler thermal energy based on energy cascade utilization, which achieves efficient full temperature zone absorption of flue gas thermal energy; the other is the modular design of boilers based on the principle of 1/8 split flow and drag reduction, which solves the problem of large pressure drop caused by large mass flow in the S-CO_2 cycle. When the turbine inlet parameter is 630℃ /35MPa, the power generation efficiency can reach 49.73%, which is significantly higher than the efficiency of the ultra-supercritical steam Rankine cycle by 47%.

In addition, Xi'an Thermal Power Research Institute is constructing a 5MW gas S-CO_2 power system, and China's solar-powered S-CO_2 power key project has begun implementation.

(4) Energy storage technology

In recent years, the proportion of new energy power generation such as wind energy and solar energy has increased year by year, but new energy power generation has problems such as instability and intermittent. However, energy storage technology is the most effective way to solve this problem, and energy storage technology plays an important role in the modern energy system.

By the end of 2018, the total installed capacity of global energy storage was approximately 180.9GW, of which the total installed capacity of pumped storage was 170.7GW, accounting for 94.4% of the total installed capacity, the total installed capacity of compressed air energy storage was 0.36GW, accounting for 0.2% of the total, and 6.51GW of various types of chemical batteries, accounting for 3.6% of the total. The pumped storage and compressed air storage have achieved large-scale (100MW-class) commercial applications worldwide. The total installed capacity of energy storage in China was 31.3GW at the end of 2018, accounting for 1.65% of the total installed capacity of China's power generation.

Pumped storage in China is a relatively mature large-scale energy storage technology, and compressed air energy storage technology is in its starting stage. The Institute of Engineering

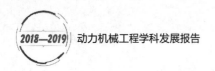

Thermophysics of the Chinese Academy of Sciences proposed a supercritical compressed air energy storage system in 2009, and successively built 1.5MW class and 10MW class supercritical compressed air energy storage demonstration systems, with system efficiency reaching 52.1% and 60.2%, respectively. The research and development of 100MW supercritical compressed air energy storage has been started, and the system design efficiency is 70%. The first set of demonstration projects has been established and is planed to be completed in 2020.

(5) High temperature material technology

In 2015, Dongfang Electric Group was approved to build the "State Key Laboratory of Long-Life High-Temperature Materials", becoming the only laboratory in the power machinery industry that takes high-temperature materials applied in energy areas as its research object. The laboratory has advanced test conditions for conducting long-life high-temperature materials research and analysis testing, and has established a pilot line for material research and development and forming technology testing of high-temperature components for heavy-duty gas turbines (large-sized single crystals, directional crystalline blades) , with R & D capabilities of large-size directional solidified single crystal and columnar hollow blades of superalloys and new heat-resistant steels. At the same time, a pilot line for the preparation and inspection of thermal barrier coatings (TBC) for high temperature components of gas turbines is also equipped.

The laboratory has made important progress in the research and development of the high-temperature components and coating materials for ultra-supercritical steam turbines at 630℃, the worldwide longest 1,450mm ultra-long titanium alloy blades, the high-temperature materials for rotors and castings ranging from 650℃ to 700℃ , the single crystal directional materials for moving blades above F Class gas turbine, the performance evaluation of supercritical carbon dioxide materials, the precision casting process for directional column crystals and single crystal blades of heavy gas turbines, the development and preparation of thermal barrier coatings for heavy gas turbine blades, and the construction of gas turbine material systems and databases, and achieved breakthrough results in the 50MW gas turbine test in Sept., 2019.

Reports on Special Topics

Advances in Boiler Technology

From 2012 to 2019, the highly condensed theme of boiler technology development is independent innovation, which opened a new model of boiler technology innovation-driven development, and enabled China's overall boiler technology, including scientific research, key technologies and engineering demonstration, to achieve a fundamental change from digestion and absorption to independent innovation and development. The independent research and development, design, and manufacturing have been achieved for the large-capacity and high-efficiency ultra-supercritical pulverized coal single and double reheating boilers, supercritical circulating fluidized bed (CFB) boilers, boiler flexibility retrofits and boiler retrofits for increasing capacity and efficiency. Moreover, the synergistic ultra-low emission control operation technologies of coal-fired pollutants, including dust removal, desulfurization and denitration, have also been realized. All the achievements promote the competitive development of China's boiler companies on the stage with foreign boiler companies in the future. The technological development of coal-fired power plant boilers has driven the progress of independent research and development, design, manufacturing, and control and operation of coal-fired, biomass-fired, waste and sludge incineration, gas-fired industrial boiler, and heat recovery steam generator (waste heat boiler) technologies, and the achievements of independent innovation have reached the international leading level.

The boiler industry faces various challenges in the future. Researches on high-efficiency clean

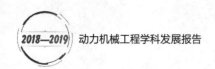

combustion technology, higher-parameter ultra-supercritical boilers, supercritical CO_2 boilers, fuel-based multi-energy complementary comprehensive utilization, and smart power plants are the main directions for technology innovation and industrial upgrading of the coal-fired power generation. Although large-capacity coal-fired power plants, industry, waste heat boilers and ultra-low emission technologies for pollutants have achieved world-renowned development achievements, clean energy such as natural gas, nuclear power, renewable energy will also gradually become the main force of clean power generation and heating in the future. Among them, wind and solar photovoltaic power generation technologies currently have the ability to compete on the price with coal-fired power generation. In the future, gradually reducing the proportion of coal consumption and promoting the continuous optimization of the energy structure will become a severe issue that boiler technology development has to face.

Advances in Steam Turbine Technology

China's steam turbine technology has achieved new development between 2012 and 2019 with remarkable achievements. Some steam turbine units have reached the international advanced level, such as the single-shaft thermal power steam turbines with maximum power 1,240MW, the double reheating 31MPa/615℃/620℃/ 620℃, the high parameter 35MPa/615 ℃ /630 ℃ /630 ℃ , the double-shaft high and low position with maximum power 1,350MW, the double units with regenerative steam extraction, the combined heat and power of 1,000MW at 28MPa/600 ℃ /620 ℃ , and the six-cylinder six-exhaust long shaft system with ultra-low back pressure of 2.9kPa, and etc.

The 1,250MW half-speed saturated steam turbine unit applied in PWR nuclear power plant of the third-generation nuclear power technology and the world's largest 1,755MW half-speed saturated steam turbine are the first to be put into operation in China, and the 211.9MW full-speed steam turbine at 13.24MPa/566℃ applied in the high-temperature gas-cooled reactor nuclear power plant of the fourth-generation nuclear power technology has completed the site installation of the power station.

The 90MW world's largest industrial steam turbine applied in the 1.5 million tons/year ultra-large ethylene plant (three ethylene plants) has been shipped from the factory. The single reheat 25MW~135MW series industrial power generation steam turbine has been developed and widely used in steel plant's gas waste heat power generation, biomass power generation, waste power generation, solar thermal power generation and other fields, thus greatly improving power generation efficiency and energy utilization.

The longest 1,100mm final stage blades of air-cooled steam turbines in the world have been put into operation. The titanium alloy 1,450mm final stage blades of full-speed thermal power steam turbines and the 1,710mm, 1,800mm, 1,828mm, and 1,905mm final stages blades of half-speed nuclear steam turbines have been completed blade dynamic frequency and frequency modulation tests, of which the 1905mm final-stage long blade is the longest one manufactured worldwide.

The research and promotion of advanced technologies, such as full three-dimensional optimized design of the steam turbine flow path and the retrofitting technology of the flow path, steam seal technology, structural strength and life, shafting dynamic characteristics and support, welding rotor, steam turbine materials, one-stop start and stop of the steam turbine control system, and thermal stress monitoring, have ensured the economics, safety and flexibility of domestic steam turbines.

The future development goals and research directions of steam turbine technology will focus on steam turbines with a power generation efficiency of more than 50%, 1,900MW~2,200MW nuclear power steam turbines, full speed 1,400~1,550mm and half speed 2,200~2,300mm long blades, optimization of depth peak shaving and wide load performance as well as intelligent technology for steam turbines.

Advances in Gas Turbine Technology

After decades of scientific research and industrial practice, gas turbine technology has gradually matured and formed a complete technical system with higher thermal efficiency, higher load, and lower emissions as the main technical path. At present, natural gas-fired E and F-class gas turbine technologies have been mature for many years, G/H-class gas turbines of 1,500℃ -grade are becoming the new main units in the market, J-class gas turbine of 1,600℃ -grade has been introduced

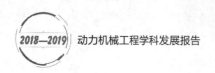

to the market, and the future gas turbine technology above 1,700℃ -grade is being developed, and the next generation of higher temperature, ultra-low pollution natural gas-fired gas turbines, new gas turbine cycle and low-carbon gas turbine cycle technologies are being broken through.

Through the "binding bidding" projects, China has preliminarily built the heavy-duty gas turbine system for the cold component manufacturing and assembly technology, and the design capability for the related components. Meanwhile, a certain independent research and development capabilities and technical foundation have been formed through a series of independent projects such as core component and product development, key technology development, and applied basic research. However, China still doesn't master the core technologies of gas turbines such as design, hot component manufacturing, and hasn't yet established a complete industrial chain system of the heavy-duty gas turbine with independent intellectual property rights. Since 2015, China has lunched and implemented the major national science and technology project "Aero Engines and Gas Turbine", which is aiming to break through the key core technologies, develop independent brand products, and initially establish basic research, technology and product research and industrial systems for independent innovation of gas turbines. This project focuses on the key technology development trends such as the advanced thermodynamic cycle, the single-shaft high-load axial compressor with high Reynolds Number, the stable combustion restraining the pollutant formation under high temperature rising, the long-life turbine with high through flow capacity and high heat load, the advanced materials and manufacturing processes, control systems and etc., and comprehensively carries out the basic researches, key technology research and validation, product development, trial-produce and test facility construction and so on.

Advances in Hydro Turbine Technology

After nearly 70 years of technology accumulation, China's hydro turbine technology has been developing rapidly, on the basis of digesting, absorbing and re-innovating key technologies in the introduction projects of "binding bidding" for the Three Gorges Left Bank Power Station and Baoquan, Huizhou, and Bailianhe Pumped Storage Power Stations, and also with the support from the National Science and Technology Support Plan "Research on 1,000MW Hydroelectric

Power Unit" and "Development of Large-scale Pumped Storage Equipment" and etc. In succession, China has independently completed R&D projects, including giant Francis turbines such as Three Gorges Right Bank 700MW unit, Xiluodu 770MW unit, Xiangjiaba 800MW unit, and Baihetan 1,000MW unit, and large-scale pumped storage turbines such as Xiangshuijian 250MW unit, Xianyou 300MW unit, Xianju 375MW unit and so on. With development capability covering almost all types of turbine, it has reached the international leading level in the field of giant Francis turbines and international advanced level in the field of large axial flow, tubular flow, and pump turbines.

In terms of scientific research infrastructure, Harbin Electric Group, Dongfang Electric Group, and Chinese Institute of Water Resource and Hydropower Research have built internationally advanced modern test beds through the reconstruction of the existing test beds and the construction of new test beds. Wuhan University, Changjiang River Scientific Research Institute and other units have a test bed for the transition process of hydro turbine models. Some other domestic manufacturers, universities, and research institutes also have some test facilities for scientific research. On these test beds, advanced equipment and methods such as high-resolution imaging system high speed camera and flow field testing for the observation of hydro flow pattern have been widely applied. At present, China has a sound research and development infrastructure for hydro turbine research and development.

With the improvement of technical accuracy of the model tests and numerical simulation, great progress has been made in improving the stability of the turbine (especially in widening the stable operating range) , cavitation and efficiency. The understanding of the relationship between the turbine and the power station system, the influence of turbine structure and hydraulic characteristics on the natural frequency of the runner, the mutual disturbance between multiple turbines in the same power station, and the prediction of the runner's dynamic stress under extreme conditions has been further made. The grid connection problem of pumped storage units that troubled the operation of power stations and the problem of starting pumps were completely solved. At the same time, the pilot demonstration of remote operation and maintenance services for power generation equipment for intelligent manufacturing has been set up, thus accelerating the pace of construction of smart power stations in China.

Based on the rapid development of hydro turbine technology, China has participated in the self-revision of a number of international standards and has presided over the formulation of three international standards.

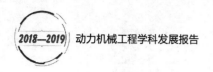

Advances in Wind Power Technology

Wind power is one of the major forms of utilization of wind energy, which is an inexhaustible source of green renewable energy. According to statistics, the global wind energy reserves are 130,000GW, of which 20,000GW are available. China's wind energy reserves are about 3,226GW, of which 253GW onshore wind energy can be developed and utilized, and 750GW offshore wind energy can be developed and used. This shows huge potential for wind power development.

China's research on grid-connected wind turbines began in the late 1970s. In 1986, China's first commercial grid-connected wind farm, the Malan Wind Farm, was operated in Rongcheng, Shandong Province. Since then, the development of grid-connected wind turbines in China has been relatively slow. The enactment of the "Renewable Energy Law of the People's Republic of China" in 2005 promoted the large-scale development of wind power. By the end of 2018, China's (excluding Hong Kong, Macao, and Taiwan regions) total installed wind power capacity was 210GW, and its grid-connected capacity was 184GW, ranking first in the world.

After more than 40 years of development, China has made remarkable achievements in wind energy development and utilization, as well as equipment research and development, with the world's largest industrial and utilization scale, and continuous improvement of technological innovation capabilities and levels. It is at the international advanced level in the research and development of large-capacity wind turbine units and the application technology of high tower, and at the international leading level in the development of low-speed wind turbine units.

The research report comprehensively introduces the current technical research situation of onshore and offshore wind turbines at home and abroad, including high-speed double-fed, permanent magnet, squirrel-cage wind power technology, medium-speed double-fed, permanent-magnet wind power technology, low-speed electric excitation and permanent magnet wind power technology. It introduces and compares the progress of wind power technology research at home and abroad, and predicts the development direction and prospect of wind power technology in the future in accordance with the current technological development of the industry. This report is a review of wind power and wind power technology development in China, as well as a prospect of China's wind power technology development, which has certain guiding significance for those engaged in wind power technology work.

索 引